普通高等教育“十一五”规划教材
PUTONG GAODENG JIAOYU SHIYIWU GUIHUA JIAOCAI

Civil Engineering Material

TUMUGONGCHENG CAILIAO

土木工程材料

主　编　董梦臣
副主编　赵　建　叶成杰
编　写　于顺达　宫克勤　郑秀梅
主　审　朱宏军

中国电力出版社
http://jc.cepp.com.cn

内 容 提 要

本书为普通高等教育“十一五”规划教材。全书共十三章，主要内容包括土木工程材料的基本性质、天然石材、无机气硬性胶凝材料、水泥、混凝土、建筑砂浆、金属材料、墙体材料及屋面材料、沥青及沥青混合料、合成高分子材料、防水材料、土木工程装饰材料、绝热材料和吸声材料及土木工程材料试验等。本书编写时采用了最新技术标准，并有代表性地介绍了土木工程材料的新技术和发展方向，应用性强、适用面宽。

本书可作为土木工程类各专业教材，也可作为建筑工程技术类专业教学用书，还可作为土木工程设计、施工、科研、工程管理和监理人员学习参考书。

图书在版编目（CIP）数据

土木工程材料/董梦臣主编．—北京：中国电力出版社，2008

普通高等教育“十一五”规划教材

ISBN 978-7-5083-6810-8

Ⅰ．土… Ⅱ．董… Ⅲ．土木工程—建筑材料—高等学校—教材 Ⅳ．TU5

中国版本图书馆 CIP 数据核字（2008）第 029353 号

中国电力出版社出版、发行

（北京市东城区北京站西街 19 号 100005 http://jc.cepp.com.cn）

北京市同江印刷厂印刷

各地新华书店经售

*

2008 年 4 月第一版 2012 年 7 月北京第四次印刷

787 毫米×1092 毫米 16 开本 17 印张 413 千字

定价 **27.00** 元

前　言

为贯彻落实教育部《关于进一步加强高等学校本科教学工作的若干意见》和《教育部关于以就业为导向深化高等职业教育改革的若干意见》的精神，加强教材建设，确保教材质量，中国电力教育协会组织制订了普通高等教育"十一五"教材规划。该规划强调适应不同层次、不同类型院校，满足学科发展和人才培养的需求，坚持专业基础课教材与教学急需的专业教材并重、新编与修订相结合。本书为新编教材。

本书以高等学校土木工程专业委员会制订的土木工程材料教学大纲为基本依据，在原建筑工程专业的基础上拓宽并覆盖了交通土建工程、工程管理、建筑学、矿井建设等专业的内容，并加强了本课程与其他专业课程的有机沟通，用系统的观点和方法设计了本教材。在编写过程中紧密结合现代人才培养模式改革，对拓宽专业基础、提高学生综合素质、增强学生创新能力将起到一定的作用。

土木工程材料是一门重要的技术基础课，主要介绍了各类土木工程材料的性质、用途、制备和使用方法，以及这些材料的质量检测和质量控制方法，工程材料性质和结构的关系及改善性能的方法。通过对本课程的学习，可学会根据工程特点，合理选择和正确使用材料，并能与后续课程密切配合，了解材料与设计参数、施工措施的相关关系。

本书在编写过程中力求理论联系实际，涉及土木工程材料的规范均采用了最新颁布的技术标准和规范，并且与工程实际相结合，在内容上尽可能的反映本学科国内外的新成果。

本书由董梦臣任主编，赵建、叶成杰任副主编，全书由董梦臣统稿。各章的编写人员是：董梦臣编写绪论及第四章至第六章，赵建编写第三章、第七章、第十二章及土木工程材料试验，叶成杰编写第一章、第二章、第八章、第九章，于顺达编写第十章，郑秀梅编写第十一章，宫克勤编写第十三章。

全书由北方工业大学朱宏军教授审阅，提出了许多宝贵意见，在此表示衷心的感谢！

由于编者水平有限，本书难免有不足之处，欢迎读者批评指正。

目 录

绪　　论

第一节　土木工程材料在建设工程中的地位和作用

土木工程材料是指应用于土木工程建设中的任何材料和制品的总称。土木工程材料品种繁多，作用和功能各异，材料作为土木工程建设中的物质基础，对土木工程的发展起着重要作用。

土木工程材料的发展离不开土木工程技术的进步，同时土木工程技术的进步又依赖于土木工程材料的发展。新型土木工程材料的诞生推动了土木工程设计理论和施工技术的更新，而新的设计理论和施工技术又对土木工程材料提出了更高的要求，从而促进新材料的诞生和发展。土木工程材料的生产及其科学技术的发展，对构建和谐社会和建设节约型、环保型国家具有非常重要的意义。

土木工程含建筑工程、道路工程、桥梁工程、隧道工程、港口工程、水利工程及市政工程等多种类别，每一类别的工程从实施到动工都离不开土木工程材料的使用。土木工程材料的选用直接影响着工程的造价，同时材料的性能直接影响着工程的质量、工程的耐久性能和使用功能。因此，工程技术人员必须了解和掌握土木工程材料的有关知识，材料决定建筑形式和施工方法，新材料的使用推动建筑形式、结构设计和施工技术的革新。

第二节　土木工程材料发展的现状和趋势

纵观土木工程材料的发展历史，从人类原始社会"穴居巢处"到出现"版筑建筑"为止，这一时期均采用天然材料；到了封建社会出现了"秦砖汉瓦"，土木工程材料才开始有了人工烧制和雕琢的痕迹，但这一时期的结构材料仍仅限于使用砖、石、木材；到了18、19世纪，由于社会和经济的发展，旧的建筑材料已不能满足工程结构的需要，在科学技术的配合下，土木工程材料进入了一个全新的发展阶段，相继出现了钢材、水泥、混凝土、钢筋混凝土和预应力混凝土及其他材料；进入20世纪后，材料科学与工程的形成和发展使土木工程材料有了长足的发展，出现了塑料、涂料、建筑陶瓷、玻璃、复合材料、绝热材料、吸声材料、耐热防火材料、防水抗渗材料等功能各异和品种多样的新材料。

社会在发展，人类在进步，当人们意识到节约能源、保护生态、爱护环境时，有效地利用资源、全面地改善人类的生存空间成为人们亟待解决的课题。在工程建设中，要求材料的使用要极大限度地节约有限资源，充分利用可再生资源，甚至变废为宝。在材料生产工艺上、性能上及产品的形式上要实现可持续发展。不仅要筹谋当世发展，更要顾及后世子孙。

轻质、高强、耐久、多功能、高性能、高机械化施工将成为土木工程材料发展的主要方向。当前具有自感知、自调节、自修复功能的土木工程材料的开发和研制，以及各种机敏或智能材料在土木工程中应用的研究也正在蓬勃开展。

第三节 土木工程材料的分类及技术标准

土木工程材料的分类方法有很多，根据材料来源可以分为天然材料和人工材料；根据使用功能可以分为结构材料、非结构材料、保温材料、吸声（隔声）材料、防水材料、耐热防火材料、装饰材料、防腐材料、采光材料等；根据在工程中的使用部位不同可以分为墙体材料、屋面材料、地面材料、装饰材料等。但为了便于土木工程材料的定性研究我们常根据土木工程材料的化学组成进行划分，通常分为无机材料、有机材料和复合材料三大类，各大类中又可细分，如图0-1所示。

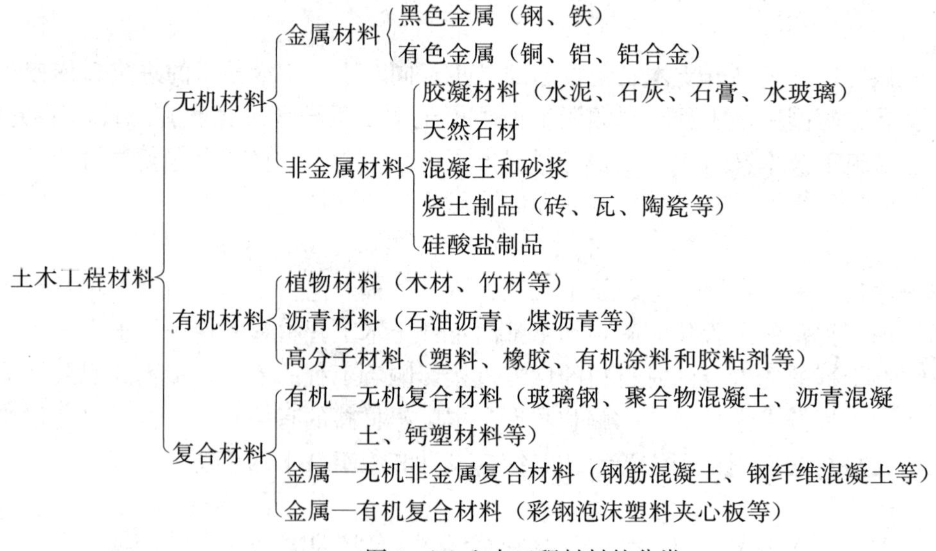

图0-1 土木工程材料的分类

土木工程材料的技术标准是生产和使用单位检验并确认产品质量是否合格的技术文件。为了保证材料的质量，必须对材料产品的技术要求制订统一的执行标准，其内容主要包括产品规格、分类、技术要求、检验方法、验收规则、标志、运输和储存注意事项等方面。我国的技术标准分为四级，即国家标准、部级标准、地方标准和企业标准。技术标准的表示方法由标准名称、代号、标准号、标准颁布年代号组成。国家标准代号为GB（强制性标准）和GB/T（推荐标准）；建工行业标准代号为JG；水利行业标准代号为SL；电力行业标准代号为DL；交通行业标准代号为JT；冶金行业标准代号为YB；国家建材局标准代号为JC；企业标准代号为QB等。如2003年颁布的国家推荐性5101号建筑用烧结普通砖标准为《烧结普通砖》（GB/T 5101—2003），建设部2006年颁布的52号行业标准为《普通混凝土用砂、石质量及检验方法标准》（JGJ 52—2006）及国家标准《中热硅酸盐水泥、低热硅酸盐水泥、低热矿渣硅酸盐水泥》（GB 200—2003）等。随着建筑材料科研及生产的发展，建筑材料技术标准也不断变化。根据需要国家每年都发布一批新的技术标准，修订或废止一些旧的标准。

此外，世界各国均有自己的国家标准，如，BS为英国标准，JIS为日本国家标准，DIM为德国标准，NF为法国标准。在世界范围内统一执行的标准为国际标准，其代号为ISO。

标准是根据一个时期的技术水平制订的，随着科学技术的发展，标准也在不断变化，应根据技术发展的速度与要求不断进行修订。

第四节　学习本课的目的、任务和基本要求

本课程是土木工程专业的专业基础课。学习本课程的目的在于使学生获得有关土木工程材料科学的基础理论、基础知识和基本技能。为后续课程，如砖石砌体结构、混凝土结构、钢结构、组合钢结构、房屋建筑学、建筑工程施工等专业课程提供建筑材料的基础知识；为以后将要从事土木工程建设工作的技术人员认识与掌握材料的有关性质和正确使用材料打下良好的基础，同时为材料科学的专门研究打下必要的基础。

在本教材中重点介绍了土木工程材料的一些基本性质，在此基础上本书重点介绍了当前土木工程中常用的材料，如砖、砌块、石材、石灰、石膏、水玻璃、各种水泥、混凝土、建筑砂浆、钢材、沥青、塑料、绝热材料、吸声材料及装饰材料等。

土木工程材料的研究是一种以生产实践和科学实验为基础的实践性很强的科学，因而实验课是本课程的重要环节。通过实验可以使学到的基础理论得以验证，可以学会和掌握鉴定材料性质和性能的基本试验方法。

根据以上教学目的和任务，对学习本门课程应提出如下基本要求。

(1) 以材料的技术性质、质量检验及其在工程中的应用为重点，并须注意材料的成分、构造、生产过程等对其性能的影响，掌握各项性能间的有机联系。

(2) 对一些在土木工程中需现场配制的材料，如砂浆、混凝土等应掌握配制材料的配合设计原理及方法。

(3) 教学过程中，必须贯彻理论联系实际的原则，教师应多结合工程实例进行讲授，同时重视试验课及习题作业。

建筑材料种类繁多，内容庞杂，在学习中要避免死记硬背，要注意理解、抓住重点，着重学好各种材料的性质与应用，以及材料的技术要求。

第一章　土木工程材料的基本性质

土木工程材料作为建设工程的物质基础，所表现出来的基本性质直接影响工程结构的可靠、耐久和使用性能。这些材料所使用的环境不同，所起的作用也各不相同，因此，对于不同的土木工程必须选择合适的材料，才能达到不同的使用要求。

土木工程材料的性质就是在实际使用过程中材料所表现出来的基本属性。如力学性能、耐久性能、保温、隔热、防水、防潮、防腐性能等。这些性质都是我们选择、应用、分析材料时的依据。这些繁多的性质又是工程技术人员在工程设计和施工过程中必须掌握的内容，土木工程材料使用过程中应严格、慎重地选取，使其充分发挥性能优势。所以掌握土木工程材料性质和性能特点是土木工程专业学习、合理选择和使用材料的基础。

第一节　材料的基本物理性质

一、材料的密度、表观密度与堆积密度

1. 密度

材料在绝对密实状态下单位体积的质量。按式（1 - 1）计算

$$\rho = \frac{m}{V} \tag{1-1}$$

式中　ρ——密度，g/cm^3；

m——材料的质量，g；

V——材料在绝对密实状态下的体积，cm^3。

绝对密实状态下的体积是指不包括孔隙在内的体积。除了钢材、玻璃等少数材料外绝大多数材料都有一些孔隙。测定有孔隙材料的密度时，应将材料磨成一定细度的细粉，干燥后，用李氏瓶测定其体积。砖、石材等都用这种方法测定其密度。

土木工程中，砂、石等材料内部有些与外部不连通的孔隙，使用时既无法排除，又没有物质进入，在密度测定时，直接以块状材料为试样，以排液置换法测量其体积，近似作为其绝对密实状态的体积，并按式（1 - 1）计算，这时所求得的密度称为近似密度（ρ_a）。

2. 表观密度

表观密度是指材料在自然状态下，单位体积的质量。按式（1 -2 ）计算

$$\rho_0 = \frac{m}{V_0} \tag{1-2}$$

式中　ρ_0——材料的表观密度，g/cm^3 或 kg/m^3；

m——材料的质量，g 或 kg；

V_0——材料在自然状态下的体积，或称表观体积，cm^3 或 m^3。

材料的表观体积是指包含内部孔隙的体积。当材料内部孔隙含水时，其质量和体积均会发生变化，故测定材料的表观密度时，应注意其含水情况。测定表观密度时，是将材料在规

定条件下干燥至恒重时的质量和体积之比。一般情况下，表观密度是指气干（长期在空气中干燥）状态下的表观密度。

3. 堆积密度

堆积密度是指散粒材料（粉状或粒状材料），在堆积状态下单位体积的质量。按式（1-3）计算

$$\rho_0' = \frac{m}{V_0'} \tag{1-3}$$

式中　ρ_0'——堆积密度，kg/m^3；

m——材料的质量，kg；

V_0'——材料的堆积体积，m^3。

测定散粒材料的堆积密度时，材料的质量是指填充在一定容器内的材料质量，其堆积体积是指材料所占容器的容积。因此，材料的堆积体积包含了颗粒之间的空隙。

在土木工程中，计算材料的用量、构件的自重、配料计算以及确定材料的堆放空间时，经常需用到密度、表观密度和堆积密度等数据。常用土木工程材料的有关数据见表1-1。

表1-1　常用土木工程材料的密度、表观密度和堆积密度

材料名称	密度（g/cm^3）	表观密度（kg/m^3）	堆积密度（kg/m^3）
钢	7.85	—	—
花岗岩	2.70～3.00	2500～2900	—
石灰石（碎石）	2.40～2.60	1600～2400	1400～1700
砂	2.50～2.60	—	1450～1650
粘土	2.50～2.70	—	1600～1800
水泥	2.80～3.10	—	1250～1600
烧结普通砖	2.60～2.70	1600～1900	—
烧结多孔砖	2.60～2.70	900～1450	—
普通混凝土	—	1950～2500	—
红松木	—	400～500	—
泡沫塑料	—	20～50	—
粉煤灰（气干）	1.95～2.40	1600～1900	550～800
普通玻璃	2.70～2.90	2700～2900	—

二、材料的孔隙率、密实度、空隙率与填充率

1. 孔隙率

孔隙率是指材料内部孔隙体积占总体积的百分率（P）。按式（1-4）计算

$$P = \frac{V_0 - V}{V_0} \times 100\% = \left(1 - \frac{\rho_0}{\rho}\right) \times 100\% \tag{1-4}$$

2. 密实度

密实度是指材料的体积内被固体物质充实的程度（D）。按式（1-5）计算

$$D = \frac{V}{V_0} \times 100\% = \frac{\rho_0}{\rho} \times 100\% \tag{1-5}$$

3. 空隙率

空隙率是指散粒材料堆积体积中，颗粒间空隙体积占总体积的百分率（P'）。按式（1-6）计算

$$P' = \frac{V_0' - V_0}{V_0'} \times 100\% = \left(1 - \frac{\rho_0'}{\rho_0}\right) \times 100\% \tag{1-6}$$

4. 填充率

填充率是指散粒材料堆积体积中，颗粒填充的程度（D'）。按式（1-7）计算

$$D' = \frac{V_0}{V_0'} \times 100\% = \frac{\rho_0'}{\rho_0} \times 100\% \tag{1-7}$$

三、材料与水有关的性质

（一）材料的亲水性与憎水性

土木工程中不论是建筑物还是构筑物，它们常与水或大气中的水汽相接触。水分与不同的材料表面接触时，其作用的结果表现不同，会产生如图1-1所示的两种情况。这是由于材料与水之间的分子亲和力大于或小于水本身分子间的内聚力所造成的。

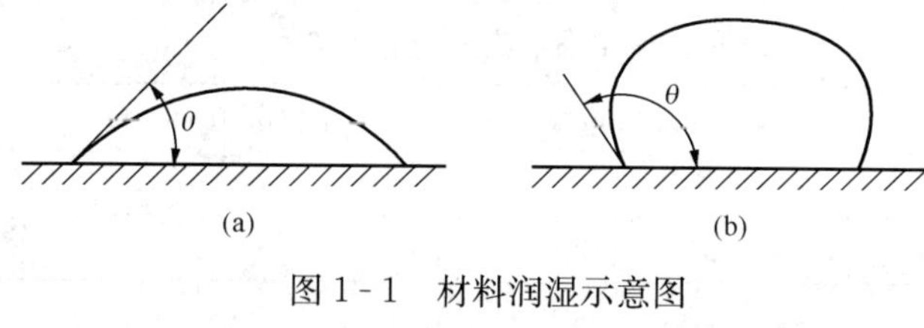

图1-1 材料润湿示意图

（a）亲水材料；（b）憎水材料

如图1-1所示，在材料、水和空气的交点处，沿水滴表面的切线与水和固体接触面所成的夹角（θ）称为润湿边角。润湿边角 θ 越小，浸润性越好。一般认为，当 $\theta \leqslant 90°$ 时，材料与水之间的分子亲和力大于水本身分子间的内聚力，此种材料称为亲水性材料［图1-1（a）］。当 $\theta > 90°$ 时，材料与水之间的分子亲和力小于水本身分子间的内聚力，材料表面不会被水浸润，此种材料称为憎水性材料［图1-1（b）］。这一概念也可用于其他液体对固体材料表面的浸润情况，相应的称为亲液材料或憎液材料。

亲水性材料易被水润湿，且水能通过毛细管作用而被吸入材料内部。憎水性材料则能阻止水分渗入毛细管中，从而降低材料的吸水性。因此，憎水性材料常被用作防水材料。大多数土木工程材料，如砖、木、混凝土等均属于亲水性材料；沥青、石蜡等则属于憎水性材料。

（二）材料的吸水性与吸湿性

1. 吸水性

吸水性是指材料在水中能吸收水分的性质。材料的吸水性大小用吸水率表示。吸水率有两种表示方法，即质量吸水率和体积吸水率。

（1）质量吸水率。质量吸水率是指材料吸水饱和时，其内部所吸收水分的质量与材料干燥质量的百分率，按式（1-8）计算

$$W_m = \frac{m_b - m}{m} \times 100\% \tag{1-8}$$

式中 W_m——材料的质量吸水率，%；

m——材料在干燥状态下的质量，g或kg；

m_b——材料在吸水饱和状态下的质量，g或kg。

(2) 体积吸水率。体积吸水率是指材料在吸水饱和时，其内部所吸收水分的体积占干燥材料自然体积的百分率。按式(1-9)计算

$$W_V = \frac{m_b - m}{V_0 \rho_w} \times 100\% \tag{1-9}$$

式中 W_V——材料的体积吸水率，%；

m——材料在干燥状态下的质量，g；

m_b——材料在吸水饱和状态下的质量，g；

V_0——干燥材料在自然状态下的体积，cm^3；

ρ_w——水的密度，g/cm^3，常温下可取 $\rho_w = 1g/cm^3$。

两种吸水率之间存在式(1-10)所示关系

$$W_V = W_m \rho_0 \tag{1-10}$$

式中 ρ_0——材料在干燥状态下的表观密度，g/cm^3。

材料的吸水性不仅与材料的亲水性或憎水性有关，而且与孔隙率的大小及孔隙特征(孔尺寸、封闭性、贯通性等)有关。对于孔特征相近的材料，一般孔隙率越大，吸水性也越强。

对于某些孔隙率很大的轻质材料，如加气混凝土、软木等，由于具有很多开口而微小的孔隙，所以它的质量吸水率往往超过100%，即吸水饱和的质量为干质量的几倍。在这种情况下，最好用体积吸水率表示其吸水性。

由于材料结构的不同，各种材料的吸水率相差很大。如花岗岩等致密岩石的吸水率仅为0.5%～0.7%，普通混凝土的吸水率为2%～3%，粘土砖的吸水率为8%～20%，而木材或其他轻质材料的吸水率则常大于100%。

2. 吸湿性

材料在潮湿空气中吸收水分的性质称为吸湿性。吸湿作用是可逆的，也就是说材料可以从空气中吸收水分，也可向空气中释放水分。材料的吸湿性用含水率表示，含水率是指材料内部所含水的质量占干燥材料质量的百分率。按式(1-11)计算

$$W_h = \frac{m_s - m}{m} \times 100\% \tag{1-11}$$

式中 W_h——材料的含水率，%；

m_s——材料在吸湿状态下的质量，g；

m——材料在干燥状态下的质量，g。

材料与空气湿度达到平衡时的含水率称为平衡含水率。吸湿对材料性能亦有显著的影响。例如，木制门窗在潮湿环境中形状和尺寸变形，就是由于木材吸湿膨胀而引起的。而保温材料吸湿含水后，导热系数将增大，保温性能会降低。

(三) 材料的耐水性

材料长期在水作用下不破坏，强度也不显著降低的性质称耐水性。材料的耐水性用软化系数来衡量，按式(1-12)计算

$$K_R = \frac{f_b}{f_g} \tag{1-12}$$

式中 K_R——材料的软化系数；

f_b——材料在吸水饱和状态下的抗压强度，MPa；

f_g——材料在干燥状态下的抗压强度，MPa。

很多材料在水的作用下，强度会降低。水的作用使材料强度降低的原因很多，其中主要原因是由于水分进入材料内部后，削弱了材料微粒间的结合力所致。

软化系数 K_R 的范围在 0～1 之间，它是选择使用材料的重要参数。工程中通常将 $K_R>0.85$ 的材料看做是耐水材料，可以用于水中或潮湿环境中的重要结构；用于受潮较轻或次要结构时，材料的 K_R 值不得低于 0.75。

（四）材料的抗渗性

材料抵抗压力水渗透的性质称为抗渗性。材料的抗渗性用渗透系数来表示，见式(1 - 13)

$$K_s=\frac{Qd}{AtH} \tag{1-13}$$

式中 K_s——渗透系数，cm/h；

Q——渗透水量，cm^3；

d——试件厚度，cm；

A——透水面积，cm^2；

t——时间，h；

H——静水压力水头，cm。

渗透系数 K_s 的物理意义是在一定时间内，在一定水压力作用下，单位厚度的材料在单位渗水面积上的渗水量。K_s 值越小，抗渗性也越好。

土木工程中，用抗渗等级来评价材料的抗渗性。抗渗等级是以规定的试件，在标准试验方法下所能承受的最大水压力来确定，以符号“Pn”表示，其中 n 为该材料在标准试验条件下所能承受的最大水压力的 10 倍数，如 P_6、P_8、P_{10}、P_{12} 等分别表示材料能承受 0.6、0.8、1.0、1.2MPa 的水压而不渗水。材料的抗渗等级越高，其抗渗性越好。

材料的抗渗性与材料的孔隙特征及裂缝缺陷有关。细微连通的孔隙水易渗入，开口孔、连通孔是材料渗水的主要通道。工程中常用改变憎水性能、降低孔隙率、改善孔隙特征等方法来提高材料的抗渗性能。

（五）材料的抗冻性

材料的抗冻性是指材料在吸水饱和状态下，在多次冻融循环（多次冻结和融化）作用下不破坏，强度也无显著降低的性质。

材料的抗冻性用抗冻等级表示。土木工程中通常按规定的方法对材料的试件进行冻融循环试验，测得其质量损失和强度损失不超过规定值的最大循环次数。如混凝土的抗冻性能是在−20～20℃的冻融循环条件下以试件质量损失不超过 5%、强度损失不超过 25%时所能承受的最多冻融循环次数来确定的。材料的抗冻性用“Fn”表示，其中 n 为最大冻融循环次数，如 F_{15}、F_{25} 等。

显然，冻融循环次数越多，抗冻等级越高，抗冻性越好。

材料受冻融破坏的原因目前尚无一致的结论，一般认为是材料孔隙内所含水结冰时体积膨胀（约增大 9%），对孔壁造成非常大的冻胀应力超过材料的抗拉强度所致。若材料的孔隙中充满水，则结冰膨胀对孔壁产生很大的冻胀应力，当此应力超过材料的抗拉强度时，孔壁将产生局部开裂。随着冻融循环次数的增多，材料破坏加重。所以材料的抗冻性取决于其孔隙率、孔隙特征、充水程度和材料对结冰膨胀所产生的冻胀应力的抵抗能力。如果孔隙未充满水而不饱和，具有足够的自由空间，则即使受冻也不致产生很大的冻胀应力。极细的孔隙虽可充满水，但因孔壁对水的吸附力极大，吸附在孔壁上的水冰点很低，它在一般负温下不会结冰。粗大孔隙，一般水分不会充满其中，对冻胀破坏可起缓冲作用。毛细管孔隙中易充满水分，又能结冰，故对材料的冻结破坏影响最大。故材料的变形能力大、强度高、软化系数大，则其抗冻性就较高。一般认为软化系数小于0.80的材料，其抗冻性较差。

从冻融破坏的外界条件上看，材料受冻融作用破坏的程度与冻融温度、结冰速度、冻融频繁程度等因素有关。环境温度越低、降温越快、冻融越频繁，材料受冻融破坏就越严重。材料的冻融破坏作用是从外表面产生剥落，逐渐向内部深入发展的。

在寒冷地区和环境中的结构设计和材料选用，必须考虑到材料的抗冻性能。

四、材料的热工性质

为响应国家建设节约型、环保型社会的号召，建筑节能工作提上了日程。为了从建筑技术领域为建筑节能工作提出必要的技术保证，我们有必要学习和掌握建筑材料的热工性质。建筑材料的热工性质有导热性、热容量、比热等。

（一）导热性

导热性是指材料传导热量的能力。导热性可用导热系数来表示，其物理意义是为单位厚度的材料，当其两侧表面的温度差为1K时，1s时间内通过单位面积的热量。按式（1-14）计算

$$\lambda = \frac{Qa}{(t_1 - t_2)AZ} \tag{1-14}$$

式中　λ——材料的导热系数，W/(m·K)；

Q——传导的热量，J；

a——材料厚度，m；

A——热传导面积，m^2；

Z——热传导时间，s；

$t_1 - t_2$——材料两侧温度差，K。

材料的导热系数越小，表示其绝热性能越好。各种材料的导热系数差别很大，这不仅与材料的组成有关，还与材料内部孔隙率和孔隙特征有密切关系。由于密闭空气的导热系数很小[$\lambda < 0.23$W/(m·K)]，所以，孔隙率较大的材料其导热系数较小，但当材料内部含有较多粗大、连通的孔隙时，空气会产生对流作用，使其传热性大大提高。

（二）热容量和比热

热容量是指材料在温度变化时吸收或放出热量的能力。比热也叫比热容，指单位质量的材料在温度每变化1K时所吸收或放出的热量。热容量用“Q”表示，比热用“c”表示。其计算式如下

$$Q = cm(t_1 - t_2) \tag{1-15}$$

$$c = \frac{Q}{m(t_1 - t_2)} \tag{1-16}$$

式中　Q——材料的热容量，KJ；

c——材料的比热容，KJ/(kg·K)；

m——材料的质量，kg；

t_1-t_2——材料受热或冷却后的温度差，K。

材料的比热容值大小与其组成和结构有关，材料比热容值的大小将直接影响建筑物构造及建筑物内部空间的温度变化率。

材料导热系数和热容量是建筑设计热计算的重要参数，设计过程中应选用导热系数较小而热容量较大的土木工程材料，有利于保持建筑物室内温度的稳定性。常用材料的热工性质指标见表 1 - 2。

表 1 - 2 常用材料的热工性质指标

材料名称	导热系数[W/(m·K)]	比热容[KJ/(kg·K)]
铜	370	0.38
钢	55	0.46
石灰岩	2.66～3.23	0.749～0.846
花岗岩	2.91～3.08	0.716～0.787
大理石	2.45	0.875
普通混凝土	1.28～1.8	0.48～1.0
烧结普通砖	0.4～0.7	0.84
木材	0.17～0.35	2.51
玻璃	2.7～3.26	0.83
泡沫塑料	0.03	1.30
沥青混凝土	1.05	—
水	0.6	4.187
密闭空气	0.023	1

第二节 材料的力学性质

材料的力学性质是指材料在外力作用下抵抗破坏和产生变形的性质。

一、材料的强度及强度等级

（一）强度

材料在外力作用下抵抗破坏的能力称为强度。当材料受外力作用时，其内部将产生应力，外力逐渐增大，内部应力也相应地增大，直至材料内部质点间结合力不足以承受时，材料发生破坏。此时材料所承受的极限应力值，就是材料的强度。

材料的强度分抗压强度、抗拉强度、抗剪强度及抗弯强度（如图 1 - 2 所示）。材料强度是通过标准试件的破坏试验测得的。材料的抗压、抗拉和抗剪强度可用一个表达式表示，按式（1 - 17）计算

$$f=\frac{F}{A} \tag{1 - 17}$$

式中　f——材料的（抗压、抗拉、抗剪）强度，N/mm^2；

F——试件破坏时的最大荷载，N；

A——试件受力面积，mm^2。

材料的抗弯强度与试件的受力、截面形状及支撑条件有关，对于矩形截面和条形试件，两端支撑中间受集中荷载作用时，其抗弯强度按式（1-18）计算

$$f_{tm}=\frac{3FL}{2bh^2} \tag{1-18}$$

式中　f_{tm}——材料的抗弯强度，N/mm^2；

F——试件破坏时的最大荷载，N；

L——试件两支点间的距离，mm；

b、h——分别为试件截面的宽度和高度，mm。

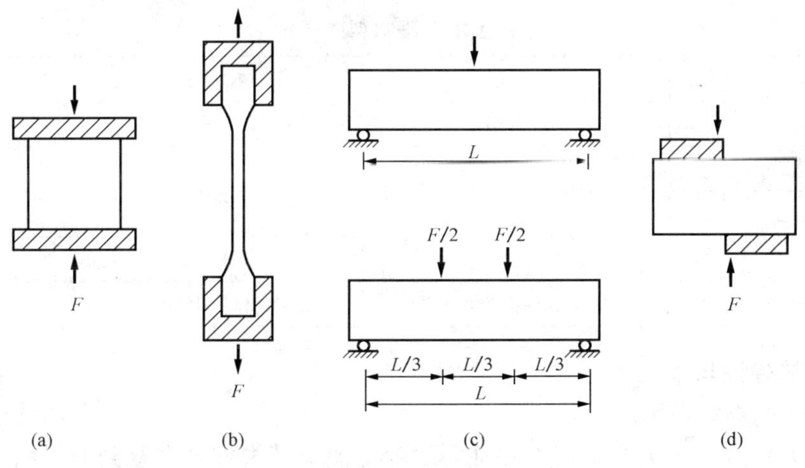

图 1-2　材料所受外力示意图

材料的强度与其组成及结构有关。即使材料的组成相同，若构造不同，强度也不同。相同组成（或同一品种）的材料其孔隙率越大，则强度越低。强度与孔隙率之间存在近似直线的反比关系，如图 1-3 所示。一般表观密度大的材料强度也高。晶体结构材料的强度还与晶粒粗细有关，其中细晶粒的强度高。玻璃是脆性材料，抗拉强度很低，但当制成玻璃纤维后，则成了很好的抗拉材料。

材料的强度还与其含水状态及温度有关，一般情况下，大多数含水的材料强度会较干燥时低。同时材料的强度还受测试条件的影响，如试件形状、尺寸、加载的速率、加载时试件的表面性状都对强度的测试有影响。

由此可知，材料的强度是在特定条件下的测定值。为了使试验结果准确且具有可比性，各国家都制订了统一的材料试验标准。在测定材料强度时，必须严格按照规定的试验方法进行。

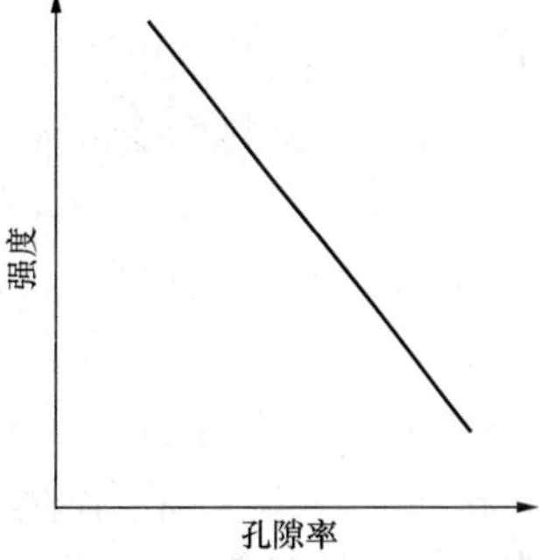

图 1-3　材料强度与孔隙率的关系图

（二）强度等级

为了便于工程设计及施工对材料的选用，也为材料的生产有统一的标准，很多土木工程材料按强度值大小分为若干个强度等级。如烧结普通砖，按抗压强度分为 5 个强度等级；硅

酸盐水泥，按抗压和抗折强度分为6个强度等级；普通混凝土，按抗压强度分为12个强度等级；碳素结构钢，按抗拉强度分为5个强度等级（牌号）等。土木工程材料划分强度等级对生产和使用都有重要意义。生产过程中可以用强度等级作为产品质量的控制依据，以保证产品质量。使用过程中，可以根据材料的强度等级合理选材，进行合理设计和控制施工质量，避免浪费。

（三）比强度

结构材料在土木工程领域的主要作用就是承受结构荷载，既要承受外荷载又要承受自重。因此，不同强度材料选用时往往用比强度这一指标。比强度是按单位体积的质量计算的材料强度，其值等于材料强度与表观密度之比，即用 f/ρ_0 表示。比强度是衡量材料轻质高强的重要指标。优质的结构材料，要求具有较高的比强度。

常用土木工程材料的强度见表1-3。

表1-3 常用土木工程材料的强度 MPa

材料	抗压强度	抗拉强度	抗弯强度
花岗岩	100～250	5～8	10～14
烧结普通砖	7.5～30	—	1.8～4.0
普通混凝土	7.5～60	1～4	2.0～8.0
松木	30～50	80～120	60～100
钢材	235～1600	235～1600	—

二、材料的弹性与塑性

（一）材料的弹性

材料在外力作用下产生变形，消除外力后变形能够消失完全恢复到初始状态的性质，称为弹性，这种可恢复的材料变形称为弹性变形。弹性变形的大小与所受应力的大小成正比，所受应力与应变的比值称为弹性模量，用“E”表示。弹性模量是衡量材料抵抗变形能力的指标。在材料的弹性范围内，E 是常数，按式（1-19）计算

$$E=\frac{\sigma}{\varepsilon} \tag{1-19}$$

式中 E——材料的弹性模量，MPa；

σ——材料所受的应力，MPa；

ε——材料在应力 σ 作用下产生的应变，无量纲。

由公式可知，弹性模量越大，材料越不易发生变形，即刚度越好。弹性模量是结构设计的重要参数。

（二）材料的塑性

材料在外力作用下产生变形，消除外力后变形不能完全恢复的性质，称为塑性。材料不能恢复的残留变形称为塑性变形。塑性变形为不可逆变形。材料的塑性变形是因为其内部的剪应力作用，致使部分质点间产生相对滑移造成的。

完全的弹性材料或塑性材料是很少的，大多数材料在受力变形时，既有弹性变形也有塑性变形，这种变形也称为弹塑性变形，只是在不同的受力阶段变形的表现形式不同而已。材料的弹性变形曲线、塑性变形曲线及弹塑性变形曲线分别如图1-4、图1-5、图1-6所示。

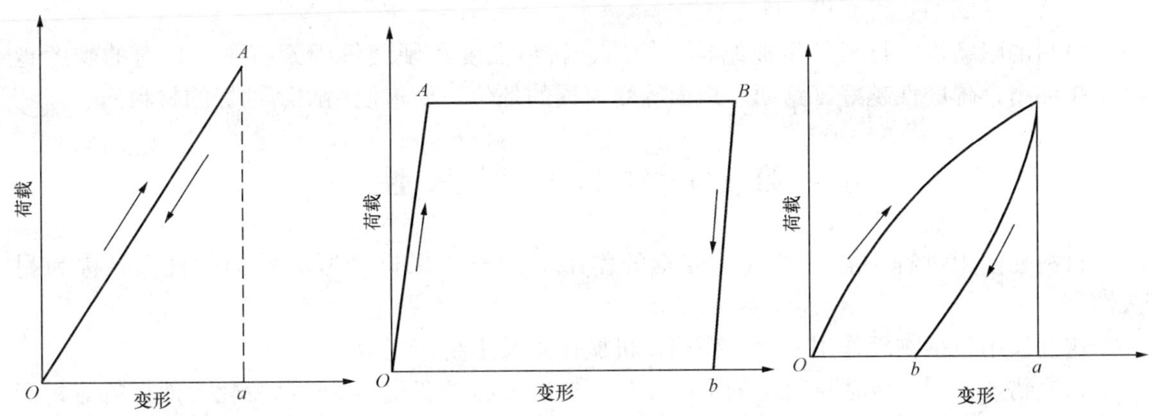

图1-4　材料的弹性变形曲线　　图1-5　材料的塑性变形曲线　　图1-6　材料的弹塑性变形曲线

三、材料的脆性与韧性

材料在外力作用下无显著变形而突然破坏的性质称为脆性，具有这种性质的材料称为脆性材料，如玻璃、石材、砖等。脆性材料的抗压强度一般远高于其抗拉强度。

材料在冲击、振动等动荷载作用下产生较大的变形不破坏的性质称为韧性，也叫冲击韧性。如钢材、木材等具备这种性质。冲击韧性可用材料标准试件冲击破坏试验时，断口处单位面积所吸收的能量来表示，由式（1-20）计算

$$a_k = \frac{A_k}{A} \tag{1-20}$$

式中　a_k——材料的冲击韧性指标，J/mm^2；

A_k——试件破坏时所消耗的能量，J；

A——试件受力净截面积，mm^2。

土木工程中，对于要求承受冲击荷载和有抗震要求的结构，如吊车梁、桥梁等所用的材料，均应具有较高的韧性。

四、材料的硬度与耐磨性

（一）材料的硬度

硬度是材料抵抗较硬物质刻画或压入的能力。测定硬度的方法很多，常用的有刻画法和压入法。刻画法常用于测定天然矿物的硬度，即按滑石为1、石膏为2、方解石为3，其后依次按萤石、瞬灰石、正长石、石英、黄玉、刚玉、金刚石的硬度递增顺序分为10级，通过它们对材料的划痕来确定所测材料的硬度，称为莫氏硬度。压入法是以一定的压力将由一定标准规定的钢球或金刚石制成的尖端压入试样表面，根据压痕的面积或深度来测定其硬度。常用的压入法有布氏法、洛氏法和维氏法，相应的硬度称为布氏硬度、洛氏硬度和维氏硬度。

（二）材料的耐磨性

耐磨性是材料抵抗磨损的能力。用磨损率表示，可按式（1-21）计算

$$N = \frac{m_1 - m_2}{A} \tag{1-21}$$

式中　N——材料的磨损率，g/cm^2；

m_1、m_2——分别为在规定条件下材料磨损前、后的质量，g；

A——试件受磨面积，cm^2。

材料的耐磨性与材料的组成结构、构造、材料强度和硬度等因素有关。材料的硬度越高，越致密，耐磨性越好。路面、地面等受磨损的部位，要求使用耐磨性好的材料。

第三节 材料的耐久性

材料在使用过程中在各种环境因素的作用下能长久保持其原有性能的性质，称为耐久性。

这些作用包括物理作用、化学作用、机械作用及生物作用等。

(1) 物理作用。包括材料等的干湿变化、温度及冻融变化等。这些变化会使材料体积产生膨胀与收缩，长期反复作用会导致材料破坏。

(2) 化学作用。包括酸、碱及盐等物质溶液或气体对材料产生的侵蚀作用，这些侵蚀作用会使材料逐渐变质而破坏。

(3) 机械作用。包括荷载的持续作用或交变作用引起材料的疲劳、冲击、磨损等破坏。

(4) 生物作用。指昆虫、菌类等对材料虫蛀、腐蚀等的破坏作用。

在实际工程中，材料受到外界破坏往往是两种或两种以上因素的同时作用。无机非金属材料暴露在大气中，主要受到大气的物理作用，如材料处于水位变化区和水中时，还要受到化学作用。金属材料经常由化学腐蚀和电化学腐蚀作用而引起破坏。有机材料常有生物作用、化学作用以及光、热等的作用。

为了提高建筑物耐久性，延长建筑物使用寿命，可采取相应的措施。如设法减轻周围介质和大气对材料的破坏作用（如降低湿度，排除侵蚀性介质）；提高材料本身的密实度，改善孔隙结构；也可用保护层来保护主体材料（如抹灰、刷涂料等）。

材料的耐久性是在长期使用条件下通过观察和测定来判断的，需要很长的时间。在材料改进工艺过程中周期过长、效率低下。为此，近年来采用快速检验法来判定材料的耐久性。这种方法是模拟实际使用条件，将材料在实验室进行相关的快速试验，根据试验结果判定材料的耐久性。主要的快速试验项目有：干湿循环、冻融循环、碳化、加湿与紫外线干燥循环、盐溶液浸渍与干燥循环、化学介质浸渍等。材料的耐久性直接影响土木工程结构的耐久性和使用寿命，所以在设计选用材料时，要采用耐久性良好的土木工程材料，对节约材料、保证建筑物长期正常使用、减少维修费用、延长使用寿命意义重大。

第四节 材料的组成、结构和构造

一、材料的组成

材料的组成是决定材料性质的最基本因素。材料的组成包括材料的化学组成、矿物组成和相组成。

1. 化学组成

化学组成是指构成材料的化学元素及化合物的种类和数量。当材料与环境及各类物质相接触时，它们之间必然要按化学规律发生相互作用。例如，材料受到酸、碱、盐类物质的侵蚀作用；材料遇火时的可燃性、耐火性；钢材及其他金属材料的锈蚀和腐蚀等，都是由其化学组成所决定的。

2. 矿物组成

材料科学中常将具有特定的晶体结构、特定的物理力学性能的组织结构称为矿物。矿物组成是指构成材料的矿物种类和数量。如天然石材、无机胶凝材料等，其矿物组成是在其化学组成确定的条件下决定材料性质的主要因素。

3. 相组成

材料中结构相近、性质相同的均匀部分称为相。自然界中的物质可分为气相、液相、固相三种形态。材料中，同种化学物质由于加工工艺的不同，温度、压力等环境条件的不同，可形成不同的相。例如，在铁碳合金中就有铁素体、渗碳体、珠光体。同种物质在不同的温度、压力等环境条件下，也常常会转变其存在状态，一般称为相变，如由气相转变为液相或固相。土木工程材料大多是多相固体材料，这种由两相或两相以上的物质组成的材料称为复合材料。例如，混凝土可认为是由集料颗粒（集料相）分散在水泥浆体（基相）中所组成的两相复合材料。

复合材料的性质与其构成材料的相组成和界面特性有密切关系。所谓界面是指多相材料中相与相之间的分界面。在实际材料中，界面是一个各种性能尤其是强度性能较薄弱的区域，它的成分和结构与相内的部分是不一样的，可作为“界面相”来处理。因此，对于土木工程材料，可通过改变和控制其相组成和界面特性来改善和提高材料的技术性能。

二、材料的结构

材料的结构、构造是决定材料性能的另一个极其重要的因素。材料的结构可分为宏观结构、细观结构和微观结构。

（一）宏观结构

材料的宏观结构是指用肉眼或放大镜能够分辨的粗大组织。

1. 按材料孔隙特征分类

（1）致密结构：指具有不吸水或吸水性很小的材料结构。如金属材料、致密石材、玻璃、塑料、橡胶等。

（2）多孔结构：指具有粗大孔隙材料的结构。如加气混凝土、泡沫混凝土、泡沫塑料及人造轻质多孔材料。

（3）微孔结构：指具有微细孔隙材料的结构。如石膏制品、低温烧结粘土制品。

2. 按材料组织构造特征分类

（1）堆聚结构：指由集料与具有胶凝性或粘结性物质胶结而成的结构。如水泥混凝土、砂浆、沥青混合料等。

（2）纤维结构：指由天然或人工合成纤维物质构成的结构。如木材、玻璃纤维等。

（3）层状结构：指具有叠合结构的层状结构。如胶合板、纸面石膏板等各种叠合成层状的板材。

（4）散粒结构：指呈松散颗粒状构造的材料。如砂、石及粉状或颗粒状的材料（膨胀珍珠岩、膨胀蛭石、粉煤灰等）。

（5）纹理结构：天然材料在生长或形成过程中自然造就的天然纹理。如木材、大理石、人造花岗岩板材等。

（二）细观结构

细观结构（原称亚微观结构）是指用光学显微镜所能观察到的材料结构，其尺寸范围在$10^{-3}\sim10^{-9}$m。土木工程材料的细观结构，只能针对某种具体材料来进行分类研究。对混凝土可分为基相、集料相、界面；对天然岩石可分为矿物、晶体颗粒、非晶体组织；对钢材可分为铁素体、渗碳体、珠光体；对木材可分为木纤维、导管髓线、树脂道。

（三）材料的微观结构

材料的许多物理力学性质，如弹塑性、硬度、强度等，都与材料的结构状态有着密切关系。材料的微观结构基本上可以分为晶体、玻璃体和胶体三类。

1. 晶体结构

由离子、原子或分子在空间上按照特定规则呈周期性排列而成的结构称为晶体（或晶格）。晶体组成的每个晶粒具有各向异性，但它们排列起来组成的晶体材料却是各向同性的。晶体中离子、原子或分子的密集程度和它们之间的相互作用力，以及晶粒的外形都将影响材料的性质。晶体中质点的密集程度越高，材料的塑性变形能力越大。晶粒越小，分布越均匀，材料的强度越高。在使用材料时，常用改变晶粒粗细和结构的方法改善材料的性质。如对钢材进行的冷加工和热处理，分别使晶粒细化和晶粒扭曲及滑移，均能提高钢材的强度。

2. 玻璃体结构

熔融物冷却后可以生成晶体。如果冷却速度很快，将近凝固温度时，尚具有很大的粘度，质点来不及按一定规则排列，便凝固成固体状态，此时即得玻璃体结构。玻璃体结构是无定形物质，其质点的排列是没有规律的，因此它没有一定的几何外形，而具有各向同性。玻璃体没有一定的熔点，只是出现软化现象，将开始软化的起始温度称为软化温度或软化点。有些玻璃体内质点的排列虽然不规则，但是由许多极微小的晶体——微晶集合而成的，微晶与微晶之间则具有无定形结构。

玻璃体是化学性质不稳定的结构，容易与其他物质发生化学作用。如火山灰、粒化高炉矿渣与石灰混合，在有水的条件下具有水硬性胶凝的作用，常被用作水泥的掺和材料。玻璃体在烧土制品或某些天然岩石中，起着胶粘剂的作用。

3. 胶体结构

胶体是由细小的粒子（直径$1\sim100\mu$m）分散在介质中组成的。胶体的质点很微小，表面积很大，具有很大的表面能，吸附能力很强，这是很多胶体具有很大粘结力的原因。如硬化水泥浆体就是胶体结构，具有很强的粘结力。

复习思考题

1. 何谓材料的密度和表观密度？有什么实际意义？
2. 何谓材料的密实度、孔隙率？两者间是什么关系？如何进行计算？
3. 材料的吸水性、吸湿性、耐水性、抗渗性与抗冻性的含义分别是什么？各以什么指标表示？
4. 何谓导热系数和比热容？它们各表示材料的什么物理性质？
5. 何谓材料的强度？材料的抗压、抗拉、抗剪切、抗弯和抗折强度应如何进行计算？
6. 何谓材料的耐久性？包括哪些内容？如何确定不同类材料的耐久性？

7. 脆性材料与韧性材料有何区别？在使用时应注意哪些问题？

8. 脆性材料有何特点？常用在哪些建筑部位？

9. 材料的构造（孔隙）对材料的哪些性能有影响？如何影响？

10. 将卵石洗净并吸水饱和后，用布擦干表面称重为1005g，将其装入盛满水重为1840g的广口瓶内，称其总重量为2475g，经烘干后称其质量为1000g，试问上述条件可求得卵石的哪些密度值？各是多少？

11. 有一石材干试样，质量为256g，将其浸水，吸水饱和排出水体积$115cm^3$，将其取出后擦干表面，再次放入水中排出水体积为$118cm^3$，若试样体积无膨胀，求此石材的表观密度、体积密度、质量吸水率和体积吸水率。

12. 一块普通粘土砖尺寸为240mm×115mm×53mm，烘干后质量为2420g，吸水饱和后为2640g，将其烘干磨细后取50g用李氏瓶测其体积为$19.2cm^3$，求该砖的开口孔隙率及闭口孔隙率。

第二章　天　然　石　材

天然岩石经不同程度的机械加工后，用于土木工程的材料统称为天然石材。天然石材具有强度高，耐久性、耐磨性好，以及良好的装饰性等特点，因此在土木工程中得到广泛的应用。

石材在土木工程中的应用历史悠久，世界上许多古建筑都由天然石材建造而成。如古埃及的金字塔、太阳神神庙，我国明清故宫宫殿基座、人民大会堂、毛主席纪念堂等都是使用了大量的天然石材。近代，随着石材加工水平的提高，石材独特的装饰效果得到充分展示，作为高级饰面材料颇受人们的欢迎。因此，现代建筑装饰领域中，石材的应用前景十分广阔。

第一节　天然石材的形成和分类

岩石是不同的地质作用所形成天然固态矿物的集合体。矿物是在地壳中受各种不同地质作用，所形成的具有一定化学组成和物理性质的单质或化合物。目前已发现的矿物有 3300 多种，绝大多数是固态无机物。主要造岩矿物有 30 多种，不同的造岩矿物在不同的地质条件下，形成不同性能的岩石。由单一矿物组成的岩石叫单矿岩；由两种或更多种矿物组成的岩石叫多矿岩。各种造岩矿物各具不同颜色和特性，土木工程中常用岩石的主要造岩矿物见表 2 - 1。

表 2 - 1　　主要造岩矿物的颜色和特性

造岩矿物	颜色	特性
石英	无色透明至乳白色	性能稳定、有玻璃光泽
长石	白、浅灰、桃红、红、青、暗灰	耐久性不如石英，解理完全，性脆，风化慢
云母	无色透明至黑色	解理完全，易裂成薄片
角闪石、辉绿石、橄榄石	深绿、棕、黑（暗色矿物）	坚硬，强度高，耐久性好
方解石	白色、灰色	硬度较低，强度高，晶面成菱面体，解理完全，不耐酸
白云石	白色、灰色	与方解石相似，遇热酸分解
黄铁矿	金黄色（二硫化铁）	有黑色条痕、无解理，在空气中易氧化成铁和硫酸，污染岩石，是岩石中的有害物质

天然岩石按形成的地质条件分类，可以分为岩浆岩、沉积岩、变质岩三大类。

一、岩浆岩

（一）岩浆岩的形成和种类

岩浆岩又称火成岩，是地壳深处的熔融岩浆在地下或喷出地面后冷凝而形成的岩石。根据不同的形成条件，岩浆岩可分为深成岩、喷出岩和火山岩三种。

1. 深成岩

深成岩是地壳深处的岩浆在受上部覆盖层压力的作用下经缓慢冷凝而形成的岩石。其结晶完整、晶粒粗大、结构致密，具有抗压强度高、吸水率小、表观密度大、抗冻性好等特点。土木工程常用的深成岩有花岗岩、正长岩、橄榄岩、闪长岩等。

2. 喷出岩

喷出岩是岩浆喷出地表时，在压力降低和冷却较快的条件下而形成的岩石。由于大部分岩浆来不及完全结晶，因而多呈细小结晶（隐晶质）或玻璃质（解晶质）结构。当喷出的岩浆形成较厚的岩层时，其岩石的结构与性质类似深成岩；当形成较薄的岩层时，由于冷却速度快及气压作用而易形成多孔结构的岩石，其性质近似于火山岩。土木工程常用的喷出岩有辉绿岩、玄武岩、安山岩等。

3. 火山岩

火山岩是火山爆发时，岩浆被喷到空中而急速冷却后形成的岩石。有多孔玻璃质结构的散粒状火山岩，如火山灰、火山渣、浮石等；也有因散粒状火山岩堆积而受到覆盖层压力作用并凝聚成大块的胶结火山岩，如火山凝灰岩等。

（二）土木工程中常用的岩浆岩

1. 花岗岩

花岗岩是岩浆岩中分布较广的一种岩石，主要由长石、石英和少量云母（或角闪石等）组成，具有致密的结晶结构和块状构造。其颜色一般为灰黑、灰白、浅黄、淡红等，大多数情况下同一种花岗岩会呈现多种不同颜色的组合。由于结构致密，其孔隙率和吸水率很小，表观密度大（2600～2800kg/m^3），抗压强度达 120～250MPa，抗冻性好（F_{100}～F_{200}），耐风化和耐久性好，使用年限约为 75～200 年，对硫酸和硝酸的腐蚀具有较强的抵抗性。表面经打磨抛光加工后光泽美观，是优良的装饰材料。在土木工程中花岗岩常用作基础、闸坝、桥墩、台阶、路面、墙石和勒脚及纪念性建筑物等。但在高温作用下，由于花岗岩内的石英膨胀将引起石材破坏，因此，其耐火性不好。另外，少量花岗岩含有放射性矿物，不宜用作土木工程材料，尤其不能用作室内装饰材料。

2. 玄武岩、辉绿岩

玄武岩是喷出岩中最普通的一种，颜色较深。常呈玻璃质或隐晶质结构，有时也呈多孔状或斑形构造，硬度高，脆性大，抗风化能力强，表观密度为 2900～3500kg/m^3，抗压强度为 100～500MPa。

辉绿岩主要由铁、铝硅酸盐组成，具有较高的耐酸性。常用作高强混凝土的骨料、耐酸混凝土骨料、道路路面的抗滑表层等。其熔点为 1400～1500℃，可作铸石的原料，所制得的铸石结构均匀致密且耐酸性好，是化工设备耐酸衬里的良好材料。

3. 火山灰、浮石

火山灰是颗粒粒径小于 5mm 的粉状火山岩，具有火山灰活性，即在常温和有水的情况下可与石灰［CaO 或 Ca（OH）$_2$］反应生成具有水硬性胶凝能力的水化物。因此，可作水泥的混合材料及混凝土的掺和料。

浮石是粒径大于 5mm 并具有多孔玻璃质构造（海绵状或泡沫状）的火山岩。其表观密度小，一般为 300～600kg/m^3，在土木工程中常用作轻质骨料，用于轻质混凝土的配制。

主要岩浆岩的矿物成分及性质可参见表 2-2。

表 2-2 主要岩浆岩矿物成分及性质

岩浆岩		矿物成分	主要性质	
深成岩	喷出岩		表观密度（kg/m^3）	抗压强度（MPa）
花岗岩	石英斑岩	石英、长石、云母	2500～2700	120～250
正长岩	粗面岩	长石、暗色矿物（较少）	2600～2800	120～250
闪长岩	安山岩	长石、暗色矿物（较多）	2800～3000	150～300
辉长岩	玄武岩、辉绿岩	暗色矿物	2900～3500	100～500

二、沉积岩

（一）沉积岩的形成和种类

沉积岩又名水成岩，是由地表的各类岩石经自然界的风化、搬运、沉积、流水冲刷等作用后再沉积（压实、相互胶结、重结晶等）而形成的岩石，主要存在于地表及不太深的地下。其特征是呈层状构造，外观多层理，表观密度小，孔隙率和吸水率较大，强度较低，耐久性较差。沉积岩是地壳表面分布最广的一种岩石，面积约占陆地表面积的75%。由于主要存在于地表，易开采、易加工，所以土木工程中应用较广。根据沉积岩的生成条件，可分为机械沉积岩、化学沉积岩、生物有机沉积岩。

1. 机械沉积岩

由自然风化逐渐破碎松散的岩石及砂等，经风、水流及冰川运动等的搬运，并经沉积等机械力的作用而重新压实或胶结而成的岩石，常见的有砂岩和页岩等。

2. 化学沉积岩

由溶解于水中的矿物质经聚积、沉积、重结晶和化学反应等过程而形成的岩石，常见的有石灰岩、石膏、白云石等。

3. 生物有机沉积岩

由各种有机体的残骸沉积而成的岩石，如硅藻土等。

（二）土木工程中常用的沉积岩

1. 石灰岩

石灰岩俗称灰石或青石，主要化学成分为$CaCO_3$，主要矿物成分是方解石，但常含有白云石、菱镁矿、石英、蛋白石、含铁矿物及粘土等。因此，石灰的化学成分、矿物组成、致密程度以及物理性质等差别很大，在强度和耐久性等方面不如花岗岩。其表观密度为2600～2800kg/m^3，抗压强度为80～160MPa，吸水率为2%～10%。如果岩石中粘土含量不超过3%～4%，其耐水性和抗冻性较好。

石灰岩来源广，硬度低，易劈裂，有一定的强度和耐久性，土木工程中可用作基础、墙身、台阶、路面等，碎石可作混凝土骨料。石灰岩也是生产水泥的主要原料。

2. 砂岩

砂岩主要是由石英砂或石灰岩等细小碎屑经沉积并重新胶结而成的岩石。在沉积和胶结过程中胶结物的种类及胶结的致密程度直接影响砂岩的性质。以氧化硅胶结而成的砂岩称为硅质砂岩；以碳酸钙胶结而成的砂岩称为钙质砂岩；还有铁质砂岩和粘土质砂岩。砂岩的主要矿物是石英、云母和粘土，致密的硅质砂岩的性能接近于花岗岩，表观密度大、强度高、硬度大、加工较困难，多用于纪念性建筑和耐酸工程等；钙质砂岩的性质与石灰岩相似，易加工、强度较好，但耐酸性较差，多用于基础、踏步等部位；粘土质砂岩浸水易软化，土木工程中一般不用。

三、变质岩

（一）变质岩的形成与种类

变质岩是由地壳中原有的岩浆岩或沉积岩，在地层的压力或温度作用下，在固体状态下发生再结晶作用，使其矿物成分、结构构造乃至化学成分发生部分或全部改变而形成的新岩石。

变质岩的矿物成分，除了保留了原来岩石的矿物成分，如石英、长石、云母、角闪石、辉石、方解石和白云石外，还新生成了变质矿物，如绿泥石、滑石、蛇纹石等。这些矿物一般称为高温矿物。经过变质过程后，岩浆岩会产生片状构造，强度会下降，沉积岩会变得更加致密。

（二）土木工程中常用的变质岩

1. 大理岩

大理岩又称大理石、云石，是由石灰岩或白云岩经过高温高压作用，重新结晶变质而成的。由白云岩变质成的大理石性能比石灰岩变质而成的大理石优良。大理石的主要矿物成分是方解石或白云石，化学成分主要为 CaO、MgO、CO_2 和少量的 SiO_2。经变质后，结晶颗粒直接结合呈整体块状构造，抗压强度高（100～150MPa），质地致密，表观密度为 2500～2700kg/m^3，莫氏硬度为 3～4，比花岗岩易于雕琢。纯大理石为白色，我国常称汉白玉，分布较少。一般大理石常含有氧化铁、二氧化硅、云母、石墨、蛇纹石等杂质，使石材呈现红、黄、棕、黑、绿等各色斑驳纹理，石质细腻、光泽柔润、绚丽多彩，研磨抛光后装饰性良好，因而是优良的室内装饰材料。

大理岩不宜用作城市建筑的外部饰面材料，因为城市空气中常含有二氧化硫，遇水时生成亚硫酸，继而变成硫酸，与大理岩中的碳酸钙发生反应，生成易溶于水的 $CaSO_4 \cdot 2H_2O$，使表面失去光泽，变得粗糙多孔，从而降低建筑装饰效果。大理岩的耐用年限一般为数十年至几百年。

2. 石英岩

石英岩是由硅质砂岩变质形成的，呈晶体结构。结构均匀致密，抗压强度高（250～400MPa），耐久性好，但其硬度大，加工困难。常用作重要建筑的贴面材料及耐磨耐酸的贴面材料。

第二节　天然石材的技术性质

天然石材的技术性质分为物理性质、力学性质和工艺性质。由于天然石材的生成条件各异，所含杂质和矿物也不尽相同，所以表现出来的性能有很大的差异。土木工程中应用天然石材时，应了解石材的各种性质，并严格检验，以确保工程质量。

一、物理性质

1. 表观密度

天然石材按表观密度大小分为轻质石材（表观密度≤1800kg/m^3）、重质石材（表观密度＞1800kg/m^3）。岩石的表观密度由其矿物及致密程度所决定，一般来说石材的表观密度越大，孔隙率越小，其抗压强度越高、吸水率越小、耐久性越好。

重质石材可用于建筑的基础、贴面、地面、不采暖房屋外墙、桥梁及水工构筑物等。轻质石材主要用于保温房屋外墙。

2. 吸水性

天然石材的吸水率一般较小，但由于形成条件、密实程度与胶结情况的不同，石材的吸水率波动也较大，如深成岩以及许多变质岩，它们的孔隙率都很小，因而吸水率也很小。沉积岩孔隙率与孔隙特征的变化范围较大（1%～15%）。

根据吸水率的大小可以把岩石分为低吸水性岩石（吸水率低于1.5%）、中吸水性岩石（吸水率介于1.5%～3.0%）和高吸水性岩石（吸水率高于3.0%）。

石材的吸水性对其强度与耐水性的影响很大，吸水后石材会降低颗粒间的粘结力，从而使强度降低，抗冻性、耐久性、导热性也会有所下降。

3. 耐水性

当石材含有较多的粘土或易溶物质时，软化系数较小，耐水性较差。石材的耐水性用软化系数表示，根据软化系数大小石材可分为三个等级。

（1）高耐水性石材：软化系数大于0.90。

（2）中耐水性石材：软化系数在0.7～0.9之间。

（3）低耐水性石材：软化系数在0.6～0.7之间。

一般软化系数小于0.6的石材，不允许用于重要建筑物中。

4. 抗冻性

石材的抗冻性用冻融循环次数来表示，是指石材在水饱和状态下，保证强度降低值不超过25%、质量损失不超过5%、无贯通裂缝的条件下能经受的冻融循环次数。石材抗冻标号分为：D5、D10、D15、D25、D50、D100、D200等。抗冻性是衡量石材耐久性的一个重要指标，石材的抗冻性与吸水性有着密切的关系，吸水性大的石材其抗冻性也差。根据经验，认为吸水率小于0.5%的石材是抗冻的，可不进行抗冻试验。

5. 耐热性

石材的耐热性与其化学成分及矿物组成有关。石材经高温后，由于热胀冷缩体积变化而产生内应力，或由于高温使岩石中矿物发生分解和变异等导致结构破坏。如含有石膏的石材，在100℃以上时就开始破坏；含碳酸镁的石材，当温度高于725℃时会发生破坏等。

6. 导热性

石材的导热性主要与致密程度有关。重质石材的导热系数可达2.91～3.49W/(m·K)；轻质石材的导热系数在0.23～0.70W/(m·K)之间。具有封闭孔隙石材的导热性差。

二、力学性质

1. 抗压强度

石材的抗压强度是以边长为70mm的立方体抗压强度值来表示的，根据抗压强度值的大小，天然石材强度等级分为MU100、MU80、MU60、MU50、MU40、MU30、MU20、MU15、MU10共9个等级。不同尺寸的石材尺寸换算系数见表2-3。

表2-3　石材的尺寸换算系数

立方体边长（mm）	200	150	100	70	50
换算系数	1.43	1.28	1.14	1	0.86

矿物组成、结构与构造特征、胶结物种类及均匀性对石材抗压强度有很大影响。例如组成花岗岩的主要矿物成分中石英是很坚硬的矿物，其含量愈高则花岗岩的强度也愈高；而云母为片状矿物，易于分裂成柔软薄片，若云母愈多则其强度愈低。沉积岩的抗压强度则与胶结物成分有关，由硅质物质作为胶结剂的其抗压强度较大，以石灰质物质胶结的次之，泥质物质胶结的则最小。结晶质的强度较玻璃质的高，等粒状结构的强度较斑状的高，构造致密的强度较疏松多孔的高。层状、带状或片状构造石材，其垂直于层理方向的抗压强度较平行于层理方向的高。

2. 冲击韧性

石材是典型的脆性材料，其抗拉强度较抗压强度小得多。石材的冲击韧性取决于矿物组成与构造。石英和硅质砂岩脆性很大，含暗色矿物较多的辉长岩、辉绿岩等具有相对较大的韧性。晶体结构的岩石较非晶体结构的岩石又具有较高的韧性。

3. 耐磨性

耐磨性是指石材在使用条件下抵抗摩擦、边缘剪切以及冲击等复杂作用的性质。石材的耐磨性以单位面积磨耗量表示。石材的耐磨性与其内部组成矿物的硬度、结构、构造特征以及石材的抗压强度和冲击韧性等性质有关。组成矿物愈坚硬、构造愈致密以及抗压强度和冲击韧性愈高，则石材的耐磨性愈好。

三、工艺性质

石材的工艺性质是指其开采及加工过程的难易程度及可能性，包括加工性、磨光性和抗钻性。

1. 加工性

加工性是指对岩石开采、劈解、切割、凿琢、研磨、抛光等加工工艺的难易程度。强度、硬度、韧性较高的石材，不易加工；质脆而粗糙，有颗粒交错，含有层状或片粒结构以及已风化的岩石，都难以满足加工要求。

2. 磨光性

磨光性是指岩石能否研磨抛光成光滑表面的性质。致密、均匀、细粒的岩石，一般都有良好的磨光性，可以研磨抛光成光滑亮洁的表面；疏松多孔、鳞片状结构的岩石，磨光性都较差。

3. 抗钻性

抗钻性是指岩石钻孔的难易程度。影响抗钻性的因素很复杂，一般与岩石的强度、硬度等性质有关。当石材的强度越高、硬度越大时，越不易钻孔。

第三节 土木工程常用石材的选用原则

土木工程中常用的天然石材根据其加工外表分为块状石材、板状石材、散粒状石材和各种石材制品。

一、块状石材

块状石材分为毛石、料石两类。

1. 毛石

毛石是指岩石经开采后未经过加工的形状不规则的石块。按其外形的平整程度分为乱毛石和平毛石两类。

（1）乱毛石。乱毛石是形状不规则的毛石，常用于砌筑基础、勒脚、墙身、堤坝、挡土墙等，也可作混凝土的骨料。

（2）平毛石。平毛石是乱毛石略经加工而成的石块，形状较整齐，表面粗糙，其中部厚度不应小于 200mm。

2. 料石

料石又称条石，是经过人工或机械开采的较规则的并略加凿琢而成的六面体石块。按料石表面加工的平整程度可分为以下四种。

（1）毛料石。一般不加工或仅稍加修整，外形大致方正的石块。

（2）粗料石。外形较方正，其叠砌面加工成凹凸深度不大于 20mm 的料石。

（3）半细料石。外形方正，其叠砌面加工成凹凸深度不大于 10mm 的料石。

（4）细料石。经过细加工，外形规则，其叠砌面凹凸深度不应大于 2mm 的料石。制作为长方形的称作条石，长宽高大致相等的称方料石，楔形的称为拱石。

料石常用致密的砂岩、石灰岩、花岗岩等开采凿制，至少应有一个面的边角整齐，以便砌筑时合缝。料石常用于砌筑墙身、地坪、踏步、拱和纪念碑等；形状复杂的料石制品可用作柱头、柱基、窗台板、栏杆和其他装饰等。

二、板材

用致密岩石凿平或锯解而成的厚度一般为 20mm 的石材称为板材。作为饰面板材一般采用大理岩和花岗岩加工制作。

（一）天然大理石板材

大理石板材是用大理石荒料（即由矿山开采出来的具有规则形状的天然大理石块）经锯切、研磨、抛光等加工而成的石板。天然大理石板材按《天然大理石建筑板材》（GB/T 19766—2005）规定，根据形状可分为普通型板材（PX）、圆弧型板材（HM）、异型板材（XX）。普通型板为正方形、长方形；圆弧型板材为装饰面轮廓线的曲率半径处处相同的板材；其他形状的板材为异型板材。按其外观质量，镜面光泽度等分为优等品（A）、一等品（B）和合格品（C）三个等级。大理石板材的技术要求，按 JC 79—2001 执行。

（1）规格尺寸允许偏差，相关要求见表 2 - 4～表 2 - 8。

表 2 - 4　普通型板材尺寸允许偏差　mm

部　位		优等品	一等品	合格品
长度、宽度		0，−1.0		0，−1.5
厚度	≤12	±0.5	±0.8	±1.0
	>12	±1.0	±1.5	±2.0

表 2-5 圆弧型板材规格尺寸允许偏差 mm

项目	等级		
	优等品	一等品	合格品
弦长	0 −1.0	0 −1.5	
厚度	0 −1.0	0 −1.5	

表 2-6 普通型板材平面度允许公差 mm

板材长度	优等品	一等品	合格品
≤400	0.20	0.30	0.50
>400~≤800	0.50	0.60	0.80
>800	0.70	0.80	1.00

表 2-7 圆弧型板材直线度和线轮廓度允许公差 mm

项目		分类与等级		
		优等品	一等品	合格品
直线度（按板材高度）	≤800	0.60	0.80	1.00
	>800	0.80	1.00	1.20
线轮廓度		0.80	1.00	1.20

表 2-8 普通型板材角度允许极限公差 mm

板材长度范围	允许极限公差值		
	优等品	一等品	合格品
≤400	0.30	0.40	0.50
>400	0.40	0.50	0.70

（2）外观质量。同一批板材的色调应基本类似，花纹应基本一致。板材正面的外观缺陷（裂纹、缺棱、缺角、色斑、砂眼）的质量要求应符合 JC 97—2001 的规定。

（3）镜面光泽度。物体表面反射光线能力的强弱程度称为镜面光泽度。大理石板材的抛光面应具有镜面光泽，能清晰反映出景物，其镜面光泽度应不低于 70 光泽单位或由供需双方确定。

（4）表观密度：不小于 2600kg/m^3。

（5）吸水率：不大于 0.5%。

（6）干燥压缩强度：不小于 50.0MPa。

（7）弯曲强度：不小于 7.0MPa。

大理石板材主要用于室内饰面，如墙面、地面、柱面、台面、栏杆、踏步等。因大理石抗风化能力差，尤其在潮湿环境下易受空气中二氧化硫的腐蚀而使表面层失去光泽、变色并逐渐剥落破损，所以很少用于室外。通常，只有汉白玉等少数几种致密、纯的品种可用于室外。

（二）天然花岗岩板材

花岗岩主要是指由石英、长石、云母和少量其他深色矿物组成的深成酸性岩浆岩，土木工程中所说的花岗岩是广义，是以花岗岩为代表的一类装饰石材，包括各类岩浆岩和花岗质的变质岩，一般质地较硬。

花岗岩板材是用花岗岩荒料加工制成的板材，其抗压强度高达 120~250MPa，耐久性好，一般能达到 75~200 年。

1. 花岗岩板材产品的分类及等级

根据国家标准《天然花岗石建筑板材》（GB/T 18601—2001）规定，花岗石板材按形状分类可分为以下三种。

（1）普型板（PX）。

（2）圆弧型板（HM）：装饰面轮廓线的曲率半径处处相同的饰面板材。

（3）异型板（YX）：普型板和圆弧板以外的其他形状的板材。

按表面加工程度分类可分为以下三种。

（1）亚光板（YG）：饰面平整细腻，能使光线产生漫反射现象的板材。

（2）镜面板（JM）。

（3）粗面板（CM）：饰面粗糙规则有序，端面锯切整齐的板材。

按普型板规格尺寸偏差，平面度公差，角度公差，外观质量等将板材分为优等品（A）、一等品（B）、合格品（C）三个等级。弧面板按规格尺寸偏差、直线度公差、线轮廓度公差、外观质量等将板材分为优等品（A）、一等品（B）、合格品（C）三个等级。

2. 花岗石板材的技术要求

按国家标准 GB/T 18601—2001 规定，对花岗石建筑板材的主要技术要求如下。

（1）规格尺寸允许偏差：普通型板规格尺寸允许偏差应满足表 2-9 的规定。圆弧型板壁厚最小值不小于 18mm，规格尺寸允许偏差应满足表 2-10 的规定。异型板规格尺寸允许偏差由供需双方商定。

表 2-9　普型板尺寸允许偏差　mm

项目		压光面和镜面板材			粗面板材		
		优等品	一等品	合格品	优等品	一等品	合格品
长度、宽度		0～-1.0		0～-1.5	0～-1.0		0～-1.5
厚度	≤12	±0.5	±1.0	+1.0～-1.5	—		
	>12	±1.0	±1.5	±2.0	±1.0～-2.0	±2.0	+2.0～-3.0

表 2-10　圆弧型板尺寸允许偏差　mm

项目	压光面和镜面板材			粗面板材		
	优等品	一等品	合格品	优等品	一等品	合格品
弦长	0～-1.0		0～-1.5	0～-1.5	0～-2.0	0～-2.0
高度				0～-1.0	0～-1.0	0～-1.5

（2）平面度允许公差：普型板平面度允许公差应符合表 2-11 的规定，圆弧型板直线和线轮廓度允许公差应符合表 2-12 的规定。

表 2-11　普型板平面度允许公差　mm

板材长度	压光面和镜面板材			粗面板材		
	优等品	一等品	合格品	优等品	一等品	合格品
≤400	0.20	0.35	0.50	0.60	0.80	1.00

续表

板材长度	压光面和镜面板材			粗面板材		
	优等品	一等品	合格品	优等品	一等品	合格品
>400～≤800	0.50	0.65	0.80	1.20	1.50	1.80
>800	0.70	0.85	1.00	1.50	1.80	2.00

表 2-12　　圆弧型板直线度和线轮廓度允许公差　　mm

项目		压光面和镜面板材			粗面板材		
		优等品	一等品	合格品	优等品	一等品	合格品
直线度（按板材高度）	≤800	0.80	1.00	1.20	1.00	1.20	1.50
	>800	1.00	1.20	1.50	1.50	1.50	2.00
线轮廓度		0.80	1.00	1.20	1.00	1.50	2.00

（3）外观质量：同一批板材的色调应基本调和，花纹应基本一致。板材正面的外观缺陷（缺棱、裂纹、缺角、色斑、色线）符合 GB/T 18601—2001 的规定。

（4）镜面光泽度：镜面板材的正面应具有镜面光泽，能清晰反映出景物。其镜面光泽度应不低于 80 光泽单位或由供需双方确定。

（5）表观密度：不小于 2560kg/m³。

（6）吸水率：不大于 0.6%。

（7）干燥压缩强度：不小于 100.0MPa。

（8）弯曲强度：不小于 8.0MPa。

（9）放射性：天然石材中的放射性是引起人们普遍关注的问题。但经检验证明，绝大多数的天然石材中所含放射物质极微，不会对人体造成任何危害。但部分花岗石产品放射性指标超标，会在长期使用过程中对环境造成污染，因此有必要给予控制。国家建材局发布的《天然石材产品放射性分类控制标准》（JC 518—93）中规定，天然石材产品（花岗石和部分大理石），根据镭当量浓度和放射性比活度限值分为三类：A 类产品不受使用限制；B 类产品不可用于居室的内饰面，但可用于其他一切建筑物的内外饰面；C 类产品只可用于一切建筑物的外饰面。

放射性水平超过此限值的花岗石和大理石产品，其中的镭、钍等放射元素衰变过程中将生成天然放射性气体氡。氡是一种无色、无味、感官不能觉察的气体，特别是易在通风不良的地方聚集，导致肺、血液、呼吸道发生病变。

目前国内使用的众多天然石材产品，大部分是符合 A 类产品要求的，但不排除有少量的 B、C 类产品。因此，装饰工程中应选用经放射性测试，且发放了放射性产品合格证的产品。此外，在使用过程中，还应经常打开居室门窗，促进室内空气流通，使氡稀释，达到减少污染的目的。

由于花岗岩板材质感丰富，具有华丽高贵的装饰效果，且质地坚硬、耐久性好，是室内外高级装饰的常用材料。主要用于建筑物的墙、柱、地面、楼梯、台阶、栏杆等表面装饰。

三、石材的选用原则

在建筑施工和设计中，石材的选用应根据适用性和经济性这两个原则。

1. 适用性

要按使用要求分别衡量各种石材在建筑中的适用性。承重构件（如基础、勒脚、墙、柱等）需要考虑抗压强度能否满足设计要求；围护结构构件要考虑是否具有良好的绝热性能；用作地面、台阶、踏步等构件要求坚韧耐磨；装饰部分（如饰面板、拉杆、扶手、纪念碑等）需要考虑石材的雕琢、磨光及石材的外观、花纹、色彩等；对处在特殊环境（如高温、高湿、水中、严寒侵蚀等）条件下的构件，还要分别考虑石材的耐久性、耐水性、抗冻性及耐化学腐蚀性等。

2. 经济性

石材的表观密度大，运输不便，在建筑施工中应充分利用地方资源，尽可能做到就地取材。难以开采和加工的原料必然使成本提高，选材时应充分注意。

3. 装饰性

在装饰性方面，应注意石材的色彩、纹理与建筑物周围环境的协调性，充分体现石材建筑的艺术美。对石材自身而言，要注意以下几点。

（1）石材的外观色调应基本调和，大理石应纹理清晰，花岗岩的彩色斑点应分布均匀，光泽度高。

（2）石材的矿物颗粒越细越好。颗粒越细，石材结构越紧密，强度越高，耐久性也越好。

（3）严格控制石材的尺寸公差、表面平整度、光泽度和外观缺陷。

复习思考题

1. 岩石一般都由哪些造岩矿物所组成？试述造岩矿物有哪些特性及颜色特征。
2. 按岩石的生成条件，岩石可分为哪几类？举例说明。
3. 在土木工程中常用的岩浆岩、沉积岩、变质岩有哪几种？主要用途是什么？
4. 石材有哪些主要的技术性质？
5. 花岗岩、大理岩各有何特性及用途？
6. 选用天然石材的原则是什么？为什么一般大理石板材不宜用于室外？

第三章　无机气硬性胶凝材料

土木工程中用来将散粒材料（如砂、石子）或块状材料（如砖、石块）粘结成为整体的材料，统称为胶凝材料。确切地说胶凝材料是指经过自身的物理化学作用后，能够由液态或半固态变成坚硬固体的物质。胶凝材料按其化学成分可分为无机胶凝材料和有机胶凝材料两大类，前者如水泥、石灰、石膏、菱苦土、水玻璃等，后者如沥青、有机高分子聚合物等。其中无机胶凝材料在工程上应用更为广泛，用量也较大。无机胶凝材料按其硬化条件的不同又分为气硬性胶凝材料和水硬性胶凝材料两大类。

气硬性胶凝材料是指只能在空气中硬化，也只能在空气中保持或继续增长强度的胶凝材料，如石灰、石膏、水玻璃、菱苦土等。水硬性胶凝材料是指不仅能在空气中硬化，而且能更好地在水中硬化，能保持并继续增长其强度的胶凝材料，如各种水泥。因此，气硬性胶凝材料只适用于地上或干燥环境，不宜用于潮湿环境，更不可用于水中，而水硬性胶凝材料既适用于地上，也可用于地下或水中环境。

第一节　石　　膏

石膏是以硫酸钙为主要成分的气硬性胶凝材料。石膏是一种传统的胶凝材料，由于它的资源丰富，其制品具有一系列的优良性质，所以得到很快的发展。其中发展最快的是纸面石膏板、纤维石膏板、建筑饰面板及隔音板等新型建筑材料。

一、石膏的原料、生产及品种

生产石膏的主要原料为天然石膏，或称生石膏，属于沉积岩，其化学式为$CaSO_4 \cdot 2H_2O$，也称二水石膏。化学工业副产物的石膏废渣（如磷石膏、氟石膏、硼石膏）的成分也是二水石膏，也可作为生产石膏的原料。采用化工石膏时应注意，如废渣（液）中含有酸性成分时，须预先用水洗涤或用石灰中和后才能使用。

石膏按其生产时煅烧的温度不同，分为低温煅烧石膏与高温煅烧石膏。

（一）低温煅烧石膏

低温煅烧石膏是在低温下（110～170℃）煅烧天然石膏所获得的产品，其主要成分为半水石膏（$CaSO_4 \cdot 0.5H_2O$）。因为在此温度下，二水石膏脱水，转变为半水石膏，即

$$CaSO_4 \cdot 2H_2O = CaSO_4 \cdot 0.5H_2O + 1.5H_2O$$

属于低温煅烧石膏的产品有建筑石膏、模型石膏和高强度石膏。

1. 建筑石膏

建筑石膏也称熟石膏，是天然石膏在回转窑或炒锅中煅烧后经磨细所得到的产品。煅烧时设备与大气相通，原料中的水分呈蒸汽排出，生成的半水石膏是细小的晶体，称β型半水石膏。建筑石膏中还含有少量的无水石膏（$CaSO_4$）和未分解的原料颗粒。建筑上所用的石膏均属这一品种。

2. 模型石膏

模型石膏也是β型半水石膏，但含杂质少，细度小。它在陶瓷工业中用作成型的模型。

3. 高强度石膏

高强度石膏是以杂质较少的天然石膏为原料，用蒸压釜于蒸汽介质（120～126℃，0.13MPa）中蒸炼而成。生成的半水石膏是粗大而密实的晶体，称α型半水石膏，它与β型半水石膏比较，达到一定稠度所需的用水量小，这就决定了α型半水石膏硬化后具有密实结构，抗压强度高，可达15～25MPa。

（二）高温煅烧石膏

高温煅烧石膏是天然石膏在800～1000℃下煅烧后经磨细而得到的产品。高温下二水石膏不但完全脱水成为无水硫酸钙（$CaSO_4$），并且部分硫酸钙分解成氧化钙，少量的氧化钙是无水石膏与水进行反应的激发剂。

高温煅烧石膏与建筑石膏比较，凝结硬化慢，但耐水性和强度高，耐磨性好，用它调制抹灰、砌筑及制造人造大理石的砂浆，可用于铺设地面，也称地板石膏。

二、建筑石膏的凝结与硬化

建筑石膏与水拌和后，最初是具有可塑性的石膏浆体，然后逐渐变稠失去可塑性，但尚无强度，这一过程称为凝结，以后浆体逐渐变成具有一定强度的固体，这一过程称为硬化。

建筑石膏在凝结硬化过程中，与水进行水化反应，即

$$CaSO_4 \cdot 0.5H_2O + 1.5H_2O = CaSO_4 \cdot 2H_2O$$

半水石膏加水后首先进行的是溶解，然后产生上述的水化反应，生成二水石膏。由于二水石膏在水中的溶解度（20℃时为2.05g/L）较半水石膏在水中的溶解度（20℃时为8.16g/L）小得多，所以二水石膏不断从过饱和溶液中沉淀而析出胶体微粒。二水石膏析出，破坏了原有半水石膏的平衡浓度，这时半水石膏会进一步溶解来补充溶液浓度。如此不断循环进行半水石膏的溶解和二水石膏的析出，直到半水石膏完全转化为二水石膏为止。这一过程进行得较快，大约为7～12min。

随着水化的进行，二水石膏胶体微粒的数量不断增多，它比原来的半水石膏颗粒细得多，即比表面积增大，因而可吸附更多的水分。同时因水分的蒸发和部分水分参与水化反应而成为化合水，致使自由水减少。由于上述原因使得浆体变稠而失去可塑性，这就是初凝过程。

在浆体变稠的同时，二水石膏胶体微粒逐渐变为晶体，晶体逐渐长大、共生和相互交错，使凝结的浆体逐渐产生强度，表现为终凝。随着干燥，内部自由水排出，晶体之间的摩擦力、粘结力逐渐增大，浆体强度也随之增加，一直发展到最大值，这就是硬化过程（图3-1所示为石膏凝结硬化示意图），直至剩余水分完全蒸发后，强度才停止发展。

三、建筑石膏的特性、质量要求及应用

（一）建筑石膏的特性

建筑石膏与其他无机胶凝材料比较，在性质上有如下特点。

1. 凝结硬化快

建筑石膏加水拌和后的浆体初凝时间不小于6min，终凝时间不早于30min，一星期左右完全硬化。初凝时间较短使施工成型困难，为延缓其凝结时间，可以掺入缓凝剂，使半水石膏溶解度降低或者降低其溶解速度，使水化速度减慢。常用的缓凝剂是动物胶、亚硫酸

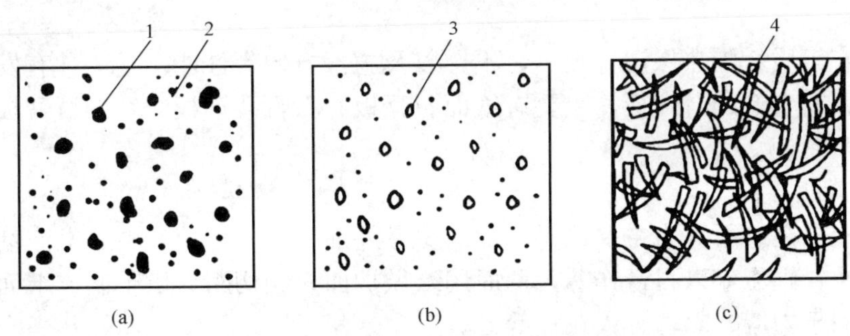

图 3-1　建筑石膏凝结硬化示意图
(a) 胶化；(b) 结晶开始；(c) 结晶长大与交错
1—半水石膏；2—二水石膏胶体微粒；3—二水石膏晶体；4—长大并交错的二水石膏晶体

盐、酒精废液，也可以用硼砂、柠檬酸等。

建筑石膏硬化较快，如一等品石膏 1d 强度约为 5～8MPa，7d 可达最大强度（约为 8～12MPa）。

2. 微膨胀性

其他胶凝材料硬化过程中往往产生收缩，而石膏却略有膨胀且不开裂，膨胀率为 0.05%～0.15%。这一性质使得石膏可以单独使用，尤其在装饰材料中，利用其微膨胀性塑造的各种建筑装饰制品，形体饱满密实，表面光滑细腻，干燥时不开裂。

3. 孔隙率高

石膏水化的理论需水量约为 18.61%，为使石膏浆体具有可塑性，常要加入 50%～70% 的水，这些多余的自由水蒸发后留下许多孔隙，使石膏制品具有多孔性，其孔隙达 40%～60%，因此石膏制品容重小、隔热保温性能好、吸音性强。但因吸水率大并且 $CaSO_4 \cdot 2H_2O$ 微溶于水，所以耐水性、抗渗性和抗冻性均较差。

4. 防火性较好

石膏硬化后主要成分是 $CaSO_4 \cdot 2H_2O$，当遇到 100℃ 以上温度作用时，结晶水蒸发，这部分水约占总量的 21%。蒸发的水蒸气吸收热量降低了石膏的表面温度，脱水后的无水石膏又是良好的绝热体，因而在一定程度上可阻止火势蔓延，起到一定的防火作用。

（二）建筑石膏的质量要求

根据《建筑石膏》(GB 9776—1988)，按抗折强度、抗压强度和细度建筑石膏分为优等品、一等品和合格品三个等级（见表 3-1）。

表 3-1　建筑石膏质量标准 (GB 9776—1988)

技术要求	等级		
	优等品	一等品	合格品
抗折强度 (MPa)	2.5	2.1	1.8
抗压强度 (MPa)	4.9	3.9	2.9
细度，0.2mm 方孔筛筛余 (%)，不大于	5.0	10.0	15.0

（三）建筑石膏的应用

建筑石膏常用于室内抹灰、粉刷、油漆打底层，也可制作各种建筑装饰制品和石膏板等。

石膏板具有轻质、隔热保温、吸声、不燃以及施工方便等性能，是一种有发展前途的新型材料。我国目前生产的石膏板，主要有纸面石膏板、石膏装饰板、纤维石膏板和石膏空心条板等。

1. 纸面石膏板

纸面石膏板以建筑石膏为主要原料，加入少量外加材料，如填充料、发泡剂、缓凝剂等加水搅拌、浇注、辊压，以石膏作芯，两面用纸做护面，经切断、烘干制成纸面石膏板。纸面石膏板主要用于内墙、隔墙、天花板等处。

2. 石膏装饰板

石膏装饰板以建筑石膏为主要原料，加入少量纤维增强材料及外加剂，加水搅拌成均匀料浆，浇注成型、脱模修边、干燥制成。有平板、多孔板、花纹板及浮雕板等，造型美观，品种多样，主要用于公共建筑的内墙及天花板。

3. 纤维石膏板

纤维石膏板是以建筑石膏为主要原料，掺加适量纤维增强材料而制成的。这种板的抗弯强度和弹性模量高，可用于内墙和隔墙，也可用来代替木材制作家具。

4. 石膏空心条板

石膏空心条板是以建筑石膏为主要原料，掺加适量轻质填充料或少量纤维材料，以提高板的抗折强度和减轻自重，加水搅拌、振动、成型、抽芯、脱模、烘干而成。这种石膏板不用纸，工艺简单，施工方便，可不用龙骨，强度较高，可用作内墙或隔墙。

此外还有石膏蜂窝板、石膏矿棉复合板、防潮石膏板等，分别用作绝热板、吸声板、内墙、隔墙板和天花板等。

建筑石膏在储存中，需要防水防潮。储存期一般不超过三个月，过期或受潮都会使石膏制品强度显著降低。

第二节 石　　灰

石灰是一种古老的建筑材料，是以石灰石为原料经煅烧而成的。实际上是具有不同化学成分和物理形态的生石灰、消石灰、水硬性石灰的统称。由于原料分布广泛，生产工艺简单，成本低廉，所以至今仍被广泛应用于土木工程中。

一、石灰的原料与生产

生产石灰的原料为石灰石、白云质石灰石或其他含碳酸钙为主的天然原料。

将上述原料加以煅烧，碳酸钙分解为氧化钙，此即为生石灰。反应式如下

$$CaCO_3 \xrightarrow{800\sim1000℃} CaO + CO_2 \uparrow$$

由于石灰石的致密程度、块体大小、杂质含量不同，为了加速分解，煅烧温度常控制在900～1000℃。生石灰呈块状，也称块灰。由于生产原料中多少含有一些碳酸镁，因而生石灰中还含有次要成分氧化镁。氧化镁含量≤5%的生石灰称钙质石灰，氧化镁含量>5%的称为镁质石灰。镁质石灰熟化较慢，但硬化后强度稍高。由于煅烧时火候不匀，石灰中常含有欠火石灰（含有未分解 $CaCO_3$）和过火石灰，过火石灰是在高于1000℃温度下，分解出的 CaO 形成粗大晶体甚至熔融，使 CaO 活性大幅度下降，过火石灰的表面有一层深褐色的熔

融物。

二、石灰的熟化与硬化

（一）石灰的熟化

生石灰可以直接磨细制成生石灰粉使用，更多的是将生石灰熟化成熟石灰粉或石灰膏之后再使用。将生石灰用适量水经消化和干燥而成的粉末，主要成分为$Ca(OH)_2$，称为熟石灰。生石灰加水进行水化，称为熟化或消解，其反应如下

$$CaO+H_2O=Ca(OH)_2+64.9kJ$$

熟化时放出大量热（1kg生石灰放热1160kJ），体积增大近两倍。熟石灰有两种形式，即石灰膏和熟石灰粉。

将块状石灰石用过量水（约为生石灰体积的3～4倍）消化，或将消石灰粉和水拌和所得到的一定稠度的膏状物即为石灰膏，其主要成分为$Ca(OH)_2$和水。石灰膏中的水分约占50%，容重为1300～1400kg/m^3，1kg生石灰可熟化成1.5～3kg石灰膏。欠火石灰不能熟化。当石灰中含有过火石灰时，它将在石灰浆体硬化以后才发生水化作用，于是会因产生膨胀而引起崩裂或隆起现象。因此，为消除上述现象，应将熟化后的石灰浆（膏）在消化池中储存2～3周，即所谓陈伏。陈伏期间，石灰膏表面有一层水，以隔绝空气，防止与CO_2作用产生碳化。

生石灰熟化成石灰粉，常采用淋灰的方法即每堆放半米高的生石灰块，淋60%～80%的水，分层堆放再淋水，以能充分消解而又不过湿成团为适宜，消石灰粉在使用以前，也应有类似石灰浆的陈伏时间。

（二）石灰的硬化

石灰浆体的硬化过程包括干燥硬化和碳化硬化两部分。

1. 干燥硬化

石灰浆体在干燥过程中，因水分蒸发形成孔隙网，这时，留在孔隙内的自由水，由于水的表面张力，在孔隙最窄处具有凹形弯月面，从而产生毛细管压力，使石灰颗粒更加紧密而获得强度。这种强度类似粘土失水后获得的强度，其值不大，而且当再遇水时又会丧失。

在干燥过程中，因水分蒸发还会引起$Ca(OH)_2$溶液过饱和而结晶析出，并产生强度，但因析出的晶体数量很少，所以强度不高。

2. 碳化硬化

氢氧化钙与空气中的二氧化碳化合生成碳酸钙结晶，并释出水分，称为碳化，其反应如下

$$Ca(OH)_2+CO_2+nH_2O=CaCO_3+(n+1)H_2O$$

碳化作用实际是二氧化碳与水形成碳酸，然后与氢氧化钙反应生成碳酸钙。如果含水量过小，处于干燥状态时，碳化反应几乎停止。若含水过多，孔隙中几乎充满水，二氧化碳气体渗透量少，碳化作用只在表层进行，所以碳化作用只有在孔壁充水而孔中无水时，才能进行较快。当材料表面形成的碳酸钙达到一定厚度时，碳化作用极为缓慢，并且阻止了内部水分的脱出，使氢氧化钙结晶速度缓慢，这是石灰硬化速度慢的原因。

三、石灰的特性、质量要求与应用

（一）石灰的特性

石灰与其他胶凝材料相比有如下特性。

1. 保水性好

熟石灰粉或石灰膏与水拌和后，保持水分不泌出的能力较强，即保水性好。氢氧化钙颗粒极细（直径约为1μm），其表面吸附一层较厚的水膜，由于颗粒数量多，比表面积大，可吸附大量水，这是保水性较好的主要原因。利用这一性质，将它掺入水泥砂浆中，配合成混合砂浆，克服了水泥砂浆保水性差的缺点。

2. 凝结硬化慢，强度低

由于空气中二氧化碳的含量低，而且碳化后形成的碳酸钙硬壳阻止二氧化碳向内部渗透，也妨碍水分向外蒸发，结果使 $CaCO_3$ 和 $Ca(OH)_2$ 结晶体生成量少且缓慢，已硬化的石灰强度很低，以 1∶3 配成的石灰砂浆，28d 强度通常只有 0.2～0.5MPa。

3. 耐水性差

由于石灰浆体硬化慢，强度低，尚未硬化的石灰浆体处于潮湿环境中，石灰中水分不蒸发出去，硬化停止；已硬化的石灰，由于 $Ca(OH)_2$ 易溶于水，因而耐水性差。

4. 体积收缩大

石灰浆体凝结硬化过程中，蒸发出大量水分，由于毛细管失水收缩，引起体积紧缩，此收缩变形会使制品开裂，因此石灰不宜单独使用。

（二）石灰的品质要求

生石灰的质量是以石灰中活性氧化钙和氧化镁、过火和欠火石灰及其他杂质含量多少作为主要指标。消石灰的品质指标，除上述两项外，还要检验其细度大小及含水率。按《石灰标准》(JC/T 479—1992) 将生石灰和消石灰粉各分为三个等级（见表 3-2、表 3-3)。

表 3-2 建筑生石灰分等指标

项目	钙质生石灰			镁质生石灰		
	优等品	一等品	合格品	优等品	一等品	合格品
(CaO+MgO)含量(%),不小于	90	85	80	85	80	75
未消化残渣含量(5mm圆孔筛余)(%),不大于	5	10	15	15	10	15
CO_2 含量(%),不大于	5	7	9	9	8	10
产浆量[(L·kg^{-1})],不小于	2.8	2.3	2.0	2.0	2.3	2.0

表 3-3 建筑消石灰粉技术要求

项 目		钙质消石灰粉			镁质消石灰粉			白云石消石灰粉		
		优等品	一等品	合格品	优等品	一等品	合格品	优等品	一等品	合格品
(CaO+MgO)含量(%),不小于		70	65	60	65	60	55	65	60	55
游离水含量(%),		0.4～2	0.4～2	0.4～2	0.4～2	0.4～2	0.4～2	0.4～2	0.4～2	0.4～2
体积安定性		合格	合格	—	合格	合格	—	合格	合格	—
细度	0.9mm筛筛余(%),不小于	0	0	0.5	0	0	0.5	0	0	0.5
	0.125mm筛筛余(%),不大于	3	10	15	3	10	15	3	10	15

（三）石灰的应用

石灰在建筑上应用范围很广，常用于组成下列建筑材料和制品。

1. 石灰乳涂料和砂浆

熟石灰粉或石灰膏掺加大量水，可配成石灰乳涂料，用于内墙及天棚的粉刷。

用石灰膏或熟石灰粉配制的石灰砂浆或水泥石灰砂浆是建筑工程中用量最大的材料之一。

2. 灰土和三合土

熟石灰粉与粘土配合成为灰土，再加入砂即成三合土。灰土或三合土经过夯实，可获得一定的强度和耐水性，广泛用作建筑物基础或地面的垫层。

3. 硅酸盐制品

硅酸盐制品是以石灰（熟石灰粉或磨细的生石灰）与硅质材料（如砂、粉煤灰、火山灰、煤矸石等）为主要原料，经过配料、拌和、成型、养护（常压蒸汽养护或高压蒸汽养护）等工序制得的制品。因其内部的胶凝物质基本上是水化硅酸钙，所以统称为硅酸盐制品，常用的有蒸养粉煤灰砖及砌块、蒸压灰砂砖及砌块等。

应用石灰时应注意存放，块状生石灰放置太久，会吸收空气中的水分熟化成熟石灰粉，再与空气中二氧化碳作用而成为碳酸钙，失去胶结能力。最好存放在封闭严密的仓库中，防潮防水。另外，存期不宜过长，如需长期存放，可熟化成石灰膏后用砂子铺盖防止碳化。块灰在运输时，应尽量用带棚车或用帆布盖好，防止水淋自行熟化，放热过高引起火灾。

第三节　水　玻　璃

水玻璃又称泡花碱，是碱金属氧化物与二氧化硅结合而成的能溶于水的硅酸盐材料。主要有硅酸钠（$NaO \cdot nSiO_2$）、硅酸钾（$K_2O \cdot nSiO_2$）等。建筑上常用的水玻璃是硅酸钠的水溶液，它是无色或淡黄色、灰白色粘稠液体，n 为二氧化硅与氧化钠（或氧化钾）的分子比，称水玻璃模数。n 值愈大，水玻璃粘度愈大，愈难溶于水，但愈易硬化。常用的水玻璃模数为 2.6～2.8。同一模数的水玻璃，其浓度愈大，则粘结力愈强。

水玻璃在空气中吸收二氧化碳，析出无定型二氧化硅凝胶，凝胶因干燥而逐渐硬化，即

$$NaO \cdot nSiO_2 + CO_2 + mH_2O \rightarrow Na_2CO_3 + nSiO_2 \cdot mH_2O$$

但此硬化过程非常缓慢，为了加速硬化，可将水玻璃加热或加入适量的促硬剂，如氟硅酸钠等，即

$$2(NaO \cdot nSiO_2) + Na_2SiF_6 + mH_2O \rightarrow 6NaF + (2n+1)SiO_2 \cdot mH_2O$$

作为固化促硬剂，氟硅酸钠的掺量为水玻璃的 12%～15%。氟硅酸钠也能提高水玻璃的耐水性，但它有一定的毒性，操作时应注意安全。

水玻璃的粘结性好，硬化后具有较高的强度、很强的耐酸性和耐热性。水玻璃在建筑上主要用于以下几方面。

1. 提高建筑材料的抗风化能力

用浸渍法处理多孔材料时，可提高其密实度、强度、耐水性能和抗风化性能。但不能用于涂刷和浸渍石膏制品，因硅酸钠与硫酸钙会起化学反应生成硫酸钠，在制品孔隙中结晶，体积显著膨胀，从而导致制品破坏。调制水玻璃时，可加入耐碱的颜料和填料，兼有饰面效果。

2. 耐热、耐酸工程

由于水玻璃硬化后的产物是耐酸性强的凝胶，所以水玻璃是一种耐酸材料。用它作为胶凝材料，与耐酸骨料等可配制成耐酸砂浆和耐酸混凝土，用于耐酸工程中。

水玻璃耐热性能良好，能长期承受一定的高温作用而强度不降低。用它与耐热骨料可配制耐热砂浆和耐热混凝土，用于耐热工程。

3. 配制防水剂

以水玻璃为基料，配制四矾、二矾防水剂与水泥浆用于防水堵漏。四矾防水剂是以蓝矾［硫酸铜 $CuSO_4 \cdot 5H_2O$］、明矾［硫酸钾铝 $KAl(SO_4)_2 \cdot 12H_2O$］、红矾［重铬酸钾 $K_2Cr_2O_7 \cdot 2H_2O$］、紫矾［硫酸钾铬 $KCr(SO_4)_2 \cdot 12H_2O$］各 1 份溶于 100 份水中，投入 400 份水玻璃中搅拌均匀而成。这种防水剂凝结迅速，一般不超过 1min，适用于与水泥浆调和，堵塞漏洞、缝隙等局部抢修。

4. 作为灌浆材料，用以加固地基

使用时将水玻璃溶液与氯化钙溶液交替灌入土壤中，反应如下

$$Na_2O \cdot nSiO_2 + CaCl_2 + xH_2O \rightarrow 2NaCl + nSiO_2 \cdot (x-1)H_2O + Ca(OH)_2$$

反应生成的硅胶起胶结作用，能包裹土粒并填充其孔隙，而氢氧化钙又与加入的氯化钙起反应，生成氧氯化钙，也起胶结和填充孔隙的作用。这不仅能提高基础的承载力，也可以增强不透水性。

第四节 菱苦土

菱苦土是一种白色或浅黄色的粉末，其主要成分是氧化镁（MgO）。生产它的主要原料是天然菱镁矿（$MgCO_3$），也可用蛇纹石（$3MgO \cdot 2SiO_2 \cdot 2H_2O$）、冶炼轻质镁合金的熔渣或海水为原料来提炼菱苦土。我国菱镁矿蕴含丰富，辽宁、吉林、内蒙、宁夏、山东、湖北等为主要产地。

（一）菱苦土的组成

碳酸镁一般在 400℃开始分解，600～650℃时分解反应剧烈进行，实际煅烧温度约为 750～850℃。其反应式如下

$$MgCO_3 \rightarrow MgO + CO_2 \uparrow$$

煅烧适当的菱苦土密度为 3.1～3.4g/cm^3，堆积密度为 800～900kg/m^3。

（二）菱苦土的特性

菱苦土如果加水拌和，MgO 水化生成 $Mg(OH)_2$，结构疏松而胶凝性差。因此，制备菱苦土料浆不能用水拌和，而用氯化镁（$MgCl_2 \cdot 6H_2O$）、硫酸镁（$MgSO_4 \cdot 7H_2O$）、氯化铁（$FeCl_3$）或硫酸亚铁（$FeSO_4 \cdot H_2O$）等盐溶液拌和菱苦土。其中以氯化镁最好，拌和后凝结快，硬化后强度可高达 40～60MPa，称为氯氧镁水泥或索瑞尔水泥，其缺点是吸湿性大，抗水性差，易变形，泛碱（表面有白色渗出物）。若同时加入硫酸亚铁，可提高其抗水性。加热氯化镁溶液，可缩短菱苦土凝结时间，加速硬化。

氯氧镁水泥水化后体积略有膨胀，使制品无收缩。镁质胶凝材料碱性较弱，对有机物无腐蚀性，但对铝、铁等金属有腐蚀作用，因此使用时不能让菱苦土直接接触金属。

（三）菱苦土的应用

菱苦土所制成的氯氧镁水泥中掺入刨花、木丝、亚麻皮或其他植物纤维，经拌和、压制、硬化可制成刨花板、木丝板等，可用作内墙、隔墙、天花板等。目前主要用于机械设备的包装构件，可节省大量木材。

氯氧镁水泥与木屑、颜料等配制而成的板材铺设于地面，即为菱苦土地板。这种地板保温性好、无噪声、不起灰、弹性好、防火、耐磨，是民用建筑和纺织车间的地板材料。如加入不同的颜料，可拼装成色泽鲜明、图案美丽的地面。但菱苦土地面不适用于经常受潮、遇水和遭受酸类侵蚀的地方。

复习思考题

1. 用于墙面抹灰时，建筑石膏与石灰相比较具有哪些优点？为什么？
2. 石灰的主要品种有哪几种？
3. 工地上使用生石灰时，为何要进行熟化？熟化时，为何必须进行陈伏？
4. 菱苦土的主要成分是什么？如何用菱苦土配制氯氧镁水泥？
5. 水玻璃的主要成分是什么？何谓水玻璃的模数？在建筑上水玻璃有何用途？

第四章 水 泥

水泥是一种粉状矿物胶凝材料，它与水混合后形成浆体，经过一系列物理、化学变化，由可塑性浆体变成坚硬的石状体，并能将散粒材料胶结成为整体。水泥是一种水硬性胶凝材料，不仅能在空气中凝结硬化，也能在水中凝结硬化，并保持和发展其强度。水泥是土木工程最重要的建筑材料之一，也是使用量最大的材料，水泥混凝土已经成为现代社会建筑业的基石，在经济社会发展中发挥着重要作用，不但大量应用于工业与民用建筑中，还广泛地应用于农业、水利、公路、铁路、海港和国防等工程中，常用于制造各种形式的钢筋混凝土、预应力混凝土构件和建筑物，也多用于配制砂浆，以及用于灌浆材料等。

水泥的种类繁多，目前生产和使用的水泥品种已达 200 余种。按组成水泥的基本物质——熟料的矿物组成，一般可分为：硅酸盐系水泥，其中包括硅酸盐水泥、普通硅酸盐水泥、矿渣硅酸盐水泥、火山灰质硅酸盐水泥、粉煤灰硅酸盐水泥、复合硅酸盐水泥六大常用水泥，以及快硬硅酸盐水泥、白色硅酸盐水泥、抗硫酸盐硅酸盐水泥等；铝酸盐系水泥，如铝酸盐自应力水泥、铝酸盐水泥等；硫铝酸盐系水泥，如快硬硫铝酸盐水泥等；氟铝酸盐水泥；铁铝酸盐水泥；少熟料或无熟料水泥。按水泥的特性与用途划分，可分为：通用水泥，是指大量用于一般土木工程的水泥，如上述"六大"水泥；专用水泥，是指专门用途的水泥，如砌筑水泥、油井水泥、道路水泥等；特性水泥，是指某种性能比较突出的水泥，如快硬水泥、白色水泥、膨胀水泥、低热及中热水泥等。

水泥的品种很多，其中硅酸盐系水泥是最基本的水泥。本章以硅酸盐系水泥为主要内容，在此基础上介绍其他品种水泥。

第一节 水 泥 概 述

一、水泥的发展过程

水泥的发展历史代表了胶凝材料的发展历史。早在公元前 3000 年，古埃及人就开始采用煅烧石膏作为建筑胶凝材料，而古希腊人则是将石灰石经煅烧后制得的石灰作为建筑的胶凝材料。公元前 146 年，罗马帝国吞并希腊，同时继承了希腊人生产和使用石灰的传统，人们将石灰与砂子混合成砂浆，然后用此砂浆砌筑建筑物。采用石灰砂浆的古罗马建筑非常坚固，有些一直保留到现在。古罗马人对石灰使用工艺进行了改进，在石灰中不仅掺入砂子，还掺入磨细的火山灰或磨细的碎砖，组成了性能更好并且具有部分水硬性的"石灰—火山灰—砂子"三组分砂浆，称为"罗马砂浆"。罗马人制造砂浆的知识传播较广，在古代法国和英国都曾普遍采用这种三组分砂浆，用它砌筑各种建筑。在欧洲建筑史上，"罗马砂浆"的应用延续了很长时间。到 18 世纪，英国由于航海灯塔建筑的需要，出现了用含粘土的石灰石制成的水硬性石灰，后来又用含粘土的石灰石高温煅烧，磨细制成了"罗马水泥"。1824 年，英国工程师约瑟夫·阿斯普丁（Joseph·Aspdin）发明"波特兰水泥"（即 portland cement，我国称之为硅酸盐水泥）获得专利，标志了现代水泥的诞生。

我国胶凝材料发展历史悠久，早在5000年前，就开始使用含二氧化硅较高的石灰石磨细制成的“白面灰”；公元前7世纪的周朝，开始出现石灰；公元5世纪的南北朝时期，出现了由石灰、粘土和细砂组成的“三合土”，与“罗马砂浆”性质相近；自秦汉以来，我国就出现用掺糯米汁的石灰砌筑砖石以及“石灰—桐油”、“石灰—血料”等无机有机材料相结合的胶凝材料，在当时世界胶凝材料发展中处于领先地位。由于种种原因近代中国胶凝材料的发展却远远落后于世界发展水平，19世纪初才开始现代水泥的生产，而且由于连年的战乱和动荡，发展缓慢。改革开放以来，我国的水泥工业获得了巨大的生机和活力，从此进入了重要的历史新阶段，水泥品种从解放初的几个品种发展到目前的近百个品种，水泥的年生产总量超过8亿吨，位居世界第一，品种的研究也跨入了世界先进行列。

二、硅酸盐系水泥的生产

生产硅酸盐系水泥的主要原料是石灰质原料和粘土质原料。石灰质原料主要提供CaO，常采用石灰石、白垩、石灰质凝灰岩等。粘土质原料主要提供SiO_2、Al_2O_3及Fe_2O_3，常采用粘土、粘土质页岩、黄土等。有时两种原料的化学成分不能满足要求，还需加入少量校正原料来调整，常采用黄铁矿生产硫酸时产生的废渣——铁矿粉等。

生产水泥时首先将原料按适当比例混合再磨细成生料，然后将制成的生料入窑（回转窑或立窑）进行高温煅烧；再将烧好的熟料配以适当的石膏和混合材料在粉磨机中磨成细粉，即得到水泥，见图4-1。

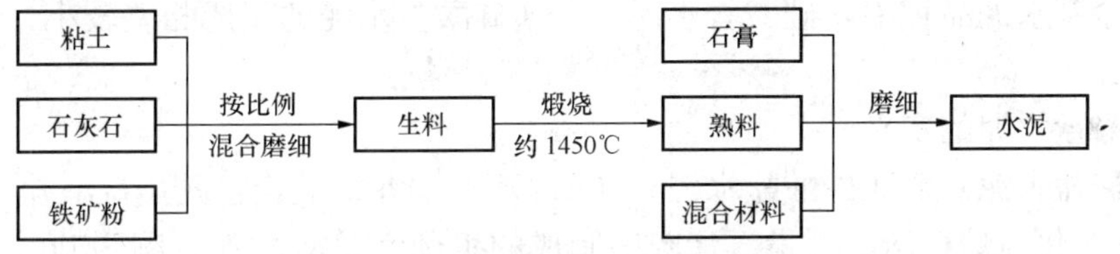

图4-1 水泥的生产工艺过程

硅酸盐水泥的生产有三大主要环节，即生料制备、熟料烧成和水泥制成。这三大环节的主要设备是生料粉磨机、水泥熟料煅烧窑和水泥粉磨机，其生产过程常形象地概括为“两磨一烧”。水泥生产工艺中，按生料制备时加水制成料浆的方法称为湿法生产，干磨成粉料的方法称为干法生产。由于生料煅烧成熟料是水泥生产的关键环节，因此，水泥的生产工艺也常以煅烧窑的类型来划分。生料在煅烧过程中要经过干燥、预热、分解、烧成和冷却五个环节，通过一系列物理、化学变化，生成水泥矿物，形成水泥熟料，为使生料能充分反应，窑内烧成温度要达到1450℃。目前，我国水泥熟料的煅烧主要有以悬浮预热和窑外分解技术为核心的新型干法回转窑生产工艺、传统的干法或湿法回转窑生产工艺和立窑生产工艺等几种。由于新型干法回转窑生产工艺具有规模大、质量好、消耗低、效率高的特点，已经成为发展方向和主流，而传统的回转窑和立窑生产工艺由于技术落后、能耗高、效率低而正逐渐被淘汰。

硅酸盐水泥生产中，须加入适量石膏和混合材料，加入石膏的作用是延缓水泥的凝结时间，以满足使用的要求；加入混合材料则是为了改善其品种和性能，扩大其使用范围，降低水泥成本、增加水泥产量。

三、硅酸盐系水泥的组成

硅酸盐系水泥一般由硅酸盐水泥熟料、石膏调凝剂和混合材料三部分组成。

1. 硅酸盐水泥熟料

以适当成分的生料煅烧至部分熔融，得到以硅酸钙为主要成分的产物，称为硅酸盐水泥熟料。生料中的主要成分是 CaO、SiO_2、Al_2O_3、Fe_2O_3，经高温煅烧后，反应生成硅酸盐水泥熟料中的四种主要矿物：硅酸三钙（$3CaO \cdot SiO_2$），简写式 C_3S，约占 37%～60%；硅酸二钙（$2CaO \cdot SiO_2$），简写式 C_2S，约占 15%～37%；铝酸三钙（$3CaO \cdot Al_2O_3$），简写式 C_3A，约占 7%～15%；铁铝酸四钙（$4CaO \cdot Al_2O_3 \cdot Fe_2O_3$），简写式 C_4AF，约占 10%～18%。

2. 石膏

石膏是硅酸盐系水泥中必不可少的组成材料，主要作用是调节水泥的凝结时间，常采用天然的或合成的二水石膏（$CaSO_4 \cdot 2H_2O$），也可用含有 $CaSO_4 \cdot 2H_2O$ 的化工废渣。

3. 混合材料

混合材料是硅酸盐系水泥生产中经常采用的组成材料，按其性能不同，可分为活性与非活性两大类。常用的混合材料有活性类的粒化高炉矿渣、火山灰质材料（沸石、火山灰）、粉煤灰及烧煤矸石等与非活性类的石灰石、石英砂、钢渣、慢冷矿渣等。

第二节　硅酸盐水泥和普通硅酸盐水泥

在硅酸盐系水泥品种中，硅酸盐水泥和普通硅酸盐水泥的组成相差较小，性能相对比较接近。

一、硅酸盐水泥的定义

按《硅酸盐水泥、普通硅酸盐水泥》（GB 175—1999）规定：凡由硅酸盐水泥熟料、0～5%石灰石或粒化高炉矿渣、适量石膏磨细制成的水硬性胶凝材料，称为硅酸盐水泥（国外通称波特兰水泥，portland cement）。硅酸盐水泥分两种类型：不掺加混合材料的称Ⅰ型硅酸盐水泥，其代号为P·Ⅰ；在硅酸盐水泥熟料粉磨时掺入不超过水泥质量 5%的石灰石或粒化高炉矿渣的称Ⅱ型硅酸盐水泥，其代号为P·Ⅱ。

二、硅酸盐水泥的水化和凝结硬化

水泥加水拌和后，最初形成具有可塑性的水泥浆体，随着水泥水化反应的进行逐渐变稠失去塑性，这一过程称为凝结。此后，随着水化反应的继续，浆体逐渐变为具有一定强度的坚硬的固体水泥石，这一过程称为硬化。可见，水化是水泥产生凝结硬化的前提，而凝结硬化则是水泥水化的必然结果。

（一）硅酸盐水泥的水化

硅酸盐水泥熟料由四种主要矿物组成，这些矿物的水化硬化性质决定了水泥的性质。因此，研究水泥的水化硬化，必须首先研究各种矿物的水化硬化。对水泥水化硬化的研究主要关注四个方面的性质，即水化产物、水化速率、凝结硬化速率和硬化后强度。因水泥强度随时间不断发展，研究其强度时，一般划分为早期强度和后期强度。硅酸盐水泥与水拌和后，其熟料粉粒表面的四种矿物立即与水发生水化反应，生成水化产物，各矿物的水化反应如下。

1. 硅酸三钙的水化

硅酸三钙是水泥熟料的主要矿物，其水化作用、产物和凝结硬化对水泥的性能有重要影响。在常温下硅酸三钙的水化反应如下

$$3CaO \cdot SiO_2 + nH_2O = xCaO \cdot SiO_2 \cdot yH_2O + (3-x)Ca(OH)_2$$

可简写为

$$C_3S + nH = C-S-H + (3-x)CH$$

式中：C—S—H 为水化硅酸钙凝胶，x 为 CaO 与 SiO_2 分子式比，不同的水化条件 x 有很大的变化。

硅酸三钙的水化产物为水化硅酸钙和氢氧化钙。水化硅酸钙为凝胶体，显微结构是纤维状；氢氧化钙为晶体，易溶于水。硅酸三钙水化速率很快，水化放热量大，生成的硅酸钙凝胶构成具有很高强度的空间网络结构，是水泥强度的主要来源，其凝结时间正常，早期和后期强度都较高。

2. 硅酸二钙的水化

硅酸二钙的水化与硅酸三钙相似，但水化速率慢很多，其水化反应如下

$$2CaO \cdot SiO_2 + mH_2O = xCaO \cdot SiO_2 \cdot yH_2O + (2-x)Ca(OH)_2$$

可简写为

$$C_2S + mH = C-S-H + (2-x)CH$$

硅酸二钙的水化产物中水化硅酸钙在形貌方面都与 C_3S 的水化产物无大的区别，也称硅酸钙凝胶；而氢氧化钙的生成量较 C_3S 的少，且结晶比较粗大。在硅酸盐水泥熟料矿物质中，硅酸二钙水化速率最慢，但后期增长大，水化放热量小；其早期强度低，后期强度增长，可接近甚至超过硅酸三钙的强度，是保证水泥后期强度增长的主要因素。

3. 铝酸三钙的水化

铝酸三钙水化产物通称为水化铝酸钙，在常温下生成介稳状态的水化铝酸钙，常温下典型的水化反应如下

$$2(3CaO \cdot Al_2O_3) + 27H_2O = 4CaO \cdot Al_2O_3 \cdot 19H_2O + 2CaO \cdot Al_2O_3 \cdot 8H_2O$$

可简写为

$$2C_3A + 27H = C_4AH_{19} + C_2AH_8$$

C_4AH_{19} 是一种不稳定水化物，在低于 85％的相对湿度时，会脱水生成 C_3AH_6。

在硅酸盐水泥熟料矿物质中，铝酸三钙水化速率最快，水化放热量大且放热速率快。其早期强度增长快，但强度值并不高，后期几乎不再增长，对水泥的早期（3d 以内）强度有一定的影响。由于 C_3AH_6 为立方体晶体，是水化铝酸钙中结合强度最低的产物，它甚至会使水泥后期强度下降。水化铝酸钙凝结速率快，会使水泥产生快凝现象。因此，在水泥生产时要加入缓凝剂——石膏，以使水泥凝结时间正常。

4. 铁铝酸四钙的水化

铁铝酸四钙是熟料中铁相固溶体的代表，氧化铁的作用与氧化铝的作用相似，可看作 C_3A 中一部分氧化铝被氧化铁所取代。其水化反应及产物与 C_3A 相似，生成水化铝酸钙与水化铁酸钙的固溶体，其反应可表示为

$$4CaO \cdot Al_2O_3 \cdot Fe_2O_3 + 7H_2O = 3CaO \cdot Al_2O_3 \cdot 6H_2O + CaO \cdot Fe_2O_3 \cdot H_2O$$

可简写为

$$C_4AF + 7H = C_3AH_6 + CFH$$

铁铝酸四钙水化速率较快，仅次于 C_3A，水化热不高，凝结正常，其强度值较低，但抗折强度相对较高。提高 C_4AF 的含量，可降低水泥的脆性，有利于道路等有振动交变荷载作用的使用场合。

上述反应中，硅酸三钙的水化反应速度快，水化放热量大，生成的水化硅酸钙（简写成C—S—H）几乎不溶于水，而以胶体微粒析出，并逐渐凝聚成为凝胶。经电子显微镜观察，水化硅酸钙的颗粒尺寸与胶体相当，实际呈结晶度较差的箔片状和纤维颗粒，由这些颗粒构成的网状结构具有很高的强度。反应生成的氢氧化钙很快在溶液中达到饱和，呈六方板状晶体析出。硅酸三钙早期与后期强度均较高。

硅酸二钙水化反应的产物与硅酸三钙的相同，只是数量上有所不同，而硅酸二钙水化反应慢，水化放热小。由于水化反应速度慢，因此早期强度低，但后期强度增长率大，一年后可赶上甚至超过硅酸三钙的强度。

铁铝酸四钙水化反应快，水化放热中等，生成的水化产物为水化铝酸三钙立方晶体与水化铁酸一钙凝胶，强度较低。

铝酸三钙的水化反应速度极快，水化放热量最大，其部分水化产物——水化铝酸三钙晶体在氢氧化钙的饱和溶液中能与氢氧化钙进一步反应，生成水化铝酸钙晶体，两者的强度均较低。

上述熟料矿物水化与凝结硬化特性见表 4-1 与图 4-2。

表 4-1　硅酸盐水泥主要矿物组成及其特性

特性指标 \ 组成		$3CaO \cdot SiO_2$ (C_3S)	$2CaO \cdot SiO_2$ (C_2S)	$3CaO \cdot Al_2O_3$ (C_3A)	$4CaO \cdot Al_2O_3 \cdot Fe_2O_3$ (C_4AF)
密度(g/cm³)		3.25	3.28	3.04	3.77
水化反应速率		快	慢	最快	快
水化放热量		大	小	最大	中
强度	早期	高	低	低	低
	后期		高		
收缩		中	中	大	小
抗硫酸盐侵蚀性		中	最好	差	好

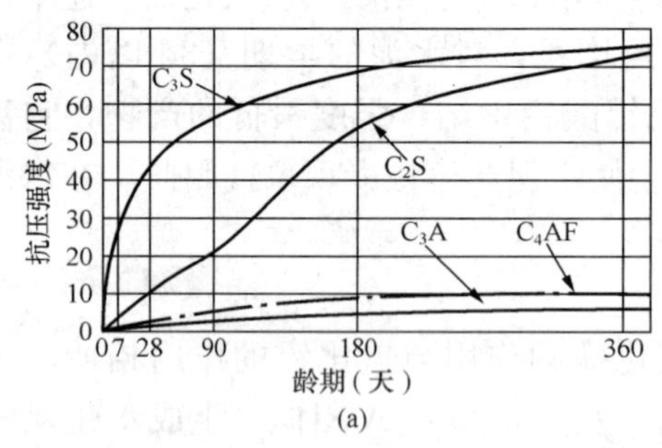

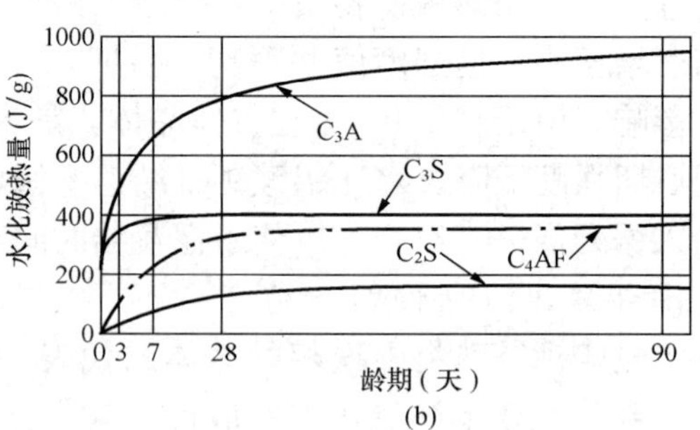

图 4-2　熟料矿物的水化和凝结硬化特性

(a) 水泥熟料矿物不同龄期的抗压强度；(b) 水泥熟料矿物在不同龄期的水化放热

由上述可知，正常煅烧的硅酸盐水泥熟料经磨细后与水拌和时，由于铝酸三钙的剧烈水化，会使浆体迅速产生凝结，导致无法正常施工。因此，在水泥生产时必须加入适量的石膏调凝剂，使水泥的凝结时间满足工程施工的要求。水泥中适量的石膏与水化铝酸三钙反应生成高硫型水化硫铝酸钙，又称钙矾石，其反应式如下

$$3CaO \cdot Al_2O_3 \cdot 6H_2O + 3(CaSO_4 \cdot 2H_2O) + (19 \sim 20)H_2O = 3CaO \cdot Al_2O_3 \cdot 3CaSO_4 \cdot (31 \sim 32)H_2O$$

（高硫型水化硫铝酸钙晶体）

可简写为　$C_3AH_6 + 3C\bar{S}H_2 + (19 \sim 20)H = C_6A\bar{S}_3H_{31 \sim 32}$

石膏完全消耗后，一部分钙矾石将转变为单硫型水化硫铝酸钙 $C_3A \cdot C\bar{S} \cdot H_{12}$ 晶体，即

$$C_6A\bar{S}_3H_{31-32} + C_3AH_6 + C_4AH_{13} = 3(C_3A \cdot C\bar{S} \cdot H_{12}) + CH + 14H$$

水化硫铝酸钙是难溶于水的针状晶体，它沉淀在熟料颗粒的周围，阻碍了水分的进入，因此起到了延缓水泥凝结的作用。

水泥的水化实际上是复杂的化学反应，上述反应是几个典型的水化反应方程式。若忽略一些次要的或少量的成分以及混合材料的作用，硅酸盐水泥与水反应后，生成的主要水化产物有：水化硅酸钙凝胶、水化铁酸钙凝胶、氢氧化钙晶体、水化铝酸钙晶体、水化硫铝酸钙晶体。在完全水化的水泥中，水化硅酸钙约占70%，氢氧化钙约占20%，钙矾石和单硫型水化硫铝酸钙约占7%。

（二）硅酸盐水泥的凝结硬化过程

凝结和硬化是人为划分的，实际上，硅酸盐水泥的凝结硬化是一个连续的复杂的物理、化学变化过程。自从1882年雷·查特理（Le Chatelier）提出水泥凝结硬化理论以来，至今还在研究。迄今为止，尚没有统一的埋论来阐述水泥的凝结硬化具体过程，现有的理论还存在着许多问题有待进一步的研究。一般按水化反应速率和水泥浆体的结构特征，硅酸盐水泥的凝结硬化过程可分为诱导期、凝结期、硬化期三个阶段。

1. 诱导期

水泥与水接触后立即发生水化反应，在初始的5～10min内，放热速率剧增，可达此阶段的最大值，然后又降至很低。在此阶段硅酸三钙开始水化，生成水化硅酸钙凝胶，同时生成氢氧化钙，氢氧化钙立即溶于水中，钙离子浓度急剧增大，当达到过饱和时，则呈结晶析出。同时，暴露于水泥熟料颗粒表面的铝酸三钙也溶于水，并与已溶解的石膏反应，生成钙矾石结晶析出，附着在颗粒表面，在这个阶段中，水化的水泥只是极少的一部分。在1h左右，水泥浆的放热速率很低，这说明此时水泥水化已变得十分缓慢。这主要是由于水泥颗粒表面覆盖了一层以水化硅酸钙凝胶为主的渗透膜层，阻碍了水泥颗粒与水的接触。在此期间，由于水泥水化产物数量不多，水泥颗粒仍呈分散状态，所以水泥浆基本保持塑性状态。随后开始进入凝结期。

2. 凝结期

在诱导期后由于渗透压的作用，水泥颗粒表面的膜层破裂，水进入膜内与熟料发生反应，水泥继续水化，放热速率又开始增大，6h内可增至最大值，然后又缓慢下降。在此阶段，水化产物不断增加并填充水泥颗粒之间的空间，随着接触点的增多，形成了由分子力结合的凝聚结构，使水泥浆体逐渐失去塑性，这一过程称为水泥的凝结，此阶段结束约有15%的水泥水化。

3. 硬化期

在凝结期后放热速率缓慢下降，全水泥水化24h后，放热速率已降到一个很低值，此时，水泥水化仍在继续进行，水化铁铝酸钙形成。由于石膏的耗尽，高硫型水化硫铝酸钙转变为低硫型水化硫铝酸钙，水化硅酸钙凝胶形成纤维状。在这一过程中，水化产物越来越多，它们更进一步地填充孔隙且彼此间的结合更加紧密，使得水泥浆体产生强度

而成为“水泥石”，这一过程称为水泥的硬化。硬化期是一个相当长的过程，在适当的养护条件下，水泥硬化可以持续很长时间，几个月、几年、甚至几十年后强度还会继续增长。

水泥石强度发展的一般规律是：3～7天内强度增长最快，28天内强度增长较快，超过28天后强度将继续发展但增长较慢。需要注意的是：水泥凝结硬化过程的各个阶段不是彼此截然分开，而是交错进行的。

（三）影响硅酸盐水泥凝结硬化的主要因素

从硅酸盐水泥熟料的单矿物水化及凝结硬化特性不难看出，熟料的矿物组成直接影响着水泥水化与凝结硬化，除此以外，水泥的凝结硬化还与下列因素有关。

(1) 温度对水泥的凝结硬化有显著影响。温度升高，凝结硬化速度加快，强度增加也较快；温度降低，凝结硬化速度减慢，强度增加缓慢。当温度低于5℃时，凝结硬化大大减慢，当温度低于0℃时，还会由于水结冰破坏水泥石的结构。足够的湿度可以使水泥石保持足够的水分进行水化和凝结硬化，并生成水化物进一步填充毛细孔，是水泥石强度发展的必要条件。保持环境的温度和湿度，是水泥石强度不断增长的措施，称为养护。

(2) 生产水泥时，要掺入适量石膏调节水泥的凝结速度。如果不掺石膏或者掺入不足时，水泥可能会发生瞬凝现象。但如果掺入石膏量过多，也会使水泥凝结速度加快，并且在后期还会由于硬化后继续生成钙钒石引起水泥石的膨胀开裂，此时的钙钒石由于起到的是破坏作用，故称为“水泥杆菌”。

除此之外，水泥的凝结硬化还与水泥细度、水泥浆的水灰比等因素有关。

三、硅酸盐水泥的技术性质

《硅酸盐水泥、普通硅酸盐水泥》(GB 175—1999) 对硅酸盐水泥的主要技术性质作出下列规定。

1. 细度

细度是指水泥颗粒的粗细程度。细度对水泥的性能影响很大，水泥颗粒越细，与水起反应的表面积就越大，水化速度较快并且较完全，因而凝结硬化快，早期强度较高；但早期放热量和硬化收缩也比较大，并且成本较高，储存期较短。所以，水泥的细度应适当。

水泥细度通常采用筛分析法或比表面积法测定。GB 175—1999规定，硅酸盐水泥的细度用比表面积来衡量，要求比表面积大于300m^2/kg。普通水泥的细度可用筛余量来衡量，要求80μm方孔筛筛余不得超过10.0%。

2. 凝结时间

凝结时间是指水泥从加水开始，到水泥浆失去塑性所需的时间。凝结时间分初凝时间和终凝时间，初凝时间是指从水泥加水到水泥浆开始失去塑性的时间，终凝时间是指从水泥加水到水泥浆完全失去塑性的时间。GB 175—1999规定，硅酸盐水泥的初凝时间不得早于45min，终凝时间不得迟于6.5h，凡初凝时间不符合规定者为废品，终凝时间不符合规定者为不合格品。水泥凝结时间的测定，是以标准稠度的水泥净浆，在规定温度下用专用的水泥凝结时间测定仪测定。水泥的标准稠度用水量和凝结时间的测定按《水泥标准稠度用水量、凝结时间、安定性检验方法》(GB 1346—2001) 进行（详见本书试验部分）。

水泥的凝结时间对水泥混凝土和砂浆的施工有重要的意义。初凝时间不宜过短，以便施工时有足够的时间来完成混凝土和砂浆拌和物的运输、浇捣或砌筑等操作；终凝时间不宜过长，是为了使混凝土和砂浆在浇捣或砌筑完毕后能尽快凝结硬化，以利于下一道工序的及早进行。

3. 安定性

安定性是指水泥在凝结硬化过程中体积变化的均匀性。

安定性用沸煮法检验必须合格。测试方法按《水泥标准稠度用水量、凝结时间、安定性检验方法》(GB 1346—2001) 进行。可以用试饼法，也可用雷氏法，有争议时以雷氏法为准（详见本书试验部分）。

水泥硬化后体积变化不稳定、不均匀，即所谓的安定性不良，会导致混凝土产生膨胀破坏，造成严重的工程质量事故。因此，GB 1346—2001 规定：在水泥中，凡水泥安定性不良即为废品水泥，绝对不能用于土木工程中。水泥安定性不良的主要原因是由于熟料煅烧不完全而存在游离 CaO 与 MgO，由于 CaO 与 MgO 经 110℃以上的高温煅烧，因此水化活性小，在水泥硬化后水化，产生体积膨胀；或者生产水泥时加入过多的石膏，在水泥硬化后还会继续与固态的水化铝酸钙反应生成水化硫铝酸钙，产生体积膨胀。这三种物质造成的膨胀均会导致水泥安定性不良，会导致硬化水泥石产生弯曲、裂缝甚至粉碎性破坏等现象。沸煮能加速游离氧化钙的水化，GB 1346—2001 规定通用水泥用沸煮法检验安定性；游离氧化镁的水化比游离氧化钙更缓慢，沸煮法已不能检验，GB 1346—2001 规定通用水泥 MgO 含量不得超过 5%，若水泥经压蒸法检验合格，则 MgO 含量可放宽到 6%；由石膏造成的安定性不良，需经长期浸在常温水中才能发现，不便于检验，所以 GB 1346—2001 规定硅酸盐水泥中的 SO_3 含量不得超过 3.5%。

4. 强度

水泥强度是水泥的主要技术性质，是评定其质量的主要指标。水泥强度测定按《水泥胶砂强度检验方法（ISO 法）》(GB/T 17671—1999) 进行（详见本书试验部分）。强度等级按 3 天和 28 天的抗压强度和抗折强度来划分，分为 42.5、42.5R、52.5、52.5R、62.5 和 62.5R 六个等级，有代号 R 的为早强型水泥。各等级的强度值不得低于（GB 175—1999）的规定（如表 4-2 所示）。

表 4-2　硅酸盐水泥各龄期的强度要求（GB 175—1999）

强度等级	抗压强度（MPa）		抗折强度（MPa）	
	3 天	28 天	3 天	28 天
42.5	17.0	42.5	3.5	6.5
42.5R	22.0	42.5	4.0	6.5
52.5	23.0	52.5	4.0	7.0
52.5R	27.0	52.5	5.0	7.0
62.5	28.0	62.5	5.0	8.0
62.5R	32.0	62.5	5.5	8.0

5. 碱含量

水泥中碱含量按 $Na_2O+0.658K_2O$ 计算的重量百分率来表示。当混凝土骨料中含有活性二氧化硅时，会与水泥中的碱相互作用形成碱硅酸盐凝胶，由于碱硅酸盐凝胶体积膨胀可引起混凝土开裂，造成结构的破坏，这种现象称为“碱—骨料反应”。它是影响混凝土耐久性的一个重要因素。碱—骨料反应与混凝土中的总碱量、骨料及使用环境等有关。为防止碱—骨料反应，GB 175—1999 对碱含量作出了相应规定，将碱含量定为任选要求，当用户有要求时由供需双方商定，但要求提供低碱水泥时，水泥中碱含量不得大于 0.60%。

6. 水化热

水泥在凝结硬化过程中，因水化反应所放出的热量称为水泥的水化热，通常以 kJ/kg 表示。大部分水化热是伴随着强度的增长在水化初期放出的。水泥的水化热大小和释放速率主要与水泥熟料的矿物组成、混合材料的品种与数量、水泥的细度及养护条件等有关。另外，加入外加剂可改变水泥的释热速率。大型基础、水坝、桥墩、厚大构件等大体积混凝土结构，由于其水化热聚集在内部不易散发，内部温度可达 50～60℃，甚至更高，内外温差产生的应力和温降收缩产生的应力常使混凝土产生裂缝，因此大体积混凝土不宜采用水化热较大、放热较快的水泥。

《硅酸盐水泥、普通硅酸盐水泥》（GB 175—1999）还规定：凡氧化镁、三氧化硫、初凝时间、安定性中任一项不符合标准规定时，均为废品；凡细度和终凝时间中的任一项不符合标准规定或混合材料掺加量超过最大限量和强度低于商品强度等级的指标时为不合格品；水泥包装标志中水泥品种、强度等级、生产者名称和出厂编号不全的也属于不合格品。

四、水泥石的腐蚀与防止

硅酸盐水泥硬化后，在通常使用条件下具有优良的耐久性。但在流动的淡水、某些侵蚀性液体或气体等介质的作用下，水泥石结构会逐渐遭到破坏，这种现象称为水泥石的腐蚀。必须了解水泥石的腐蚀类型及原因并采取有效措施予以防止。

（一）水泥石的几种主要腐蚀类型

导致水泥石腐蚀的因素很多，作用过程也比较复杂，仅介绍几种典型介质对水泥石的侵蚀作用。

1. 软水腐蚀（溶出性腐蚀）

$Ca(OH)_2$ 晶体是水泥的主要水化产物之一，水泥的其他水化产物也须在一定浓度的 $Ca(OH)_2$ 溶液中才能稳定存在，而 $Ca(OH)_2$ 又是易溶于水的，特别易溶于含碳酸氢钙很少的软水。若水泥石中的 $Ca(OH)_2$ 晶体被溶解流失，其浓度低于水化产物稳定所需要的最低要求时，水泥的其他水化产物就会被溶解或分解，从而造成水泥石的破坏。所以软水腐蚀是一种溶出性的腐蚀。

雨水、雪水、蒸馏水、冷凝水、含碳酸盐较少的河水和湖水等都是软水，当水泥石长期与这些水接触时，$Ca(OH)_2$ 会被溶出，每升水中可溶解 $Ca(OH)_2$ 1.3g 以上。在静水无压或水量不多情况下，由于 $Ca(OH)_2$ 的溶解度较小，溶液易达到饱和，故溶出作用仅限于表面并很快停止，影响不大。但在流动水、压力水或大量水的情况下，$Ca(OH)_2$ 会不断地被溶解流失。一方面使水泥石孔隙率增大，密实度和强度下降，水更易向内部渗透；另一方面，水泥石的碱度不断降低，引起水化产物分解，最终变成胶结能力很差的产物，使水泥石结构受到破坏。

软水腐蚀的程度与水的暂时硬度（水中重碳酸盐即碳酸氢钙和碳酸氢镁的含量）有关，碳酸氢钙和碳酸氢镁能与水泥石中的 $Ca(OH)_2$ 反应生成不溶于水的碳酸钙，其反应式如下

$$Ca(OH)_2 + Ca(HCO_3)_2 = 2CaCO_3 \downarrow + 2H_2O$$

因生成的碳酸钙沉淀填充在水泥石的孔隙内从而提高水泥石的密实度，并在其表面形成紧密不透水层，从而可以阻止外界水的侵入和内部 $Ca(OH)_2$ 的扩散析出。因此，水的暂时硬度越高，腐蚀作用越小。应用这一性质，对须与软水接触的混凝土制品或构件，可先在空气中

硬化，再进行表面碳化，形成碳酸钙外壳，可起到一定的保护作用。

2. 盐类侵蚀

在水中通常溶有大量的盐类，某些溶解于水中的盐类会与水泥石相互作用产生置换反应，生成一些易溶或无胶结能力或产生膨胀的物质，从而使水泥石结构破坏。最常见的盐类侵蚀是硫酸盐侵蚀与镁盐侵蚀。

硫酸盐侵蚀是由于水中溶有一些易溶的硫酸盐。如 K_2SO_4 和 Na_2SO_4，它们与水泥石中的氢氧化钙反应生成硫酸钙，硫酸钙再与水泥石中的固态水化铝酸钙反应生成钙矾石，从而使固相体积增加很多，分别为 94%和 1.24%，产生较高的结晶压力，使水泥石结构破坏，以 Na_2SO_4 为例其反应式为

$$Ca(OH)_2 + Na_2SO_4 + 2H_2O = CaSO_4 \cdot 2H_2O + 2NaOH$$

$$4CaO \cdot Al_2O_3 \cdot 19H_2O + 3(CaSO_4 \cdot 2H_2O) + 7H_2O = 3CaO \cdot Al_2O_3 \cdot 3CaSO_4 \cdot 31H_2O + Ca(OH)_2$$

$$3CaO \cdot Al_2O_3 \cdot 6H_2O + 3(CaSO_4 \cdot 2H_2O) + 19H_2O = 3CaO \cdot Al_2O_3 \cdot 3CaSO_4 \cdot 31H_2O$$

钙矾石呈针状晶体，常称引起水泥石破坏的钙钒石为“水泥杆菌”。若硫酸钙浓度过高，则直接在孔隙中生成二水石膏结晶，体积膨胀产生结晶压力导致水泥石结构破坏。

镁盐侵蚀主要是氯化镁和硫酸镁与水泥石中的氢氧化钙发生复分解反应，生成无胶结能力的氢氧化镁及易溶于水的氯化镁或生成石膏导致水泥石结构破坏，其反应式为

$$MgSO_4 + Ca(OH)_2 + 2H_2O = CaSO_4 \cdot 2H_2O + Mg(OH)_2$$

$$MgCl_2 + Ca(OH)_2 = CaCl_2 + Mg(OH)_2$$

可见，硫酸镁对水泥石起镁盐与硫酸盐双重侵蚀作用。

3. 酸类侵蚀

（1）碳酸侵蚀。在某些工业污水和地下水中常溶解有较多的二氧化碳，这种水分对水泥石的侵蚀作用称为碳酸侵蚀。首先，水泥石中的 $Ca(OH)_2$ 与溶有 CO_2 的水反应，生成不溶于水的碳酸钙；然后碳酸钙又再与碳酸水反应生成易溶于水的碳酸氢钙。反应式为

$$Ca(OH)_2 + CO_2 + H_2O = CaCO_3 + 2H_2O$$

$$CaCO_3 + CO_2 + H_2O = Ca(HCO_3)_2$$

当水中含有较多的碳酸，上述反应向右进行，从而导致水泥石中的 $Ca(OH)_2$ 不断地转变为易溶的 $Ca(HCO_3)_2$ 而流失，进一步导致其他水化产物的分解，使水泥石结构遭到破坏。

（2）一般酸侵蚀。水泥的水化产物呈碱性，因此酸类对水泥石一般都会有不同程度的侵蚀作用，其中侵蚀作用最强的是无机酸中的盐酸、氢氟酸、硝酸、硫酸及有机酸中的醋酸、蚁酸和乳酸等，它们与水泥石中的 $Ca(OH)_2$ 反应后的生成物或者易溶于水，或者体积膨胀，都对水泥石结构产生破坏作用。无机强酸还会与水泥石中的水化硅酸钙、水化铝酸钙等水化产物反应，使之分解，而导致腐蚀破坏。一般来说，有机酸的腐蚀作用较无机酸弱；酸的浓度越大，腐蚀作用越强。例如盐酸和硫酸分别与水泥石中的氢氧化钙、水化硅酸钙、水化铝酸钙作用，反应式为

$$Ca(OH)_2 + 2HCl = CaCl_2 + 2H_2O$$

$$Ca(OH)_2 + 2H_2SO_4 = CaSO_4 \cdot 2H_2O$$

$$2CaO \cdot SiO_2 + 4HCl = 2CaCl_2 + SiO_2 \cdot 2H_2O$$

$$3CaO \cdot Al_2O_3 + 6HCl = 3CaCl_2 + Al_2O_3 \cdot 3H_2O$$

反应生成的氯化钙易溶于水，生成的石膏继而又产生硫酸盐侵蚀作用。

4. 强碱侵蚀

水泥石本身具有相当高的碱度，因此弱碱溶液一般不会侵蚀水泥石，但是，当铝酸盐含量较高的水泥石遇到强碱（如氢氧化钠）作用后会被腐蚀破坏。氢氧化钠与水泥熟料中未水化的铝酸三钙作用，生成易溶的铝酸钠，反应式为

$$2CaO \cdot SiO_2 \cdot nH_2O + 2NaOH = 2Ca(OH)_2 + Na_2O \cdot SiO_2 + (n-1)H_2O$$

$$3CaO \cdot Al_2O_3 \cdot 6H_2O + 2NaOH = 3Ca(OH)_2 + Na_2O \cdot Al_2O_3 + 4H_2O$$

当水泥石被氢氧化钠浸润后在空气中干燥，与空气中的二氧化碳作用生成碳酸钠，它在水泥石毛细孔中结晶沉积，也会使水泥石胀裂。

除了上述四种典型的侵蚀类型外，糖、氨、盐、动物脂肪、纯酒精、含环烷酸的石油产品等对水泥石也有一定的侵蚀作用。

水泥的耐蚀性可用耐蚀系数定量表示。耐蚀系数是以同一龄期下，水泥试体在侵蚀性溶液中养护的强度与在淡水中养护的强度之比，比值越大，耐蚀性越好。

实际工程中水泥石的腐蚀是一个复杂的物理、化学作用过程，腐蚀的作用往往不是单一的，而是几种同时存在，相互影响。但干的固体化合物不会对水泥石产生侵蚀，侵蚀性介质必须呈溶液状态且浓度大于某一临界值，才会产生侵蚀作用。

（二）水泥石腐蚀的防止

从以上对侵蚀作用的分析可以看出，水泥石被腐蚀的基本原因为：①水泥石中存在易被腐蚀的成分，如 $Ca(OH)_2$ 与水化铝酸钙；②水泥石本身不致密，有很多毛细孔通道，侵蚀性介质易于进入其内部。因此，针对具体情况可采取下列措施防止水泥石的腐蚀。

(1) 根据侵蚀介质的类型，合理选用水泥品种。如采用水化产物中 $Ca(OH)_2$ 含量较少的水泥，可提高对多种侵蚀作用的抵抗能力；采用铝酸三钙含量低于 5%的水泥，可有效抵抗硫酸盐的侵蚀；掺入活性混合材料，可提高硅酸盐水泥抵抗多种介质的侵蚀作用。

(2) 提高水泥石的密实度。水泥石（或混凝土）的孔隙率越小，抗渗能力越强，侵蚀介质也越难进入，侵蚀作用越轻。在实际工程中，可采用多种措施提高混凝土与砂浆的密实度。

(3) 设置隔离层或保护层。当侵蚀作用较强或上述措施不能满足要求时，可在水泥制品（混凝土、砂浆等）表面涂刷或敷贴耐腐蚀性高且不透水的隔离层或保护层。

五、硅酸盐水泥的特性与应用

1. 凝结硬化快，早期强度与后期强度均高

这是因为硅酸盐水泥中硅酸盐水泥熟料多，即水泥中 C_3S 多。因此，适用于现浇混凝土工程、预制混凝土工程、冬季施工混凝土工程、预应力混凝土工程、高强混凝土工程等。

2. 抗冻性好

硅酸盐水泥石具有较高的密实度，且具有对抗冻性有利的孔隙特征，因此抗冻性好，适用于严寒地区遭受反复冻融循环的混凝土工程。

3. 水化热高

硅酸盐水泥中 C_3S 和 C_3A 含量高，因此水化放热速度快、放热量大，所以适用于冬季施工工程，不适用于大体积混凝土工程。

4. 耐腐蚀性差

硅酸盐水泥石中的 $Ca(OH)_2$ 与水化铝酸钙较多，耐腐蚀性差，因此不适用于受流动水和压力水作用的工程，也不适用于受海水及其他侵蚀性介质作用的工程。

5. 耐热性差

水泥石中的水化产物在 250～300℃时会产生脱水，强度开始降低，当温度达到 700～1000℃时，水化产物分解，水泥石的结构几乎完全破坏，所以硅酸盐水泥不适用于耐热、高温要求的混凝土工程。但当温度为 100～250℃时，由于额外的水化作用及脱水后凝胶与部分 $Ca(OH)_2$ 的结晶对水泥石的密实作用，水泥石的强度并不降低。

6. 抗碳化性好

水泥石中 $Ca(OH)_2$ 与空气中 CO_2 的作用称为碳化。硅酸盐水泥水化后，水泥石中含有较多的 $Ca(OH)_2$，因此抗碳化性好。

7. 干缩小

硅酸盐水泥硬化时干燥收缩小，不易产生干缩裂纹，故适用于干燥环境。

六、普通硅酸盐水泥

按 GB 175—1999 的规定：凡由硅酸盐水泥熟料、6%～15%混合材料及适量石膏磨细制成的水硬性胶凝材料，称为普通硅酸盐水泥（简称普通水泥），代号 P·O（见表 4-3）。掺加活性混合材料时，最大掺量不得超过 15%，其中允许用不超过水泥质量 5%的窑灰或不超过水泥质量 10%的非活性混合材料来代替。掺入非活性混合材料时，最大掺量不得超过水泥质量的 10%。

由上述定义可知，普通硅酸盐水泥与硅酸盐水泥的差别仅在于普通硅酸盐水泥含有少量混合材料，而绝大部分仍是硅酸盐水泥熟料，故其特性与硅酸盐水泥基本相同；但由于掺入少量混合材料，因此与同强度等级硅酸盐水泥相比，普通硅酸盐水泥早期硬化速度稍慢、3 天强度稍低、抗冻性稍差、水化热稍小、耐腐蚀性稍好。

表 4-3 普通硅酸盐水泥各龄期的强度要求（GB 175—1999）

强度等级	抗压强度（MPa）		抗折强度（MPa）	
	3 天	28 天	3 天	28 天
32.5	11.0	32.5	2.5	5.5
32.5R	16.0	32.5	3.5	5.5
42.5	16.0	42.5	3.5	6.5
42.5R	21.0	42.5	4.0	6.5
52.5	22.0	52.5	4.0	7.0
52.5R	26.0	52.5	5.0	7.0

普通水泥的细度可用筛余量来衡量，要求 80μm 方孔筛筛余不得超过 10.0%，终凝时间不得迟于 10h，其余技术性质要求同硅酸盐水泥。

七、水泥的存储

为了便于识别，避免错用，包装水泥袋上应清楚标明产品名称、代号、净含量、强度等级、生产许可证编号、生产厂名称、产地、出厂编号、执行标准和包装时间等。掺火山灰质混合材料的普通水泥还要标明“掺火山灰”字样。包装袋两侧应印有水泥名称和强度等级。包装不合格的水泥为不合格水泥。

水泥在运输和储存过程中，应按不同品种、强度等级及出厂日期分别储运，不得混杂，并注意防水、防潮。袋装水泥的堆放高度不得超过 10 袋。工地存储水泥应有专用仓库，库房要干燥。存放袋装水泥时，地面垫板要离地 30cm，四周离墙 30cm。水泥的储存应按照到货先后依次堆放，尽量做到先到先用，防止存放过久。一般水泥的储存期为三个月，使用存放三个月以上的水泥，必须重新检验其强度，否则不得使用。

第三节 掺大量混合材料的硅酸盐水泥

一、混合材料

在磨制水泥时加入的天然或人工矿物材料称为混合材料。混合材料的加入可以改善水泥的某些性能，拓宽水泥强度等级，扩大应用范围，并能降低水泥生产成本；掺加工业废料作为混合材料，能有效减少污染，有利于环境保护和可持续发展。水泥混合材料包括非活性混合材料、活性混合材料两大类。

（一）活性混合材料

凡常温下与石灰、石膏或硅酸盐水泥一起加水拌和后能发生水化反应，生成具有水硬性的胶凝水化产物的混合材料称为活性混合材料。常用的活性混合材料有粒化高炉矿渣、火山灰质混合材料和粉煤灰等。活性混合材料掺入水泥中的主要作用是改善水泥的某些性能、调节水泥强度等级、降低水化热、降低生产成本、增加水泥产量、扩大水泥品种等。

1. 粒化高炉矿渣

粒化高炉矿渣是高炉冶炼生铁时的熔融矿渣，经水淬冷后得到的松散颗粒。粒化高炉矿渣的主要化学成分是 CaO、SiO_2、Al_2O_3 和少量 MgO、Fe_2O_3。急冷的矿渣结构为不稳定的玻璃体，具有较大的化学潜能，其主要活性成分是活性 SiO_2 和活性 Al_2O_3。常温下能与 $Ca(OH)_2$ 反应，生成水化硅酸钙、水化铝酸钙等具有水硬性的产物，从而产生强度。

2. 火山灰质混合材料

火山灰质混合材料是指具有火山灰性质的天然或人工的矿物材料。其品种很多，天然的有火山灰、浮石、浮石岩、沸石、硅藻土等；人工的有烧页岩、烧粘土、煤渣、烧煤矸石或自燃煤矸石、硅灰等。火山灰的主要活性成分是活性 SiO_2 和活性 Al_2O_3，在激发剂作用下，可发挥出水硬性。

3. 粉煤灰

粉煤灰是火力发电厂用收尘器从烟道中收集的粉末，也称飞灰。粉煤灰为密实带釉状的玻璃体，主要活性成分是活性 SiO_2 和活性 Al_2O_3，在激发剂作用下，可发挥出水硬性。

（二）非活性混合材料

凡常温下与石灰、石膏或硅酸盐水泥一起，加水拌和后不能发生水化反应或反应甚微，不能生成水硬性产物的混合材料称为非活性混合材料，常用的非活性混合材料主要有石灰石、石英砂、粘土及慢冷矿渣等。实质上非活性混合材料在水泥中仅起到惰性填充材料的作用，所以又称为填充性混合材料。非活性混合材料掺入水泥中的主要作用是调节水泥强度等级、降低水化热、降低生产成本、增加水泥产量等。

二、矿渣硅酸盐水泥、火山灰质硅酸盐水泥及粉煤灰硅酸盐水泥

（一）定义、代号

1. 矿渣硅酸盐水泥

凡由硅酸盐水泥熟料和粒化高炉矿渣、适量石膏磨细制成的水硬性胶凝材料称为矿渣硅酸盐水泥（简称矿渣水泥），代号P·S。水泥中粒化高炉矿渣掺加量按质量百分比计为20%～70%。允许用石灰石、窑灰、粉煤灰和火山灰质混合材料中的一种材料代替矿渣，代替数量不得超过水泥质量的8%，替代后水泥中粒化高炉矿渣不得少于20%。

2. 火山灰质硅酸盐水泥

凡由硅酸盐水泥熟料和火山灰质混合材料、适量石膏磨细制成的水硬性胶凝材料称为火山灰质硅酸盐水泥（简称火山灰水泥），代号P·P。水泥中火山灰质混合材料掺加量按质量百分比计为20%～50%。

3. 粉煤灰硅酸盐水泥

凡由硅酸盐水泥熟料和粉煤灰、适量石膏磨细制成的水硬性胶凝材料称为粉煤灰硅酸盐水泥（简称粉煤灰水泥），代号P·F。水泥中粉煤灰掺加量按质量百分比计为20%～40%。

（二）技术要求

国标《矿渣硅酸盐水泥、火山灰质硅酸盐水泥及粉煤灰硅酸盐水泥》（GB 1344—1999）规定的技术要求如下。

（1）细度：80μm方孔筛筛余不得超过10.0%。

（2）凝结时间。初凝不得早于45min，终凝不得迟于10h。

（3）氧化镁。熟料中氧化镁的含量不超过5.0%，如果水泥经压蒸安定性试验合格，则熟料中氧化镁的含量允许放宽到6.0%。熟料中氧化镁的含量为5.0%～6.0%时，如矿渣水泥中混合材料总掺加量大于40%或火山灰水泥和粉煤灰水泥中混合材料总掺加量大于30%，制成的水泥可不作压蒸试验。

（4）三氧化硫。矿渣水泥中不得超过4.0%。火山灰水泥、粉煤灰水泥中不得超过3.5%。

（5）安定性。用沸煮法检验必须合格。

（6）强度。水泥强度等级按规定龄期的抗压强度和抗折强度划分。三种水泥各强度等级、各龄期强度不得低于表4-4所规定数值。

表4-4　矿渣水泥、火山灰水泥及粉煤灰水泥各龄期的强度要求（GB 1344—1999）

强度等级	抗压强度（MPa）		抗折强度（MPa）	
	3天	28天	3天	28天
32.5	10.0	32.5	2.5	5.5
32.5R	15.0	32.5	3.5	5.5
42.5	15.0	42.5	3.5	6.5
42.5R	19.0	42.5	4.0	6.5
52.5	21.0	52.5	4.0	7.0
52.5R	23.0	52.5	4.5	7.0

（7）碱。水泥中碱含量按$Na_2O+0.658K_2O$计算值来表示，若使用活性骨料需限制水泥中碱含量时，由供需双方商定。

（三）特性与应用

从这三种水泥的组成可以看出，它们的区别仅在于掺加的活性混合材料的不同，而由于三种活性混合材料的化学组成和化学活性基本相同，其水泥的水化产物及凝结硬化速度相

近，因此这三种水泥的大多数性质和应用相同或相近，即这三种水泥在许多情况下可替代使用。同时，又由于这三种活性混合材料的物理性质和表面特征及水化活性等有些差异，使得这三种水泥分别具有某些特性。这三种水泥与硅酸盐水泥或普通硅酸盐水泥相比，具有以下特点。

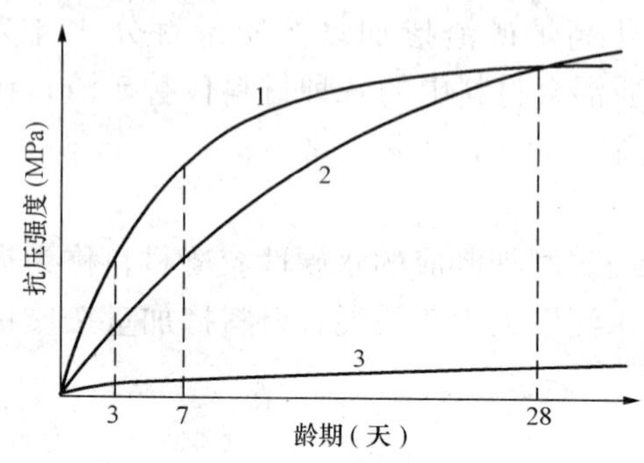

图 4 - 3 不同品种水泥强度发展规律
1—硅酸盐水泥；2—掺混合材料硅酸盐水泥；3—混合材料

1. 三种水泥的共性

(1) 早期强度低、后期强度发展高。其原因是这些活性混合材料的水化慢，故早期（3 天、7 天）强度低。后期由于二次水化反应的不断进行和水泥熟料的不断水化，水化产物不断增多，强度可赶上或超过同强度等级的硅酸盐水泥或普通硅酸盐水泥（见图 4 - 3）。活性混合材料的掺量越多，早期强度越低；但后期强度增长越多。

这三种水泥不适合用于早期强度要求高的混凝土工程，如冬季施工现浇混凝土工程等。

(2) 对温度敏感，适合高温养护。这三种水泥在低温下水化明显减慢，强度较低。采用高温养护可大大加速活性混合材料的水化，并可加速熟料的水化，可以大大提高早期强度，并且不影响常温下后期强度的发展。

(3) 耐腐蚀性好。这三种水泥的熟料数量相对较少，水化硬化后水泥石中的氢氧化钙和水化铝酸钙数量少，且活性混合材料的二次水化反应使水泥石中氢氧化钙的数量进一步降低，因此耐腐蚀性好，适用于有硫酸盐、镁盐、软水的侵蚀作用的环境，如水工、海港、码头等混凝土工程。但当侵蚀介质的浓度较高或耐腐蚀性要求高时，仍不宜使用。

(4) 水化热小。三种水泥中的熟料含量少，因而水化放热量少，尤其是早期放热速度慢，放热量少，适用于大体积混凝土工程。

(5) 抗冻性较差。矿渣和粉煤灰易泌水形成连通孔隙，火山灰一般需水量较大，会增加内部的孔隙含量，故这三种水泥的抗冻性均较差。

(6) 抗碳化性较差。由于这三种水泥在水化硬化后，水泥石中的氢氧化钙数量少，故抵抗碳化的能力比较差，所以不适用于二氧化碳浓度含量高的工业厂房。

2. 三种水泥的特性

(1) 矿渣硅酸盐水泥。由于粒化高炉矿渣玻璃体对水的吸附能力差，即对水分的保持能力差（保水性差），与水拌和时易产生泌水造成较多的连通孔隙。因此，矿渣硅酸盐水泥的抗渗性差，且干缩较大。矿渣本身耐热性好，且矿渣硅酸盐水泥水化后氢氧化钙的含量少，故矿渣硅酸盐水泥的耐热性较好。矿渣硅酸盐水泥适用于有耐热要求的混凝土工程，不适用于有抗渗要求的混凝土工程。

(2) 火山灰质硅酸盐水泥。火山灰质混合材料内部含有大量的微细孔隙，故火山灰质硅酸盐水泥的保水性好；火山灰质硅酸盐水泥水化后形成较多的水化硅酸钙凝胶，使水泥石结构致密，因而其抗渗性较好；火山灰质硅酸盐水泥的干缩大，水泥石易产生微细裂纹，且空气中的二氧化碳能使水化硅酸钙凝胶分解成为碳酸钙和氧化硅的混合物，使水泥石的表面产生起粉现象。火山灰质硅酸盐水泥的耐磨性也较差。

火山灰质硅酸盐水泥适用于有抗渗性要求的混凝土工程，不宜用于干燥环境中的地上混凝土工程及有耐磨性要求的混凝土工程。

(3) 粉煤灰硅酸盐水泥。粉煤灰是表面致密的球形颗粒，其吸附水的能力较差，即保水性差、泌水性大，其在施工阶段易使制品表面因大量泌水产生收缩裂纹（又称失水裂纹），因而粉煤灰硅酸盐水泥抗渗性差。粉煤灰硅酸盐水泥的干缩较小，这是因为粉煤灰的比表面积小，拌和需水量小的缘故。粉煤灰硅酸盐水泥的耐磨性也较差。

粉煤灰硅酸盐水泥适用于承载较晚的混凝土工程，不宜用于有抗渗性要求的混凝土工程及耐磨性要求高的混凝土工程。

三、复合硅酸盐水泥

《复合硅酸盐水泥》(GB 12958—1999) 规定：凡由硅酸盐水泥熟料、两种或两种以上规定的混合材料、适量石膏磨细制成的水硬性胶凝材料，称为复合硅酸盐水泥（简称复合水泥），代号 P·C。水泥中混合材料总掺量按重量的百分比应大于 15%且不超过 50%，水泥中允许不超过 8%的窑灰代替部分混合材料，掺矿渣时混合材料掺量不得与矿渣硅酸盐水泥重复。

复合硅酸盐水泥有 32.5、32.5R、42.5、42.5R、52.5 与 52.5R 六个强度等级，各强度等级水泥的龄期强度不低于表 4-5 的规定，其余技术要求与火山灰质硅酸盐水泥相同。

表 4-5　复合硅酸盐水泥各龄期的强度要求

强度等级	抗压强度 (MPa)		抗折强度 (MPa)	
	3 天	28 天	3 天	28 天
32.5	11.0	32.5	2.5	5.5
32.5R	16.0	32.5	3.5	5.5
42.5	16.0	42.5	3.5	6.5
42.5R	21.0	42.5	4.0	6.5
52.5	22.0	52.5	4.0	7.0
52.5R	26.0	52.5	5.0	7.0

复合水泥由于掺入了两种或两种以上规定的混合材料，其效果不只是各类混合材料的简单混合，而是互相取长补短，产生单一混合材料不能起到的优良效果。因此，复合水泥的性能介于普通硅酸盐水泥和三种混合材料硅酸盐水泥之间。

六大水泥的组成、特性及选用见表 4-6～表 4-8。

表 4-6　六种常用水泥的组成及性质

<table>
<tr><th>项目</th><th>硅酸盐水泥</th><th>普通硅酸盐水泥</th><th>矿渣硅酸盐水泥</th><th>火山灰硅酸盐水泥</th><th>粉煤灰硅酸盐水泥</th><th>复合硅酸盐水泥</th></tr>
<tr><td>组成</td><td>硅酸盐水泥熟料、很少量(0～5%)混合材料、适量石膏</td><td>硅酸盐水泥熟料、少量(6%～15%)混合材料、适量石膏</td><td>硅酸盐水泥熟料、大量(20%～70%)粒化高炉矿渣、适量石膏</td><td>硅酸盐水泥熟料、大量(20%～50%)火山灰质混合材料、适量石膏</td><td>硅酸盐水泥熟料、大量(20%～40%)粉煤灰、适量石膏</td><td>硅酸盐水泥熟料、大量(15%～50%)两种或两种以上的混合材料、适量石膏</td></tr>
<tr><td>共同点</td><td colspan="6">硅酸盐水泥熟料、适量石膏</td></tr>
<tr><td rowspan="2">不同点</td><td rowspan="2">无或很少量的混合材料</td><td rowspan="2">少量混合材料</td><td colspan="3">大量混合材料(化学组成或化学活性基本相同)</td><td>大量活性或非活性混合材料</td></tr>
<tr><td>粒化高炉矿渣</td><td>火山灰质混合材料</td><td>粉煤灰</td><td>两种以上活性或非活性混合材料</td></tr>
</table>

续表

<table>
<tr><th>项目</th><th>硅酸盐
水泥</th><th>普通硅酸盐
水泥</th><th>矿渣硅酸盐
水泥</th><th>火山灰硅酸盐
水泥</th><th>粉煤灰硅酸盐
水泥</th><th>复合硅酸盐
水泥</th></tr>
<tr><td rowspan="3">性质</td><td rowspan="3">1. 早期、后期强度都较高；
2. 耐腐蚀性差；
3. 水化热大；
4. 抗碳化性好；
5. 抗冻性好；
6. 耐腐蚀性差；
7. 耐热性差</td><td rowspan="3">1. 早期强度稍低,后期强度高；
2. 耐腐蚀性稍好；
3. 水化热较好；
4. 抗碳化性好；
5. 抗冻性好；
6. 耐磨性较好；
7. 耐热性稍好；
8. 抗渗性较好</td><td colspan="3">早期强度低,后期强度高</td><td>早期强度较高</td></tr>
<tr><td colspan="4">对温度敏感、适合高温养护；耐腐蚀性好；水化热小；抗冻性较差；抗碳化性较差</td></tr>
<tr><td>1. 泌水性大、抗渗性差；
2. 耐热性较好；
3. 干缩较大</td><td>1. 保水性好、抗渗性好；
2. 干缩大；
3. 耐磨性差</td><td>1. 泌水性大、易产生失水裂纹、抗渗性差；
2. 干缩小、抗裂性好；
3. 耐磨性差</td><td>干缩较大</td></tr>
</table>

表 4-7　　常用水泥技术性质标准

项目		硅酸盐水泥		普通水泥 P·O		矿渣水泥 P·S 火山灰水泥 P·P 粉煤灰水泥 P·F		复合水泥 P·C	
		P·Ⅰ	P·Ⅱ						
细度		比表面积>300m^2/kg		80μm 方孔筛筛余不得超过 10.0%					
凝结时间	初凝	≥45min							
	终凝	≤6.5h		≤10h					
体积	安定性	沸煮法检验必须合格（若试饼法和雷氏法检验两者有争议，以雷氏法为准）							
安定性	MgO	含量≤5.0%							
	SO_3	含量≤3.5%（矿渣水泥中含量≤4.0%）							
强度等级	龄期(天)	抗压强度(MPa)	抗折强度(MPa)	抗压强度(MPa)	抗折强度(MPa)	抗压强度(MPa)	抗折强度(MPa)	抗压强度(MPa)	抗折强度(MPa)
32.5	3	—	—	11.0	2.5	10.0	2.5	11.0	2.5
	28	—	—	32.5	5.5	32.5	5.5	32.5	5.5
32.5R	3	—	—	16.0	3.5	15.0	3.5	16.0	3.5
	28	—	—	32.5	5.5	32.5	5.5	32.5	5.5
42.5	3	17.0	3.5	16.0	3.5	15.0	3.5	16.0	3.5
	28	42.5	6.5	42.5	6.5	42.5	6.5	42.5	6.5
42.5R	3	22.0	4.0	21.0	4.0	19.0	4.0	21.0	4.0
	28	42.5	6.5	42.5	6.5	42.5	6.5	42.5	6.5
52.5	3	23.0	4.0	22.0	4.0	21.0	4.0	22.0	4.0
	28	52.5	7.0	52.5	7.0	52.5	7.0	52.5	7.0
52.5R	3	27.0	5.0	26.0	5.0	23.0	4.5	26.0	5.0
	28	52.5	7.0	52.5	7.0	52.5	7.0	52.5	7.0
62.5	3	28.0	5.0	—	—	—	—	—	—
	28	62.5	8.0	—	—	—	—	—	—
62.5R	3	32.0	5.5	—	—	—	—	—	—
	28	62.5	8.0	—	—	—	—	—	—
碱含量		用户要求低碱水泥时，按 Na_2O+0.658K_2O 计算的碱含量不大于 0.60%，或由供需双方商定							

表 4-8 常用水泥的选用

混凝土工程特点或所处环境条件		优先选用	可以使用	不宜使用
普通混凝土	普通气候环境中的混凝土	普通硅酸盐水泥	矿渣硅酸盐水泥、火山灰质硅酸盐水泥、粉煤灰硅酸盐水泥、复合硅酸盐水泥	
	在干燥环境中的混凝土	普通硅酸盐水泥	矿渣硅酸盐水泥	火山灰质硅酸盐水泥、粉煤灰硅酸盐水泥
	在高湿度环境中或永远处在水下的混凝土	矿渣硅酸盐水泥	普通硅酸盐水泥、火山灰质硅酸盐水泥、粉煤灰硅酸盐水泥、复合硅酸盐水泥	
	厚大体积的混凝土	矿渣硅酸盐水泥、火山灰质硅酸盐水泥、粉煤灰硅酸盐水泥、复合硅酸盐水泥	普通硅酸盐水泥	硅酸盐水泥、快硬硅酸盐水泥
有特殊要求的混凝土	要求快硬的混凝土	快硬硅酸盐水泥、硅酸盐水泥	普通硅酸盐水泥	矿渣硅酸盐水泥、火山灰质硅酸盐水泥、粉煤灰硅酸盐水泥、复合硅酸盐水泥
	高强混凝土	硅酸盐水泥	普通硅酸盐水泥、矿渣硅酸盐水泥	火山灰质硅酸盐水泥、粉煤灰硅酸盐水泥
	严寒地区的露天混凝土，寒冷地区的处在水位升降范围内的混凝土	普通硅酸盐水泥	矿渣硅酸盐水泥	火山灰质硅酸盐水泥、粉煤灰硅酸盐水泥
	严寒地区处在水位升降范围内的混凝土	普通硅酸盐水泥		矿渣硅酸盐水泥、火山灰质硅酸盐水泥、粉煤灰硅酸盐水泥、复合硅酸盐水泥
	有抗渗性要求的混凝土	普通硅酸盐水泥、火山灰质硅酸盐水泥		矿渣硅酸盐水泥
	有耐磨性要求的混凝土	硅酸盐水泥、普通硅酸盐水泥	矿渣硅酸盐水泥	火山灰质硅酸盐水泥、粉煤灰硅酸盐水泥

第四节 其他品种水泥

在土木工程中，除常用的硅酸盐系列水泥外，因工程需要，还可能使用其他品种的水泥，在此对其中一些品种做简要介绍。

一、道路硅酸盐水泥

随着我国高等级道路的发展，水泥混凝土路面已成为主要路面类型之一。对专供公路、城市、道路和机场路面用的道路水泥，我国已制订了国家标准。

1. 定义

以适当成分的生料烧至部分熔融，所得以硅酸钙为主要成分和较多量的铁铝酸钙的硅酸盐熟料称为道路硅酸盐水泥熟料。由道路硅酸盐水泥熟料、0～10%活性混合材料和适量石膏磨细制成的水硬性胶凝材料，称为道路硅酸盐水泥（简称道路水泥）。

2. 物理力学性质

（1）细度：按 GB/T 1345—1991，80μm 筛的筛余量不得大于 10%。

（2）凝结时间：按 GB/T 1346—2001，初凝不得早于 1h，终凝不得迟于 10h。

（3）安定性：按 GB/T 1346—2001，安定性用沸煮法必须合格。

（4）干缩性：按《水泥胶砂干缩性试验方法》（GB/T 603—1995），28 天的干缩率不得大于 0.10%。

（5）耐磨性：按行业标准《水泥胶砂耐磨性试验》（JC/T 421—1991），磨损率不得大于 3.60kg/m^2。

表 4-9　　道路水泥各龄期的强度

标　号	抗压强度		抗折强度	
	3 天	28 天	3 天	28 天
425	22.0	42.5	4.0	7.0
525	27.0	52.5	5.0	7.5
625	32.0	62.5	5.5	8.5

（6）强度：道路水泥分为 425、525 和 625 三种标号，各标号及龄期强度不得低于表 4-9 所规定数值。

3. 特性与应用

道路水泥是一种强度较高，特别是抗折强度高、耐磨性好、干缩性小、抗冲击性好、抗冻性和抗硫酸性比较好的专用水泥。它适用于道路路面、机场跑道道面、城市广场等工程。由于道路水泥具有干缩性小、耐磨、抗冲击等特性，可减少水泥混凝土路面的裂缝和磨耗，减少维修，延长路面使用年限。

二、快硬硅酸盐水泥

凡以硅酸盐水泥熟料和适量石膏磨细制成的，以 3 天抗压强度表示标号的水硬性胶凝材料称为快硬硅酸盐水泥（简称快硬水泥）。

快硬水泥的制造方法与硅酸盐水泥基本相同，只是适当增加了熟料中硬化快的矿物，通常硅酸三钙含量为 50%～60%，铝酸三钙含量为 8%～14%，两者总量为 60%～65%。同时为加快硬化，适当增加了石膏的掺量（可达 8%）和提高水泥的细度。快硬水泥的技术性质应满足《快硬硅酸盐水泥》（GB 199—1990）的规定，细度为 0.08mm 方孔筛筛余不大于 10%；初凝不得小于 45min，终凝不得迟于 10h；安定性（沸煮法）合格；水泥中 SO_3 含量不得超过 4.0%；快硬水泥各标号及龄期强度均不得低于表 4-10 所规定的数值。

表 4-10　　快硬硅酸盐水泥各标号、各龄期强度值

标　号	抗压强度（MPa）			抗折强度（MPa）		
	1 天	3 天	28 天	1 天	3 天	28 天
325	15.0	32.5	52.5	3.5	5.0	7.2

续表

标　号	抗压强度（MPa）			抗折强度（MPa）		
	1天	3天	28天	1天	3天	28天
375	17.0	37.5	57.5	4.0	6.0	7.6
425	19.0	42.5	62.5	4.5	6.4	8.0

三、白色硅酸盐水泥

凡以适当成分的生料烧至部分熔融，所得以硅酸钙为主要成分、氧化铁含量很少的白色硅酸盐水泥熟料，加入适量杂质含量少的石膏，磨细制成的水硬性胶凝材料称为白色硅酸盐水泥（简称白水泥）。为防止在生产过程中混入铁质，应将生料制备和水泥粉磨时的研磨体和磨机衬板由铁质改为石质或陶瓷质。白水泥中的 Fe_2O_3 含量一般小于 0.5%，并尽可能除掉其他着色氧化物。

白水泥的技术性质应满足《白色硅酸盐水泥》（GB/T 2015—1991）的规定，细度为 0.08mm 方孔筛筛余不大于 10%；初凝不得早于 45min，终凝时间不得迟于 10h；安定性（沸煮法）合格；水泥中 SO_3 含量不得超过 3.5%。白水泥各标号、各龄期的强度均不得低于表 4-11 所规定的数值。白水泥按白度分为特级、一级、二级和三级四个等级，各等级白度不得低于表 4-12 的规定。白水泥按白度级别与标号划分产品等级，各等级满足表 4-13 的要求。

表 4-11　白色硅酸盐水泥的各标号、各龄期的强度值

标　号	抗压强度（MPa）			抗折强度（MPa）		
	3天	7天	28天	3天	7天	28天
325	14.0	20.5	32.5	2.5	3.5	5.5
425	18.0	26.5	42.5	3.5	4.5	6.5
525	23.0	33.5	52.5	4.0	5.5	7.0
625	28.0	42.0	62.5	5.0	6.0	8.0

表 4-12　白色硅酸盐水泥白度等级

等级	特级	一级	二级	三级
白度（%）	86	84	80	75

表 4-13　白色硅酸盐水泥产品等级

白水泥等级	白度级别	标号
优等品	特级	625，525
一等品	一级	525，425
	二级	525，425
合格品	二级	325
	三级	425，325

四、膨胀水泥及自应力水泥

膨胀水泥是硬化过程中不产生收缩，具有一定膨胀性能的水泥。

（一）分类

1. 按胶结材料分类

（1）硅酸盐型膨胀水泥。用硅酸盐熟料、铝酸盐水泥和二水石膏，按适当比例共同粉磨或分别研磨再混合均匀，可制得硅酸盐型膨胀水泥。此种水泥水化时能生成较多的钙矾石、氢氧化钙等水化产物，而这些水化生成物的体积均大于原固相的体积，因而造成硬化水泥浆体的体积膨胀。

（2）铝酸盐型膨胀水泥。用高铝水泥熟料和二水石膏按适当比例，再加助磨剂经磨细，制成铝酸盐型膨胀水泥。

（3）硫铝酸盐型膨胀水泥。用中、低品位的矾土，石灰和石膏为原料，适当磨细后经煅烧得到的以无水硫铝酸钙、硅酸二钙为主要矿物的熟料，再配以二水石膏磨细制得的具有膨胀性的水硬性胶凝材料，称为硫铝酸盐型膨胀水泥。

2. 按膨胀值分类

（1）收缩补偿水泥。这种水泥膨胀性能较弱，膨胀时所产生的压应力大致能抵消干缩引起的应力，可防止混凝土产生干缩裂缝。

（2）自应力水泥。这种水泥具有较强的膨胀性能，用于钢筋混凝土中时，由于其膨胀性能，使钢筋受到较大的拉应力，而混凝土则受到相应的压应力。当外界因素使混凝土结构产生拉应力时，就可被预先具有的压应力抵消或降低。这种靠水泥自身水化产生膨胀来张拉钢筋达到的预应力称为自应力。

（二）技术性质

各种膨胀水泥的膨胀性不同，技术指标也不相同。通常规定的技术指标检验包括比表面积、凝结时间、膨胀率、强度等。

（三）膨胀水泥和自应力水泥的应用

膨胀水泥适用于收缩补偿混凝土，用作防渗混凝土；也可用于填灌混凝土结构或构件的接缝及管道接头、结构的加固与修补、浇筑机器底座及固结地脚螺丝等。自应力水泥适用于制造自应力钢筋混凝土压力管及配件。

复习思考题

1. 硅酸盐水泥的主要矿物组成是什么？这些矿物成分对水泥的性质有什么影响？它们与水作用的产物是什么？

2. 简述水泥的生产工艺过程。

3. 制造硅酸盐水泥时为什么必须掺入适量的石膏？石膏掺得太少或过多时，将产生什么情况？

4. 何谓水泥的凝结时间？国家标准为什么要规定水泥的凝结时间？

5. 何谓水泥的体积安定性？硅酸盐水泥产生体积安定性不良的原因是什么？如何检验水泥的安定性？

6. 简述硅酸盐水泥强度发展的规律。

7. 影响硅酸盐水泥凝结硬化的主要因素有哪些？怎样影响？

8. 硅酸盐水泥腐蚀的类型有哪些？腐蚀后水泥石破坏的形式有哪几种？

9. 何谓活性混合材料和非活性混合材料？它们加入硅酸盐水泥中各起什么作用？硅酸盐水泥常掺入哪几种活性混合材料？

10. 在下列混凝土工程中，试分别选用合适的水泥品种，并说明选用的理由。

①夏季现浇混凝土梁、板、柱；②冬季现浇混凝土梁、板、柱；③采用蒸汽养护的预制构件；④紧急抢修的工程或紧急军事工程；⑤大型基础或大型混凝土拦水坝；⑥处于冻融循环部位的混凝土；⑦有硫酸盐腐蚀的地下工程；⑧海港码头工程；⑨桥梁的混凝土桥墩；⑩填塞建筑物接缝的混凝土；⑪位于干燥环境中的混凝土。

第五章 混凝土

混凝土是由胶凝材料、水和粗细骨料按适当的比例配合、拌和制成的混合物，经一定时间后硬化而成的人造石材。混凝土常简写为"砼"。

混凝土的种类很多，分类方法也很多，通常从以下几个方面分类。

（1）按表观密度分为三类：重混凝土，其干表观密度［试件在温度为（105±5）℃条件下干燥至恒重测定的表观密度］大于 2600kg/m^3，采用重晶石、钢屑等特别重的骨料和水泥配制而成，主要用于防辐射工程，又称为防辐射混凝土；普通混凝土，其干表观密度为 1950～2600kg/m^3，用水泥、水与普通砂、石配制而成，是目前土木工程中应用最多的混凝土，广泛用于工业与民用建筑、道路与桥梁、海工与大坝、军事工程等，主要用作承重结构材料；轻混凝土，其干表观密度小于 1950kg/m^3，包括轻骨料混凝土、无砂大孔混凝土和多孔混凝土，主要用于保温和轻质结构。

（2）按所用胶凝材料可分为水泥混凝土、沥青混凝土、水玻璃混凝土、聚合物混凝土、聚合物水泥混凝土、石膏混凝土和硅酸盐混凝土等几种。

（3）按施工工艺可分为泵送混凝土、喷射混凝土、真空脱水混凝土、预拌混凝土（商品混凝土）、自密实混凝土、压力灌浆混凝土（预填骨料混凝土）、堆石混凝土、造壳混凝土（裹砂混凝土）、离心混凝土、挤压混凝土、真空吸水混凝土、热拌混凝土和太阳能养护混凝土等多种。

（4）按用途可分为防水混凝土、防辐射混凝土、结构混凝土、耐酸混凝土、装饰混凝土、耐热混凝土、膨胀混凝土、道路混凝土和水下浇筑混凝土等多种。

（5）按掺和料可分为粉煤灰混凝土、硅灰混凝土、磨细高炉矿渣混凝土、纤维混凝土和纳米混凝土等多种。

（6）按抗压强度大小可分为低强混凝土（抗压强度＜30MPa）、普通强度混凝土（抗压强度为 30～60MPa）、高强混凝土（抗压强度≥60MPa）和超高强混凝土（抗压强度＞100MPa）等。

（7）按每立方米中的水泥用量分为贫混凝土（水泥用量不超过 170kg）和富混凝土（水泥用量不小于 230kg）。

本章讲述的普通混凝土，如无特别说明，均指普通水泥混凝土。

普通混凝土有以下诸多优点：配制混凝土的原材料丰富，造价低廉，可以就地取材；可根据不同要求，改变组分的品种和比例，配制不同性质的混凝土；混凝土在凝结前具有良好的可塑性，可利用模板浇制成各种形状和尺寸的构件或结构物；且混凝土与钢筋有较高的粘结力，因其与钢筋的线膨胀系数基本相同，两者复合后能很好地共同工作等。

普通混凝土也存在一些缺点：拉压比（抗拉强度比抗压强度）小，易产生裂缝，受拉时变形能力小容易产生脆性破坏；自重大；耐久性不够，在自然环境、使用环境及内部因素作用下，混凝土的工作性能易发生劣化；收缩变形大，容易产生收缩裂缝。

混凝土的组织结构如图 5-1 所示，其组成材料在混凝土中所起的作用是不同的。砂子和石子在混凝土中起骨架作用。水泥和水形成水泥浆体，包裹在骨料的表面并填充骨料之间的空隙，在混凝土拌和物中，水泥浆体起润滑作用，赋予混凝土拌和物流动性，便于施工；在混凝土硬化之后起胶结作用，将砂石骨料胶结成一个整体，使混凝土产生强度，成为坚硬的人造石材。外加剂起改性作用。

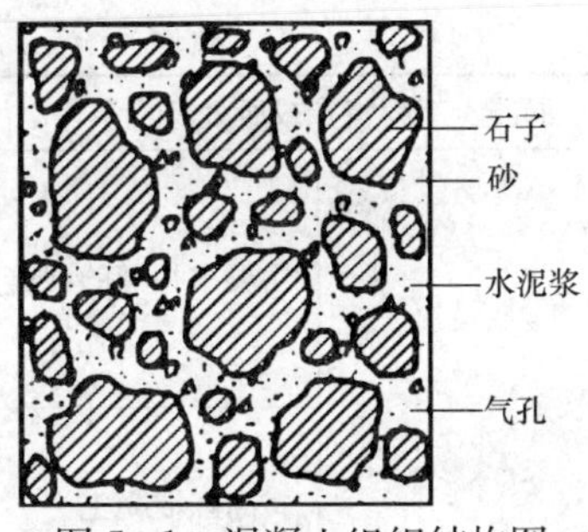

图 5-1　混凝土组织结构图

第一节　普通混凝土的组成材料

混凝土的性能在很大程度上取决于组成材料的性能，因此必须根据工程性质、设计要求和施工现场条件合理选择原材料的品种、质量和用量。要想做到合理选择原材料就必须了解原材料的性质、作用机理及质量要求。

普通混凝土由水泥、水、砂子和石子组成，还常掺入适量的外加剂和掺和料。

一、水泥

水泥是混凝土中最重要的组分，同时是混凝土组成材料中价格最高的材料。配制混凝土时，应正确选择水泥品种和水泥强度等级，以配制出性能满足要求、经济性好的混凝土。

（一）水泥品种的选择

配制混凝土一般可采用硅酸盐水泥、普通硅酸盐水泥、矿渣硅酸盐水泥、火山灰质硅酸盐水泥、粉煤灰硅酸盐水泥和复合硅酸盐水泥。必要时可采用快硬硅酸盐水泥或其他水泥。水泥的性能指标必须符合现行国家有关标准的规定。

配制混凝土时，水泥品种的选择应根据工程结构特点、施工条件和环境等情况来确定。常用水泥的选用见表 5-1。

表 5-1　常用水泥选用表

混凝土工程特点或所处环境条件		优先选用	可以使用	不宜使用
普通混凝土	普通气候环境中的混凝土	普通硅酸盐水泥	矿渣硅酸盐水泥、火山灰质硅酸盐水泥、粉煤灰硅酸盐水泥、复合硅酸盐水泥	
	在干燥环境中的混凝土	普通硅酸盐水泥	矿渣硅酸盐水泥	火山灰质硅酸盐水泥、粉煤灰硅酸盐水泥
	在高湿度环境中或永远处在水下的混凝土	矿渣硅酸盐水泥	普通硅酸盐水泥、火山灰质硅酸盐水泥、粉煤灰硅酸盐水泥、复合硅酸盐水泥	
	厚大体积的混凝土	矿渣硅酸盐水泥、火山灰质硅酸盐水泥、粉煤灰硅酸盐水泥、复合硅酸盐水泥	普通硅酸盐水泥	硅酸盐水泥、快硬硅酸盐水泥

续表

混凝土工程特点或所处环境条件		优先选用	可以使用	不宜使用
有特殊要求的混凝土	要求快硬的混凝土	快硬硅酸盐水泥、硅酸盐水泥	普通硅酸盐水泥	矿渣硅酸盐水泥、火山灰质硅酸盐水泥、粉煤灰硅酸盐水泥、复合硅酸盐水泥
	高强混凝土	硅酸盐水泥	普通硅酸盐水泥、矿渣硅酸盐水泥	火山灰质硅酸盐水泥、粉煤灰硅酸盐水泥
	严寒地区的露天混凝土，寒冷地区的处在水位升降范围内的混凝土	普通硅酸盐水泥	矿渣硅酸盐水泥	火山灰质硅酸盐水泥、粉煤灰硅酸盐水泥
	严寒地区处在水位升降范围内的混凝土	普通硅酸盐水泥		矿渣硅酸盐水泥、火山灰质硅酸盐水泥、粉煤灰硅酸盐水泥、复合硅酸盐水泥
	有抗渗性要求的混凝土	普通硅酸盐水泥、火山灰质硅酸盐水泥		矿渣硅酸盐水泥
	有耐磨性要求的混凝土	硅酸盐水泥、普通硅酸盐水泥	矿渣硅酸盐水泥	火山灰质硅酸盐水泥、粉煤灰硅酸盐水泥

（二）水泥强度等级的选择

水泥强度等级的选择应与混凝土的设计强度等级相适应，原则上高强度等级的水泥配制高强度等级的混凝土；低强度等级的水泥配制低强度等级的混凝土。若用低强度等级的水泥配制高强度等级混凝土，要想满足强度要求，就必须加大水泥用量，这样不但不经济，同时容易出现混凝土干缩裂缝和温度裂缝等现象。反之，用高强度等级的水泥配制低强度等级的混凝土，若只考虑满足混凝土强度要求，水泥用量将较少，难以满足混凝土和易性和耐久性等要求；若水泥用量兼顾了耐久性等性能，又会使混凝土超强却不经济。在选用水泥时不可过度追求水泥的早强，尤其不要使用早强型水泥。并非水泥的强度越高，用量越多，就越能满足要求，如对于现浇混凝土结构，往往是水泥越早强，用量越多，混凝土早期开裂的可能性越大。

根据经验，一般水泥的强度等级标准值宜为混凝土强度等级标准值的1.5~2.0倍。

二、拌和与养护用水

《混凝土结构工程施工质量及验收规范》(GB 50204—2002)规定：拌制混凝土用水宜优先采用符合国家标准的饮用水。若采用其他水源时，水质要求符合《混凝土拌和用水标准》(JGJ 63—1989)的规定，各种杂质含量应符合表5-2的规定。

三、细骨料

根据国家标准《建筑用砂》(GB/T 14684—2001)的规定，粒径在0.15~4.75mm之间的骨料称为细骨料。建设部行业标准《普通混凝土用砂质量标准及检验方法》(JGJ 52—1992)，将粒径在0.16~5.0mm之间的骨料称为细骨料。

表 5-2　混凝土用水中的物质含量限值

项　目	预应力混凝土	钢筋混凝土	素混凝土
pH 值	>4	>4	>4
不溶物 mg/L	<2000	<2000	<5000
可溶物 mg/L	<2000	<5000	<10000
氯化物（以 Cl^- 计）mg/L	<500	<1200	<3500
硫酸盐（以 SO_4^{2-} 计）mg/L	<600	<2700	<2700
硫化物（以 S^{2-} 计）mg/L	<100	—	—

（一）细骨料的种类及其特性

砂按产源分为天然砂、人工砂两类。天然砂包括河砂、湖砂、淡化海砂和山砂；人工砂包括机制砂和混合砂。GB/T 14684—2001 根据砂的技术要求，将砂分为Ⅰ类、Ⅱ类和Ⅲ类。天然砂是由天然岩石经自然条件作用而形成的。河砂和湖砂因长期经受流水和波浪的冲洗，颗粒较圆，比较洁净且分布较广，一般工程都采用这种砂。海砂因长期受到海流冲刷，颗粒圆滑，比较洁净且粒度一般比较整齐，但常混合有贝壳及盐类等有害杂质，在配制钢筋混凝土时，海砂中 Cl^- 含量不应大于 0.06%（以全部 Cl^- 换算成 NaCl 占干砂重量的百分率计），超过该值时，应通过淋洗，使 Cl^- 含量降低至 0.06%以下，对于预应力钢筋混凝土，则不宜采用海砂。山砂是从山谷或旧河床中采运而得到的，其颗粒多带棱角，表面粗糙，但含泥量和有机物杂质较多，使用时应加以限制。机制砂是由天然岩石轧碎而成，其颗粒富有棱角，比较洁净，但砂中片状颗粒及细粉含量较大，且成本较高，只有在缺乏天然砂时才采用。混合砂是机制砂和天然砂混合而成的砂，其性能取决于原料砂的质量及其配制情况。

砂的表观密度一般为 2600～2700kg/m³；干砂在松散堆积下的堆积密度一般为 1350～1550kg/m³，在捣实状态下的堆积密度为 1600～1700kg/m³。Ⅰ类砂宜用于配制强度等级大于 C60 的混凝土，Ⅱ类砂宜用于配制强度等级为 C30～C60 及抗冻、抗渗或其他要求的混凝土，Ⅲ类砂宜用于配制强度等级小于 C30 的混凝土。

（二）细骨料的技术要求

细骨料质量的优劣，直接影响到混凝土质量的好坏。有关砂的标准，现有国家标准《建筑用砂》（GB/T 14684—2001）和建设部行业标准《普通混凝土用砂质量标准及检验方法》（JGJ 52—1992）两个标准。GB/T 14684—2001 对混凝土用砂的质量提出了下列要求。

1. 有害物质含量

混凝土用砂要求洁净、有害杂质含量少。砂中含有云母、泥块、淤泥、轻物质、有机物、硫化物及硫酸盐等，都对混凝土的性能有不利影响，是有害杂质。砂中有害杂质的含量应符合表 5-3 的规定。

表 5-3　砂中有害物质含量限值（GB/T 14684-2001）

项　目		Ⅰ类	Ⅱ类	Ⅲ类
云母含量（按重量计，%）	<	1.0	2.0	2.0
硫化物与硫酸盐含量（按 SO_3 重量计，%）	<	0.5	0.5	0.5

续表

项　　目		Ⅰ类	Ⅱ类	Ⅲ类
有机物含量（用比色法试验）		合格	合格	合格
轻物质（按重量计，%）	<	1.0	1.0	1.0
氯化物含量（按 NaCl 重量计，%）	<	0.01	0.02	0.06
含泥量（按重量计，%）	<	1.0	3.0	5.0

含泥量、石粉含量和泥块含量：含泥量是指天然砂中粒径小于 75μm 的粘土颗粒含量。石粉含量是指人工砂中粒径小于 75μm 的颗粒含量。泥块含量是指砂中原粒径大于 1.18mm，经水浸洗、手捏后小于 600μm 的颗粒含量。泥、石粉和泥块对混凝土是有害的。泥包裹于砂子的表面，隔断了水泥石与砂子之间的粘结，影响混凝土的强度。含泥量较多，会降低混凝土的强度和耐久性，并增加混凝土的干缩。石粉会增大混凝土拌和物需水量，影响混凝土和易性，降低混凝土强度。泥块在混凝土内成为薄弱部位，引起混凝土强度和耐久性的降低。

砂子中不应混有草根、树叶、树枝、塑料、煤块和炉渣等杂物。有些天然砂往往含有云母，云母是表面光滑的小薄片，会降低混凝土拌和物的和易性，也会降低混凝土的强度和耐久性。

硫化物及硫酸盐主要由硫铁矿（FeS_2）和石膏（$CaSO_4$）等杂物带入。它们与水泥石中固态水化铝酸钙反应生成钙矾石，反应产物的固相体积膨胀 1.5 倍，过多生成的钙钒石将会引起混凝土膨胀开裂。有机物主要来自于动植物的腐殖质、腐殖土、泥煤和废机油等，会延缓水泥的水化，降低混凝土的强度，尤其是早期强度。氯离子是强氧化剂，会导致钢筋混凝土中的钢筋锈蚀，降低了钢筋与硬化水泥浆体的界面强度而使强度降低。钢筋锈蚀后体积膨胀和受力面减小，还可能引起混凝土开裂，使强度进一步下降。

2. 颗粒形状及表面特征

细骨料的颗粒形状及表面特征是决定混凝土拌和物需水量及其与水泥间粘结力的重要因素，影响到拌和物的流动性和硬化后的强度。河砂和海砂经过水流的冲刷，颗粒多为近似球状，并且表面少棱角、比较光滑，配制的混凝土流动性往往比山砂或者机制砂好，但与水泥的粘结性能相对较差；山砂和机制砂表面较粗糙，多棱角，所以混凝土拌和物流动性相对较差，但与水泥的粘结性能较好。水灰比相同时，山砂或机制砂配制的混凝土强度略高；而流动性相同时，由于山砂和机制砂用水量较大，所以混凝土强度比较接近。

3. 粗细程度与颗粒级配

砂的粗细程度是指不同粒径的砂粒混合在一起后的平均粗细程度，通常用细度模数来（M_x）表示，M_x 的值并不等于平均粒径，能比较准确的反映砂的粗细程度。砂的粗细程度反映了砂的比表面积（单位质量的总表面积）的大小。砂的颗粒越粗，比表面积越小，包裹砂粒表面所需的水泥浆数量越少，反之亦然。在混凝土中，砂子的表面由水泥浆包裹，砂子之间的空隙也由水泥浆填充。为了节约水泥，提高混凝土的密实度和强度，应尽可能减少砂子的总表面积，同时减少砂子的空隙率。砂的粗细程度与其总表面有直接的关系，对于相同重量的砂，细砂的总表面积较大，粗砂的总表面积较小。当混凝土拌和物和易性要求一定时，细砂比粗砂的水泥用量省，但若砂子过粗，易使混凝土拌和物产生离析、泌水等现象。

因此，混凝土用砂不宜过细，也不宜过粗。

砂的颗粒级配是指粒径大小不同的砂粒的搭配情况。粒径相同的砂粒堆积在一起，会产生很大的空隙率，如图5-2（a）所示；当用两种粒径的砂搭配起来，空隙率就减少了，如图5-2（b）所示；而用三种粒径的砂搭配，空隙率就更小了，如图5-2（c）所示。由此可见，要想减小砂粒间的空隙，就必须将大小不同的颗粒搭配起来使用。

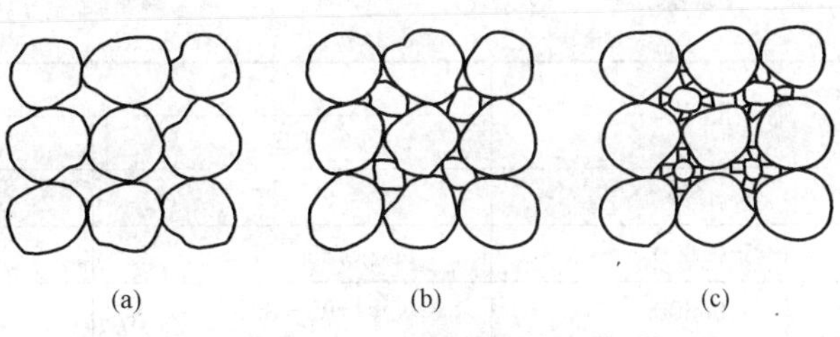

图5-2 砂颗粒的级配

砂的粗细程度和颗粒级配通常用筛分析的方法进行测定。GB/T 14684—2001规定，砂的筛分析法是用4.75、2.36、1.18、0.600、0.300mm和0.150mm方孔筛，将500g干砂样由粗到细依次过筛（详见试验部分），然后称取留在各筛上砂的筛余量m_1、m_2、m_3、m_4、m_5、m_6和$m_{底}$（分计筛余量）。计算各筛的分计筛余百分率a_i（各筛上的筛余量占砂样总重的百分率）及累计筛余百分率（各个筛和比该筛粗的所有分计筛余百分率加在一起），计算关系见表5-4。

表5-4　累计筛余与分计筛余计算关系

筛孔尺寸	筛余量	分计筛余（%）	累计筛余（%）
4.75mm	m_1	$a_1=m_1/m$	$A_1=a_1$
2.36mm	m_2	$a_2=m_2/m$	$A_2=a_1+a_2$
1.18mm	m_3	$a_3=m_3/m$	$A_3=a_1+a_2+a_3$
600μm	m_4	$a_4=m_4/m$	$A_4=a_1+a_2+a_3+a_4$
300μm	m_5	$a_5=m_5/m$	$A_5=a_1+a_2+a_3+a_4+a_5$
150μm	m_6	$a_6=m_6/m$	$A_6=a_1+a_2+a_3+a_4+a_5+a_6$
底盘	$m_{底}$	$m=m_1+m_2+m_3+m_4+m_5+m_6+m_{底}$	

细度模数（M_x）的计算公式为

$$M_x=\frac{(A_2+A_3+A_4+A_5+A_6)-5A_1}{100-A_1} \tag{5-1}$$

细度模数越大表示砂越粗。按细度模数将砂分为粗、中、细三种规格：$M_x=3.7\sim3.1$为粗砂，$M_x=3.0\sim2.3$为中砂，$M_x=2.2\sim1.6$为细砂。砂的细度模数不能反映砂的级配优劣。细度模数相同的砂，其级配可能相差很大。因此，在配制混凝土时，必须同时考虑砂的级配和砂的细度模数。根据国家标准《建筑用砂》（GB 14684—2001）规定，对照0.600mm筛孔的累计筛余，把M_x在3.7～1.6之间的常用砂的颗粒级配分为三个级配区，如表5-5所示。

表5-5　砂的颗粒级配区范围

筛孔尺寸（mm）	累计筛余（%）		
	Ⅰ区	Ⅱ区	Ⅲ区
9.50	0	0	0
4.75	10～0	10～0	10～0
2.36	35～5	25～0	15～0

续表

筛孔尺寸 (mm)	累计筛余 (%)		
	Ⅰ区	Ⅱ区	Ⅲ区
1.18	65～35	50～10	25～0
0.600	85～71	70～41	40～16
0.300	95～80	92～70	85～55
0.150	100～90	100～90	100～90

将筛分析试验的结果与表 5-5 进行对照，判断砂的级配是否符合要求。但用表 5-5 来判断砂的级配不直观，为了方便应用，常用筛分曲线来判断。所谓筛分曲线是指以累计筛余百分率为纵坐标，以筛孔尺寸为横坐标所画的曲线。用表 5-5 的规定值画出Ⅰ、Ⅱ、Ⅲ三个级配区上下限值的筛分曲线得到图 5-3。试验时，将砂样筛分析试验得到的各筛累计筛余百分率标注在图 5-3 中，并连线，就可观察此筛分曲线落在哪个级配区。判定砂级配是否合格的方法如下。

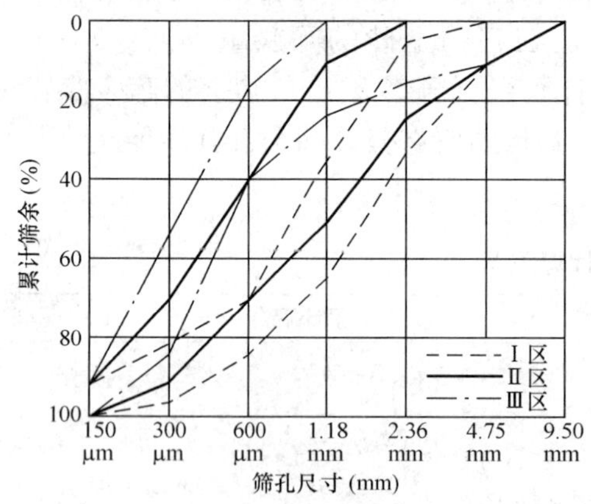

图 5-3　砂的级配区曲线

(1) 各筛上的累计筛余百分率原则上应完全处于表 5-5 所规定的任何一个级配区；

(2) 允许有少量超出，但超出总量应小于 5%；

(3) 4.75mm 和 0.600mm 筛号上不允许有任何超出；

(4) Ⅰ区人工砂中 0.150mm 筛孔的累计筛余可以放宽到 100～85，Ⅱ区人工砂中 0.150mm 筛孔的累计筛余可以放宽到 100～80，Ⅲ区人工砂中 0.150mm 筛孔的累计筛余可以放宽到 100～75。

虽然砂的级配也可粗略地反映出砂的粗细程度，但同一级配区内的砂，其细度模数并不相同；而细度模数相同的砂，级配也可能很不一样。因此，在对砂进行质量评定时，必须用细度模数表示砂的粗细程度，用级配区表示砂颗粒级配的优劣。为保证混凝土具有较好的和易性、较高的密实度和强度，并达到节约水泥的目的，混凝土用砂应同时考虑砂的颗粒级配和粗细程度两个方面，并在选用时注意以下方面：

配制混凝土时应优先选用Ⅱ区砂。Ⅰ区砂适于配制富混凝土和低流动性的混凝土，为保证拌和物的保水性，使用时应适当提高砂率（砂子重量占砂、石总重量的百分比）。当采用Ⅲ区砂时，宜适当降低砂率，以保证混凝土强度。

如果某地区的砂子自然级配不符合要求，可采用人工级配砂。配制方法是当有粗、细两种砂时，将两种砂按合适的比例掺配在一起。当仅有一种砂时，筛分分级后，再按一定比例配制。

为保证泵送混凝土的可泵性，泵送混凝土用砂宜采用中砂，且通过 0.315mm 筛孔的颗粒含量不应小于 15%。

【例题 5-1】　某工程用砂，经烘干、称量、筛分析，筛分结果见表 5-6，试计算该砂细度模数和评定级配情况。

表 5-6 [例题 5-1] 附表

筛孔尺寸（mm）	4.75	2.36	1.18	0.600	0.300	0.150	<0.150	合计
筛余量（g）	28.5	57.6	73.1	156.6	118.5	55.5	9.7	499.5

解 (1) 各筛上的分计筛余百分率为

$$a_1\% = \frac{28.5}{499.5} \times 100\% = 5.71\%$$

即 $$a_1 = 5.71$$

同理可得 $a_2=11.53$，$a_3=14.63$，$a_4=31.35$，$a_5=23.72$，$a_6=11.11$

(2) 累计筛余百分率分别为

$A_1=a_1=5.71$

$A_2=a_1+a_2=5.71+11.53=17.24$

$A_3=a_1+a_2+a_3=5.71+11.53+14.63=31.87$

$A_4=a_1+a_2+a_3+a_4=31.87+31.25=63.22$

$A_5=a_1+a_2+a_3+a_4+a_5=63.22+23.72=86.94$

$A_6=a_1+a_2+a_3+a_4+a_5+a_6=86.94+11.11=98.05$

(3) 细度模数为

$$M_x = \frac{(A_2+A_3+A_4+A_5+A_6)-5A_1}{100-A_1}$$

$$= \frac{(17.24+31.87+63.22+86.94+98.05)-5\times 5.17}{100-5.17} = 2.88$$

根据计算的数据，该砂样在 0.600mm 筛上的累计筛余率 $A_4=63.22$，落在Ⅱ区，其他各筛上的累计筛余率也落在Ⅱ区的指定范围内。所以结果评定为：该砂为Ⅱ区中砂，级配良好，可直接用于配制混凝土。

4. 坚固性

砂的坚固性是指砂在气候、环境或其他物理因素作用下抵抗碎裂的能力。根据 GB/T 14684—2001 规定，天然砂的坚固性根据砂在一定浓度硫酸钠溶液中经 5 次浸泡循环后质量损失的大小来检验。指标应符合表 5-7 的要求。

表 5-7 砂的坚固性指标

项 目	Ⅰ	Ⅱ	Ⅲ
质量损失（%）	≤8	≤8	≤10

四、粗骨料

根据国家标准《建筑用卵石、碎石》（GB/T 14685—2001）的规定，粒径在 4.75～90mm 之间的骨料称为粗骨料。

（一）粗骨料的种类及特性

粗骨料有卵石（又称为砾石）和碎石两类。按粒径尺寸分为连续粒级和单粒级两种规格，亦可根据需要采用不同单粒级卵石、碎石混合成特殊粒级的卵石、碎石。GB/T 14685—2001 按技术要求将粗骨料分为Ⅰ类、Ⅱ类和Ⅲ类。Ⅰ类粗骨料宜用于强度等级大于

C60的混凝土；Ⅱ类粗骨料宜用于强度等级C30～C60及抗冻、抗渗或其他要求的混凝土；Ⅲ类粗骨料宜用于强度等级小于C30的混凝土。

碎石主要由天然岩石破碎、筛分而成，也可将大卵石轧碎、筛分而得。碎石表面粗糙，棱角多且较洁净，与水泥石粘结比较牢固。卵石由天然岩石经自然条件作用而形成，其表面光滑，有机杂质含量较多，与水泥石胶结力较差。在相同条件下，卵石混凝土的强度较碎石混凝土低，在单位用水量相同的条件下，卵石混凝土拌和物的流动性较碎石混凝土拌和物大。

（二）粗骨料的技术要求

粗骨料质量的优劣，直接影响到混凝土质量的好坏。国家标准《建筑用卵石、碎石》（GB/T 14685—2001）对粗骨料的质量要求如下。

1. 含泥量和泥块含量

粗骨料中的泥、泥块和岩屑等杂质对混凝土的危害与细骨料的相同。卵石、碎石的含泥量和泥块含量应符合表5-8的规定。

表5-8 碎石或卵石技术指标（GB/T 14685—2001）

项目		指标		
		Ⅰ类	Ⅱ类	Ⅲ类
含泥量（按重量计，%）	<	0.5	1.0	1.5
粘土块含量（按重量计，%）	<	0	0.5	0.7
硫化物与硫酸盐含量（按SO_3重量计，%）	<	0.5	1.0	1.0
有机物含量（用比色法试验）		合格	合格	合格
针片状（按重量计，%）	<	5	15	25
坚固性质量损失（%）	<	5	8	12
碎石压碎指标（%）	<	10	20	30
卵石压碎指标（%）	<	12	16	16

2. 有害物质含量

卵石和碎石中不应混有草根、树叶、树枝、塑料、煤块和炉渣等杂物，粗骨料中的有害物质主要有有机物、硫化物及硫酸盐，有时也有氯化物，它们对混凝土的危害与细骨料的相同。GB/T 14685—2001规定，粗骨料有害物质含量应符合表5-8的要求。另外，粗骨料中严禁混入煅烧过的石灰石或白云石，以免过火生石灰缓慢水化引起混凝土膨胀开裂。如发现粗骨料中含有颗粒状的硫酸盐或硫化物杂质时，要进行专门试验，当确认能满足混凝土耐久性要求时方能采用。

粗骨料颗粒外形有不规则立方体形、圆形、针状（指颗粒长度大于骨料平均粒径的2.4倍）、片状（颗粒厚度小于骨料平均粒径的0.4倍）等。混凝土用粗骨料以接近球状或立方体形的为好，这样的骨料颗粒之间的空隙小，混凝土更易密实，有利于混凝土强度的提高。粗骨料中针状、片状颗粒不仅本身受力时易折断，且易产生架空现象，增大骨料空隙率，使混凝土拌和物和易性变差，同时降低混凝土的强度。因此，骨料的针片状含量应符合表5-8的规定。骨料平均粒径指一个粒级的骨料其上、下限粒径的算术平均值。

3. 最大粒径和颗粒级配

与细骨料一样，为了节约混凝土的水泥用量，提高混凝土的密实度和强度，混凝土粗骨料的总表面积应尽可能减少，其空隙率应尽可能降低。

粗骨料最大粒径与其总表面积大小紧密相关。所谓粗骨料最大粒径是指粗骨料公称粒级的上限。当骨料最大粒径增大时，其总表面积减少，保证一定厚度润滑层所需的水泥浆数量减少。因此，在条件许可的情况下，粗骨料的最大粒径应尽量用大些。研究表明，对于贫混凝土（1m^3 混凝土水泥用量≤170kg），采用大粒径骨料是有利的。但是对于结构常用混凝土，骨料粒径大于 40mm，并无多大好处，甚至可能造成混凝土的强度下降。根据《混凝土结构工程施工质量验收规范》(GB 50204—2002）的规定，混凝土粗骨料的最大粒径不得超过混凝土构件截面最小尺寸的 1/4，且不得大于钢筋最小净距的 3/4；对于混凝土实心板，骨料最大粒径不宜超过板厚的 1/3，且不得超过 40mm。

粗骨料颗粒级配的含义和目的与细骨料相同，级配也是通过筛分析试验测定（详见试验部分）。

骨料的颗粒级配分连续级配和间断级配两种。连续级配是石子由小到大各粒级相连的级配；间断级配是指用小颗粒的粒级石子直接与较大颗粒的粒级石子相配，中间缺了一段粒级的级配。土木工程中多采用连续级配，间断级配虽然可获得比连续级配更小的空隙率，但混凝土拌和物易产生离析现象，不便于施工，较少使用。单粒级不宜单独配制混凝土，主要用于组合连续级配或间断级配。普通混凝土用碎石或卵石的颗粒级配应符合表 5-9 的规定。

表 5-9　卵石或碎石的颗粒级配范围（GB/T 14685—2001）

级配情况	公称粒级 (mm)	累计筛余（%） 筛孔尺寸（mm）											
		2.36	4.75	9.50	16.0	19.0	26.5	31.5	37.5	53.0	63.0	75.0	90
连续粒级	5～10	95～100	80～100	0～15	0	—	—	—	—	—	—	—	—
	5～16	95～100	85～100	30～60	0～10	0	—	—	—	—	—	—	—
	5～20	95～100	90～100	40～80	—	0～10	0	—	—	—	—	—	—
	5～25	95～100	90～100	—	30～70	—	0～5	0	—	—	—	—	—
	5～31.5	95～100	90～100	70～90	—	15～45	—	0～5	0	—	—	—	—
	5～40	—	95～100	70～90	—	30～65	—	—	0～5	0	—	—	—
单粒粒级	10～20	—	95～100	85～100	—	0～15	0	—	—	—	—	—	—
	16～31.5	—	95～100	—	85～100	—	—	0～10	0	—	—	—	—
	20～40	—	—	95～100	—	80～100	—	—	0～10	0	—	—	—
	31.5～63	—	—	—	95～100	—	—	75～100	45～75	—	0～10	0	—
	40～80	—	—	—	—	95～100	—	—	70～100	—	30～60	0～10	0

4. 强度和坚固性

(1) 强度。粗骨料在混凝土中起骨架作用，其强度直接影响混凝土的强度。碎石或卵石的强度，可用岩石立方体抗压强度和压碎指标两种方法表示。在选择采石场或对粗骨料强度有严格要求或对质量有争议时，应选用岩石立方体强度检验。对经常性的生产质量控制则用压碎指标值检验较方便。

岩石立方体强度：将碎石或卵石制成 50mm×50mm×50mm 的立方体（或直径与高均为 50mm 的圆柱体）试件，在水饱和状态下，测其极限抗压强度。岩石的极限抗压强度应不小于混凝土强度的 1.5 倍。同时，GB/T 14685—2001 规定，在水饱和状态下，其抗压强度火成岩试件的强度不低于 80MPa，变质岩不低于 60MPa，水成岩不低于 30MPa。

压碎指标的测定：将一定质量的气干状态下 10～20mm 的石子装入一标准圆筒内，在压力机上在 160～300s 内均匀地加荷到 200kN，卸荷后称出试样质量 G_0，用孔径为 2.5mm 的筛筛除被压碎的碎粒，称取试样的筛余量 G_1，则压碎指标按下式计算

$$\text{压碎指标} = \frac{G_0 - G_1}{G_0} \times 100\% \tag{5-2}$$

压碎指标值越小，说明骨料抵抗压碎的能力越强，也即是骨料的强度越高。骨料的压碎指标值不应超过表 5-8 的规定。

（2）坚固性。粗骨料在混凝土中起骨架作用，必须有足够的坚固性。粗骨料的坚固性指在气候、环境或其他物理因素作用下抵抗碎裂的能力。粗骨料的坚固性用试样在硫酸钠溶液中经 5 次浸泡循环后质量损失的大小来判定。GB/T 14685—2001 规定，Ⅰ类、Ⅱ类和Ⅲ类粗骨料浸泡试验后的质量损失应分别小于 5%、8%和 12%。

五、混凝土外加剂

（一）外加剂的定义及分类

外加剂是指在混凝土拌和前或拌和时掺入的能显著改善混凝土某项或多项性能的一类材料，其掺量一般不大于水泥质量的 5%。外加剂的使用促进了混凝土的飞速发展，使得高强、高性能混凝土的生产和应用成为现实，并且解决了许多实际工程中的技术难题。目前，外加剂已成为除水泥、水、砂子、石子以外的第五种重要的组成材料（称为第五组分），应用日益广泛。

混凝土外加剂按其主要作用可分为五类。

（1）改善混凝土拌和物流变性能的外加剂，主要有各种减水剂、引气剂和泵送剂等。

（2）调节混凝土凝结时间和硬化性能的外加剂，主要有缓凝剂、早强剂和速凝剂等。

（3）改善混凝土耐久性的外加剂，主要有引气剂、防水剂、防冻剂和阻锈剂等。

（4）改善混凝土含气量的外加剂，主要有引气剂、加气剂、泡沫剂、消泡剂等。

（5）改善混凝土其他性能的外加剂，主要有膨胀剂、防冻剂、着色剂、泵送剂、碱—骨料反应抑制剂和道路抗折剂等。

（二）几种常用的混凝土外加剂

1. 减水剂

减水剂是指在混凝土坍落度（表示混凝土流动性的指标，见本章第二节）基本相同的条件下，能减少拌和用水量，或者在混凝土配合比和材料不变的情况下，能增加混凝土坍落度的外加剂。根据减水率大小或坍落度的增加幅度可分为普通减水剂和高效减水剂两类。在混凝土组成材料种类和用量不变的情况下，往混凝土中掺入减水剂，混凝土拌和物的流动性将不同程度地提高。若要维持混凝土拌和物的流动性不变，则可减少混凝土的加水量。由以上作用可知，减水剂是工程中应用最广泛的一种外加剂。

减水剂是一种表面活性剂，其分子由亲水基和憎水基两个部分组成。减水剂加入水溶液

中后，其分子中的亲水基指向水，憎水基吸附于水泥颗粒表面并作定向排列，形成定向吸附膜，减低了水的表面张力和两相间的界面张力。减水剂的作用机理主要包括分散和润滑作用两方面，见图5-4。

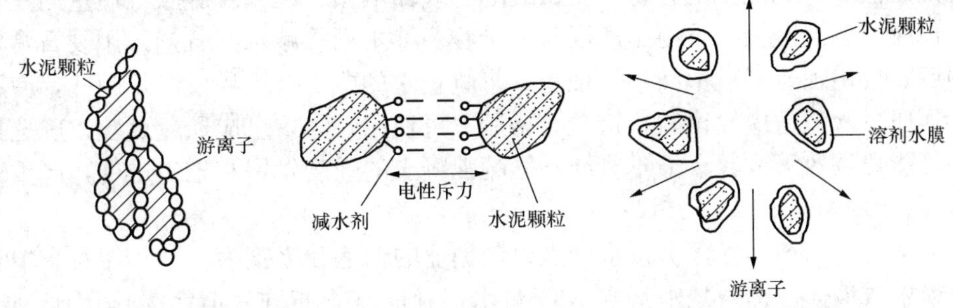

图5-4 减水剂减水机理示意图

(1) 分散作用。水泥加水后，由于水泥颗粒间分子引力的作用形成了絮凝结构，10%～30%的拌和水被包裹在水泥颗粒之中，影响了拌和物的流动性。当加入减水剂后，由于减水剂憎水基定向吸附于水泥颗粒表面，亲水基指向水溶液，在水泥颗粒表面形成单分子或多分子吸附膜，使之带有相同的电荷，在静电斥力作用下，絮凝结构解体，被束缚在絮凝结构中的游离水被释放出来，从而有效地增加混凝土拌和物的流动性。

(2) 润滑作用。由于减水剂中亲水基极性很强，水泥颗粒表面的减水剂吸附膜能与水分子形成一层稳定的溶剂化水膜。这层水膜具有很好的润滑作用，能有效降低水泥颗粒间的滑动阻力，使混凝土的流动性显著增加。

在混凝土中加入减水剂后，可取得以下技术经济效果。

在拌和物用水量不变时，混凝土流动性显著增大，混凝土拌和物坍落度可增大100～200mm。

保持混凝土拌和物坍落度和水泥用量不变，可减水5%～30%，混凝土强度可提高5%～25%，特别是早期强度会显著提高。

保持混凝土强度不变时，可节约水泥用量5%～25%。

另外，缓凝型减水剂可使水泥水化放热速度减慢，热峰出现推迟；引气型减水剂可提高混凝土抗渗性和抗冻性。

减水剂掺入混凝土的主要作用是减水，不同系列减水剂的减水率差异较大，部分减水剂兼有早强、缓凝和引气等效果。减水剂品种繁多，根据化学成分可分为木质素系、萘系、树脂系、糖蜜系和腐植酸系；根据减水效果可分为普通减水剂和高效减水剂；根据对混凝土凝结时间的影响可分为标准型、早强型和缓凝型；根据是否在混凝土中引入空气可分为引气型和非引气型；根据形态可分为粉体型和液体型。

(1) 木质素磺酸盐系减水剂。木质磺酸盐系减水剂主要有木质素磺酸盐系（简称木钙，代号MG）、木质素磺酸盐钠（木钠）和木质素磺酸镁（木镁）及丹宁等，工程上最常使用的为木钙。木钙是由植物纤维生产纸浆的废液，经中和、发酵、脱糖、浓缩、喷雾、干燥制成的棕黄色粉末。木钙减水剂属普通减水剂，有缓凝和引气作用。木钙的掺量宜控制在0.2%～0.3%之间，减水率约为10%。保持流动性不变，可提高混凝土强度8%～10%，若不减水则增大混凝土坍落度约80～100mm，若保持和易性与强度不变时，可节约水泥5%～10%。

木钙减水剂主要适用于夏季混凝土施工、滑模施工、大体积混凝土和泵送混凝土施工，也可用于一般混凝土工程。

工程中使用木钙时应注意以下几点：①由于木钙减水剂的引气量较大，并具有缓凝性，浇筑后需要较长时间才能形成一定的结构强度，因此，木钙减水剂不宜单独使用蒸汽养护混凝土，否则蒸汽养护后混凝土容易产生微裂缝，表面酥松、起鼓及肿胀等质量问题；也不宜单独使用预应力及混凝土冬季施工的混凝土工程。②木钙等减水剂若掺入用硬石膏作调凝剂的水泥中后，会出现速凝、不减水等现象，影响正常的施工及工程质量，因此，使用木钙减水剂前必须通过水泥适应性试验，试验合格后方可使用。③掺量应通过试验正确选择，若超量掺加，可能导致数天或数十天不凝结，影响混凝土的强度发展和施工进度，严重时导致工程质量事故。

(2) 糖蜜类减水剂。糖蜜类减水剂是以制糖业的糖渣和废蜜为原料，经石灰中和处理而成的棕色粉末或液体。糖蜜减水剂与 MG 减水剂性能基本相同，但缓凝作用比 MG 强，故通常作为缓凝剂使用。适宜掺量为 0.2%～0.3%，减水率在 10%左右。该类减水剂主要用于大体积混凝土、大坝混凝土和有缓凝要求的混凝土工程。

(3) 多环芳香族磺酸盐系减水剂。多环芳香族磺酸盐系减水剂是以萘或萘的同系物为原料，经磺化、缩合等一系列复杂的工艺制成的棕黄色粉末或液体，又称萘系减水剂。萘系减水剂适宜掺量为 0.5%～1.2%，减水率可达 15%～30%，28 天强度可提高 10%以上，或节约水泥 10%～20%。萘系减水剂属高效减水剂，多数为非引气型。其减水、增强效果显著，对钢筋无锈蚀作用，与水泥的适应性较好。由于掺萘系减水剂混凝土的坍落度损失较大，故大多数萘系减水剂为减水与缓凝或引气的复合型。

萘系减水剂主要适用于要求高流动性，并对抗渗和抗冻性要求较高的混凝土。尤其适用于配制高强、早强、流态混凝土和蒸养混凝土制品，也可用于一般混凝土工程。

(4) 水溶性树脂类减水剂。水溶性树脂类减水剂是以三聚氰胺、甲醛和亚硫酸钠等为原料，经硫化、缩聚等工艺生产而成的棕色液体，最常用的有 SM 树脂减水剂。水溶性树脂类减水剂属高效减水剂，多为非引气早强型，其性能优于萘系减水剂，适宜掺量在 0.5%～2.0%以上，1 天强度提高一倍以上，7 天强度可达基准 28 天强度，后期强度也能提高，且可显著提高混凝土的抗渗、抗冻性和弹性模量。对蒸汽养护混凝土的适应性也优于其他外加剂。

(5) 聚羧酸类减水剂。聚羧酸类减水剂是通过不饱和单体（不饱和酸、聚苯乙烯磺酸盐和甲基丙烯酸盐等）在引发剂作用下共聚而得的一类减水剂。该类减水剂具有低掺量、高减水、不缓凝和低坍落度损失等优点，是第三代高效减水剂。该类减水剂适用于早强、高强、流态、防水、抗冻等混凝土，特别适用于商品（预拌）混凝土和高性能混凝土。

由于各种工程对混凝土综合性能要求的不断提高，高效减水剂的掺入已成为混凝土高性能化的主要途径。而单一减水剂往往很难满足不同工程性质和不同施工条件的要求，多功能、复合型的各类高性能减水剂正在研制和生产之中，亦将不断问世。

2. 早强剂

早强剂是指能加速混凝土早期强度发展的外加剂。早强剂能促进水泥的水化和硬化，提高早期强度，缩短养护周期，提高模板和场地周转率，加快施工速度。常用的早强剂有以下几种。

(1) 强电解质无机盐类早强剂：主要有氯盐、硫酸盐、硫酸复盐、硝酸盐、亚硝酸盐等，其中以氯盐（氯化钙）、硫酸盐（硫酸钠）应用最广。

（2）水溶性有机化合物：主要有三乙醇胺、硫酸钠、氯化钠、石膏等组成二元、三元或四元复合早强剂。

各种早强剂的早强机理虽不同，但多是以加速水泥水化，促使水化物的早期结晶和沉淀，增大水泥石中固相物质的比例，达到早强的目的。早强剂适用于蒸汽养护混凝土及常温、低温环境中施工的有早强要求的混凝土工程。由于各种早强剂的成分不同，表现出不同的特性。在实际使用中，应用较多的是由多种组分复合形成的复合早强剂，尤其是早强剂与减水剂复合使用效果最好。选用早强剂时应注意以下几点：

（1）氯化钙、氯化钠、氯化钾、氯化铁、氯化铝等氯盐类早强剂均具有良好的早强作用。但这类早强剂易使混凝土中的钢筋锈蚀，在混凝土中的应用受到限制，如不得在预应力混凝土结构、直接接触酸碱或其他侵蚀性介质的结构等结构中使用。

（2）含钾、钠离子的早强剂若掺量过多，会导致混凝土中的碱含量过高。因此，一般不宜用于含有碱活性骨料的混凝土中，若使用必须限制外加剂的含量。

（3）三乙醇胺对水泥有一定的缓凝作用，应严格控制掺量，掺量过多时，会造成混凝土严重缓凝和强度下降。单独掺加三乙醇胺会增加混凝土的收缩，特别是早期收缩，使用时应予以注意。

（4）有强电解质无机盐类的早强剂严禁用于与镀锌钢材或铝铁相接触部位的结构、有外露钢筋预埋铁件而无防护措施的结构、使用直流电源的结构以及距高压直流电源 100mm 以内的结构。

（5）含有六价铬盐、亚硝酸盐等对人体有一定毒害作用的早强剂，严禁用于饮水工程及与食品相接触的工程；硝胺类早强剂在碱性环境中会产生对人体有刺激性的氨，故严禁用于办公、居住等建筑工程。

（6）早强剂能促进水泥水化热集中释出，使大体积混凝土内外温差加大，故不适用于大体积混凝土工程及炎热环境条件下的混凝土施工。

（7）对于有饰面要求的混凝土工程，当采用强电解质无机盐类早强剂时应限制其用量，以免在混凝土表面产生盐析现象，影响工程的表面装饰质量。

3. 引气剂

引气剂是指在搅拌混凝土过程中能引入大量均匀分布、稳定而封闭的微小气泡的外加剂。混凝土引气剂有松香树脂类、烷基苯磺酸盐类、脂肪醇磺酸盐类、蛋白质盐及石油磺酸盐等几种。其中以松香树脂类应用最为广泛，这类引气剂的主要品种有松香热聚物和松香皂两种。

引气剂为表面活性剂，由于在搅拌混凝土时会混入一些气泡，掺入的引气剂就定向排列在泡膜表面（气—液界面）上，因而形成大量微小气泡。被吸附的引气剂离子增强了泡膜的厚度和强度，使气泡不易破灭。这些气泡均匀分散在混凝土中，互不相连，使混凝土的一些性能得以改善。

（1）改善混凝土拌和物的和易性。封闭的小气泡在混凝土拌和物中如滚珠，减少了骨料间的摩擦，增强了润滑作用，从而提高了混凝土拌和物的流动性。同时微小气泡的存在可阻滞泌水作用而提高保水能力。

（2）提高混凝土的抗渗性和抗冻性。引入的封闭气泡能有效隔断毛细孔通道，并能减少泌水造成的渗水通道，从而提高了混凝土的抗渗性。另外，引入的封闭气泡对水结冰产生的膨胀力起缓冲作用，从而提高抗冻性。

（3）强度有所降低。气泡的存在，使混凝土的有效受力面积减少，导致混凝土强度的下降。一般混凝土的含气量每增加 1%，其抗压强度将降低 4%～6%，抗折强度降低 2%～3%。因此，引气剂的掺量必须适当。松香热聚物和松香皂掺量，一般为水泥重量的 0.005%～0.01%。混凝土中掺引气剂及引气减水剂后，混凝土强度会下降，同时气体含量增加，混凝土的弹性模量降低，对提高混凝土的抗裂性有利。

引气剂及引气减水剂可用于抗冻混凝土、抗渗混凝土、抗硫酸盐混凝土、泌水严重的混凝土、贫混凝土、轻骨料混凝土、人工骨料配制的普通混凝土、高性能混凝土以及有饰面要求的混凝土。不宜用于蒸养混凝土及预应力混凝土，必要时应经试验确定。

4. 缓凝剂

缓凝剂是指能延长混凝土的初凝和终凝时间的外加剂。在混凝土中掺入缓凝剂能够降低水化热和推迟温峰出现的时间，有利于减少混凝土内外温差引起的开裂；有利于夏季施工和连续浇捣的混凝土，防止出现混凝土施工缝；有利于泵送施工、滑模施工和远距离运输；缓凝剂通常也具有减水作用，故亦能提高混凝土的后期强度或增加流动性或节约水泥用量。

缓凝剂的种类很多，常用的有木质素磺酸盐类缓凝剂（掺量一般为水泥质量的 0.2%～0.3%，混凝土的凝结时间可延长 2～3h）、糖蜜缓凝剂（掺量一般为水泥质量的 0.1%～0.3%，混凝土的凝结时间可延长 2～4h）和羟基羧酸及其盐类缓凝剂（掺量一般为水泥质量的 0.03%～0.10%，混凝土凝结时间可延长 4～10h）。

应当指出：缓凝剂对水泥品种的适应性十分敏感，不同品种水泥的缓凝效果不相同，甚至会出现相反的效果。因此，使用前应先做水泥适应性试验，合格后方可使用。

缓凝剂主要用于高温季节混凝土、大体积混凝土、自流平免振混凝土、碾压混凝土、泵送和滑模混凝土的施工，也可用于远距离运输的商品混凝土及其他需要延缓凝结时间的混凝土。但不宜用于日最低气温 5℃以下施工的混凝土，也不宜用于有早强要求的混凝土和蒸汽养护的混凝土。

5. 速凝剂

速凝剂是指能使混凝土迅速凝结硬化的外加剂。大部分速凝剂的主要成分为铝酸钠（铝氧熟料），此外还有碳酸钠、铝酸钙、氟硅酸锌、氟硅酸镁、氯化亚铁、硫酸铝、三氯化铝等盐类。国产的速凝剂主要有“红星 1 型”、“711 型”和“782 型”等。

速凝剂产生速凝的原因：速凝剂中的铝酸钠、碳酸钠在碱溶液中迅速与水泥中的石膏反应生成硫酸钠，使石膏丧失缓凝作用或迅速生成钙矾石所致。

速凝剂主要用于喷射混凝土和喷射砂浆，亦可用于需要速凝的其他混凝土。喷射混凝土是利用喷射机中的压缩空气，将混凝土拌和物喷射到基体（岩石、坚土等）表面，并迅速硬化产生强度的一种混凝土。主要用于矿山井巷、隧道、涵洞及地下工程的岩壁衬砌、坡面支护等。用于喷射混凝土的速凝剂主要起以下三种作用：①抵抗喷射混凝土因重力而引起的脱落和空鼓；②提高喷射混凝土的粘结力，缩短间隙时间，增大一次喷射厚度，减少回弹率；③提高早期强度，及时发挥结构的承载能力。为了降低喷射混凝土 28 天强度损失率，减少回弹率，减少粉尘，可将高效减水剂与速凝剂复合使用，速凝剂的发展方向是液态复合速凝剂。

喷射混凝土宜采用最大粒径不大于 20mm 的粗骨料，细度模数为 2.8～3.5 的细骨料，经验配合比为：水泥用量 400kg/m^3 左右，砂率 45%～60%，水灰比 0.4 左右。

6. 防冻剂

防冻剂指能使混凝土在负温下硬化，并产生足够防冻强度的外加剂。常见防冻剂有强电解质无机盐类（包括氯盐类、氯盐阻锈类、无氯盐类）、水溶性有机化合物类、有机化合物与无机盐复合类、复合型四种类型。

常用防冻剂通常由减水组分、早强组分、引气组分和防冻组分复合而成。减水组分的作用是减少混凝土的用水量，从而降低混凝土中的冰胀应力；同时，水灰比的降低，改善了骨料与水泥石的界面状态，减少了混凝土中的固有缺陷。防冻组分是保证混凝土的液相在规定的负温条件下不冻结或少冻结，使混凝土中有较多的液相存在，为负温下水泥水化创造条件。早强组分则是使混凝土提高早期强度，尽快获得受冻临界强度。引气组分则可增加混凝土的耐久性，在负温条件下对冻胀应力有缓冲作用，且保证混凝土不会因引气而降低强度。

防冻剂应用于负温条件下施工的混凝土。目前国产防冻剂适用于在 0～－15℃气温下施工混凝土，当在更低气温下施工混凝土时，应加用其他的混凝土冬季施工措施，如原材料预热法、暖棚法等。由于部分防冻剂含有对混凝土、环境等产生危害的成分，因此 GB 50119—2003 规定：含强电解质无机盐类防冻剂严禁使用的范围与氯盐类、强电解质无机盐类早强剂的相同；含亚硝酸盐、碳酸盐的防冻剂严禁用于预应力混凝土结构；含有六价铬盐、亚硝酸盐等有害成分的防冻剂，严禁用于饮水工程及与食品相接触的工程；含有硝铵、尿素等产生刺激性气味的防冻剂，严禁用于办公、居住等建筑工程；有机化合物防冻剂、有机化合物与无机盐复合防冻剂、复合防冻剂可用于素混凝土、钢筋混凝土及预应力混凝土工程。

7. 膨胀剂

膨胀剂是指能使混凝土产生一定体积膨胀的外加剂。混凝土工程中常用的膨胀剂有硫铝酸钙类、硫铝酸钙—氧化钙类、氧化钙类等。

膨胀剂掺入混凝土后，能够与水泥水化产物发生化学反应，形成膨胀结晶体钙矾石和氢氧化钙等物质，使混凝土的体积产生适度膨胀，在钢筋和邻位约束下，能够在钢筋混凝土结构中建立一定的预压应力，以抵消混凝土在硬化过程中产生的部分收缩应力和温度应力，从而达到防止或减少混凝土结构有害裂缝产生的作用。由于能够较好地补偿混凝土自身干缩和温度变形，提高混凝土的抗裂性能和防水性能，膨胀剂在地下工程、超长结构混凝土及有防水要求的混凝土工程中得到了广泛的应用。根据用途加入膨胀剂后的混凝土可分为补偿收缩混凝土、填充用膨胀混凝土、灌浆用膨胀砂浆和自应力混凝土等，见表 5－10。

表 5－10　掺膨胀剂混凝土的适用范围

用　途	适用范围
补偿收缩混凝土	地下、水中、海水中、隧道等构筑物，大体积混凝土（除大坝外），配筋路面和板，屋面与厕浴间防水，构件补强、渗漏修补，预应力混凝十，回填槽等
填充用膨胀混凝土	结构后浇带，隧洞堵头，钢管与隧道之间的填充等
灌浆用膨胀混凝土	机械设备的底座灌浆，地脚螺栓的固定，梁柱接头，构件补强、加固等
自应力混凝土	仅用于常温下使用的自应力钢筋混凝土压力管

膨胀剂虽然对于混凝土早期的干缩裂缝和中期水化热引起的温差收缩裂缝有较好的抑制作用，但对于后期天气变化产生的温差收缩主要应通过配筋和构造措施加以控制。在具体选用时应注意以下问题。

（1）合理控制膨胀剂的掺量。掺量过低，膨胀率小，起不到补偿收缩的作用，难以达到抗裂防渗的效果，但掺量过高也会因膨胀过大而破坏混凝土结构。掺膨胀剂混凝土的限制膨胀率和限制干缩率应满足相关标准的规定值。

（2）加强对掺膨胀剂混凝土的养护，尤其是早期养护。掺膨胀剂混凝土的浇水养护时间不得少于 14 天。如果不能保证充分养护，有可能产生比不掺膨胀剂更大的收缩，导致混凝土开裂。

（3）水化硫铝酸钙类膨胀剂的混凝土（砂浆）不得用于长期环境温度为 80℃以上的工程，氧化钙膨胀剂不得用于海水和有侵蚀性水的工程。

（4）膨胀剂不宜与氯盐外加剂复合使用。

8. 防水剂

防水剂指能降低混凝土在静水压力下的透水性的外加剂，包括以下四类。

（1）无机化合物类：氯化铁、硅灰粉末等。

（2）有机化合物类：脂肪酸及其盐类、有机硅表面活性剂（甲基硅醇钠、乙基硅醇钠、聚乙基羟基硅氧烷）、石蜡、地沥青、橡胶及水溶性树脂乳液等。

（3）混合物类：无机类混合物、有机类混合物、无机类与有机类混合物。

（4）复合类：上述各类与引气剂、减水剂、调凝剂（指缓凝剂和速凝剂）等外加剂复合的复合型防水剂。

防水剂可用于工业与民用建筑的屋面、地下室、隧道、巷道、给排水池、水泵站等有防水抗渗要求的混凝土工程。含氯盐的防水剂可用于素混凝土、钢筋混凝土工程，严禁用于预应力混凝土工程，其他严禁使用的范围与早强剂及早强型减水剂的规定相同。防水剂的掺量要求也与早强剂的限值相同。

9. 泵送剂

泵送剂指能改善混凝土拌和物泵送性能的外加剂。一般由减水剂、缓凝剂、引气剂等单独使用或复合使用而成。适用于工业与民用建筑及其他构筑物的泵送施工混凝土、滑模施工、水下灌注桩混凝土等工程，特别适用于大体积混凝土、高层建筑和超高层建筑等工程。泵送剂的品种、掺量应按供货单位提供的推荐掺量和环境温度、泵送高度、泵送距离、运输距离等要求经混凝土试配后确定。

（三）外加剂使用注意事项

尽管在混凝土中掺入外加剂，可明显改善混凝土的许多物理力学性能，有显著的技术经济效果，但如选择和使用不当，也会造成一些工程质量问题。因此，在选择和使用外加剂时应注意以下几点。

1. 正确选择品种

外加剂的品种很多，功效各异，在选择外加剂的品种时应根据工程设计和施工要求，通过试验及技术经济指标的比较来确定。当工程所用原材料或混凝土性能要求发生变化时，应再次进行试配试验。不同品种外加剂复合使用时，应注意其相容性及对混凝土性能的影响，使用前必须进行试验，满足要求方可使用。

2. 通过水泥适应性试验

在混凝土材料中水泥对外加剂性能的影响最大。选用外加剂必须进行水泥与外加剂的适应性试验，经检验符合要求方可使用。

3. 合理确定掺量和掺法

外加剂掺量（以胶凝材料总质量的百分比表示，或以 mL/kg 胶凝材料表示）应按推荐掺量、使用要求、施工条件、原材料等因素通过试验确定。外加剂掺入混凝土拌和物中的方法不同，效果也不同。例如，减水剂采用后掺法比先掺法和同掺法效果好，在达到同样减水率时其掺量只需先掺法和同掺法的1/2。所谓先掺法是将减水剂先与水泥混合后再与集料和水一起搅拌；同掺法是将减水剂先溶于水形成溶液后再加入拌和物中一起搅拌；后掺法是指在混凝土拌和物送到浇筑地点后，才加入减水剂并再次搅拌均匀后进行浇筑。

4. 符合环保原则

外加剂材料的组成成分有些属工业副产品，可能有毒或污染环境、危害人体健康。因此，严禁选用对人体产生危害、对环境产生污染的外加剂。

5. 控制碱含量

外加剂是混凝土中碱成分的重要来源，潮湿环境中的混凝土使用碱活性骨料时，应限制外加剂的碱含量。

六、掺和料

在混凝土拌和时加入的天然或人工矿物粉状材料，统称为混凝土掺和料。由于这些掺和料均具有不同程度的水硬性，通常也被列入胶凝材料之列。活性矿物掺和料的加入不但可以节约水泥，还能够显著改善混凝土的工作性能、强度性能、变形性能和耐久性能。随着现代土木工程对混凝土结构材料要求的不断提高，混凝土掺和料已成为高强混凝土、高性能混凝土中不可缺少的第六组分材料。

与生产水泥时掺加的相同品种的混合材料不同，混凝土掺和料是在混凝土配制过程中加入的，其品种和掺量可根据具体工程的要求确定。工程中常用的混凝土掺和料有粉煤灰、粒化高炉矿渣、硅灰、沸石粉等。

（一）粉煤灰

粉煤灰是由热电厂燃烧煤粉的锅炉烟气中收集到的细微粉末，又称“飞灰（fly-ash）”其颗粒多呈光滑球形。粉煤灰根据氧化钙含量可分为高钙粉煤灰（CaO 的质量百分数＞10%）和低钙粉煤灰（CaO 的质量百分数＜10%）。我国大多数电厂排放的粉煤灰为低钙粉煤灰，因而工程中对低钙粉煤灰的使用量较大。但不同电厂排放的粉煤灰的化学成分差异较大，并且不同的排放方式和收集方法对粉煤灰的质量品质也有很大的影响。按《用于水泥和混凝土中的粉煤灰》（GB 1596—2005）的规定，粉煤灰根据细度、需水量比和烧失量的不同分为三个等级（见表 5 - 11）。Ⅰ级粉煤灰适用于钢筋混凝土和跨度小于 6m 的预应力钢筋混凝土；Ⅱ级粉煤灰适用于钢筋混凝土和无筋混凝土；Ⅲ级粉煤灰主要用于无筋混凝土。对强度等级≥C30 的无筋粉煤灰混凝土，宜采用Ⅰ、Ⅱ级粉煤灰。

粉煤灰主要用于泵送混凝土、大体积混凝土、抗渗混凝土、抗硫酸盐和抗软水侵蚀混凝土、蒸养混凝土、轻骨料混凝土、地下和水下工程混凝土及碾压混凝土等。大量的工程实践表明，粉煤灰掺入混凝土后对混凝土的性能将产生以下几方面的影响。

表 5-11 粉煤灰等级与质量指标

质量指标	粉煤灰等级		
	Ⅰ级	Ⅱ级	Ⅲ级
细度（0.045mm方孔筛筛余）（%）	≤12	≤25	≤45
烧失量（%）	≤5	≤8	≤15
需水量比（%）	≤95	≤105	≤115
三氧化硫（%）	≤3	≤3	≤3
含水量（%）	≤1	≤1	≤1

1. 和易性

具有光滑球状颗粒的粉煤灰在混凝土拌和物中可产生“滚珠润滑”效应，达到提高流动性，减少泌水和改善和易性的作用，有利于混凝土的施工。若保持流动性不变，可起到减水作用或降低减水剂的掺量。

2. 强度

掺入粉煤灰后，尽管混凝土的早期强度略有降低，但最终强度会有所提高。若同时掺加高效减水剂，则可使粉煤灰混凝土的早期及后期强度均有显著增长。

3. 水化热

用粉煤灰代替部分水泥能有效降低水化热。

4. 耐久性

粉煤灰微细颗粒的“微粉填充”效应，能够起到增大混凝土密实度和改善孔结构的作用，从而使混凝土的抗渗性能得以改善，耐久性能明显提高；同时，粉煤灰的火山灰性可有效抑制碱—骨料反应的产生。

5. 干缩

粉煤灰取代部分水泥后可减少混凝土的干缩量。

6. 抗碳化

掺入粉煤灰后混凝土的抗碳化性能有所降低。

（二）磨细矿渣粉

磨细矿渣粉是将粒化高炉矿渣经干燥、磨细达到相当细度且符合相应活性指数的粉状材料（其细度大于350m^2/kg，一般为400～600m^2/kg）。掺量在20%以上的矿渣能提高混凝土抗海水及化学侵蚀的能力，矿渣粉也能有效控制混凝土中的碱—骨料反应。磨细矿渣粉可用于钢筋混凝土和预应力钢筋混凝土工程，还可用于高强混凝土、高性能混凝土和预拌混凝土等。掺入大量磨细高炉渣粉的混凝土特别适用于大体积混凝土、地下和水下混凝土、耐硫酸盐混凝土等。但矿渣难于磨细，能耗大，因而磨细矿渣粉的应用成本较高。

（三）硅灰

硅灰又称硅粉，是从生产硅铁或硅钢等合金所排放的烟气中收集到的颗粒极细的烟尘。硅灰的颗粒成玻璃球状，粒径为0.1～1.0μm，是水泥粒径的1/50～1/100，比表面积为18.5～20m^2/kg。硅灰的化学成分主要为SiO_2，是一种高活性的火山灰质掺和料，具有许多优良的技术性质。是目前配制高性能混凝土的首选掺和料。大量工程的实践表明，硅粉掺入混凝土中可取得以下几方面的优良效果。

1. 改善混凝土的和易性

硅粉的掺入可显著改善混凝土的粘聚性和保水性，但随着硅粉掺量的增加，流动性会有所减小，因此，在掺加硅粉时必须同时加入高效减水剂，采用这种“双掺技术”可配制出具有良好和易性的高流态混凝土、泵送混凝土及水下灌注混凝土。

2. 提高混凝土的强度

硅粉“火山灰作用”和“微粒填充作用”的发挥，能够显著提高混凝土的强度，与粉煤灰不同的是，其早期强度也显著提高。硅粉广泛应用于高强、超高强的混凝土工程中。

3. 提高混凝土的耐久性

混凝土中掺入硅粉后，改善了水泥石的孔隙结构，从而使混凝土抗掺性、抗冻性、抗腐蚀性等耐久性能显著提高，可用于要求抗溶出性侵蚀及抗硫酸盐侵蚀的工程；同时，硅粉还能很好的抑制碱—骨料反应。此外，硅粉混凝土的抗冲磨性随硅粉掺量的增加而提高，故也使用于水工建筑物的抗冲刷部位及高速公路路面。

上述各种掺和料在混凝土中的有效利用是混凝土科学领域的又一重大技术进步，也是使混凝土进一步走向“绿色化”和“可持续发展”的一条重要途径。不断研制开发能够显著而有效地改善混凝土性能的超细微粒混凝土掺和料，对于混凝土的高性能化具有十分重要的意义。将超细粉末的高炉矿渣、粉煤灰或沸石粉等超细微粒掺和料掺入混凝土中，能够显著改善混凝土的流动性，配制出大流动性且不离析的泵送混凝土和自密实混凝土；能够显著改善混凝土的力学性能，配制 100MPa 以上的超高强混凝土；能够显著改善混凝土的耐久性，使硬化过程中的收缩大大减小，抗冻、抗掺性能获得提高。

（四）其他掺和料

1. 磨细自燃煤矸石粉

自燃煤矸石粉是由煤矿洗煤过程中排出的矸石，经自燃而成的。自燃煤矸石具有一定的火山灰活性，磨细后可作为混凝土的掺和料。

2. 浮石粉、火山渣粉

浮石粉和火山渣粉均是火山喷出的轻质多孔岩石经磨细而得的掺和料。《用于水泥中的火山灰质混合材料》（GB/T 2847—2005）规定，浮石粉和火山渣粉的烧失量小于或等于10%；火山灰试验合格；SO_3 含量小于或等于 3%；水泥胶砂 28 天强度比不得低于 62%。

第二节 普通混凝土的主要技术性质

一、新拌混凝土的和易性

1. 和易性的概念

由混凝土组成材料拌和而尚未凝结硬化的混合料，称为混凝土拌和物，又称新拌混凝土。

和易性也称工作性，是指混凝土拌和物易于搅拌、运输、浇筑和振捣成型，不发生分层、离析、泌水等现象，并获得质量均匀、密实的混凝土的一项综合技术性能。和易性包括流动性、粘聚性和保水性三个方面的含义。

（1）流动性是指混凝土拌和物在自重或施工机械振捣的作用下，能产生流动，并均匀密实地充满模板的性能。

(2) 粘聚性是指混凝土拌和物内部各组分间具有一定的粘聚力，在运输和浇筑过程中不致产生分层离析现象的性能。

(3) 保水性是指混凝土拌和物具有保持内部水分不流失，不致产生严重泌水现象的性能。

新拌混凝土的理想状态应同时具有良好的流动性、粘聚性和保水性。但三者往往是既相互联系又相互矛盾的。当流动性大时，往往粘聚性和保水性差，反之亦然。因此，和易性良好就是要使这三方面的性质达到良好的统一。

2. 和易性的测定

混凝土和易性是一项综合技术指标，内涵较复杂，目前尚未有通过一个技术指标全面反映混凝土拌和物和易性的方法。通常是测定混凝土拌和物的流动性，观察评定粘聚性和保水性。流动性测定方法有坍落度试验和维勃稠度试验。

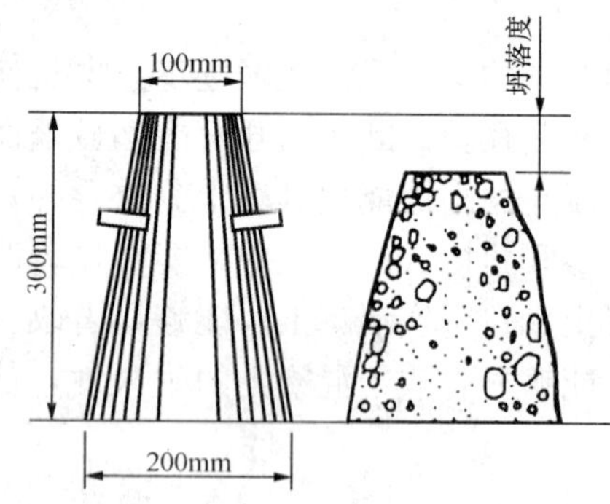

图 5-5 混凝土拌和物坍落度测定

(1) 坍落度试验。坍落度试验最早由美国人提出，目前已被世界各国广泛采用。该法是将混凝土拌和物分三层（每层装料约 1/3 筒高）装入无底的坍落度筒内（如图 5-5 所示），每层插捣 25 次。待装满刮平后，垂直平稳地向上提起坍落度筒。新拌混凝土因自重而向下坍落，用尺测量筒高与坍落后混凝土拌和物最高点之间的高差（mm），即为该混凝土拌和物的坍落度值。坍落度越大，表明混凝土拌和物的流动性越好。

测定混凝土拌和物坍落度后，观察拌和物的粘聚性和保水性。粘聚性的检查方法是用捣棒在已坍落的拌和物锥体侧面轻轻击打，如果锥体逐渐下沉，表示粘聚性良好；如果突然倒坍，部分崩裂或石子离析，即为粘聚性不良。保水性的检查方法是查看提起坍落度筒后，地面上是否有较多的稀浆流淌，骨料是否因失浆而大量裸露，存在上述现象表明保水性不好，反之则表明保水性良好。

坍落度试验只适用于骨料最大粒径不大于 40mm、坍落度值大于 10mm 的非干硬性混凝土。根据坍落度大小，将混凝土拌和物分为四类，见表 5-12。

表 5-12　新拌混凝土按坍落度和维勃稠度的分级

级别	名称	坍落度（mm）	级别	名称	维勃稠度（s）
T_1	低塑性混凝土	10～40	V_0	超干硬性混凝土	≥31
T_2	塑性混凝土	50～90	V_1	特干硬性混凝土	21～30
T_3	流动性混凝土	100～150	V_2	干硬性混凝土	11～20
T_4	大流动性混凝土	≥160	V_3	半干硬性混凝土	5～10

(2) 维勃稠度法。维勃稠度试验适用于骨料最大粒径不大于 40mm，维勃稠度在 5～30s 之间的混凝土。对于干硬性混凝土，通常采用维勃稠度仪（如图 5-6 所示）测定混凝土拌和物的流动性。试验时先将混凝土拌和物按规定的方法装入存放在圆桶内的坍落度

筒内，装满后垂直提起坍落度筒，在拌和物试体顶面放一透明圆盘，开启振动台，同时用秒表计时，到透明圆盘的下表面完全布满水泥浆时停止秒表，关闭振动台。所读秒数即为维勃稠度。

根据维勃稠度，将混凝土拌和物分为四级，见表5-12。

选择混凝土拌和物的坍落度，应根据结构构件截面尺寸的大小、配筋的疏密、施工捣实方法和环境温度来确定。当构件截面尺寸较小或钢筋较密，或采用人工插捣时，坍落度可选择大些。反之，如构件截面尺寸较大或钢筋间距较大，或者采用振动器振捣时，坍落度可选择小些。现浇混凝土浇筑时的坍落度宜按表5-13选用。

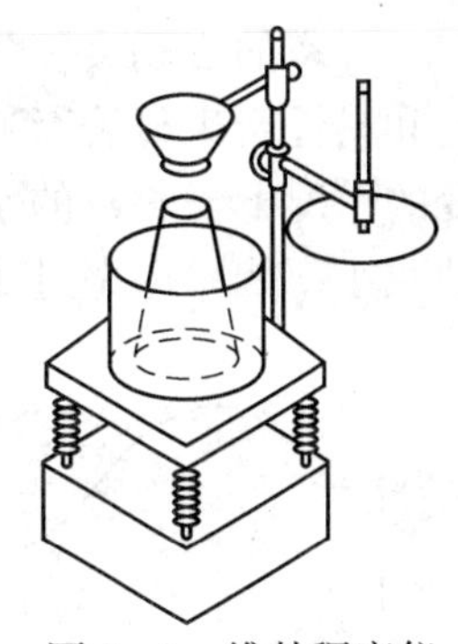

图5-6　维勃稠度仪

表5-13　混凝土灌注时的坍落度

项次	结构种类	坍落度（mm）
1	基础或地面等的垫层，无配筋的大体积结构（挡土墙、基础等）或配筋稀疏的结构	10～30
2	板、梁和大型及中型截面的柱子等	35～50
3	配筋密的结构（薄壁、斗仓、筒仓、细柱等）	55～70
4	配筋特密的结构	75～90

3. 影响和易性的主要因素

（1）水泥浆数量和水灰比的影响。在新拌混凝土中，水泥浆填充骨料间的空隙并包裹骨料，赋予新拌混凝土一定的流动性。因此，水泥浆的数量和稠度对新拌混凝土的和易性有显著影响。新拌混凝土中的水泥浆量增多时，流动性增大。但如果水泥浆量过多，将会出现流浆现象，易发生离析。如果水泥浆过少，则骨料间缺少粘结物质，粘结性变差，容易出现崩坍。新拌混凝土中的水泥浆较稠时，流动性较小。如果水泥浆干稠，新拌混凝土的流动性过低，会使施工困难。如果水泥浆过稀，又会造成粘聚性和保水性不良，产生流浆和离析现象。水泥浆的稠度决定于水灰比，但水灰比直接影响混凝土的强度和耐久性。所以，水灰比的大小应根据混凝土强度和耐久性的要求合理确定。

总之，无论是水泥浆数量的影响还是水灰比的影响，实际上都是用水量的影响。因此，影响混凝土和易性的决定性因素是混凝土单位体积用水量的多少。实践证明，在配制混凝土时，当所用粗、细骨料的种类及比例一定时，如果每立方米混凝土用水量一定，即使水泥用量有所变动，水泥用量增减50～100kg时，混凝土的流动性大体保持不变，这一规律称为固定需水量法则。这一法则意味着如果其他条件不变，即使水泥用量有某种程度的变化，对混凝土的流动性影响不大。运用于配合比设计，就是通过固定单位用水量，变化水灰比，得到既满足拌和物和易性要求，又满足混凝土强度要求的混凝土。

（2）砂率的影响。砂率是指混凝土中砂的重量占砂、石总重量的百分率。通常用下式表示

$$S_P = \frac{S}{S+G} \times 100\% \tag{5-3}$$

式中　S_P——砂率，%；

S——砂的重量，kg；

G——石子的重量，kg。

砂率的变动会使骨料的空隙率和骨料的总表面积产生显著的变化，因而对混凝土拌和物的和易性产生显著影响。砂率过大时，骨料的总表面积及空隙率都会增大，在水泥浆含量不变的情况下，相对的水泥浆显得少了，减弱了水泥浆的润滑作用，而使混凝土拌和物的流动性减小。如果砂率过小，又不能保证在粗骨料之间有足够的砂浆层，也会降低混凝土拌和物的流动性，而且会严重影响其粘聚性和保水性，容易造成离析、流浆等现象。由此可见，在配制混凝土时，砂率不能过大也不能过小，应有合理砂率。合理砂率的技术经济效果可从图 5 - 7 中反映出来。图 5 - 7（a）表明，在用水量及水泥用量一定的情况下，合理砂率能使混凝土拌和物获得最大的流动性（且能保持粘聚性及保水性能良好）；图 5 - 7（b）表明，在保持混凝土拌和物坍落度基本相同的情况下（且能保持粘聚性及保水性能良好），合理砂率能使水泥浆的数量减少，从而节约水泥用量。

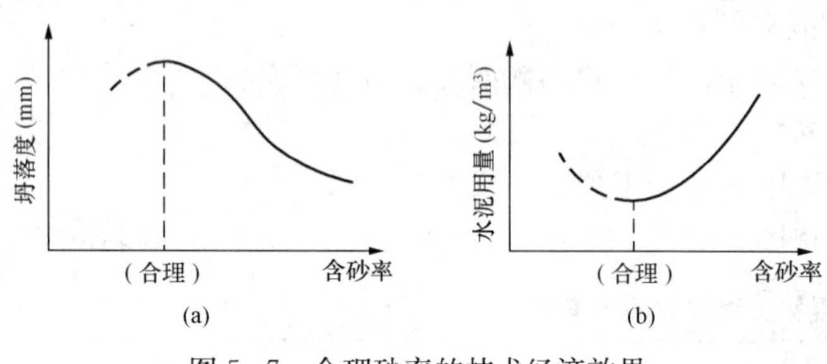

图 5 - 7 合理砂率的技术经济效果
（a）砂率与坍落度的关系（水与水泥用量一定）；（b）砂率与水泥用量的关系（达到相同的坍落度）

影响合理砂率大小的因素很多，可概括为以下几点。

1）石子的最大粒径较大、级配较好、表面较光滑时，由于粗骨料的空隙率较小，可采用较小的砂率。

2）砂的细度模数较小时，由于砂中细颗粒多，混凝土的粘聚性容易得到保证，而且砂在粗骨料中的拨开作用较小，故可采用较小的砂率。

3）水灰比较小、水泥浆较稠时，由于混凝土的粘聚性较易得到保证，故可采用较小的砂率。

4）施工要求的流动性较大时，粗骨料常易出现离析，所以为了保证混凝土的粘聚性，需采用较大的砂率。

5）当采用引气剂或减水剂时，可适当减少砂率。

（3）组成材料性质的影响。

1）水泥。水泥对拌和物和易性的影响主要是水泥品种和水泥细度的影响。在其他条件相同的情况下，需水量大的水泥比需水量小的水泥配制的拌和物流动性要小。如矿渣水泥或火山灰水泥拌制的混凝土拌和物流动性比用普通水泥拌制的小。另外，矿渣水泥易泌水。水泥颗粒越细，总表面积越大，润湿颗粒表面及吸附在颗粒表面的水越多，在其他条件相同的情况下，拌和物的流动性变小。

2）骨料。骨料对拌和物和易性的影响主要是骨料总表面积、骨料的空隙率和骨料间摩擦力大小的影响，具体地说是骨料级配、颗粒形状、表面特征及最大粒径的影响。一般说来，级配好的骨料，其拌和物流动性较大，粘聚性与保水性较好；骨料中针、片状颗粒较多时，混凝土拌和物的流动性减小，易产生离析现象。表面光滑的骨料，如河砂、卵石拌和物流动性较大；骨料的粒径增大，总表面积减小，拌和物流动性增大。

3）外加剂和掺和料。混凝土拌和物中掺入减水剂，能使流动性大幅增加；加入引气剂，拌和物的流动性明显增大，还可有效改善混凝土拌和物的粘聚性，降低泌水性；加入增稠剂，能增大混凝土的粘聚性，较少泌水。

在混凝土中掺入掺和料，能增加新拌混凝土的粘聚性，减少离析和泌水。当同时加入优质粉煤灰、硅灰等超细微粒掺和料及减水剂时，超细微粒掺和料还能增加混凝土的流动性。

(4) 时间和温度的影响。混凝土拌和物的流动性随时间的延长而减少，原因是水泥水化、骨料吸收、水分蒸发使混凝土中起润滑作用的自由水减少，使混凝土拌和物的流动性变差。随环境温度的升高，混凝土拌和物的坍落度损失加快（即流动性降低速度加快）。据测定，温度每增高 10℃，拌和物的坍落度约减小 20～40mm。这是由于温度升高，水泥水化加速，水分蒸发加快所致。

二、混凝土拌和物的凝结时间

水泥的水化是混凝土产生凝结的主要原因，但混凝土拌和物的凝结时间与其所用水泥的凝结时间是不相同的。水泥的凝结时间是水泥净浆在规定的温度和稠度条件下测得的，混凝土拌和物的存在条件与水泥凝结时间测定条件不一定相同。混凝土的水灰比、环境温度和外加剂的性能等均对其凝结快慢产生很大影响。水灰比增大，水泥水化产物间的间距增大，水化产物粘连及填充颗粒间隙的时间延长，凝结时间越长。环境温度升高，水泥水化和水分蒸发加快，凝结时间缩短。缓凝剂会明显延长凝结时间，速凝剂会显著缩短凝结时间。一般流态混凝土在 20～30℃时，不会产生缓凝。但使用矿渣水泥，在 20℃时凝结时间为 10h，5℃时为 27h，缓凝现象严重。

混凝土拌和物的凝结时间通常用贯入阻力法进行测定，所使用的仪器为贯入阻力仪。先用 5mm 的圆孔筛从混凝土拌和物中筛取砂浆，按一定的方法装入规定的容器，然后每隔一定时间测定砂浆贯入到一定深度的贯入阻力。绘制贯入阻力与时间的关系曲线。以贯入阻力 3.5MPa 和 280MPa 画两条平行于时间坐标的直线，直线与曲线交点的时间分别为混凝土拌和物的初凝时间和终凝时间。初凝时间表示施工时间的极限，终凝时间表示混凝土力学强度开始发展。

三、硬化混凝土的强度

普通混凝土一般用于结构材料，所以其强度是最主要的技术性质之一。混凝土的强度包括抗压、抗拉、抗弯、抗剪强度等，其中抗压强度最大，抗拉强度最小。在大多数土木工程中混凝土主要承受压力。

（一）混凝土抗压强度

(1) 混凝土的结构。混凝土是一种多相复合材料，至少包含 7 个相，即粗骨料、细骨料、未水化水泥颗粒、水泥凝胶、凝胶孔、毛细管孔和引进的气孔。为了简化分析，一般认为混凝土是由粗骨料与砂浆或粗细骨料与水泥石两相组成的、不十分密实的、非匀质的分散体，也称为“水泥基复合材料”。流动性混凝土拌和物在浇灌成型过程中和在凝结之前，由于固体粒子的沉降作用，很少能保持其稳定性，一般都会发生不同程度的分层现象。粗大的颗粒沉积于下部，多余的水分被挤上升至表层或积聚于粗骨料的下方。沿浇灌方向，下部混凝土的强度大于顶部，表层混凝土成为最疏松和最薄弱的部分。因此，混凝土宏观结构为堆聚分层结构，如图 5-8 所示。混凝土结构的另一个特征是在粗骨料的表面到水泥石之间存在 10～50μm 界面过渡区，如图 5-9 所示。在新拌混凝土中，粗骨料表面包裹了一层水膜，贴近粗骨料表面的水灰比大，导致过渡区的氢氧化钙、钙矾石等晶体的颗粒大且数量多，而

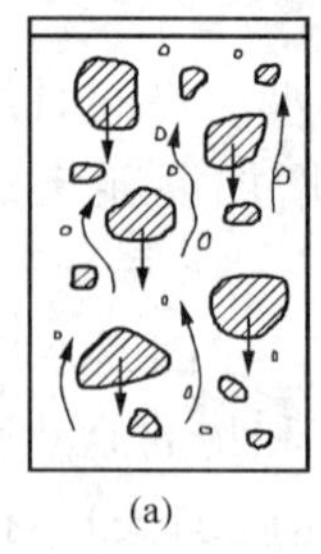

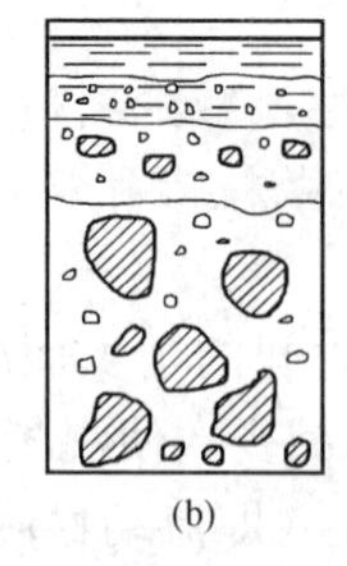

图5-8 混凝土宏观堆聚分层结构

(a) 组成材料分层过程；(b) 宏观堆聚结构

且其晶体定向排列。水化硅酸钙凝胶相对较少，孔隙率大。由于水泥水化造成的化学收缩和物理收缩，使界面过渡区在混凝土未受外力之前就存在许多微裂缝，因此，过渡区水泥石的结构比较疏松，缺陷多，强度低。

普通混凝土骨料与水泥石之间的结合主要是粘着和机械啮合，骨料界面是最薄弱的环节，特别是粗骨料下方因泌水留下的孔隙，尤为薄弱。总之，骨料与水泥石界面是混凝土强度薄弱区。如何改善骨料与水泥石界面是很多研究者正在研究的课题。

(2) 混凝土受压破坏过程。混凝土在外力作用下，很容易在楔形的微裂缝尖端形成应力集中，随着外力的逐渐增大，微裂缝会进一步延伸、连通、扩大，最后形成几条肉眼可见的裂缝而破坏。以混凝土单轴受压为例，典型的静力受压时的荷载—变形曲线如图5-10所示。通过显微镜观察混凝土受压破坏过程，混凝土内部的裂缝发展可分为如图5-10所示的4个阶段，每个阶段的裂缝状态示意如图5-11所示。

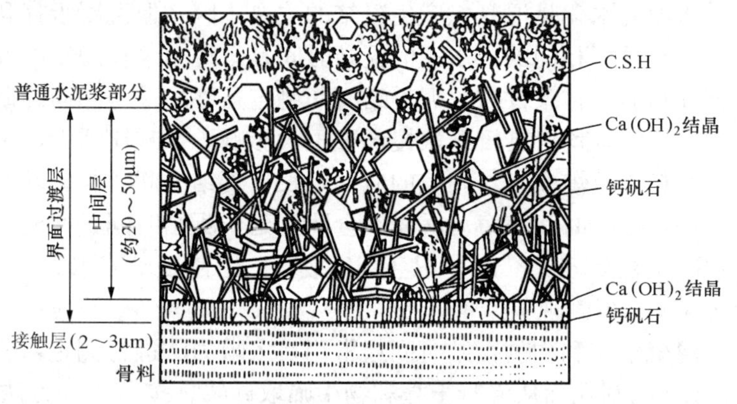

图5-9 混凝土界面过渡区示意图

Ⅰ阶段：当荷载到达“比例极限”（约为极限荷载的30%）以前，界面裂缝无明显变化，荷载—变形呈近似直线关系，如图5-10所示的OA段。

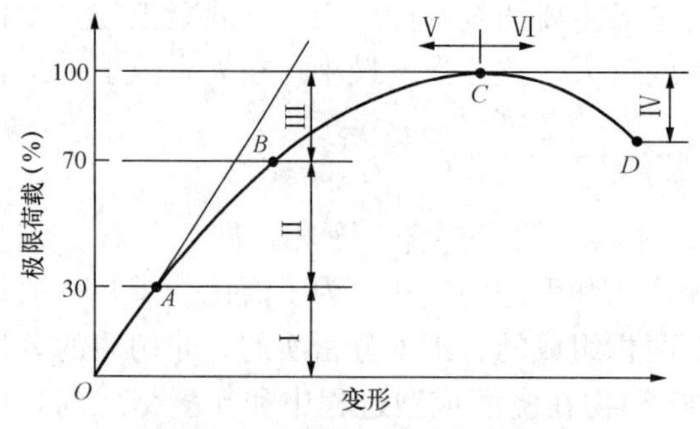

图5-10 混凝土受压变形曲线

Ⅰ—界面裂缝无明显变化；Ⅱ—界面裂缝增长；Ⅲ—出现砂浆裂缝和连续裂缝；Ⅳ—连续裂缝迅速发展；Ⅴ—裂缝缓慢增长；Ⅵ—裂缝迅速增长

Ⅱ阶段：荷载超过“比例极限”后，界面裂缝的数量、长度及宽度不断增大，界面借摩擦阻力继续承担荷载，但无明显的砂浆裂缝，荷载—变形不再是线性关系，如图5-10所示的AB段。

Ⅲ阶段：荷载超过“临界荷载”（约为极限荷载的70%～90%）以后，界面裂缝继续发展，砂浆中开始出现裂缝，并将邻近的界面裂缝连接成连续裂缝。此时，变形增大的速度进一步加快，曲线明显弯向变形坐标轴，如图5-10所示的BC段。

Ⅳ阶段：荷载超过极限荷载以后，连续裂缝急速发展，混凝土承载能力下降，荷载减小而变形迅速增大，以致完全破坏，曲线逐渐下降而最后破坏，如图5-10所示的CD段。

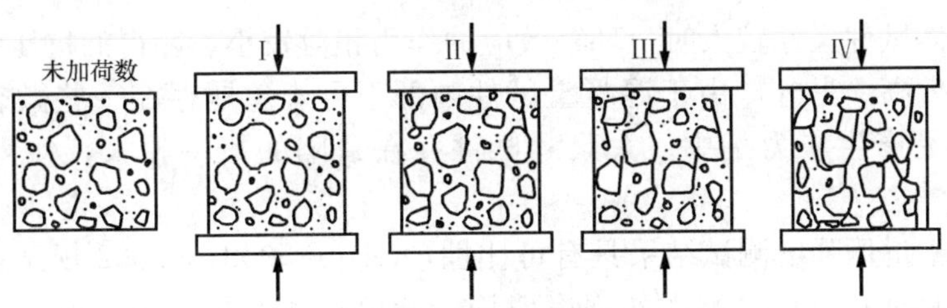

图 5-11　混凝土受压时不同受力阶段裂缝示意图

由此可见，混凝土受压时荷载与变形的关系是内部微裂缝发展规律的体现。混凝土在外力作用下的变形和破坏过程，即内部裂缝的发生和发展过程，它是一个从量变到质变的过程。只有当混凝土内部的微观破坏发展到一定量级时，才会使混凝土的整体遭受破坏。

(3) 混凝土立方体抗压强度（f_{cu}）。根据《普通混凝土力学性能试验方法标准》（GB/T 50081—2002）规定，混凝土立方体抗压强度是指按标准方法制作，标准尺寸为 150mm×150mm×150mm 的立方体试件，在标准养护条件下［20℃±2℃，相对湿度为 95%以上的标准养护室或在 20℃±2℃的不流动的 $Ca(OH)_2$ 饱和溶液中］，养护到 28 天龄期，以标准试验方法测得的抗压强度值，用 f_{cu}表示。

非标准试件为 200mm×200mm×200mm 和 100mm×100mm×100mm；当施工涉外工程或必须用圆柱体试件来确定混凝土力学性能等特殊情况时，也可用 ϕ150mm×300mm 的圆柱体标准试件或 ϕ200mm×400mm 的圆柱体非标准试件。测定混凝土试件的强度时，试件的尺寸和表面状况等对测试结果影响较大。下面以混凝土受压为例，分析这两个因素对检测结果的影响。

当混凝土立方体试件在压力机上受压时，在沿加荷方向发生纵向变形的同时，也按泊松比效应产生横向变形。但是由于压力机上、下压板（钢板）的弹性模量比混凝土大 5～15 倍，而泊松比则不大于混凝土的两倍。所以在压力的作用下，钢压板的横向变形小于混凝土的横向变形，因而上、下压板与试件的接触面间产生摩擦阻力。这种摩擦阻力分布在整个受压接触面，对混凝土试件的横向膨胀起约束限制作用，使混凝土强度检测值提高。通常称这种作用为“环箍效应”，如图 5-12 所示。环箍效应随离试件端部越远而越小，大约在距离 $\sqrt{3}a/2$（a 为试件横向尺寸）以外消失，所以受压试件正常破坏时，其上、下部分各呈一个较完整的棱锥体，如图 5-13 所示。如果在压板和试件接触面间涂上润滑剂，则环箍效应大大减小，试件出现直裂破坏，如图 5-14 所示。如果试件表面凹凸不平，环箍效应较小，并有明显应力集中现象，测得的强度值会显著降低。

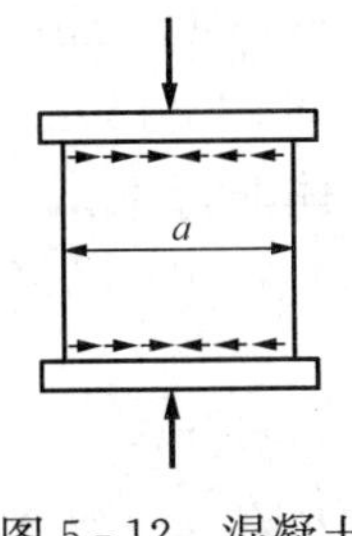

图 5-12　混凝土“环箍效应”

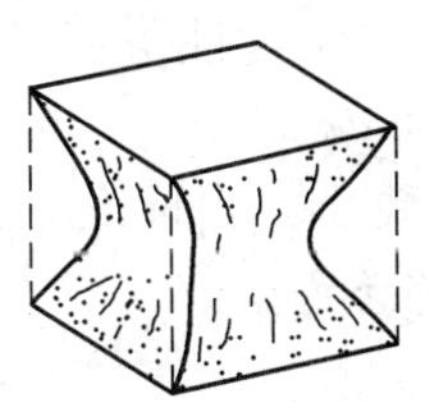

图 5-13　混凝土受压试件破坏时残存的棱锥体

图 5-14　混凝土受压试件不受约束时的破坏情况

混凝土立方体试件尺寸较大时，环箍效应的作用相对较小，测得的抗压强度偏低；反之测得的抗压强度偏高。另外，由于混凝土试件内部不可避免地存在一些微裂缝和孔隙等缺陷，这些缺陷处易产生应力集中。大尺寸试件存在缺陷的概率较大，使得测定的强度值偏低。

为了使混凝土抗压强度测试结果具有可比性，GB/T 50081—2002 规定，混凝土强度等级小于 C60 时，用非标准试件测得的强度值均应乘以尺寸换算系数，换算成标准试件强度值。200mm×200mm×200mm 试件换算系数为 1.05，100mm×100mm×100mm 试件换算系数为 0.95。当混凝土强度等级大于或等于 C60 时，宜采用标准试件；使用非标准试件时，尺寸换算系数应由试验确定。

需要说明的是，混凝土各种强度的测定值，均与试件尺寸、试件表面状况、试验加荷速度、环境（或试件）的湿度和温度等因素有关。在进行混凝土各种强度测定时，应按 GB/T 50081—2002 等标准规定的条件和方法进行检测，以保证检测结果的可比性。

（4）混凝土强度等级。混凝土立方体抗压强度标准值系指按照标准方法制作养护的边长为 150mm 的立方体试件，在 28 天龄期用标准试验方法测得的具有 95%强度保证率的抗压强度，也就是指在混凝土立方体抗压强度测定值的总体分布中，低于该值的百分率不超过 5%，用 $f_{cu,k}$表示。

按《混凝土质量控制标准》（GB 5.164—1992）的规定，普通混凝土的强度等级按其立方体抗压强度标准值划分为 C7.5、C10、C15、C20、C25、C30、C35、C40、C45、C50、C55 和 C60 共 12 个等级。“C”代表混凝土，是 concrete 的第一个英文字母，C 后面的数字为立方体抗压强度标准值（MPa）。

混凝土强度等级是混凝土结构设计时强度计算取值、混凝土施工质量控制和工程验收的依据。强度等级的选择主要根据建筑物的重要性、结构部位和荷载情况确定。一般可按下列原则初步选择。

普通建筑物的垫层、基础、地坪及受力不大的结构或非永久性建筑，选用 C7.5～C15。

普通建筑物的梁、板、柱、楼梯、屋架等钢筋混凝土结构，选用 C20～C30。

高层建筑、大跨度结构、预应力混凝土及特种结构，宜选用 C30 以上混凝土。

确定混凝土强度等级是采用立方体试件，但在实际结构中，钢筋混凝土受压构件多为棱柱体或圆柱体。为了使测得的混凝土强度与实际情况接近，在进行钢筋混凝土受压构件（如柱子、桁架的腹杆等）计算时，都是采用混凝土的轴心抗压强度。GB/T 50081—2002 规定，混凝土轴心抗压强度是指按标准方法制作的，标准尺寸为 150mm×150mm×300mm 的棱柱体试件，在标准养护条件下养护到 28 天龄期，以标准试验方法测得的抗压强度值，用 f_{cp}来表示。非标准试件为 100mm×100mm×300mm 和 200mm×200mm×400mm，当施工涉外工程或必须用圆柱体试件确定混凝土力学性能等特殊情况时，也可用 ϕ150mm×300mm 的圆柱体标准试件或 ϕ100mm×200mm 和 ϕ200mm×400mm 的圆柱体非标准试件。轴心抗压强度比同截面面积的立方体抗压强度要小，当标准立方体抗压强度在 10～50MPa 范围内时，两者之间的比值近似为 $f_{cp}=0.7\sim0.8f_{cu}$。

（二）混凝土抗拉强度（f_{ts}）

混凝土是脆性材料，抗拉强度很低，仅有抗压强度的 1/10～1/20，并且随着混凝土强度等级的提高而降低，即当混凝土强度等级提高时，抗拉强度的增加不及抗压强度提高得快。因此，在钢筋混凝土结构设计时，不考虑混凝土承受拉力（考虑钢筋承受拉应力），但抗拉强度对混凝土抗裂性具有重要作用，是结构设计时确定混凝土抗裂度的重要指标，有时也用它来间接衡量混凝土与钢筋的粘结强度。

混凝土抗拉强度测定应采用轴拉试件，因此过去多用 8 字形或棱柱体试件直接测定混凝土轴心抗拉强度。但是这种方法由于夹具附近局部破坏很难避免，而且外力作用线与试件轴心方向不易调成一致而较少采用。目前，我国采用劈裂抗拉试验来测定混凝土的抗拉强度。劈裂抗拉强度测定时，对试件前期制作方法、试件尺寸、养护方法及养护龄期等的规定，与检验混凝土立方体抗压强度的要求相同。该方法的原理是在试件两个相对的表面轴线上，作用着均匀分布的压力，这样就能使在此外力作用下的试件竖向平面内产生均布拉应力，如图 5-15 所示。该拉应力可以根据弹性理论计算得出。这个方法不仅克服了过去测试混凝土抗拉强度时出现的一些问题，也能较正确反映试件的抗拉强度。

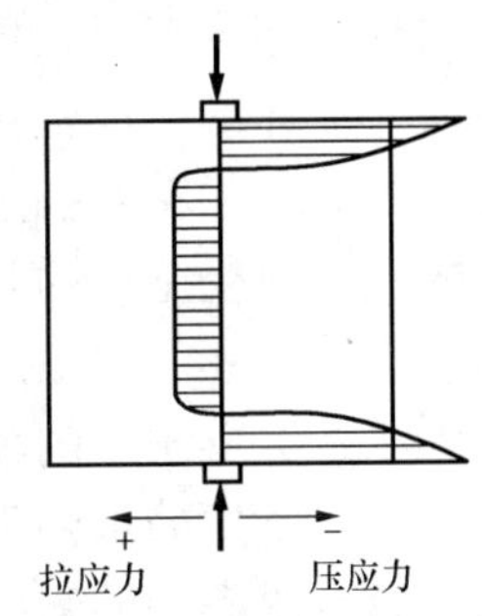

图 5-15　劈裂试验时垂直受力面的应力分布

混凝土劈裂抗拉强度应按下式计算

$$f_{ts}=\frac{2P}{\pi A}=0.637\frac{P}{A} \tag{5-4}$$

式中　f_{ts}——混凝土劈裂抗拉强度，MPa；

P——破坏荷载，N；

A——试件劈裂面积，mm^2。

混凝土按劈裂试验测得的抗拉强度 f_{ts} 换算成轴心抗拉试验所得的抗拉强度 f_t，应乘以换算系数，系数由试验确定。

（三）混凝土抗折强度（f_{cf}）

混凝土道路工程和桥梁工程的结构设计、质量控制与验收等环节，需要检测混凝土的抗折强度。GB/T 50081—2002 规定，混凝土抗折强度是指按标准方法制作的，标准尺寸为 150mm×150mm×600mm（或 550mm）的长方体试件，在标准养护条件下养护到 28 天龄期，以标准试验方法测得的抗折强度值。按三分点加荷，试件的支座一端为铰支，另一端为滚动支座，如图 5-16 所示。抗折强度计算公式如下

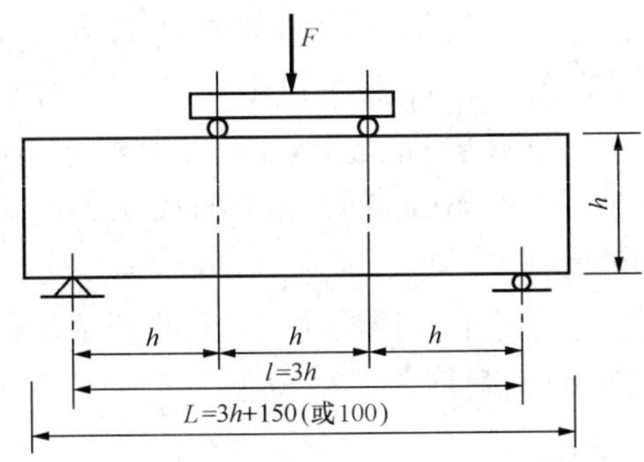

图 5-16　混凝土抗折强度测定装置

$$f_{cf}=\frac{Pl}{bh^2} \tag{5-5}$$

式中　f_{cf}——混凝土抗折强度，MPa；

P——破坏荷载，N；

l——支座之间的距离，mm；

b，h——分别为试件截面的宽度和高度，mm。

当试件尺寸为 100mm×100mm×400mm 非标准试件时，应乘以换算系数 0.85；当混凝

土强度等级≥C60时，宜采用标准试件；使用非标准试件时，尺寸换算系数应由试验确定。

（四）影响混凝土强度的因素

普通混凝土受力破坏一般出现在骨料和水泥石的界面上，这就是常见的粘结面破坏形式。另外，当水泥石强度较低时，水泥石本身破坏也是常见的破坏形式。在普通混凝土中，骨料最先破坏的可能性小，因为骨料强度经常大大超过水泥石和粘结面的强度，而水泥石强度及其与骨料的粘结强度又与水泥强度等级、水灰比及骨料的性质有密切的关系。此外，混凝土的强度还受施工质量，养护条件及龄期的影响。

1. 水灰比和水泥强度等级——决定混凝土强度的主要因素

水泥是混凝土中的关键组分，其强度的大小直接影响混凝土强度的高低。在配合比相同的条件下，所用的水泥强度等级越高，制成的混凝土强度也越高。当用水泥的品种和强度等级相同时，混凝土的强度主要取决于水灰比。因为水泥水化时所需的结合水，一般只占水泥质量的23%左右，但在拌制混凝土拌和物时，为了获得必要的流动性，常需要较多的水，约占水泥质量的40%～70%，也就是较大的水灰比。当混凝土硬化后，多余的水分就残留在混凝土中形成水泡或蒸发后形成气孔，大大减少混凝土抵抗荷载的实际有效面积，并且可能在孔隙周围产生应力集中。因此，可以认为在水泥强度等级相同的情况下，水灰比越小，水泥石强度越高，与骨料的粘结力越大，混凝土强度越高。但如果水灰比太小，也就是水太少，则拌和物过于干硬，无法保证浇灌质量，混凝土中出现较多的蜂窝、孔洞，强度也下降。试验证明，混凝土强度随水灰比的增大而降低，呈曲线关系，而混凝土强度和灰水比的关系呈直线关系，如图5-17所示。水泥石与骨料的粘结力还与骨料的表面状况有关，碎石表面粗糙，粘结力比较大，卵石表面光滑，粘结力比较小。所以在水泥强度等级和水灰比相同的条件下，碎石混凝土的强度往往高于卵石混凝土的强度。

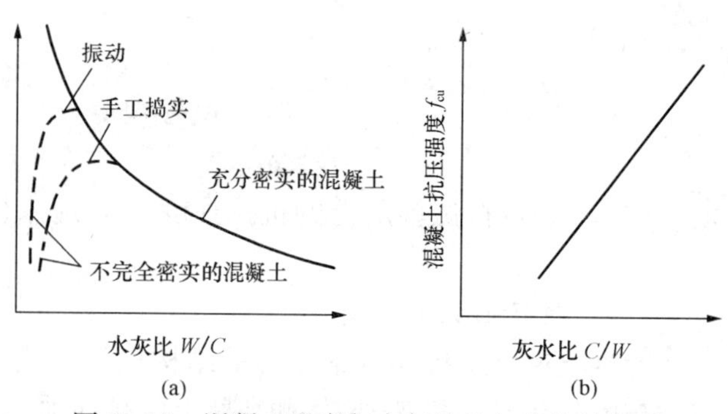

图5-17　混凝土强度与水灰比及灰水比的关系

(a) 强度与水灰比的关系；(b) 强度与灰水比的关系

根据工程实践经验和大量试验数据，在原材料一定的情况下，混凝土28天龄期抗压强度（f_{cu}）与水泥实际强度（f_{ce}）及水灰比（W/C）之间的关系符合下列经验公式（又称鲍罗米公式）

$$f_{cu} = Af_{ce}\left(\frac{C}{W} - B\right) \tag{5-6}$$

式中　f_{cu}——混凝土28天抗压强度，MPa；

A、B——回归系数，它们与粗骨料、细骨料、水泥产地有关，可通过历史资料统计计算得到。若无统计资料，可按《普通混凝土配合比设计规程》(JGJ 55—2000) 提供的A、B经验值：

采用碎石时 $A = 0.46$，$B = 0.07$

采用卵石时 $A = 0.48$，$B = 0.33$

f_{ce}——水泥28天实测抗压强度，MPa；无实测强度时，可用 $f_{ce} = \gamma_c f_{ce,k}$ 代入；

γ_c——水泥强度值的富余系数，由历史统计资料确定，无统计资料时取 $\gamma_c = 1.1$；

$f_{ce,k}$——水泥强度标准值，如 32.5 级水泥，$f_{ce,k} = 32.5$MPa；42.5 级水泥，$f_{ce,k} = 42.5$MPa，依此类推；

C——混凝土中的水泥用量，kg；

W——混凝土中的用水量，kg；

C/W——混凝土的灰水比（水泥与水的质量之比）。

利用鲍罗米经验公式可以初步解决两类问题：①当所采用的水泥强度等级已定，要配制某种强度的混凝土时，可以估计采用的水灰比值；②当已知所采用的水泥强度等级及水灰比值时，可以估计混凝土 28 天可能达到的强度。

在混凝土施工过程中，常发现往混凝土拌和物中随意加水的现象，这使混凝土水灰比增大，导致混凝土强度的严重下降，是必须禁止的。

2. 骨料的影响

骨料本身的强度一般大于水泥石的强度，对混凝土的强度影响很小。但骨料中有害杂质含量较多和级配不良均不利于混凝土强度的提高。骨料表面粗糙，则与水泥石粘结力较大。但达到同样流动性时，需水量大，随着水灰比变大，强度降低。试验证明，水灰比小于 0.4 时，用碎石配制的混凝土比用卵石配制的混凝土强度约高 30%～40%，但随着水灰比增大，两者的差异就不明显了。另外，在相同水灰比和坍落度下，混凝土强度随骨灰比（骨料与胶凝材料质量之比）的增大而提高。

3. 养护温度及湿度的影响

温度及湿度对混凝土强度的影响，本质上是对水泥水化的影响。养护温度高，水泥早期水化越快，混凝土的早期强度越高（图 5-18）。但混凝土早期养护温度过高（40℃以上），因水泥水化产物来不及扩散而使混凝土后期强度反而降低。当温度在 0℃以下时，水泥水化反应基本停止，混凝土强度也几乎停止发展。这时还会因为混凝土中的水结冰产生体积膨胀，对混凝土产生相当大的膨胀压力，使混凝土结构破坏，强度降低。

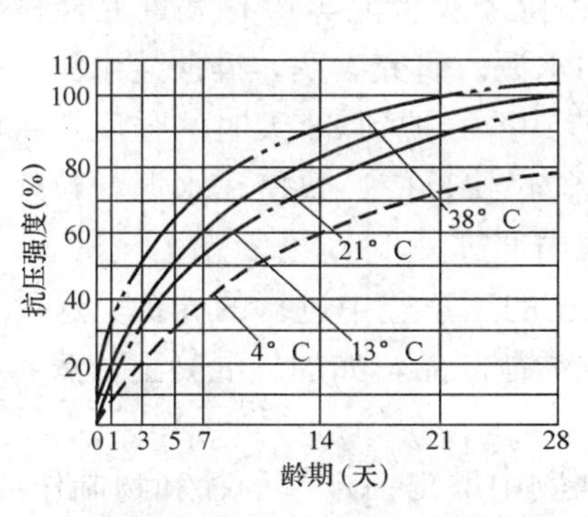

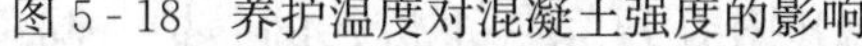

图 5-18 养护温度对混凝土强度的影响

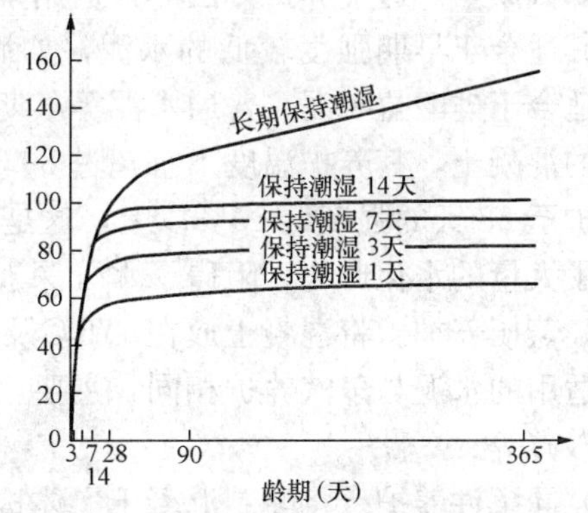

图 5-19 混凝土强度与保湿养护时间的关系

湿度是决定水泥能否正常进行水化作用的必要条件。浇筑后的混凝土所处环境应保证一定的湿度，使混凝土拌和物水分不至蒸发过快，水泥水化反应顺利进行，混凝土强度得以充分发展。图 5-19 是混凝土强度与保湿养护时间的关系。

为了保证混凝土强度正常发展和防止失水过快引起的收缩裂缝，混凝土浇筑完毕后，应及时覆盖和浇水养护。气候炎热和空气干燥时，如不及时进行养护，混凝土中水分会蒸发过快，表面失水过多失去了水化的条件，混凝土表面会出现片状、粉状剥落和干缩裂纹等现象，混凝土强度将明显降低。在冬季应特别注意保持必要的温度，以保证水泥能正常水化和防止混凝土内水结冰引起的膨胀破坏。

常见的混凝土养护有以下几种。

(1) 自然养护。自然养护是混凝土在自然条件下于一定时间内使混凝土保持湿润状态的养护，包括洒水养护和喷涂薄膜养护两种。洒水养护是指用草帘等将混凝土覆盖，经常洒水使其保持湿润。养护时间取决于混凝土的特性和水泥品种，非干硬性混凝土浇筑完毕12h以内应加以覆盖并保湿养护，干硬性混凝土应于浇筑完毕后立即进行养护。使用硅酸盐水泥、普通水泥和矿渣水泥时，洒水养护时间不应少于7天；使用火山灰水泥和粉煤灰水泥或混凝土掺用缓凝型外加剂或有抗渗要求时，不得少于14天；道路路面水泥混凝土宜为14～21天；使用铝酸盐水泥时，不得少于3天。洒水次数以能保证混凝土表面湿润为宜。混凝土养护用水应与拌制用水相同。

喷涂薄膜养生液适用于不易洒水的高耸构筑物和大面积混凝土结构的养护。它是将过氯乙烯树脂溶液用喷枪喷涂在混凝土表面上，溶液挥发后在混凝土表面形成一层塑料薄膜，将混凝土与空气隔绝，阻止其中水分的蒸发以保证水泥水化用水。有的薄膜在养护完成后要求能自行老化脱落，否则不宜用于以后要做粉刷的混凝土表面上。在夏季薄膜成型后要防晒，否则易产生裂纹。地下建筑或基础，可在其表面涂刷沥青乳液以防止混凝土内水分蒸发。

(2) 标准养护。将混凝土放在(20±2)℃，相对湿度为95%以上的标准养护室，或(20±2)℃的不流动的$Ca(OH)_2$饱和溶液中进行的养护。测定混凝土强度时，一般采用标准养护。

(3) 蒸汽养护。将混凝土放在近100℃的常压蒸汽中进行的养护。蒸汽养护的目的是加快水泥的水化，提高混凝土的早期强度，以加快拆模，提高模板及场地的周转率，提高生产效率和降低成本。这种养护方法非常适用于生产预制构件、预应力混凝土梁及墙板等。这种养护尤其适合于早期强度较低的水泥，如矿渣水泥、粉煤灰水泥等掺有大量混合材料的水泥，不适合于硅酸盐水泥、普通水泥等早期强度高的水泥。研究表明，硅酸盐水泥和普通水泥配制的混凝土，其养护温度不宜超过80℃，否则待其再养护到28天时的强度，将比一直自然养护至28天的强度低10%以上，这是由于水泥的过快反应，致使在水泥颗粒外围过早地形成了大量的水化产物，阻碍了水分深入水泥颗粒内部进一步水化。

(4) 蒸压养护。将混凝土放在175℃及8个大气压的压蒸釜中进行的养护。这种养护的目的和适用的水泥与蒸汽养护相同，主要用于生产硅酸盐制品，如加气混凝土、蒸养粉煤灰砖和灰砂砖等。

(5) 同条件养护。将配制混凝土实体构件的拌和物中取出一定量的拌和物制作成试件，置于混凝土实体构件旁，试件与混凝土实体在同一温度和湿度条件下进行的养护。同条件养护的试件强度能真实反映混凝土构件的实际强度。

4. 龄期与强度的关系

在正常养护条件下，混凝土强度随龄期的增长而增大，最初7～14天发展较快，28天后强度发展趋于平缓（如图5-19所示），所以混凝土以28天龄期的强度作为质量评定依据。在混凝土施工过程中，经常需要尽快知道已成型混凝土的强度以便决策，所以快速评定混凝土强度一直受到人们的重视。经过多年的研究，国内外已有多种快速评定混凝土强度的方法，有些方法已被列入国家标准中。在我国，工程技术人员常用下面的经验公式来估算混凝土28天强度，即

$$f_n = f_{28}\frac{\lg n}{\lg 28} \tag{5-7}$$

式中 f_{28}——混凝土28天龄期的抗压强度，MPa；

f_n——混凝土 n 天龄期的抗压强度，MPa；

n——养护龄期，天；$n \geqslant 3$。

应注意的是，该公式仅适用于在标准条件下养护，中等强度（C20～C30）的混凝土。对较高强度混凝土（≥C35）和掺外加剂的混凝土，用该公式估算会产生很大误差。

第三节 混凝土的变形性能

混凝土在硬化期间和以后的使用过程中，由于受到各种环境因素和荷载等的作用，常发生各种变形。在各种约束作用下会引起拉应力，当拉应力超过了混凝土的抗拉强度，便会引起混凝土的开裂，进而影响混凝土的强度和耐久性。混凝土的变形分非荷载作用下的变形和荷载作用下的变形两大类，由物理、化学因素引起的变形称为非荷载作用下的变形，包括化学减缩、干湿变形、碳化收缩及温度变形等；由荷载作用引起的变形称为在荷载作用下的变形，包括在短期荷载作用下的变形及长期荷载作用下的变形。

一、在非荷载作用下的变形

（一）化学减缩

由于水泥水化生成物的体积比反应前物质的总体积小，从而引起混凝土的收缩称为化学减缩，也称为自身收缩。混凝土的减缩量随混凝土硬化龄期的延长而增加，大致与时间的对数成正比，一般在混凝土成型后40天内增长较快，以后逐渐趋于稳定。化学收缩值很小（小于1%），对混凝土结构一般没有破坏作用。混凝土的化学收缩是不可恢复的，但在收缩过程中混凝土的内部还是会产生微细裂缝，这些微细裂缝可能会影响到混凝土的力学性能和耐久性能。

（二）干湿变形

混凝土因内部水分蒸发引起的体积变形，称为干燥收缩。混凝土吸湿或吸水引起的膨胀，称为湿胀，统称为干缩湿胀，也叫干湿变形。周围环境湿度变化而产生的体积干燥收缩和湿胀，统称为干湿变形。

混凝土在空气中硬化时，首先失去自由水，自由水的蒸发不会引起体积收缩；继续干燥时，毛细管水蒸发，使毛细孔中水面下降，在水的表面张力作用下，使得孔壁靠紧从而引起收缩；再继续干燥则使凝胶体中的吸附水蒸发，引起凝胶体因失水而紧缩。以上这些作用的结果导致混凝土产生干缩变形。混凝土的干缩变形在重新吸水后大部分可以恢复，但并非所有的干缩都能恢复，即使长期放置在水中也不能完全恢复。在一般条件下，混凝土极限收缩值可达 $5\times10^{-4}\sim9\times10^{-4}$ mm/mm，在结构设计中混凝土干缩率取值为 $1.5\times10^{-4}\sim2.0\times10^{-4}$ mm/mm，即每米混凝土收缩0.15mm～0.20mm。由于混凝土抗

拉强度低，而干缩变形又如此之大，所以很容易产生干缩裂缝。

混凝土中水泥石是引起干缩的主要组分，骨料起限制收缩的作用，孔隙的存在会加大收缩。因此，减少水泥用量，减小水灰比，加强振捣，保证骨料洁净和级配良好是减少混凝土干缩变形的关键。另外，混凝土的干缩主要发生在早期，前三个月的收缩量为20年收缩量的40%～80%。由于混凝土早期强度低，抵抗干缩应力的能力弱，因此加强混凝土的早期养护，延长湿养护时间，对减少混凝土干缩裂缝具有重要作用（但对混凝土的最终干缩率无显著影响）。

水泥的细度及品种对混凝土的干缩也产生一定的影响。水泥颗粒越细干缩也越大；掺入大量混合材料的硅酸盐水泥配制的混凝土，比用普通水泥配制的混凝土干缩率大，其中火山灰水泥混凝土的干缩率最大，粉煤灰水泥混凝土的干缩率较小。

设置伸缩缝或分段浇筑、合理配筋。大体积混凝土工程常按水平方向或垂直方向分段、分块或分层进行浇筑并设置变形缝，可减少混凝土干缩裂缝的产生。

混凝土在水中硬化时，由于凝胶体中的胶体粒子表面的吸附水膜增厚，胶体粒子间距离增大，引起混凝土产生微小的膨胀，即湿胀。湿胀对混凝土一般无危害。

（三）温度变形

混凝土同其他材料一样，也会随着温度的变化而产生热胀冷缩变形。混凝土的温度膨胀系数一般取10×10^{-6}/℃，即温度每1℃改变，1m混凝土将产生0.01mm膨胀或收缩变形。

混凝土是热的不良导体，传热很慢，因此在大体积混凝土（截面最小尺寸大于$1m^2$的混凝土，如大坝、桥墩和大型设备基础等）硬化初期，由于内部水泥水化热而积聚较多热量，造成混凝土内外层温差很大（可达50～80℃）。这将使内部混凝土的体积产生较大热膨胀，而外部混凝土与大气接触，温度相对较低，产生收缩。内部膨胀与外部收缩相互制约，在表层混凝土中将产生很大拉应力，严重时使混凝土产生裂缝。大体积混凝土施工时，须采取一些措施来减小混凝土内、外层温差，以防止混凝土温度裂缝，目前常用的方法有以下几种。

（1）采用低热水泥，如矿渣水泥、粉煤灰水泥、大坝水泥等；尽量减少水泥用量，以减少水泥水化热。

（2）尽量减少用水量，提高混凝土强度。

（3）预先冷却原材料，一般可用冰块代替水，以抵消部分水化热。

（4）在混凝土拌和物中掺入缓凝剂、减水剂和掺和料，降低水泥水化速度，使水泥水化热不至于在早期过分集中放出。

（5）在建筑结构安全许可的条件下，将大体积化整为零施工，减轻约束和扩大散热面积。

（6）表面绝热，调节混凝土表面温度下降速率。

（7）在混凝土中预埋冷却水管，从管子的一端注入冷水，冷水流经埋在混凝土内部的管道后，从另一端排出，将混凝土内部的水化热带出。

对于纵长和大面积混凝土工程（如混凝土路面、广场、地面和屋面等），常采用每隔一段距离设置一道伸缩缝或留设后浇带来防止混凝土温度变形缝。监测混凝土内部温度场是控制与防范混凝土温度裂缝的重要工作内容。过去多采用点式温度计来测试，这种方法布点有限，施工工艺复杂，温度信息量少。现在一些大型水利水电工程（如三峡大坝），通过在混凝土内埋设光纤维，利用光纤传感技术来监测内部温度场，该方法具有测点连续、温度信息量大、定位准确、抗干扰性强、施工简便等优点。

二、在荷载作用下的变形

（一）在短期荷载作用下的变形

1. 混凝土的弹塑性变形

混凝土内部结构含有砂石骨料、水泥石、游离水分和气泡，这就决定了混凝土本身的不均匀性。混凝土不是一种完全的弹性体，而是一种弹塑性体。在静力受压时，既产生弹性变形，又产生塑性变形，其应力与应变的关系是一条曲线，如图 5-20 所示。当在图中 A 点卸荷时，应力—应变曲线沿 AC 曲线回复，卸荷后弹性变形恢复，而残留下塑性变形。

2. 混凝土的变形模量

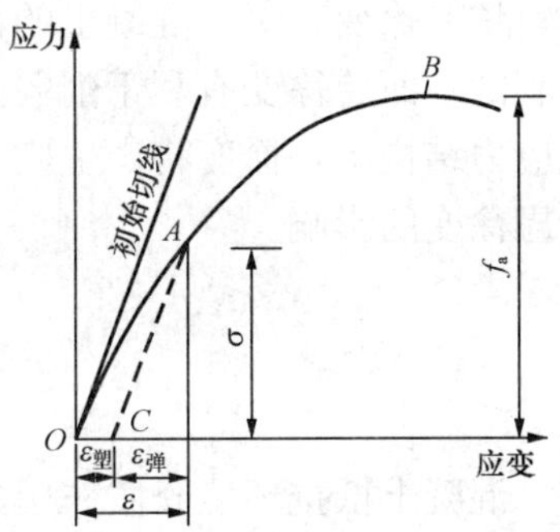

图 5-20 混凝土在压力作用下的应力—应变曲线

混凝土的变形模量是指应力—应变曲线上任一点的应力与应变之比。混凝土应力—应变曲线是一条曲线，因此混凝土的变形模量是一个变量，这给确定混凝土弹性模量带来不便。但通过大量的试验发现，混凝土在静力受压加荷与卸荷的重复荷载作用下，其应力—应变曲线的变化存在以下的规律：在混凝土轴心抗压强度 50%～70%的应力水平作用下，反复加荷、卸荷，混凝土的塑性变形逐渐增大，最后导致混凝土产生疲劳破坏。而在轴心抗压强度 30%～50%的应力水平作用下，反复加荷、卸荷，混凝土的塑性变形增量逐渐减少，最后得到的应力—应变曲线 $A'C'$ 几乎与初始切线平行，如图 5-21 所示。用这条曲线的斜率表示混凝土的弹性模量，通常把这种方法测得的弹性模量称作混凝土割线弹性模量。GB/T 50081—2002 规定，混凝土弹性模量的测定，采用标准尺寸为 150mm×150mm×300mm 的棱柱体试件，试验控制应力荷载值为轴心抗压强度的 1/3，经三次以上反复加荷、卸荷后，测定应力与应变的比值，得到混凝土的弹性模量。

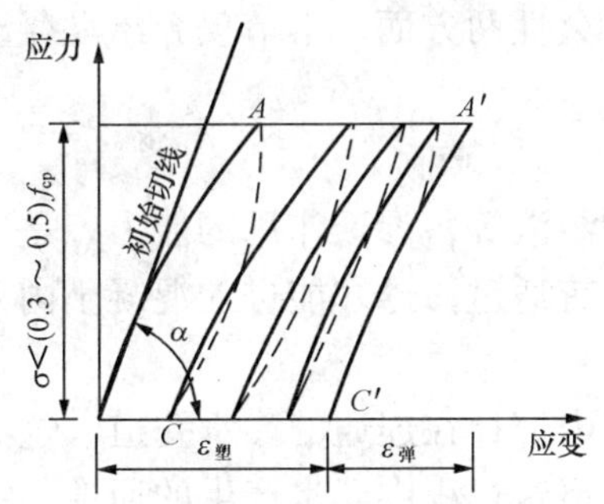

图 5-21 混凝土在低应力水平作用下反复加、卸荷时的应力—应变曲线

混凝土的弹性模量与混凝土的强度、骨料的弹性模量、骨料用量和早期养护温度等因素有关。混凝土强度越高、骨料弹性模量越大、骨料用量越多、早期养护温度较低，混凝土的弹性模量越大。C10～C60 的混凝土弹性模量约为 $1.75\times10^4\sim3.60\times10^4$MPa。

（二）混凝土在长期荷载作用下的变形——徐变

混凝土在长期恒载作用下，随着时间的延长沿作用力的方向发生的变形，即随时间而发展的变形称为徐变，也称蠕变。混凝土在长期荷载作用下会发生徐变。混凝土的徐变在加荷早期增长较快，然后逐渐减慢，2、3 年才趋于稳定。当混凝土卸载后，一部分变形瞬时恢复，一部分要过一段时间才能恢复（称为徐变恢复），剩余的变形是不可恢复部分，称为残余变形，如图 5-22 所示。

混凝土产生徐变的原因，一般认为是由于在长期荷载作用下，水泥石中的凝胶体产生粘性流动，向毛细孔中迁移，同时凝胶体中的吸附水或结晶水向内部毛细孔迁移渗透

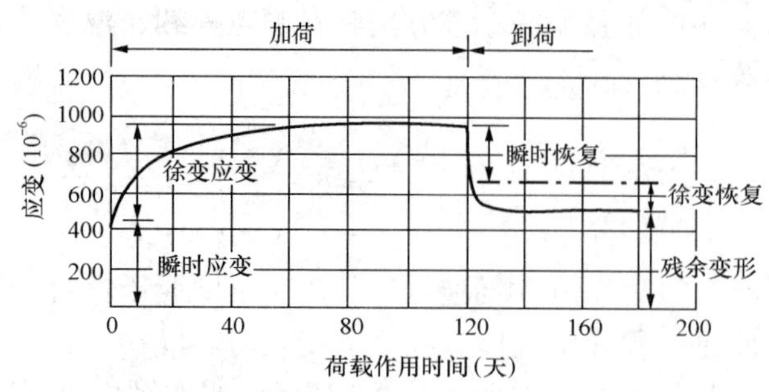

图 5-22 混凝土的应变与持荷时间的关系

所致。

因此，影响混凝土徐变的主要因素是水泥用量多少和水灰比大小。水泥用量越多，混凝土中凝胶体含量越大，水灰比越大，混凝土中的毛细孔越多，这两个方面均会使混凝土的徐变增大。此外，徐变与混凝土的弹性模量也有密切关系，一般弹性模量大的，徐变小。

混凝土不论是受压、受拉还是受弯，均有徐变现象。混凝土的徐变对混凝土及钢筋混凝土结构物的影响有有利的一面，也有不利的一面。徐变有利于削弱由温度、干缩等引起的约束变形，从而防止裂缝的产生。但在预应力结构中，徐变将产生应力松弛，引起预应力损失。在钢筋混凝土结构设计中，要充分考虑徐变的影响。

第四节 混凝土的耐久性

混凝土抵抗环境介质作用并长期保持其良好的使用性能和外观完整性，从而维持混凝土结构的安全、正常使用的性能称为耐久性。

在人们的传统观念中，认为混凝土是经久耐用的，钢筋混凝土结构是由“最为耐久”的混凝土材料浇筑而成，虽然钢筋易腐蚀，但有混凝土保护层，钢筋也不会锈蚀。因此，对钢筋混凝土结构的使用寿命期望值也很高，忽视了钢筋混凝土结构的耐久性问题，为此付出了巨大代价。据调查，美国目前每年由混凝土各种腐蚀引起的损失约 2500 亿～3500 亿美元，瑞士每年仅用于桥面检测及维护的费用就高达 8000 万瑞士法郎，我国每年由混凝土腐蚀造成的损失约 1800 亿～3600 亿元。因此，加强混凝土结构耐久性研究，提高建筑物、构筑物使用寿命十分迫切和必要。

钢筋混凝土结构耐久性包括材料的耐久性和结构的耐久性两方面，本节仅介绍混凝土材料的耐久性。

一、混凝土的抗渗性

混凝土的抗渗性是指混凝土抵抗压力液体（水、油和溶液等）渗透作用的能力，是决定混凝土耐久性最主要的因素。外界环境中的侵蚀性介质只有通过渗透才能进入混凝土内部产生破坏作用。

混凝土在压力液体作用下产生渗透的主要原因，是其内部存在连通的渗水孔道。这些孔道来源于水泥浆中多余水分蒸发留下的毛细管道、混凝土浇筑过程中泌水产生的通道、混凝土拌和物振捣不密实、混凝土干缩和热胀产生的裂缝等。

由此可见，提高混凝土抗渗性的关键是提高混凝土的密实度或改变混凝土孔隙特征。在受压力液体作用的工程，如地下建筑、水池、水塔、压力水管、水坝、油罐以及港工、海工等，必须要求混凝土具有一定的抗渗性能。提高混凝土抗渗性的主要措施有降低水灰比，以减少泌水和毛细孔；掺引气型外加剂，将开口孔转变成闭口孔，割断渗水通道；减小骨料最大粒径，骨料干净、级配良好；加强振捣，充分养护等。

混凝土的抗渗性用抗渗等级来表示。在规定的试验条件下，以6个试件中4个试件未出现渗水时的最大水压力表示混凝土的抗渗等级，试验时加水压至6个试件中有3个试件端面渗水时为止。计算公式为

$$\mathrm{P} = 10H - 1 \tag{5-8}$$

式中 P——混凝土的抗渗等级；

H——6个试件中3个试件表面渗水时的水压力，MPa。

混凝土抗渗等级分为P4、P6、P8、P10和P12共5级，相应表示混凝土能抵抗0.4、0.6、0.8、1.0和1.2MPa的水压不渗漏。抗渗等级≥P6级的混凝土为抗渗混凝土。

二、混凝土的抗冻性

混凝土的抗冻性是指混凝土在水饱和状态下，经受多次冻融循环作用，能保持强度和外观完整的能力。

水结冰时体积膨胀约9%，如果混凝土毛细孔充水程度超过某一临界值（91.7%），则结冰膨胀产生很大的压力。此压力的大小取决于毛细孔的充水程度、冻结速度及尚未结冰的水向周围能容纳水的孔隙流动的阻力（包括凝胶体的渗透性及水通路的长短）。除了水的冻结膨胀引起的压力之外，当毛细孔水结冰时，凝胶孔水处于过冷的状态，过冷水的蒸汽压比同温度下冰的蒸汽压高，将发生凝胶水向毛细孔中冰的界面迁移渗透，并产生渗透压力。因此，混凝土受冻融破坏的原因是其内部的空隙和毛细孔中的水结冰产生体积膨胀和过冷水迁移产生压力所致。当两种压力超过混凝土的抗拉强度时，混凝土发生微细裂缝。在反复冻融作用下，混凝土内部的微细裂缝逐渐增多和扩大，导致混凝土强度降低甚至破坏。

以上讨论的是混凝土在纯水中的抗冻性，对于道路工程还存在盐冻破坏问题。为防止冰雪冻滑影响行驶和引发交通事故，常常在冰雪路面撒除冰盐（NaCl、$CaCl_2$等）。因为盐能降低水的冰点，达到自动融化冰雪的目的。但除冰盐会使混凝土的饱水程度、膨胀压力、渗透压力提高，加大冰冻的破坏力；并且在干燥时盐会在孔中结晶，产生结晶压力。以上两个方面的共同作用，使混凝土路面产生剥蚀，并且氯离子能渗透到混凝土内部引起钢筋锈蚀。因此，盐冻比纯水结冰的破坏力大，盐冻破坏已成为北美、北欧等国家混凝土路桥破坏的最主要原因之一。

混凝土的抗冻性与混凝土的密实度、孔隙充水程度、孔隙特征、孔隙间距、冰冻速度及反复冻融的次数等有关。对于寒冷地区经常与水接触的结构物，如水位变化区的海工、水工混凝土结构物、水池、发电站冷却塔及与水接触的道路、建筑物勒脚等，以及寒冷环境的建筑物，如冷库等，要求混凝土必须有一定的抗冻性。提高混凝土抗冻性的主要措施有：慎重选择水泥品种，降低水灰比，加强振捣，提高混凝土的密实度；掺引气型外加剂，将开口孔转变成闭口孔，使水不易进入孔隙内部，同时细小闭孔可减缓冰胀压力；保持骨料干净和级配良好；充分养护。

混凝土的抗冻性用抗冻等级Fn表示，分为F10、F15、F25、F50、F100、F150、F200、F250和F300共9个等级，分别表示混凝土能够承受的反复冻融循环次数为10、15、25、50、100、150、200、250和300。按GBJ 82—1985的规定，混凝土抗冻等级的测定有两种方法：一是慢冻法，以标准养护28天龄期的立方体试件，在水饱和后，在（－15～－20℃)至（15～20℃）的冻融条件下，进行冻融循环试验，最后以抗压强度下降率不超过

25%、质量损失率不超过5%时，混凝土所能承受的最大冻融循环次数表示。二是快冻法，采用100mm×100mm×400mm的棱柱体试件，以混凝土快速冻融循环后（冻融温度同慢冻法），相对弹性模量不小于60%、质量损失率不超过5%时的最大冻融循环次数表示。

三、混凝土的抗侵蚀性

当混凝土所处的环境有侵蚀介质时，混凝土便会遭受侵蚀，通常有软水侵蚀、硫酸盐侵蚀、镁盐侵蚀、碳酸侵蚀、一般酸侵蚀与强碱侵蚀等，侵蚀机理见水泥部分。混凝土在海岸、海洋工程中的应用也很广，海水对混凝土的侵蚀作用除化学作用外，还有反复干湿的物理作用；盐分在混凝土内的结晶与聚集、海浪的冲击磨损、海水中的氯离子对混凝土内钢筋的锈蚀作用等，也都会使混凝土遭受破坏。

混凝土的抗侵蚀性与所用水泥的品种、混凝土的密实度和孔隙特征有关。环境水不容易侵入密实和孔隙封闭的混凝土，故其抗侵蚀性较强。所以，提高混凝土的抗侵蚀性的主要措施是合理选择水泥品种，降低水灰比、提高混凝土的密实度和改善孔结构。混凝土所用水泥品种的选择可参照表5-1。

四、混凝土的碳化

混凝土的碳化是指混凝土内水泥石中的$Ca(OH)_2$与空气中的CO_2，在一定湿度条件下发生化学反应，生成$CaCO_3$和H_2O的过程。碳化过程是由表及里向混凝上内部扩散的过程。

混凝土的碳化弊多利少。由于碳化作用使混凝土中碱含量降低而中性化，混凝土中的钢筋因失去碱性保护而锈蚀，并引起混凝土顺筋开裂；碳化收缩会引起微细裂纹，使混凝土强度降低。但是碳化时生成的碳酸钙填充在水泥石的孔隙中，使混凝土的密实度和抗压强度提高，对防止有害杂质的侵入有一定的缓冲作用。

影响混凝土碳化的因素有以下几点。

（1）环境湿度。当环境的相对湿度在50%～75%时，混凝土碳化速度最快，当相对湿度小于25%或达100%时，碳化停止，即在环境水分太少时碳化不能发生，混凝土孔隙中充满水时，二氧化碳不能渗入扩散所致。

（2）水灰比。水灰比愈小，混凝土愈密实，二氧化碳和水不易渗入，碳化速度慢。

（3）环境中二氧化碳的浓度。二氧化碳浓度越大，混凝土碳化作用越快。

（4）水泥品种。普通水泥、硅酸盐水泥水化产物中$Ca(OH)_2$含量较多而碱度高，其抗碳化能力优于矿渣水泥、火山灰质水泥和粉煤灰水泥，且水泥随混合材料掺量的增多，碳化速度加快。

（5）外加剂。混凝土中掺入减水剂、引气剂或引气型减水剂时，由于可降低水灰比或引入封闭小气泡，可使混凝土碳化速度明显减慢。提高混凝土密实度（如降低水灰比，采用减水剂，保证骨料级配良好，加强振捣和养护等），是提高混凝土碳化能力的根本措施。

混凝土碳化深度的检测方法有X射线法和化学试剂法两种。X射线法适用于试验室的精确测量，需要专门的仪器，既可测试完全碳化深度，又可测试部分碳化深度。现场检测主要用化学试剂法。检测时在混凝土表面凿洞，立即滴上化学试剂，根据反应的颜色测量碳化深度。常用试剂是1%浓度的酚酞酒精溶液，它以pH=9为界线，已碳化部分呈无色，未碳化的地方呈粉红色，这种方法仅能测试完全碳化深度。另有一种彩虹指示剂，可根据反应的颜色判别不同的 pH 值（pH=5~13），因此可以测试完全碳化深度和部分碳化深度。

五、混凝土的碱—骨料反应

碱—骨料反应（Alkali-Aggregate Reaction，简称 AAR）是指混凝土中的碱与具有碱活性的骨料（主要含有活性 SiO_2）之间发生反应，反应产物吸水膨胀或反应导致骨料膨胀，造成混凝土开裂破坏的现象。根据骨料中活性成分的不同，碱—骨料反应分为三种类型：碱—硅酸反应（Alkali-Silica Reaction，简称 ASR）、碱—碳酸盐反应（Alkali-Carbonate Reaction，简称 ACR）和碱—硅酸盐反应（Alkali-Silicate Reaction）。

碱—硅酸反应是分布最广、研究最多的碱—骨料反应，该反应是指混凝土内的碱与骨料中的活性 SiO_2 反应，生成碱—硅酸凝胶，并从周围介质中吸收水分而膨胀，导致混凝土开裂破坏的现象。碱—骨料反应必须同时具备以下三个条件。

(1) 混凝土中含有过量的碱（Na_2O+K_2O）。混凝土中的碱主要来自于水泥，也来自外加剂、掺和料、骨料、拌和水等组分。水泥中的碱（$Na_2O+0.658K_2O$）大于 0.6%的水泥称为高碱水泥，我国许多水泥碱含量在 1%左右，如果加上其他组分引入的碱，混凝土中的碱含量较高。碱含量应该符合标准规定的值。

(2) 碱活性骨料占骨料总量的比例大于 1%。碱活性骨料包括含活性 SiO_2 的骨料（引起 ASR)、粘土质白云石质石灰石（引起 ACR）和层状硅酸盐骨料（引起碱—硅酸盐反应)。含活性 SiO_2 的碱活性骨料分布最广，目前已被确定的有安山石、蛋白石、玉髓、鳞石英、方石英等。美国、日本、英国等发达国家已建立了区域性碱活性骨料分布图，我国已开始绘制这种图，第一个分布图是京津塘地区碱活性骨料分布图。

(3) 潮湿环境。只有在空气相对湿度大于 80%，或直接接触水的环境，AAR 破坏才会发生。

碱—骨料反应很慢，引起的破坏往往经过若干年后才会出现。一旦出现，破坏性则很大，难以加固处理，应加强防范。可采取以下措施来预防。

(1) 尽量采用非活性骨料。

(2) 当确认为碱活性骨料又非用不可时，应严格控制混凝土中碱含量，如采用碱含量小于 0.6%的水泥，降低水泥用量，选用含碱量低的外加剂等。

(3) 在水泥中掺入火山灰质混合材料（如粉煤灰、硅灰和矿渣等）。因为它们能吸收溶液中的钠离子和钾离子，使反应产物早期能均匀分布在混凝土中，不致集中于骨料颗粒周围，从而减轻或消除膨胀破坏。

(4) 在混凝土中掺入引气剂或引气减水剂。它们可以产生许多分散的气泡，当发生碱—骨料反应时，反应生成的胶体可渗入或被挤入这些气泡内，降低了膨胀破坏应力。骨料碱活性检验方法有岩相法、化学法、砂浆长度法、岩石柱法、混凝土棱柱法和压蒸法等。

《普通混凝土用砂质量标准及检验方法》(JGJ 52—1992) 规定的细骨料碱活性检测方法有砂浆长度法和化学法。这两种方法均只适用于鉴定由硅质骨料引起的碱活性反应，不适用于含碳酸盐的骨料。砂浆长度法应用较普遍，检测时用碱含量（$Na_2O+0.658K_2O$）为 1.2%的高碱水泥，按规定方法配制成灰砂比为 1∶2.25、尺寸为 160mm×40mm×40mm 的砂浆试件。将试件放入湿度 95%、温度为 (40±2)℃的恒温、恒湿养护器中养护，测定自测定基准长度之日起计算的2周、4周、8周、3个月、6个月时砂浆试件的长度。当砂浆半年膨胀率小于0.1%或3个月的膨胀率小于0.05%（只有在缺少半年膨胀率时才有效）时，则判定为无潜在危害。反之，如超过上述数值，则判定为有潜在危害。

《普通混凝土用碎石或卵石质量标准及检验方法》（JGJ 53—1992）规定的粗骨料碱活性检测方法有砂浆长度法、化学法和岩石柱法。前两种方法适用于鉴定由硅质骨料引起的碱活性反应，不适用于含碳酸盐的骨料，岩石柱法用于检验碳酸盐岩石是否具有碱活性。采用砂浆长度法检测时，先将粗骨料破碎成砂，筛分后按规定方法进行级配，然后按砂浆长度法鉴定细骨料碱活性时所规定的方法，进行试件制作、养护、测定和判定。采用岩石柱法检测时，钻取直径为（9±1）mm、长（35±5）mm的圆柱体岩石试件，浸入浓度为1mol/L、温度为（20±2）℃的NaOH溶液中，测定自浸泡时开始计算的7、14、21、56、84天时岩石试件的长度。岩石试件浸泡84天的膨胀率如超过0.1%，则该岩石样应评定为具有潜在碱活性危害，必要时应以混凝土试验结果作出最后评定。

六、混凝土的表面磨损

混凝土的表面磨损有三种情况：一是机械磨耗，如路面、机场跑道、厂房地坪等处的混凝土受到反复摩擦、冲击而造成的磨耗；二是冲磨，如桥墩、水工泄水结构物、沟渠等处的混凝土受到高速水流中夹带的泥砂、石子颗粒的冲刷、撞击和摩擦造成的磨耗；三是空蚀，如水工泄水结构物受到水流速度和方向改变形成的空穴冲击而造成的磨耗。

影响混凝土耐磨性的因素有以下几个方面。

（1）混凝土的强度。混凝土抗压强度越高，耐磨性越好。通过降低水灰比、掺高效减水剂等方法来提高混凝土强度的措施，均对提高混凝土耐磨性有利。

（2）粗骨料的品种和性能。粗骨料硬度越高，韧性越高，混凝土的耐磨性越好。辉绿石、铁矿石的硬度和韧性最好，用这些骨料配制的混凝土抗冲磨性能较好，花岗岩、闪长岩次之，石灰岩、白云岩较差。卵石表面光滑，碎石表面粗糙，从骨料本身来讲，前者的耐磨性更好，但是在相同条件下，卵石与水泥石之间的粘结强度比碎石低，因此碎石更适合于配制高耐磨性混凝土。

（3）细骨料与砂率。细骨料按耐磨性排列的顺序为：铁粉>河砂>石灰石砂>矾土砂>水淬矿渣砂。砂中石英等坚硬的矿物含量多，粘土等有害杂质含量少，则混凝土的抗冲磨性好，级配良好的中砂配制的混凝土比用细砂或特细砂配制的混凝土的抗冲磨性好得多。当水泥用量小于400kg/m^{3}时，混凝土的磨损系数随砂率的降低而降低；当水泥用量大于450kg/m^{3}时，混凝土的磨损系数在砂率为30%左右时最低。

（4）水泥和掺和料。水泥中C_3S的抗冲磨性最好，C_3A和C_4AF次之，C_2S最低。配制抗冲磨混凝土应尽量选用C_3S和C_3A含量高、强度等级高的水泥，水泥中不得掺煤矸石、火山灰、粘土等混合材料。在混凝土中掺入硅灰、磨细矿渣粉和钢纤维等掺和料，可使混凝土耐磨性大幅度提高。

（5）养护和施工方法。防止表面混凝土离析、泌水，充分养护混凝土，均有利于提高混凝土耐磨性。混凝土表面经真空脱水和机械二次抹面，可使混凝土耐磨性提高30%～100%。

混凝土耐磨性试验方法有钢球法、转盘法、摩轮法和滚珠轴承法等。《混凝土及其制品耐磨性试验方法》（GB/T 16925—1997）规定的滚珠轴承法，以滚珠轴承为磨头，滚珠在额定负荷下滚动时摩擦湿试件表面，在受磨面上形成环形磨槽，通过测量磨槽深度和磨头转数，计算耐磨度，用耐磨度评价路面（地面）混凝土耐磨性。

第五节 混凝土质量波动与混凝土配制强度

对普通混凝土进行质量控制是一项非常重要的工作。普通混凝土的质量控制包括初步控制、生产控制和合格控制。

（1）初步控制：包括混凝土各组成材料的质量检验与控制和混凝土配合比的合理确定。通常配合比是通过设计计算和试配确定的。在施工过程中，一般不得随意改变配合比，应根据混凝土质量的动态信息，及时进行调整。

（2）生产控制：包括混凝土组成材料的计量，混凝土拌和物的搅拌、运输、浇筑和养护等工序的控制。施工单位应根据设计要求，提出混凝土质量控制目标，建立混凝土质量控制保证体系，制订必要的混凝土生产质量管理制度，并根据生产过程的质量动态分析，及时采取措施和对策。

（3）合格控制：指混凝土质量的验收，对混凝十强度或其他技术指标进行检验评定。

通过以上对混凝土进行质量控制的各项措施，使混凝土质量符合设计规定的要求。

一、混凝土强度的波动规律

在正常生产条件下，影响混凝土强度的因素是随机变化的，对同一种混凝土进行系统的随机抽样，测试结果表明其强度的波动规律符合正态分布，如图 5-23 所示。混凝土强度正态分布曲线有以下特点。

（1）曲线呈钟形，两边对称。对称轴为平均强度，曲线的最高峰出现在该处。这表明混凝土强度接近其平均强度值处出现的次数最多，而随着远离对称轴，强度测定值出现的概率越来越小，最后趋近于零。

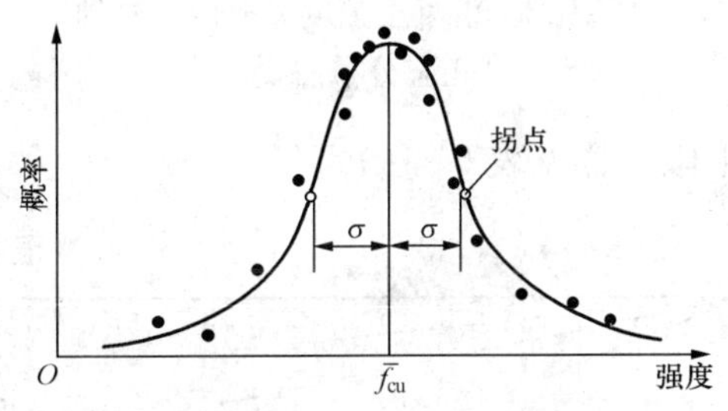

图 5-23 混凝土强度的正态分布曲线

（2）曲线和横坐标之间所包围的面积为概率的总和，等于 100%。对称轴两边出现的概率相等，各为 50%。

（3）在对称轴两边的曲线上各有一个拐点。两拐点间的曲线向上凸弯，拐点以外的曲线向下凹弯，并以横坐标为渐近线。

二、衡量混凝土施工质量水平的指标

衡量混凝土施工质量水平的指标主要包括正常生产控制条件下混凝土强度的平均值、标准差、变异系数和强度保证率等。

（一）混凝土强度平均值 $\bar{f}_{cu}$

$$\bar{f}_{cu} = \frac{1}{n}\sum_{i=1}^{n} f_{cu,i} \tag{5-9}$$

式中 $\bar{f}_{cu}$——n 组抗压强度的算术平均值，MPa；

$f_{cu,i}$——第 i 组试件的抗压强度，MPa；

n——试件的组数。

强度平均值仅表示混凝土强度总体的平均水平，不能反映混凝土强度的波动情况。

(二) 混凝土强度标准差 σ

混凝土强度标准差又称均方差，其计算式为

$$\sigma=\sqrt{\frac{\sum_{i=1}^{n}(f_{\mathrm{cu},i}-\bar{f}_{\mathrm{cu}})^2}{n-1}} \tag{5-10}$$

或

$$\sigma=\sqrt{\frac{\sum_{i=1}^{n}f_{\mathrm{cu},i}^2-n\bar{f}_{\mathrm{cu}}^2}{n-1}} \tag{5-11}$$

式中 n——试验组数，$n\geqslant 25$；

σ——n 组抗压强度的标准差，MPa。

标准差的几何意义是正态分布曲线上拐点至对称轴的垂直距离，如图 5-23 所示。图 5-24 所示为强度平均值相同而标准差不同的两条正态分布曲线。由图 5-24 可以看出，σ 值越小者曲线越高且窄，说明混凝土质量控制较稳定，生产管理水平较高。而 σ 值大者曲线矮而宽，表明强度值离散性大，施工质量控制差。因此，σ 值是评定混凝土质量均匀性的一种指标，但是并不是 σ 值越小越好，σ 值过小，则意味着不经济。工程上由于影响混凝土质量的因素多，σ 值一般不会过小，因此，我国混凝土强度检验评定标准仅规定了 σ 值的上限（详见表 5-14）。

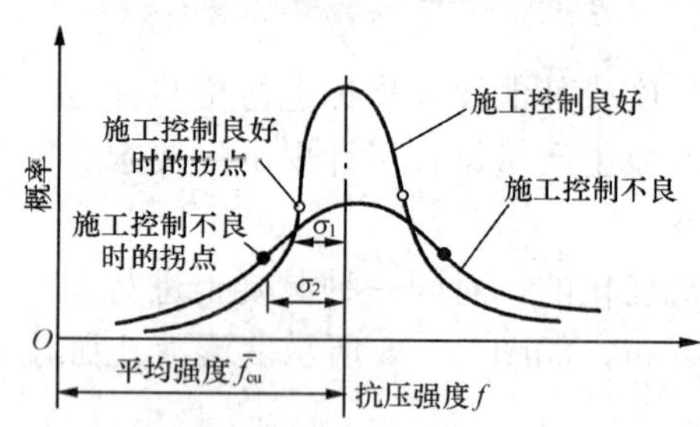

图 5-24 混凝土强度离散性不同的正态分布曲线

表 5-14 **混凝土生产管理水平**

评定指标 \ 生产单位 \ 强度等级 \ 生产水平		优良		一般	
		<C20	≥C20	<C20	≥C20
混凝土强度标准差	商品混凝土厂和预制构件厂	≤3.0	≤3.5	≤4.0	≤5.0
	集中搅拌混凝土的施工现场	≤3.5	≤4.0	≤4.5	≤5.5
强度不低于规定强度等级值的百分率 P（%）	商品混凝土厂、预制构件厂及集中搅拌混凝土的施工现场	≥95		>85	

(三) 变异系数 (C_v)

变异系数又称离差系数或标准差系数，其计算式如下

$$C_v=\frac{\sigma}{\bar{f}_{\mathrm{cu}}} \tag{5-12}$$

采用变异系数作为评定混凝土质量均匀性的指标。C_v 值越小，表明混凝土质量越稳定；C_v 值大，则表示混凝土质量稳定性差。

（四）强度保证率（**P**）

混凝土强度保证率 P（%）是指混凝土强度总体中大于等于设计强度等级（$f_{cu,k}$）的概率，在混凝土强度正态分布曲线图中以阴影面积表示，如图 5 - 25 所示。

强度保证率 P（%）可由正态分布曲线方程积分求得，即

$$P(t) = \int_{t}^{+\infty} \varphi(t)\mathrm{d}t = \frac{1}{\sqrt{2\pi}}\int_{t}^{+\infty} \mathrm{e}^{-\frac{t^2}{2}}\mathrm{d}t \tag{5-13}$$

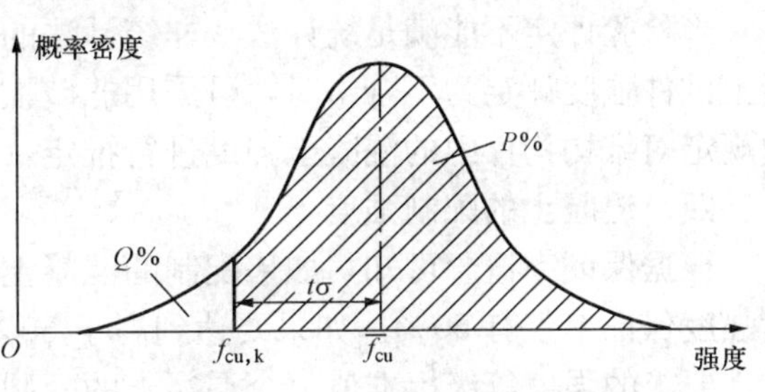

图 5 - 25　混凝土强度保证率

混凝土强度保证率 P（%）的计算方法如下。先根据混凝土的设计强度等级值 $f_{cu,k}$、强度平均值，或标准差计算出概率度 t。概率度可按下式计算

$$t = \frac{f_{cu,k} - \overline{f}_{cu}}{\sigma} = \frac{f_{cu,k} - \overline{f}_{cu}}{C_v \overline{f}_{cu}} \tag{5-14}$$

计算出概率度 t 后，按标准正态分布曲线方程求出强度保证率 P（%）或按表 5 - 15 查取。

表 5 - 15　　不同 t 值的强度保证率值

t	0.00	0.50	0.80	0.84	1.00	1.04	1.20	1.28	1.40	1.50	1.60
P（%）	50.0	69.2	78.8	80.0	84.1	85.1	88.5	90.0	91.9	93.5	94.5
t	1.645	1.70	1.75	1.81	1.88	1.96	2.00	2.05	2.33	2.50	3.00
P（%）	95.0	95.5	96.0	96.5	97.0	97.5	97.7	98.0	99.0	99.4	99.87

三、混凝土强度的检验评定

混凝土强度评定分为统计法和非统计法两种。

（一）统计法

当混凝土的生产条件在较长时间内能保持一致，且同一品种混凝土的强度变异性保持稳定时，应由连续的三组试件组成一个验收批，其强度应同时满足下列要求：

$$\overline{f}_{cu} \geqslant f_{cu,k} + 0.7\sigma \tag{5-15}$$

$$f_{cu,min} \geqslant f_{cu,k} - 0.7\sigma \tag{5-16}$$

当混凝土强度等级不高于 C20 时，其强度的最小值还应满足下列要求：

$$f_{cu,min} \geqslant 0.85 f_{cu,k} \tag{5-17}$$

当混凝土强度等级高于 C20 时，其强度的最小值还应满足下列要求：

$$f_{cu,min} \geqslant 0.90 f_{cu,k} \tag{5-18}$$

式中　$\overline{f}_{cu}$——同一验收批混凝土立方体抗压强度的平均值，MPa；

$f_{cu,min}$——同一验收批混凝土立方体试件抗压强度的最小值，MPa；

σ——验收批混凝土立方体抗压强度的标准差，MPa。

（二）非统计法

对试件数量有限，不具备按统计法评定混凝土强度条件的工程，可采用非统计法评定。

按非统计法评定混凝土强度时，其强度应同时满足下列要求：

$$\bar{f}_{cu} \geqslant 1.15 f_{cu,k} \tag{5-19}$$

$$f_{cu,min} \geqslant 0.95 f_{cu,k} \tag{5-20}$$

当检验评定不能满足统计法或非统计法的要求时，该批混凝土强度判定为不合格。当混凝土试件强度评定为不合格时，可采用非破损或局部破损的检测方法，按国家现行有关标准的规定对结构构件中的混凝土强度进行推定，并作为处理的依据。

四、混凝土的配制强度

根据保证率概念可知，如果配制的混凝土平均强度等于设计要求的强度等级标准值，则其强度保证率仅有50%。如果要达到高于50%的强度保证率，混凝土的配制强度必须高于设计要求的强度等级标准值。令混凝土的配制强度等于平均强度，则有

$$f_{cu,h} = \bar{f}_{cu} = f_{cu,k} + t\sigma \tag{5-21}$$

可知，设计要求的保证率越大，配制强度就要越高；强度质量稳定性越差，配制强度就提高得越多。我国目前要求混凝土的强度保证率为95%，查表5-14得$t=1.645$，代入上式得到配制强度为

$$f_{cu,h} = f_{cu,k} + 1.645\sigma \tag{5-22}$$

式中：σ值可根据混凝土配制强度的历史统计资料得到。若无资料时，可参考表5-16。

表 5-16　　σ 值　　MPa

混凝土强度等级	低于C20	C20～C35	高于C35
σ	4.0	5.0	6.0

第六节　普通混凝土的配合比设计

为获得满足工程要求的混凝土，不仅需要正确选择品质优良的组成材料，还要对组成材料进行合理的配合比计算，确定混凝土中各组成材料数量之间的比例关系。配合比设计的合理与否直接影响着混凝土的性能和造价。

一、混凝土配合比的表示方法

混凝土配合比常用的表示方法有两种。一种是以1m^{3}混凝土中各项材料的质量表示，例如某工程配制的混凝土：水泥300kg，水180kg，砂720kg，石子1200kg，混凝土总质量为2400kg。另一种是以各项材料间的质量比表示，水泥的质量为1，例如，将上例换算成质量比为

水泥：砂：石子$=C:S:G=1:2.4:4.0$，水灰比$=W/C=0.60$。

二、混凝土配合比设计的基本要求与资料准备

（一）混凝土配合比设计的基本要求

混凝土配合比设计的任务为：根据原材料的技术性能及施工条件，合理选择混凝土组成材料，并计算出满足工程要求的混凝土各项组成材料的用量。混凝土配合比设计的基本要求为：

（1）满足结构设计要求的混凝土强度等级。

（2）满足施工要求的混凝土拌和物的和易性。

(3) 满足工程所处环境对混凝土耐久性的要求。

(4) 在满足上述要求的前提下尽可能地减少水泥的用量，降低混凝土成本。

(二) 资料准备

在进行混凝土的配合比设计计算前，必须做好以下有关资料的准备工作。

(1) 确定混凝土的强度等级。

(2) 混凝土耐久性要求指标。

(3) 各种原材料的品种及其物理力学性质。

三、混凝土配合比设计中的三个基本参数

为了达到混凝土配合比设计的四项基本要求，特别是要控制好水灰比 W/C、单位用水量 W_0 和砂率 S_P 三个基本参数。三个基本参数的确定原则如下。

1. 水灰比 W/C

水灰比根据设计要求的混凝土强度等级和使用环境要求的耐久性进行确定。确定原则为：在满足混凝土设计强度和耐久性的基础上，选用较大水灰比以节约水泥，降低混凝土成本。

2. 单位用水量 W_0

单位用水量主要根据坍落度要求和粗骨料品种、最大粒径确定。确定原则为：在满足施工和易性的基础上，尽量选用较小的单位用水量，以节约水泥。因为当水灰比一定时，用水量越大，所需水泥用量也越大。

3. 砂率 S_P

合理砂率的确定原则为：砂子的用量填满石子的空隙略有富余。砂率对混凝土和易性、强度和耐久性影响很大，也直接影响水泥用量，故应尽可能选用最优砂率，并根据砂子细度模数、坍落度要求等加以调整，有条件时应通过试验确定。

四、普通混凝土配合比设计步骤

混凝土配合比设计包括配合比的计算、试配、调整与确定等步骤。

(一) 初步配合比的计算

1. 计算混凝土配制强度

根据设计强度标准值和混凝土强度保证率为95%的要求，以及强度标准差，可按下式计算混凝土的配制强度

$$f_{cu,h} = f_{cu,k} + 1.645\sigma \tag{5-23}$$

式中 $f_{cu,h}$——混凝土的配制强度，MPa；

$f_{cu,k}$——混凝土的设计强度等级，MPa；

σ——施工标准差，MPa。

2. 计算水灰比 W/C

先根据混凝土的配制强度、水泥的实际强度及石子类型，按以下混凝土强度经验公式计算水灰比。即

$$f_{cu,h} = Af_{ce}\left(\frac{C}{W} - B\right) \tag{5-24}$$

转换为

$$\frac{W}{C} = \frac{Af_{ce}}{f_{cu,h} + ABf_{ce}} \tag{5-25}$$

再根据混凝土使用环境条件，由表5-17查出相应的最大水灰比值。然后，在分别由强度和耐久性要求所得的两个水灰比中，选取小者为所求的水灰比。

表5-17 混凝土的最大水灰比和最小水泥用量

<table>
<tr><th rowspan="2" colspan="2">环境条件</th><th rowspan="2">结构物类别</th><th colspan="3">最大水灰比</th><th colspan="3">最小水泥用量（kg/m³）</th></tr>
<tr><th>素混凝土</th><th>钢筋混凝土</th><th>预应力混凝土</th><th>素混凝土</th><th>钢筋混凝土</th><th>预应力混凝土</th></tr>
<tr><td colspan="2">1. 干燥环境</td><td>正常的居住或办公用房内部件</td><td>不作规定</td><td>0.65</td><td>0.60</td><td>200</td><td>260</td><td>300</td></tr>
<tr><td rowspan="2">2. 潮湿环境</td><td>无冻害</td><td>高湿度的室内部件、室外部件、在非侵蚀性土和（或）水中的部件</td><td>0.70</td><td>0.60</td><td>0.60</td><td>225</td><td>280</td><td>300</td></tr>
<tr><td>有冻害</td><td>经受冻害的室外部件、在非侵蚀土和（或）水中且经受冻害的室内部件</td><td>0.55</td><td>0.55</td><td>0.55</td><td>250</td><td>280</td><td>300</td></tr>
<tr><td colspan="2">3. 有冻害和除冰剂的潮湿环境</td><td>经受冻害和除冰剂作用的室内和室外部件</td><td>0.50</td><td>0.50</td><td>0.50</td><td>300</td><td>300</td><td>300</td></tr>
</table>

3. 确定1m³混凝土的用水量W_0

根据施工要求的坍落度值和已知的粗骨料种类及最大粒径，由表5-18选取单位用水量。

表5-18 混凝土单位用水量选用表

<table>
<tr><th rowspan="2">项目</th><th rowspan="2">指标</th><th colspan="4">卵石最大粒径（mm）</th><th colspan="4">碎石最大粒径（mm）</th></tr>
<tr><th>10</th><th>20</th><th>31.5</th><th>40</th><th>16</th><th>20</th><th>31.5</th><th>40</th></tr>
<tr><td rowspan="4">坍落度（mm）</td><td>10～30</td><td>190</td><td>170</td><td>160</td><td>150</td><td>200</td><td>185</td><td>175</td><td>165</td></tr>
<tr><td>35～50</td><td>200</td><td>180</td><td>170</td><td>160</td><td>210</td><td>195</td><td>185</td><td>175</td></tr>
<tr><td>55～70</td><td>210</td><td>190</td><td>180</td><td>170</td><td>220</td><td>205</td><td>195</td><td>185</td></tr>
<tr><td>75～90</td><td>215</td><td>195</td><td>185</td><td>175</td><td>230</td><td>215</td><td>205</td><td>195</td></tr>
<tr><td rowspan="3">维勃稠度（s）</td><td>16～20</td><td>175</td><td>160</td><td>—</td><td>145</td><td>180</td><td>170</td><td>—</td><td>155</td></tr>
<tr><td>11～15</td><td>180</td><td>165</td><td>—</td><td>150</td><td>185</td><td>175</td><td>—</td><td>160</td></tr>
<tr><td>5～10</td><td>185</td><td>170</td><td>—</td><td>155</td><td>190</td><td>180</td><td>—</td><td>165</td></tr>
</table>

注 1. 本表用水量为采用中砂时的平均取值。采用细砂时，1m³混凝土用水量可增加5～10kg，采用粗砂时可减少5～10kg。

2. 掺用各种外加剂或掺和料时，用水量应相应调整。

3. 本表不适用于水灰比小于0.4或大于0.8的混凝土以及采用特殊成型工艺的混凝土。

4. 确定1m³混凝土的水泥用量C_0

根据选定的单位用水量W_0和已经确定的水灰比W/C，可由下式计算水泥用量

$$C_0 = \frac{W_0}{W/C} \tag{5-26}$$

再根据使用环境条件的耐久性要求，查表5-17，得到1m³混凝土最小水泥用量。最后，取两值中的大者为1m³混凝土的水泥用量。

5. 确定砂率S_P

(1) 可根据骨料品种、粒径及水灰比查表5-19选取。实际选用时可采用内插法，并根

据附加说明进行修正。

（2）在有条件时，可通过试验确定最优砂率。

表 5-19　　混凝土砂率选用表

水灰比	卵石最大粒径（mm）			碎石最大粒径（mm）		
	10	20	40	16	20	40
0.40	26～32	25～31	24～30	30～35	29～34	27～32
0.50	30～35	29～34	28～33	33～38	32～37	30～35
0.60	33～38	32～37	31～36	36～41	35～40	33～38
0.70	36～41	35～40	34～39	39～44	38～43	36～41

注 1. 表中的数值为中砂的选用砂率，对细砂或粗砂，可相应的减少或增大砂率。
2. 本表适用于坍落度为 10～60mm 的混凝土。当坍落度大于 60mm 或小于 10mm 时，应相应增大或减小砂率，按每增大 20mm，砂率增大 1%的幅度进行调整。
3. 只用一个单粒级粗骨料配制混凝土时，砂率应适当增大。
4. 掺有各种外加剂或掺和料时，其合理砂率值应通过试验或参照其他规定选用。
5. 对薄壁结构砂率取偏大值。

6. 确定 $1m^3$ 混凝土的砂 S_0、石子 G_0 用量

计算砂、石子用量的方法有重量法和体积法两种。

采用重量法计算公式为

$$\left.\begin{aligned} C_0+W_0+S_0+G_0&=\rho_{0h}\\ S_p&=\frac{S_0}{S_0+G_0}\times 100\% \end{aligned}\right\} \tag{5-27}$$

式中 ρ_{0h}——混凝土拌和物的假定表观密度，kg/m^3。可根据骨料的表观密度、粒径及混凝土强度等级，在 $2400\sim2450kg/m^3$ 范围内选定。

采用体积法计算公式为

$$\left.\begin{aligned} \frac{C_0}{\rho_0}+\frac{W_0}{\rho_w}+\frac{S_0}{\rho_s}+\frac{G_0}{\rho_g}+10\alpha&=1000\\ S_p&=\frac{S_0}{S_0+G_0}\times 100\% \end{aligned}\right\} \tag{5-28}$$

式中 ρ_0、ρ_w、ρ_s、ρ_g——分别为水泥、水、砂和石子的密度，g/cm^3；

C_0、W_0、S_0、G_0——分别为 $1m^3$ 混凝土中的水泥、水、砂、石子的用量，kg；

S_p——砂率，%；

α——混凝土含气量百分数，在不使用引气型外加剂时取 1。

解联立方程式，便可求出 S_0、G_0。

通过上述计算得到 $1m^3$ 混凝土各材料的用量，为初步配合比。

（二）基准配合比和试验配合比的确定

由于初步计算配合比是根据经验公式和查表得到的，所以不一定符合实际情况，必须通过试验拌制进行验证。当不符合要求时，需通过调整和易性满足工作要求。如果流动性过大，在砂率不变的条件下，适当增加砂、石子的用量；如果流动性过小，在水灰比不变的条件下，适当增加水和水泥的用量；如果粘聚性和保水性不好，可适当增加砂率，直到和易性满足要求为止；当拌和物砂浆量过多时，可单独加入适量石子来降低砂率。

在混凝土和易性满足要求后，测得拌和物的实际表观密度 ρ_h，按下式计算 $1m^3$ 混凝土的各材料用量，即为基准配合比

$$\left.\begin{aligned} C_j &= \frac{C_b}{A}\rho_h \\ W_j &= \frac{W_b}{A}\rho_h \\ S_j &= \frac{S_b}{A}\rho_h \\ G_j &= \frac{G_b}{A}\rho_h \end{aligned}\right\} \tag{5-29}$$

式中 A——试拌调整后，各材料的实际总用量，kg；

ρ_h——混凝土的实测表观密度，kg/m^3；

C_b、W_b、S_b、G_b——试拌调整后，水泥、水、砂子、石子实际拌和用量，kg；

C_j、W_j、S_j、G_j——基准配合比中 $1m^3$ 混凝土的各材料用量，kg。

经过和易性调整试验得出的混凝土基准配合比，其水灰比不一定选用恰当，导致强度不一定符合要求。所以应检验混凝土的强度。一般采用三个不同配合比，其中一个为基准配合比，另外两个配合比的水灰比应较基准配合比分别增加及减少 5%，用水量与基准配合比相同，砂率可分别增加或减少 1%。每种配合比制作一组（三块）试件，标准养护 28 天。测得抗压强度，以三组试件的强度和相应的水灰比作图，确定与配制强度相对应的灰水比，并重新计算水泥和砂石用量。强度和耐久性均合格的水灰比对应的配合比，称为混凝土试验室配合比，用 C、W、S、G 表示。

（三）施工配合比

混凝土的实验室配合比中砂、石子是以干燥状态计量的，然而工地上使用的砂、石子含有一定的水分。因此，工地上实际的砂、石子的称量应按含水情况做修正，同时用水量也应修正，修正后的 $1m^3$ 混凝土中各材料的用量为施工配合比。按下式计算

$$\left.\begin{aligned} C' &= C \\ W' &= W - Sa\% - Gb\% \\ S' &= S(1+a\%) \\ G' &= G(1+b\%) \end{aligned}\right\} \tag{5-30}$$

施工时 $1m^3$ 混凝土中各材料的用量：C'、W'、S'、G'，kg；砂的含水率为 $a\%$，石子的含水率为 $b\%$。

五、普通混凝土配合比设计实例

【例题 5-2】 某现浇钢筋混凝土柱，混凝土设计要求强度等级 C25，坍落度要求为 30～50mm，使用环境为干燥的办公用房内。所用的原材料情况如下：

水泥：强度等级 42.5 的普通水泥，密度 $3.00g/cm^3$，强度等级富余系数为 1.06；

砂：细度模数为 2.6 的中砂，为Ⅱ区砂，表观密度 $2650kg/m^3$；

石子：粒径为 5～40mm 碎石，表观密度为 $2700kg/m^3$。

试求：(1) 混凝土的实验室配合比；

(2) 若已知现场砂子含水率为 3%，石子含水率为 1%，试计算混凝土施工配合比。

解 1. 确定混凝土的初步配合比

（1）确定混凝土配制强度

$$f_{cu,h}=f_{cu,k}+1.645\sigma=25+1.645\times5.0=33.2\text{MPa}$$

（2）确定水灰比（W/C）。

1）根据强度要求计算水灰比

$$\begin{aligned}\frac{W}{C}&=\frac{\alpha_a f_{ce}}{f_{cu,h}+ABf_{ce}}=\frac{\alpha_a\gamma_c f_{ce,k}}{f_{cu,k}+ABf_{ce}}\\&=\frac{0.46\times42.5\times1.06}{33.2+0.46\times0.07\times42.5\times1.06}\\&=\frac{20.723}{33.2+3.1535}=0.60\end{aligned}$$

2）根据耐久性要求确定水灰比。

查表5-17得，$W/C\leqslant0.65$，所以取水灰比为0.60。

（3）确定用水量。

按坍落度30～50mm，碎石最大粒径为40mm，查表5-18选每立方米混凝土的用水量为W_0=175kg。

（4）计算水泥用量

$$C_0=\frac{W_0}{W/C}=\frac{175}{0.60}=292\text{kg}$$

查表5-17得，在干燥环境中要求最小单位水泥用量为260kg/m^3。所以取水泥用量为C_0=292kg。

（5）确定砂率S_P。

由水灰比和碎石最大粒径查表5-19取S_P=33%

（6）计算砂、石用量。采用体积法计算取α=1。列方程为

$$\begin{cases}\dfrac{292}{3000}+\dfrac{175}{1000}+\dfrac{S_0}{2650}+\dfrac{G_0}{2700}+0.01\times1=1\\\dfrac{S_0}{S_0+G_0}\times100\%=33\%\end{cases}$$

解得，S_0=635kg，G_0=1289kg。

混凝土初步配合比各材料的用量为：

水泥　292kg；水　175kg；砂　635kg；石子　1289kg；

或表示为$C_0:W_0:S_0:G_0=1:0.60:2.17:4.41$

2. 进行和易性及强度调整

（1）调整和易性。

按初步配合比取样25L，各材料的用量为：

水泥　0.025×292=7.30kg

水　0.025×175=4.38kg

砂　0.025×635=15.88kg

石子　0.025×1289=32.23kg

经试拌，测得的坍落度为20mm，低于规定值要求。增加水泥浆量3%，测得坍落度为35mm，且保水性和粘聚性均良好。经调整后，试样的实际重量为：

水泥 7.52kg；水 4.51kg；砂 15.88kg；石子 32.23kg；总质量为60.14kg。

(2) 校核强度。

用0.55、0.60和0.65三个水灰比，分别拌制三个试样，且和易性满足要求，测得其表观密度为2420kg/m³、2410kg/m³和2400kg/m³，做成试件，测28天抗压强度结果见表5-20。

表5-20 28天抗压试验强度

	W/C	C/W	$f_{cu,h}$
Ⅰ	0.55	1.82	37.8
Ⅱ	0.60	1.67	33.4
Ⅲ	0.65	1.54	28.2

根据配制强度要求 $f_{cu,h}=33.2\text{MPa}$，所以第Ⅱ组满足要求。

3. 计算试验配合比

测得拌和物的实际表观密度 $\rho_h=2410\text{kg/m}^3$，按下式计算1m³混凝土的各材料用量，即为试验配合比

$$\begin{cases} C = \dfrac{C_b}{A}\times\rho_h = \dfrac{7.52}{60.14}\times 2410 = 301\text{kg} \\ W = \dfrac{W_b}{A}\times\rho_h = \dfrac{4.51}{60.14}\times 2410 = 181\text{kg} \\ S = \dfrac{S_b}{A}\times\rho_h = \dfrac{15.88}{60.14}\times 2410 = 636\text{kg} \\ G = \dfrac{G_b}{A}\times\rho_h = \dfrac{32.23}{60.14}\times 2410 = 1292\text{kg} \end{cases}$$

4. 计算施工配合比

$$\begin{cases} \text{水泥} \quad C' = C = 301\text{kg} \\ \text{水} \quad W' = W - Sa\% - Gb\% = 181 - 636\times 3\% - 1292\times 1\% = 149\text{kg} \\ \text{砂} \quad S' = S(1+a\%) = 636\times(1+3\%) = 655\text{kg} \\ \text{石子} \quad G' = G(1+b\%) = 1292\times(1+1\%) = 1305\text{kg} \end{cases}$$

第七节 其他种类混凝土

一、轻骨料混凝土

用轻粗骨料、轻砂（或普通砂）、水泥和水配制成的干表观密度不大于1950kg/m³的混凝土，称为轻骨料混凝土。根据《轻骨料混凝土技术规程》(JGJ 51—2002)，轻骨料混凝土可分为全轻混凝土、砂轻混凝土、大孔轻骨料混凝土和次轻混凝土。全轻混凝土的粗细集料全部采用轻集料；砂轻混凝土的细集料全部或部分采用普通砂；大孔轻骨料混凝土是由轻粗骨料、水泥和水配成的无砂或少砂混凝土；次轻混凝土是在轻骨料中掺入适量普通粗骨料，干表观密度大于1950kg/m³、小于或等于2300kg/m³的混凝土。

轻骨料混凝土中粗骨料的来源通常有三类：①以工业废料为原料加工而成的轻骨料，如粉煤灰陶粒、膨胀矿渣、煤炉渣等；②天然多孔岩石加工而成的轻骨料，如浮石、火山渣等；③以地方材料为原料加工而成的人造轻骨料，如膨胀珍珠岩、页岩陶粒、粘土陶粒等。

轻骨料混凝土按立方体抗压强度标准值分为CL5.0、CL7.5、CL10、CL15、CL20、CL25、CL30、CL35、CL40、CL45、CL50、CL55、CL60共13个强度等级。按干表观密度可分为600、700、800、900、1000、1100、1200、1300、1400、1500、1600、1700、

1800、1900 共 14 个密度等级。

轻质多孔的骨料造就了轻骨料混凝土“双微孔微管”的结构特征，即在水泥石和骨料中均具有微细的孔缝存在。这种“双微孔微管”的吸水作用使得骨料表面部分水泥石的水灰比较低，水泥石的密实度增加，减少或避免了粗骨料下方由于内分层现象所形成的水囊，提高了界面的粘结力。另外，骨料表面粗糙且有微孔使其和水泥石结合的有效面积增大，机械啮合作用增强，因而对于中、低强度的轻骨料混凝土受载时，其破坏裂缝一般不在水泥石与骨料的界面首先发生。

与普通混凝土相比，轻骨料混凝土的表观密度小、弹性模量低、极限应变大、热膨胀系数小、收缩和徐变大，具有自重轻、保温性能好、抗震和耐火性能好的特点。轻骨料混凝土是高层、大跨建筑物良好的结构和保温材料，具有较强的经济技术优势和广阔的应用前景。轻骨料混凝土在工程中有保温、结构保温和结构三个方面的用途。在配制轻骨料混凝土时应注意以下几点：

（1）轻骨料混凝土配合比设计的基本要求与普通混凝土相同，但同时应满足对混凝土表观密度的要求。

（2）在设计轻骨料混凝土的配合比时须考虑轻骨料附加水量。轻骨料混凝土的用水量为净用水量与附加用水量（被骨料吸收的水量）两者之和。

（3）最高水泥用量不宜超过 550kg/m^3。

（4）砂率应用体积分数表示，即细骨料与骨料总体积之比。

（5）轻骨料本身吸水率较天然砂、石大，若不进行预湿，则拌和物在运输或浇筑过程中的坍落度损失较大。

（6）拌和物中粗骨料容易上浮，也不易搅拌均匀，应选用强制式搅拌机进行搅拌。

（7）轻骨料混凝土成型时振捣时间不宜过长，以免造成分层，应采用表面加压成型。

（8）由于轻骨料吸水能力较强，轻骨料混凝土要加强早期养护，在浇筑成型后应及时覆盖和浇水养护，防止早期干缩开裂。

二、高性能混凝土

作为土木工程的主要结构材料，混凝土的高强化一直是其性能改善的一个重要研究方向。混凝土强度的提高，使构件截面尺寸可大为减小，改变了高层和大跨建筑“肥梁胖柱”的状况，减轻了建筑物的自重，简化了地基处理，也使高强钢筋的应用和效能得以充分利用。高强混凝土在工程中的应用越来越广泛，但大量的工程实践也表明随着混凝土强度等级的提高，其拉压比随之降低，混凝土的脆性增大，韧性下降；同时，由于高强度混凝土的水泥用量较大，使得水化热增大，自收缩变大，干缩也较大，较易产生裂缝。因此，为了适应土木工程发展对混凝土材料性能要求的提高，混凝土研究领域开始了高性能混凝土的研究和开发。

1990 年 5 月，美国国家标准与技术研究所（NIST）和美国混凝土协会（ACI）首先提出了高性能混凝土（High Performance Concrete，简称 HPC）的概念。综合各国学者的意见，高性能混凝土是以耐久性和可持续发展为基本要求，并适应工业化生产与施工的混凝土。高性能混凝土在高强度的同时应具有高抗渗性（高耐久性的关键性能）、高体积稳定性（低干缩、低徐变、低温度应变率和高弹性模量）、良好的施工性（高流动性、高粘聚性，达到自密性）。

虽然高性能混凝土是由高强混凝土发展而来，但高强混凝土并不就是高性能混凝土，不能将它们混为一谈。高性能混凝土比高强度混凝土具有更为有利于工程长期安全使用，便于施工的优异性能，它将会比高强度混凝土具有更为广阔的应用前景。

高性能混凝土在配制时通常应注意以下几方面。

（1）必须掺入与所用水泥具有相容性的高效减水剂，以降低水灰比，提高强度，并使其具有合适的工作性。

（2）必须掺入一定量活性的细磨矿物掺和料，如硅灰、磨细矿渣、优质粉煤灰等。在配置高性能混凝土时，掺加活性磨细掺和料，可利用其微粒效应和火山灰活性以增加混凝土的密实性，提高强度。

（3）选用合适的集料，尤其是粗集料的品质（如强度、针片状颗粒的质量分数、最大粒径等）对高性能混凝土的强度有较大的影响。目前，我国对高性能混凝土的研究与应用，已日益得到土木工程界的重视，它符合科学的发展观，随着木土工程技术的发展，高性能混凝土将会得到广泛的推广和应用。

高性能混凝土的实现途径有以下几方面。

1. 采用优质原材料

（1）水泥。水泥可采用硅酸盐水泥和普通水泥。为了实现高性能混凝土的高强及超高强，国外开始研制和应用球状水泥、调粒水泥和活化水泥等。

（2）骨料。细骨料可采用河砂和人工砂，粗骨料应选用表面粗糙、强度高的骨料，如砂岩、安山岩、石英斑岩、石灰岩和玄武岩等。

（3）矿物掺和料。配制高性能混凝土必须掺入细或超细的活性掺和料，如硅灰、磨细矿渣、优质粉煤灰和沸石粉。它们填充在毛细孔中形成细观的紧密体系，同时可改善骨料界面结构，提高界面粘结强度。

（4）高效减水剂。配制高性能混凝土必须掺入高效减水剂，能显著降低混凝土的水胶比（水与水泥和矿物掺和料总和重量比），典型的高效减水剂有萘系、三聚氰胺系和改性木钙系高效减水剂等三类。目前多数高效减水剂存在坍落度损失较大的问题。

2. 确定合理配合比

（1）每立方米混凝土用水量为120～160kg，胶凝材料总量为500～600kg。掺和料一般等量取代水泥10%～25%。

（2）水胶比小于0.4，目前最低已达到0.22～0.25。

（3）高效减水剂掺量为0.8%～1.5%。

（4）砂率为34%～44%。随着混凝土强度的增高，砂率呈减小的趋势，28天抗压强度为60～120MPa的高性能混凝土，砂率多为34%～44%，当强度为80～100MPa时，砂率主要集中在38%～42%之间。

（5）粗骨料体积含量0.4m^3左右，最大粒径一般为10～25mm。

3. 合理的施工工艺

采用强制式搅拌机，泵送施工（混凝土拌和物坍落度一般为18～22cm），高频振动。

三、纤维混凝土

纤维混凝土是指以普通混凝土为基体，掺入各种有机、无机或金属的不连续短切纤维而成的纤维增强混凝土。普通混凝土在受荷之前内部已存在一些原生的微裂缝，在不断增长的外力作用下，这些微裂缝迅速扩展并形成宏观裂缝，导致混凝土的最终破坏。纤维的掺入可起到很好的阻裂、增强作用，能够提高混凝土的抗拉、抗弯强度，有效地改善混凝土的脆性性质。

混凝土中常用纤维可按其组成和材料性质进行分类。按纤维的组成可分为金属纤维（钢纤维和不锈钢纤维等）、无机纤维（包括石棉等天然矿物纤维、抗碱玻璃纤维、抗碱矿棉、碳纤维等人造矿物纤维）和有机纤维（主要包括聚乙烯、聚丙烯、尼龙、芳族聚酚亚胺等合成纤维）；按纤维的弹性模量可分为高弹模纤维（其弹性模量高于水泥基材料，如玻璃纤维、钢纤维和碳纤维等）和低弹模纤维（其弹性模量低于水泥基材料，如尼龙、聚丙烯、植物纤维等）。高弹模纤维（如钢纤维、碳纤维等）的作用主要在于抑制混凝土裂缝的形成，提高混凝土抗拉、抗弯强度和最大拉伸、弯曲破坏应变，提高断裂韧性和抗冲击能力。在高弹性模量纤维中钢纤维应用最多。低弹模纤维不能明显提高硬化混凝土的抗拉强度，但由于低弹纤维一般具有很高的变形性能，能有效提高水泥基复合材料的断裂变形能力，控制由混凝土内应力产生的裂缝，从而使混凝土的早期抗裂性、抗冲击强度和抗疲劳强度大大提高。

在纤维混凝土中，纤维的含量、几何形状、长径比、弹性模量等，对其性能有着很大的影响。各种纤维增强混凝土的最佳纤维含量和纤维长径比，应通过试验确定。

纤维混凝土目前主要用于对抗冲击、抗裂性能要求较高的工程和具有复杂应力结构的构件，如路面，桥面，机场跑道面，断面较薄的轻型结构，压力管道及屋面，地下、游泳池等刚性防水结构等。随着纤维混凝土研究的不断深入，各类纤维性能的改善和成本的降低，纤维混凝土将在土木工程中得到更为广泛的应用。

四、聚合物混凝土

聚合物混凝土是在混凝土中引入有机聚合物作为部分或全部胶结材料的一种新型混凝土。聚合物混凝土可分为聚合物水泥混凝土（PCC）、聚合物浸渍混凝土（PIC）和聚合物胶结混凝土（PC）三种。

1. 聚合物水泥混凝土

它是用聚合物乳液或水溶性聚合物与水泥作为胶结材料的混凝土。聚合物水泥混凝土的生产工艺与普通混凝土相似，便于现场施工。

聚合物水泥混凝土中的水泥可用普通水泥或高铝水泥；聚合物可用天然聚合物（如天然橡胶乳液）和各种合成聚合物（如聚醋酸乙烯、氯丁橡胶、聚苯乙烯等）。在混凝土凝结硬化过程中，聚合物与水泥之间没有发生化学作用，是水泥水化吸收乳液中水分，使乳液脱水而逐渐凝固，水泥水化产物与聚合物互相包裹填充形成致密结构，从而改善了混凝土的物理力学性能。聚合物水泥混凝土具有较好的耐久性、耐磨性、耐腐蚀性，多用于无缝地面，也常用于混凝土路面、机场跑道面层和构筑物的防水层等。

2. 聚合物浸渍混凝土

它是以混凝土为基材，将有机单体渗入混凝土中，并用加热或辐射等方法使其聚合而制成的一种混凝土。

浸渍所用的单体有甲基丙烯酸甲酯、苯乙烯（S）、丙烯氰（AN）、聚酯一苯乙烯等，其中甲基丙烯酸甲酯以及苯乙烯是最常用的单体。在聚合物浸渍混凝土中，聚合物在混凝土中与水泥凝胶体相互穿插，形成了连续的空间网络，同时聚合物起到填充混凝土内部空隙和微裂缝的作用。聚合物在混凝土中的增塑、增韧、填孔和固化作用使得聚合物浸渍混凝土具有高强度和高抗渗性，抗冻性、抗冲击性、耐蚀性和耐磨性都有明显提高，徐变和收缩值很小。

聚合物浸渍混凝土适用于要求高强度、高耐久性的特殊构件，特别适用于输运液体的管道、耐高压的容器、隧道衬砌、海洋构筑物、液化天然气储罐等。

3. 聚合物胶结混凝土（又称树脂混凝土）

它是一种以合成树脂为胶结材料的混凝土。所用的骨料与普通混凝土相同。这种混凝土具有高强、耐腐蚀、耐水等优点，但由于成本较高，只用于耐腐蚀、修补等特殊工程。另外，聚合物胶结混凝土的外表美观，可制成人造大理石，用于桌面、浴缸、台面等。

五、具有特殊功能的混凝土——混凝土技术新进展

混凝土作为土木工程主要的结构材料，被利用的性能基本上是力学性能。然而，随着社会经济的发展，现代化智能型建筑物对混凝土提出了新的挑战，要求混凝土在安全承载的同时，最好还应具有声、光、电、磁、热等功能。因而，在混凝土研究领域对以下具有特殊功能混凝土的研究具有十分重要的意义。

1. 导电混凝土

混凝土本身是不导电的，但若在普通混凝土中掺入各种导电组分（石墨、碳纤维、金属纤维、金属片、金属网等）可使混凝土具有导电功能。纤维状的导电组分（如碳纤维或金属纤维）不仅可以使混凝土具有良好的导电性，还能够改善其力学性能，增加其延性。因此，根据实际应用的要求，可以选择合适的导电组分、掺量和复合方法，生产出既满足需要又经济的导电混凝土。导电混凝土的应用领域主要有工业防静电结构、公路路面、机场道面等部位的化雪除冰、钢筋混凝土结构中钢筋的阴极保护、住宅及养殖场的电热结构等。此外，采用高铝水泥和石墨、碳纤维等耐高温导电组分，可以制备出耐高温的导电混凝土，用作新型发热源。

2. 屏蔽磁场混凝土

地下电力传输线和变压器、开关等电力设施可以产生强磁场，对人的健康有不利的影响。为了使路面和建筑物具有屏蔽磁场的功能，可在混凝土中加入钢丝网以有效屏蔽磁场，但钢丝网的加入严重影响了混凝土的施工。在混凝土中掺加钢质的曲别针同样可达到屏蔽磁场的目的，且由于曲别针为分散的、互不相连的个体，不会明显影响新拌混凝土的工作性及混凝土的施工。同时，曲别针具有相互连接的倾向，在混凝土的搅拌和浇筑过程中，可以形成由曲别针连接的屏蔽磁场金属网。

3. 屏蔽电磁波混凝土

随着电子信息时代的到来，各种电器及电子设备的广泛使用，导致电磁波泄漏问题越来越严重，而且电磁波泄漏场的频率从超低频（ELF）到毫米波，分布极宽，它可能干扰正常的通信和导航，甚至危害人体健康。因此，具有屏蔽电磁波的建筑材料越来越受到重视。混凝土本身既不能反射也不能吸收电磁波。但通过掺入导电粉末（如碳、石墨、铝、铀或镍等）、导电纤维（如碳、铝、钢或铜—锌等）或导电絮片（如石墨、锌、铝或镍等）等功能性组分后，可使其具有屏蔽电磁波的功能。例如，采用铁氧体粉末或碳纤维毡作为吸收电磁波的功能组分，制作的幕墙对电磁波的吸收可达 90%以上，而且幕墙壁薄、质量轻。

4. 应力、应变和损伤自检混凝土

将一定形状、尺寸和掺量的短切碳纤维掺入混凝土中，可以使材料具有自感知内部应力、应变和损伤程度的功能。通过对材料的宏观行为和微观结构变化进行观测，发现混凝土的电阻变化与其内部结构变化是相对应的，如电阻率的可逆变化对应于可逆的弹性变形，而电阻率的不可逆变化对应于非弹性变形和断裂，其测量范围很大。而且这种混凝土可以敏感有效地监测拉、弯、压等工况及静态和动态荷载作用下材料的内部情况。

在疲劳试验中，无论是在拉伸或是压缩状态下，混凝土的体积电阻率会随疲劳次数的增加发生不可逆的降低。因此，可以应用这一现象对混凝土的疲劳损伤进行监测。

5. 调湿混凝土

有些建筑物对其室内的温度和湿度有严格的要求，如各类展览馆、博物馆及美术馆等。自动调节环境湿度的混凝土不需任何温度和湿度传感器和控制系统，自身即可完成对室内环境湿度的探测和调控，基本上能够进行传感、反馈及控制等功能，被认为是智能混凝土的雏形。调湿混凝土中的关键组分是沸石粉。通过对沸石种类进行选择（天然的沸石有 40 多种），可以制备符合实际应用需要的自动调节环境湿度的混凝土，这种调湿混凝土用于室内墙壁，可取得很好的调湿效果。

6. 仿生自愈伤混凝土

将内含粘结剂的空心玻璃纤维或胶囊掺入混凝土中，一旦材料在外力作用下发生开裂，空心玻璃纤维或胶囊就会破裂而释放粘结剂，粘结剂流向开裂处，使之重新粘结起来，具有与动物骨骼相似的自愈合效果。仿生自愈伤混凝土中的粘结剂是影响其性能的主要因素，粘结剂的固化时间是控制结构在受到损伤时变形的关键因素。此外，可通过选择不同种类和性能的粘结剂，制备出适合于不同场合的混凝土，如刚度较小的粘结剂，可以起吸振作用，用于减轻地震、风害对建筑物的损坏；而刚度较大的粘结剂，可以有效恢复结构的刚度和强度。

复习思考题

1. 普通混凝土的组成材料有哪几种？在混凝土硬化前后各起何作用？

2. 配制混凝土时如何选择水泥？

3. 何谓骨料级配？如何判断某骨料级配是否良好？

4. 简述混凝土拌和物和易性的概念及测定方法。改善混凝土拌和物和易性的方法有哪些？

5. 简述混凝土配合比的定义及表达形式。混凝土配合比设计的基本要求有哪些？

6. 简述减水剂的作用机理，并综述混凝土掺入减水剂可获得的技术经济效果。

7. 对混凝土用砂为何要提出级配细度要求？若两种砂的细度模数相同，其级配是否相同？反之，如果级配相同，其细度模数是否相同？

8. 影响混凝土强度的因素有哪些？提高混凝土强度的措施有哪些？

9. 若混凝土拌和物流动性太大或太小，可采用什么措施进行调整？

10. 何谓合理砂率？采用合理砂率有何技术及经济意义？

11. 配制高耐久性混凝土的关键是什么？怎样提高混凝土的耐久性？

12. 当混凝土配合比不变时，用级配相同、强度等技术条件合格的碎石代替卵石拌制混凝土，会使混凝土的性质发生哪些变化？为什么？

13. 进行混凝土抗压试验时，在下述情况下试验值将有无变化？如何变化？变化的机理是什么？

①试件尺寸加大；②试件高度比加大；③试件受压表面加润滑剂；④试件位置偏离支座中心；⑤加荷速度加快。

14. 现有干砂试样，经筛分试验结果见表 5-21，试判断该砂的粗细程度，绘出级配曲线，评定级配情况。

表 5-21　　**干砂试样筛分成果表**

筛号（mm）	4.75	2.36	1.18	0.600	0.300	0.150	<0.150
筛余数（g）	24	60	80	95	114	105	22

15. 某工程需要配制强度等级为 C40 的碎石混凝土，所用水泥为普通硅酸盐水泥，强度等级为 32.5，水泥强度富余系数为 1.10，混凝土强度标准差为 1.0MPa。求水灰比。若水泥强度等级改为 42.5，其余不变，水灰比为多少？

16. 已知混凝土的水灰比为 0.60，每立方米混凝土拌和用水量为 180kg，砂率 33%，水泥的密度 ρ_c 为 3.10g/cm^3，砂子和石子的表观密度分别为 $\rho_s=2.62$g/cm^3 及 $\rho_g=2.70$g/cm^3。试用体积法求 1m^3 混凝土中各材料的用量。

17. 强度等级为 C20 的混凝土配合比为 1∶2.2∶4.4∶0.58，已知砂、石子含水率分别为 3%和 1%。计算拌制用量 1 袋水泥的混凝土时的各材料用水量。

18. 某工程现浇钢筋混凝土梁，干燥环境。混凝土强度等级为 C25，施工要求坍落度为 55～70mm，施工单位的强度标准差为 4.0MPa。所用材料：42.5 普通硅酸盐水泥，实测 28 天的强度为 48MPa，$\rho_c=3.15$g/cm^3；中砂，符合Ⅱ区级配，$\rho_s=2.6$g/cm^3；碎石，粒级 5～40mm，$\rho_g=2.65$g/cm^3；自来水，现场砂含水率 3%，石子含水率 1%，求施工配合比。

第六章 建筑砂浆

建筑砂浆是在建筑工程中用量大、用途广泛的一种建筑材料之一。建筑砂浆是由胶凝材料、细集料和水按照一定的比例配制而成的，建筑砂浆能够把散粒材料、块状材料、片状材料等胶结成整体结构，也可以成为装饰、保护主体的材料。例如在砌体结构中，砂浆薄层可以把单块的砖、石以及砌块等胶结起来构成砌体；大型墙板和各种构件的接缝也可使用建筑砂浆；墙面、地面及梁柱结构的表面都可用建筑砂浆抹面，以便满足装饰和保护结构的要求；镶贴大理石、瓷砖等也常使用建筑砂浆。

根据建筑砂浆所用胶结材料的不同，可分为水泥砂浆、石灰砂浆、水泥粘土砂浆、聚合物砂浆和混合砂浆等；根据不同的使用用途可分为砌筑砂浆、抹面砂浆、特种砂浆等。

第一节 砂浆的组成材料

一、胶凝材料

常用的胶凝材料有水泥、石灰、聚合物等。胶凝材料在砂浆中起着胶结的作用，它是影响砂浆流动性、粘聚性和强度等技术性质的主要组分。

1. 水泥

通用水泥都可以用来配制建筑砂浆，水泥品种的选择与混凝土中水泥品种的选择道理是相同的。通常对砂浆的强度要求并不很高，一般采用中等强度等级的水泥就能够满足要求。在配制砌筑砂浆时，选择水泥强度等级一般为砂浆强度等级的 4～5 倍。但水泥砂浆采用的水泥强度等级不宜大于 32.5 级；水泥混合砂浆采用的水泥强度等级不宜大于 42.5 级。

2. 石灰

为了改善砂浆的和易性和节约水泥，常在砂浆中掺入适量的石灰。为了保证砂浆的质量，经常将生石灰先熟化成石灰膏，然后用孔径不大于 3mm×3mm 的筛网过滤，且熟化时间不得少于 7 天。如用磨细生石灰粉制成，其熟化时间不得小于两天。沉淀池中储存的石灰膏，应采取防止干燥、冻结和污染的措施。严禁使用脱水硬化的石灰膏。

3. 聚合物

在许多特殊的场合可采用聚合物作为砂浆的胶凝材料，由于聚合物为链型或体型高分子化合物且粘性好，在砂浆中可呈膜状大面积分布，因此可提高砂浆的粘结性、韧性和抗冲击性，同时也有利于提高砂浆的抗渗、抗碳化等耐久性能，但可能会使砂浆抗压强度下降。常用的聚合物有聚醋酸乙烯酯、甲基纤维素醚、聚乙烯醇、聚酯树脂、环氧树脂等，有时还采用石膏、粘土或粉煤灰等材料作为胶结材料，但必须经过砂浆的技术性质检验，在不影响砂浆质量的前提下才能够使用。

二、细集料

配制建筑砂浆的最常用的细集料是天然砂。砂首先应符合混凝土用砂的技术性质要求。由于砂浆层较薄，砂的最大粒径应有所限制，理论上不应超过砂浆层厚度的 1/4～1/5，例如砖砌体用砂浆宜选用中砂，最大粒径不大于2.5mm为宜；石砌体用砂浆宜选用粗砂，最大粒径以不大于5.0mm为宜；光滑的抹面及勾缝的砂浆宜采用细砂，最大粒径不大于1.2mm。为保证砂浆质量，尤其在配制高强度砂浆时，应选用洁净的砂。因此对砂的含泥量应予以限制，强度等级为M2.5以上砌筑砂浆用砂的含泥量不应超过5%；强度等级为M2.5的水泥混合砂浆用砂的含泥量应不大于10%；防水砂浆用砂的含泥量应不大于3%。

砂浆用砂还可以根据原材料的情况，采用人工砂、山砂、特细砂等，但应根据经验并通过试验后，确定其技术要求。在保温砂浆、吸声砂浆和装饰砂浆中，还采用轻砂、白色或彩色砂等。

砂的粗细程度对砂浆的水泥用量、和易性、强度及收缩等影响很大，也可采用细炉渣等作为细骨料，但应该选用燃烧完全、未燃煤粉和其他有害杂质含量较小的炉渣，否则将影响砂浆的质量。

三、水

砂浆拌和用水的技术要求与混凝土拌和用水的技术要求相同，均需满足《混凝土拌和用水标准》（JGJ 63—1989）的规定。

四、外加剂

为了改善或赋予新拌砂浆及硬化后砂浆的某些性能，常在砂浆中掺入适量外加剂。例如为改善砂浆和易性，提高砂浆的抗裂性、抗冻性及保温性，可掺入微沫剂、减水剂等外加剂；为增强砂浆的防水性和抗渗性，可掺入防水剂等；为增强砂浆的保温隔热性能，除选用轻质细骨料外，还可掺入引气剂提高砂浆的孔隙率。混凝土中使用的各种外加剂，对砂浆也具有相应的作用。但在砂浆中掺加外加剂时，除了要考虑外加剂对砂浆本身性能的影响外，还要考虑其对砂浆使用功能的影响。

五、掺加料

掺加料即为了改善砂浆的和易性而加入的无机材料。在配制砂浆时可掺入石灰膏、石膏、粉煤灰、粘土膏、电石膏等物质作为掺加料。粉煤灰、生石灰等掺和料的要求应符合相应的有关规定。

第二节　砂浆的主要技术性质

建筑砂浆的主要技术性质包括新拌砂浆的和易性和硬化后砂浆的强度，其他还有砂浆的粘结力、变形性和抗冻性等多项内容。

一、新拌砂浆的技术性质

新拌砂浆的技术要求与新拌混凝土性质相近，要求具有适宜的和易性。新拌砂浆具有良好的和易性是指能将其铺成均匀的薄层，并且与底面（基面）紧密粘结，通常用流动性和保水性两项指标进行评定。

（一）流动性

流动性指砂浆在自重或外力作用下是否易于流动的性能。砂浆流动性可以用稠度表示。流动性的大小以砂浆稠度测定仪来测定，以砂浆稠度测定仪的圆锥体沉入砂浆中深度的毫米数来表示，称为沉入度。沉入度大的砂浆流动性好。

砂浆流动性的选择应根据基底材料种类、施工条件以及天气情况等因素选择。一般而言，抹面砂浆、多孔吸水的砌体材料、干热的天气和手工操作的砂浆，要求砂浆的流动性大些；相反，砌筑砂浆、密实不吸水的砌体材料、湿冷的天气和机械施工的砂浆，要求砂浆的流动性小些。可参考表 6-1 来选择砂浆的流动性。

表 6-1 **砂浆流动性参考表（沉入度 mm）**

砌体种类	干燥气候或多孔吸水材料	寒冷气候或密实材料	抹灰工程	机械施工	手工操作
烧结普通砖砌体	80～90	70～80	准备层	80～90	110～120
烧结多孔砖、空心砖砌体	70～80	60～70	底层	70～80	70～80
石砌体	40～50	30～40	面层	70～80	90～100
普通混凝土空心砌体	60～70	50～60	灰浆面层		90～120
轻骨料混凝土砌块	70～90	60～80			

影响砂浆流动性的主要因素有：胶凝材料及掺加料的品种和用量；砂的粗细程度，形状及级配；用水量；外加剂品种与掺量；搅拌时间等。

（二）保水性

砂浆的保水性指新拌砂浆保持水分的能力，也表示砂浆中各组成材料是否容易离析的性质。新拌砂浆在存放、运输和使用过程中，都必须具有良好的保水性，才能保持其水分不致很快流失，才能便于施工操作并且保证工程质量。如果砂浆保水性不好，在施工过程中很容易泌水、出现分层离析或水分易被基面所吸收，则会使砂浆变得干稠，致使施工困难，同时影响胶凝材料的正常硬化，降低砂浆本身强度，而且使砂浆与砌体材料粘结不牢，最终降低砌体的质量。因此，砂浆要具有良好的保水性。一般来说，砂浆内胶凝材料充足，尤其是掺加了石灰膏和粘土膏等掺和料后，砂浆的保水性均较好，砂浆中掺入加气剂、微沫剂、塑化剂等也能改善砂浆的保水性和流动性。

砌筑砂浆的保水性并非越高越好，对于不吸水基层的砌筑砂浆，保水性太高会使得砂浆内部水分早期无法蒸发释放，从而不利于砂浆强度的增长并且增大了砂浆的干缩裂缝，降低了整个砌体的整体性。

砂浆的保水性用分层度表示。分层度的测定是将已测定稠度的砂浆装满分层度筒（分层度筒内径为 150mm，分为上、下两节，上节高度为 200mm，下节高度为 100mm)，轻轻敲击筒周围 1、2 下，刮去多余的砂浆并抹平。静置 30min 后，去掉上部 200mm 砂浆，取出剩余 100mm 砂浆倒入搅拌锅中拌 2min 再测稠度，前后两次测得的稠度差值即为砂浆的分层度（以 mm 计）。砂浆合理的分层度应控制在 10～30mm，分层度大于 30mm 的砂浆容易离析、泌水和分层或水分流失过快、不便于施工，分层度小于 10mm 的砂浆硬化后容易产生干缩裂缝。

影响砂浆保水性的主要因素有：胶凝材料的种类及数量、掺加料的种类及数量、砂的质量及外加剂的品种及掺量等。

二、硬化后砂浆的技术性质

（一）抗压强度与强度等级

建筑砂浆在砌体或建筑物中主要起承受传递荷载的作用，所以砂浆应具有一定的抗压强度。砂浆强度等级是以 70.7mm×70.7mm×70.7mm 的立方体标准试块（每组 6 块），按标准条件养护至28天后，用标准试验方法测得的抗压强度平均值（MPa），用 f_{mu} 表示。

砂浆的强度等级分为M2.5、M5、M7.5、M10、M15、M20共6个等级。对于特别重要的砌体和有较高耐久性要求的工程，宜用强度等级高于M10的砂浆。

影响砂浆抗压强度的因素很多，很难用简单的公式表达砂浆的抗压强度与其组成之间的关系。所以，在实际工程中，对于具体的组成材料，多数通过经验和试配，再经过试验确定砂浆的配合比。

根据《砌筑砂浆配合比设计规程》（JGJ 98—2000）的规定，砂浆的实际强度除了与水泥的强度和用量有关外，还与基底材料的吸水性有关，因此其强度可分为下列两种情况。

1. 不吸水基层材料（如致密的石材）

影响砂浆强度的因素与混凝土基本相同，主要取决于水泥强度和水灰比，即砂浆的强度与水泥强度和灰水比成正比关系。关系式如下

$$f_{mu}=\alpha f_{ce}\left(\frac{C}{W}-\beta\right) \tag{6-1}$$

式中 f_{mu}——砂浆28天抗压强度，MPa；

f_{ce}——水泥的实测强度值，MPa；

C/W——灰水比；

α、β——系数，可根据试验资料统计确定，一般情况下，α 为0.29左右，β 为0.4左右。

2. 吸水性基层材料（如砖或其他多孔材料）

当基层吸水后，砂浆中保留水分的多少取决于其自身的保水性，因而砂浆即使用水量不同，但因自身具有一定的保水性和基层的吸水性，经过基层吸水后，保留在砂浆中的水分几乎是相同的。因此，砂浆的抗压强度主要取决于水泥强度和水泥用量，而与水灰比关系不大。砂浆强度计算公式如下

$$f_{mu}=Af_{ce}\frac{Q_c}{1000}+B \tag{6-2}$$

式中 f_{mu}——砂浆28天抗压强度，MPa；

f_{ce}——水泥的实测强度值，MPa；

Q_c——每立方米砂浆的水泥用量，kg/m^3；

A、B——砂浆的特征系数，$A=3.03$，$B=-15.09$。

（二）砂浆粘结力

由于砖、石、砌块等材料是靠砂浆粘结成一个坚固整体并传递荷载的，因此要求砂浆与基材之间应有一定的粘结强度。两者粘结得越牢，则整个砌体的整体性、强度、耐久性及抗震性能等指标越好。

一般砂浆抗压强度越高，则其与基材的粘结强度越高。此外，砂浆的粘结强度与基层材料的表面性状（如表面粗糙度、吸水性等）、清洁程度、湿润状况以及施工养护等条件有很大关系。同时还与砂浆的胶凝材料种类有很大关系，加入聚合物可使砂浆的粘结性大为提高。水泥砂浆在潮湿环境中的粘结力大于干燥环境中的粘结力。

实际上，针对砌体这个整体来说，砂浆的粘结性较砂浆的抗压强度更为重要。但是，考虑到我国的实际情况以及抗压强度相对来说容易测定，因此，将砂浆抗压强度作为必检项目

和配合比设计的依据。

（三）砂浆的变形性

砌筑砂浆在承受荷载或在温度变化时会产生变形。如果变形过大或不均匀容易使砌体的整体性下降，产生沉陷或裂缝，影响到整个砌体的质量。抹面砂浆在空气中也容易产生收缩等变形，变形过大会使面层产生裂纹或剥离等质量问题。因此，要求砂浆具有较小的变形性。

砂浆变形性的影响因素很多，如胶凝材料的种类和用量、用水量、细骨料的种类和级配、细骨料的质量以及外部环境条件等。

（四）砂浆的耐久性

砂浆应具有良好的耐久性，包括砂浆应与基层材料有良好的粘结力、较小的收缩变形。当经受冻融作用时，对砂浆还应有抗冻性的要求。具有冻融循环次数要求的砌筑砂浆，经冻融试验后，质量损失不得大于5%，抗压强度损失不得大于25%。

第三节 砌 筑 砂 浆

砌筑砂浆是将砖、石、砌块等粘结成为砌体的砂浆。砌筑砂浆主要起粘结、传递荷载、使应力的分布较为均匀、协调变形的作用，是砌体的重要组成部分。

砌筑砂浆可根据工程类别及砌体部位的设计要求，确定砂浆的种类和强度等级。水泥砂浆多用于砌筑潮湿环境和强度要求比较高的砌体，混合砂浆多用于砌筑干燥环境中的砌体。而砌筑砂浆的强度等级应根据规范规定或设计要求确定，然后选定其配合比。一般情况下可以查阅有关手册和资料来选择配合比，但如果工程量较大、砌体部位较为重要或掺入外加剂等非常规材料时，为保证质量和降低造价，应进行配合比设计。经过计算、试配、调整，从而确定施工用的配合比。

目前常用的砌筑砂浆有水泥砂浆和水泥混合砂浆两大类。根据《砌筑砂浆配合比设计规程》（JGJ 98—2000）规定，砌筑砂浆有下列技术要求：砌筑砂浆的强度等级分为M2.5、M5、M7.5、M10、M15、M20共6个等级；水泥砂浆拌和物的密度不宜小于1900kg/m^3；混合砂浆拌和物的密度不宜小于1800kg/m^3；砌筑砂浆流动性、分层度、试配抗压强度必须同时符合要求；水泥砂浆中水泥的用量不应小于200kg/m^3，混合砂浆中水泥和掺加料总量为300～350kg/m^3；砂浆试配时应采取机械搅拌，对水泥砂浆和混合砂浆，不得小于120s，对掺加粉煤灰和外加剂的砂浆不得小于180s。

一、水泥混合砂浆配合比设计

（一）确定砂浆的试配强度

砌筑砂浆应具有95%的保证率，砂浆的试配强度可按下式计算

$$f_{m,0}=f_{m,k}-t\sigma=f_2+0.645\sigma \tag{6-3}$$

式中 $f_{m,0}$——砂浆的试配强度，精确至0.1MPa；

$f_{m,k}$——砂浆设计强度标准值，精确至0.1MPa；

f_2——砂浆抗压强度平均值，精确至0.1MPa；

t——概率度，当保证率为95%时，$t=-1.645$；

σ——砂浆现场强度标准差，精确至0.01MPa。

砌筑砂浆现场强度的标准差应通过有关资料统计得出，如无统计资料，可查表 6 - 2 取用。

表 6 - 2　砂浆强度标准差选用值　MPa

砂浆强度等级 / 施工水平	M2.5	M5.0	M7.5	M10.0	M15.0	M20.0
优良	0.50	1.00	1.50	2.00	3.00	4.00
一般	0.62	1.25	1.88	2.50	3.75	5.00
较差	0.75	1.50	2.25	3.00	4.50	6.00

（二）计算水泥用量

每立方米砂浆中的水泥用量，应按下式计算

$$Q_c = \frac{1000(f_{m,0} - B)}{Af_{ce}} \tag{6-4}$$

式中　Q_c——每立方米砂浆中的水泥用量；

$f_{m,0}$——砂浆的试配强度，精确至 0.1MPa；

f_{ce}——水泥的实测强度，精确至 0.1MPa；

A、B——砂浆的特征系数，其中 $A=3.03$，$B=-15.09$。

在无法取得水泥的实测强度 f_{ce}时，可按下式计算

$$f_{ce} = \gamma_c f_{ce,k} \tag{6-5}$$

式中　$f_{ce,k}$——水泥强度等级对应的抗压强度值，MPa；

γ_c——水泥强度等级值的富余系数，该值应按实际统计资料确定。无统计资料时取 $\gamma_c=1.0$。

（三）水泥混合砂浆掺加料用量的确定

水泥混合砂浆的掺加料应按下式计算

$$Q_D = Q_A - Q_C \tag{6-6}$$

式中　Q_D——每立方米砂浆中掺加料用量，精确至 1kg；石灰膏使用时的稠度为 120±5mm；

Q_C——每立方米砂浆中水泥用量，精确至 1kg；

Q_A——每立方米砂浆中水泥和掺加料的总量，精确至 1kg；宜在 300～350kg/m^3 之间。

当石灰膏为其他稠度时，按表 6 - 3 进行换算。

表 6 - 3　石灰膏不同稠度时的换算系数

石灰膏稠度（mm）	120	110	100	90	80	70	60	50	40	30
换算系数	1.00	0.99	0.97	0.95	0.93	0.92	0.90	0.88	0.87	0.86

（四）确定砂子用量

砂浆中的水、胶凝材料和掺加料的加入，基本正好填充砂子中的空隙，所以每立方米砂浆中砂子用量 Q_s(kg/m^3）应以干燥状态（含水率小于 0.5%）的堆积密度作为计算值。

（五）用水量

每立方米砂浆中用水量 Q_w(kg/m^3）可根据砂浆稠度要求进行选择，混合砂浆在 240～310kg 之间选用，水泥砂浆在 270～330 之间选用。注意：混合砂浆中的用水量，不包括石

灰膏或粘土膏中的水；当采用细砂或粗砂时，用水量分别取上限或下限；稠度小于 70mm 时，用水量可小于下限；施工现场气候炎热或干燥季节，可酌量增加水的用量。

二、水泥砂浆配合比选用

水泥砂浆各种材料用量可按表 6-4 选用。

表 6-4　水泥砂浆材料用量　kg/m^3

强度等级	水泥用量	砂子用量	用水量
M2.5～M5	200～230	$1m^3$ 干砂的堆积密度值	270～330
M7.5～M10	220～280		
M15	280～340		
M20	340～400		

水泥用量应根据水泥的强度等级和施工水平合理选择，一般当水泥的强度等级较高或施工管理水平较高时，水泥用量选低值。用水量根据砂的粗细程度、砂浆稠度和气候条件选择，当砂较粗、稠度较小或气候较潮湿时，用水量选低值；反之亦然。

三、配合比的试配、调整与确定

砂浆在计算或试配时应采用工程中实际使用的材料。搅拌采用机械搅拌，搅拌时间自投料结束后算起，水泥砂浆和水泥混合砂浆不得少于 120s，水泥粉煤灰砂浆和掺用外加剂的砂浆不得少于 180s。按计算或查表选用的配合比进行试拌，测定其拌和物的稠度和分层度，若不能满足要求，则应调整材料用量，直至符合要求为止。此时的配合比为砂浆基准配合比。

为了测定的砂浆强度能在设计要求范围内，试配时至少采用 3 个不同的配合比，其中一个为基准配合比，另外两个配合比的水泥用量按基准配合比应分别增加及减少 10%，在保证稠度和分层度合格的条件下，可将用水量或掺加料用量作相应调整。按《建筑砂浆基本性能试验方法》(JGJ 70—1990) 的规定制成试件，测定砂浆强度。选定符合试配强度要求并且水泥用量最少的配合比作为砂浆配合比。

砂浆配合比以各种材料用量的比例形式表示：

水泥：掺加料：砂：水$=Q_C:Q_D:Q_S:Q_W$

或水泥：掺加料：砂：水$=1:\frac{Q_D}{Q_C}:\frac{Q_S}{Q_C}:\frac{Q_W}{Q_C}$

四、砂浆配合比计算实例

某砖墙用砌筑砂浆要求使用水泥石灰混合砂浆。砂浆强度等级为 M10，稠度 70～80mm。原材料性能如下：水泥实测强度为 32.5MPa 的普通硅酸盐水泥；砂子为中砂，干砂的堆积密度为 $1480kg/m^3$，砂子的实际含水率为 2%；石灰膏稠度为 100mm；施工水平一般。

设计步骤

1. 计算试配强度

$$f_{m,0}=f_2+0.645\sigma=10+0.645\times2.50=11.6MPa$$

2. 计算水泥用量

$$Q_C=\frac{1000(f_{m,0}-B)}{Af_{ce}}=\frac{1000(11.6+15.09)}{3.03\times32.5}=271kg$$

3. 计算石灰膏用量

$$Q_D = Q_A - Q_C = 310 - 271 = 39\text{kg}$$

石灰膏稠度100mm换算成120mm，查表6－3得

$$39 \times 0.97 = 38\text{kg}$$

4. 根据砂的堆积密度和含水率，计算用砂量

$$Q_S = 1480 \times (1 + 0.02) = 1510\text{kg}$$

5. 确定用水量

按表6－4选择用水量为300kg/m^3。

砂浆试配时的配合比（质量比）为

水泥：石灰膏：砂：水 = 271：38：1510：300 = 1：0.14：5.57：1.11

第四节 其他建筑砂浆

一、抹面砂浆

凡涂抹在土木工程的建（构）筑物或构件表面的砂浆，统称为抹面砂浆。根据功能的不同，抹面砂浆分为普通抹面砂浆、装饰砂浆、防水砂浆和具有某些特殊功能的抹面砂浆（如保温砂浆、耐酸砂浆、防辐射砂浆、吸声砂浆等）。对于抹面砂浆，要求既具有良好的工作性，以易于抹成均匀平整的薄层，便于施工；也应有较高的粘结力，保证砂浆与底面牢固粘结；同时，还应变形较小，以防止其开裂脱落。

与砌筑砂浆相比，抹面砂浆的特点和技术要求有以下几点：

（1）抹面层不承受荷载。

（2）抹面砂浆应具有良好的和易性，容易抹成均匀平整的薄层，便于施工。

（3）抹面层与基底层要有足够的粘结强度，使其在施工中或长期自重的环境作用下不脱落、不开裂。

（4）抹面层多为薄层，并分层施工，面层要求平整、光洁、细致、美观。

（5）多用于干燥环境，大面积暴露在空气中。

与砌筑砂浆不同，对抹面砂浆要求的主要技术性质不是抗压强度，而是和易性以及与基底材料的粘结强度。抹面砂浆的组成材料与砌筑砂浆基本相同。但为了防止砂浆开裂，有时需加入一些纤维材料（如纸筋、麻刀、有机纤维等）。为了强化某些功能，还需加入特殊集料，如保温砂浆应使用陶砂、膨胀珍珠岩等，防辐射砂浆应掺入钢屑、重晶石细粒等。

（一）普通抹面砂浆

普通抹面砂浆具有保护建（构）筑物及装饰建筑物和建筑环境的效果。抹面砂浆一般分两层或三层施工。由于各层的功能不同，每层所选的砂浆应具有良好的工作性和粘结力。中层抹灰主要是为了找平，有时可省去不用。面层抹灰要达到平整美观的效果，要求砂浆光滑抗裂。

石灰砂浆或石灰灰浆，多用于砖墙的底层抹灰；麻刀石灰灰浆，多用于板条墙或板条顶棚的底层抹灰；混合砂浆，多用于混凝土墙面、柱面、梁的侧面、底面及顶棚表面等的底层抹灰。中层抹灰多用混合砂浆或石灰砂浆。面层抹灰多用混合砂浆、麻刀石灰灰浆、纸筋石灰灰浆。

在容易碰撞或潮湿的地方，应采用水泥砂浆。如地面、墙裙、踢脚板、雨篷、窗台以及水池、水井、地沟、厕所等处，要求砂浆具有较高的强度、耐水性和耐久性。工程上一般多用1：2.5的水泥砂浆。

在加气混凝土砌块墙面上做抹面砂浆时，应采取特殊的抹灰施工方法，如在墙面上预先刮抹树脂胶、喷水润湿或在砂浆层中夹一层预先固定好的钢丝网层，以免日久发生砂浆剥离脱落现象。在轻集料混凝土空心砌块墙面上做抹面砂浆时，应注意砂浆和轻集料混凝土空心砌块的弹性模量应尽量一致。否则，极易在抹面砂浆和砌块界面上开裂。普通抹面砂浆的参考配比列于表6-5。

表6-5　常用抹面砂浆的配合比和应用范围

材　　料	配合比（体积比）	应用范围
石灰：砂	(1：2) ～ (1：4)	用于砖、石墙表面（潮湿的墙除外）
石灰：石膏：砂	(1：0.4：2) ～ (1：1：3)	用于不潮湿房间的墙及天花板
石灰：石膏：砂	(1：2：2) ～ (1：2：4)	用于不潮湿房间的线脚及其他装饰工程
石灰：水泥：砂	(1：0.5：4.5) ～ (1：1：5)	用于檐口、勒脚、女儿墙及比较潮湿的部位
水泥：砂	(1：3) ～ (1：2.5)	用于浴室、潮湿车间等墙裙、勒脚或地面基层
水泥：砂	(1：2) ～ (1：1.5)	用于地面、天棚或墙面面层
水泥：砂	(1：0.5) ～ (1：1)	用于混凝土地面的压光
石灰：石膏：砂：锯末	1：1：3：5	用于吸声粉刷
水泥：白石子	(1：2) ～ (1：1)	用于水磨石（打底用1：2.5水泥砂浆）
水泥：白石子	1：1.5	用于斩假石（打底用1：2～1：2.5水泥砂浆）
石灰膏：麻刀	100：1.3（质量比）	用于板条天棚面层（或100kg石灰膏加3.8kg水泥砂浆）
纸筋：石灰浆	灰膏0.1m^3，纸筋0.36kg	用于较高级墙板、天棚

（二）装饰砂浆

涂抹在建筑物内、外表面，具有美化装饰、改善功能、保护建筑物等功能的抹面砂浆称为装饰砂浆。装饰砂浆施工时，底层和中层的抹面砂浆与普通抹面砂浆基本相同。所不同的是装饰砂浆的面层，要求具有一定颜色、质地、花纹和图案等装饰效果。

装饰砂浆所采用的胶凝材料除普通水泥、矿渣水泥等外，还可用白水泥、彩色水泥，或在常用水泥中掺加耐碱矿物颜料，配制成彩色水泥砂浆；装饰砂浆采用的集料除普通河砂外，还可使用色彩鲜艳的花岗岩、大理石等色石及细石渣，有时也采用玻璃或陶瓷碎粒。

外墙面的装饰砂浆有如下工艺做法：

(1) 拉毛　先用水泥砂浆做底层，再用水泥石灰砂浆做面层。在砂浆尚未凝结之前，用抹刀将表面拍拉成凹凸不平的形状。

(2) 水刷石　用颗粒细小（约5mm）的白色或彩色石渣拌成的砂浆作面层，在水泥终凝前，喷水轻轻地冲刷表面，冲洗掉最外层石渣表面的水泥浆，使石渣部分表面外露。水刷石用于建筑物的外墙面，具有一定的质感，且经久耐用，不需维护。

(3) 干粘石　在水泥砂浆的面层表面，粘结粒经5mm以下的白色或彩色石渣、小石子彩色玻璃、陶瓷碎粒等。要求石渣粘结均匀，牢固。干粘石的装饰效果与水刷石相近，且石子表面更洁净艳丽；避免了喷水冲洗的湿作业，施工效率高，而且节约材料和水。干粘石在预制外墙板的生产中，有较多的应用。

（4）斩假石　又称剁假石、斧剁石。砂浆的配置与水刷石基本一致。砂浆抹面硬化后，用斧刃将表面剁毛并露出石渣。斩假石的装饰效果与粗面花岗岩相似。

（5）假面砖　将硬化的普通砂浆表面用刀斧锤刻画出线条，或在初凝后的普通砂浆表面用木条、钢片压划出线条，亦可用涂料画出线条，将墙面装饰成仿砖砌体、仿瓷砖贴面、仿石材贴面等艺术效果。

（6）水磨石　用普通水泥、白水泥、彩色水泥或普通水泥加耐碱颜料和各种色彩的大理石石渣作面层，硬化后用机械反复磨平抛光表面而成。水磨石多用于地面、水池等工程部位。可事先设计图案色彩，磨平抛光后更具艺术效果。水磨石还可制成预制构件或预制块，作楼梯踏步、窗台板、柱面、踢脚板、地面板等构件。

室内外的地面、墙面、台面、柱面等，也可用水磨石进行装饰。

装饰砂浆还可以采用喷涂、弹涂、辊压等工艺方法，做成丰富多彩、形式花样的装饰面层。装饰砂浆的操作方便，施工效率高，与其他墙面、地面装饰相比，成本低、耐久性好。

（三）防水砂浆

制作砂浆防水层（又称为刚性防水）所采用的砂浆，称作防水砂浆。砂浆防水层仅适用于不受震动和具有一定刚度的混凝土及砖石砌体工程。

防水砂浆可以采用普通水泥砂浆，也可以在水泥砂浆中掺入防水剂来提高砂浆的抗渗能力。防水剂有氯盐型防水剂和非氯盐型防水剂，在钢筋混凝土工程中，应采用非氯盐型防水剂，以防止由于 Cl^- 离子的引入，造成钢筋锈蚀。

防水砂浆的配比一般采用水泥：砂＝1：2.5～3，水灰比在0.5～0.55之间。水泥应采用强度等级为42.5级的普通硅酸盐水泥，砂子应采用级配良好的砂。

防水砂浆对施工操作技术要求很高。制备防水砂浆应先将水泥和砂干拌均匀，再加入水和防水剂溶液搅拌均匀。涂抹前，先在润湿清洁的底面上抹一层低水灰比的纯水泥浆（有时也用聚合物水泥浆），然后抹一层防水砂浆，在初凝前，用木抹子压实一遍，第二、三、四层都是以同样的方法进行操作。最后一层要压光。涂抹时，每层厚度约5mm，共涂抹4、5次，共20～30mm厚。涂抹完后必须加强养护，防止开裂。

二、干拌砂浆

干拌砂浆是由水泥、钙质消石灰粉或有机胶凝材料、砂、掺和料和外加剂按一定比例混合干拌而成的混合物。干拌砂浆的特点是集中生产，质量稳定，施工方便。现场只需加水搅拌，即可使用。

干拌砂浆的强度等级可分为：M_b5、M_b10、M_b15、M_b20、M_b25、M_b30。强度等级较高的干拌砂浆一般用于高强度混凝土空心砌块。施工时稠度可控制在60～80mm，分层度在10～20mm，和易性好。干拌砂浆的技术性能稳定，可采用手工或机械施工。

干拌砂浆有整吨袋装，亦有小袋（50kg）分装。运输、储存和使用方便。储存期可达3个月至半年。干拌砂浆的性能优良，品种多样，有砌筑砂浆、抹面砂浆和修补砂浆等。例如，混凝土空心砌块专用于干拌砂浆，按规定加水拌和后，粘聚性良好，强度稳定，使空心混凝土砌块砌体的竖缝砌筑质量容易保证；同时，也能提高空心砌块砌体的抗剪强度。再如，聚合物修补干拌砂浆和聚合物防水干拌砂浆，其中的胶凝材料中采用了部分可溶性树脂。工程应用表明此类砂浆性能稳定，使用方便，粘结强度较高。

干拌砂浆的使用，有利于提高砌筑、抹灰、装饰、修补工程的施工质量，改善砂浆现场的施工条件。

三、其他特种砂浆

1. 保温砂浆

采用水泥、石灰、石膏等胶凝材料与膨胀珍珠岩、膨胀蛭石、陶粒、陶砂或聚苯乙烯泡沫颗粒等轻质多孔材料，按一定比例配制的砂浆称为保温砂浆。保温砂浆质轻，且具有良好的绝热保温性能。可用于屋面隔热层、隔热墙壁、冷库以及工业窑炉、供热管道隔热层等处。如在保温砂浆中掺入或在保温砂浆表面喷涂憎水剂，其保温隔热效果会更好。

2. 耐酸砂浆

以水玻璃与氟硅酸钠为胶凝材料，加入石英岩、花岗岩、铸石等耐酸粉料和细集料拌制并硬化而成的砂浆。水玻璃硬化后具有很好的耐酸性能。耐酸砂浆可用于耐酸地面、耐酸容器基座及与酸接触的结构部位。在某些有酸雨腐蚀的地区，建筑物的外墙装修也可应用耐酸砂浆，以提高建筑物的耐酸雨腐蚀作用。

3. 防辐射砂浆

在水泥砂浆中掺入钢屑、重晶石粉、重晶石砂，可配制有效防辐射的砂浆，如采用重晶石粉和重晶石砂配合比约为水泥∶重晶石粉∶重晶石砂＝1∶0.25∶4～5；如在水泥中掺入硼砂、硼化物等可配制具有防中子射线的砂浆。厚重气密不易开裂的砂浆也可阻止地基中土壤或岩石里的氡（具有放射性的惰性气体）向室内的迁移或流动。

4. 膨胀砂浆

在水泥砂浆中加入膨胀剂或使用膨胀水泥，可配制膨胀砂浆。膨胀砂浆具有一定的膨胀特性，可补偿水泥砂浆的收缩，防止干缩开裂。膨胀砂浆还可在修补工程和装配式大板工程中应用，靠其膨胀作用而填充缝隙，以达到粘结密封的目的。

5. 自流平砂浆

自流平砂浆是指在自重作用下能流平的砂浆，地坪和地面常采用自流平砂浆。自流平砂浆施工方便、质量可靠。自流平砂浆的关键技术有以下几点：

（1）掺用合适的外加剂，常用的外加剂为高效减水剂。

（2）严格控制砂的级配和颗粒形态。

（3）选择具有合适级配的水泥或其他胶凝材料。良好的自流平砂浆可使地坪平整光洁，强度高，耐磨性好，无开裂现象。

6. 其他砂浆

吸声砂浆是指具有吸声功能的砂浆。一般保温砂浆都具有多孔结构，因而也都具有吸声的功能。工程中常以水泥∶石灰膏∶砂∶锯末＝1∶1∶3∶5（体积比）配制吸声砂浆，或在石灰、石膏砂浆中加入玻璃棉、矿棉或有机纤维或棉类物质。吸声砂浆常用于厅堂的墙壁及顶棚的吸声。

复 习 思 考 题

1. 对新拌砂浆的技术要求与混凝土混合料的技术要求有何异同?

2. 砌筑砂浆对组成材料有何要求？为什么要加入掺加料或塑化剂？

3. 用于吸水基层和不吸水基层的砌筑砂浆，影响其强度的因素有何不同？如何进行计算？

4. 某工程砌筑烧结普通粘土砖用水泥石灰砂浆，要求砂浆的强度等级为M10。现场有强度等级为32.5和42.5的矿渣硅酸盐水泥可供选用。已知所用水泥的堆积密度为1280kg/m^3；中砂的含水率为1%～3%、堆积密度为1550kg/m^3；石灰膏的表观密度为1350kg/m^3。施工水平优良，试计算砂浆的配合比。

5. 装饰砂浆的主要饰面形式有哪些？

第七章　金　属　材　料

金属材料是由一种或一种以上的金属元素或金属元素与非金属元素组成的合金的总称。金属材料一般分为黑色金属和有色金属两大类。黑色金属如铁、钢和合金钢等，其主要成分是铁元素。有色金属是指以其他金属元素为主要成分的金属，如铝、铜、锌、铅等金属及其合金。土木工程中常用的金属材料主要有钢材、铝合金等。

金属材料不仅是经济建设各部门广泛使用的材料，也是重要的土木工程材料之一。尤其是近年来，随着高层和大跨度结构迅速发展，金属材料在土木工程中的应用也越来越多。金属之所以成为独特的材料，是因为它具有较高的抗拉强度、形成板材型材及线材的能力、可焊性和容易与其他金属焊接等特性。此外，金属的其他特性，如强导电性、高导热性和具有金属光泽等，也使得金属材料被应用在某些特殊环境中。

第一节　钢材的生产与分类

一、钢材的冶炼

钢是以铁为主要元素，含碳量在2%以下，并含有少量其他元素的金属材料。铁元素在地壳中占4.7%，通常以化合物的形式存在于铁矿石中。主要的铁矿石有赤铁矿、磁铁矿、褐铁矿、菱铁矿、黄铁矿等。把铁矿石、焦炭、石灰石（助熔剂）按一定比例装入高炉中，在炉内高温条件下，焦炭中的碳与矿石中的氧化铁发生化学反应，使矿石中的铁和氧分离，将矿石中的铁还原出来，生成的一氧化碳和二氧化碳由炉顶排出，通过这种冶炼方法得到的铁称为生铁。生铁中含有较多的碳和其他杂质，故性能既硬又脆，影响使用。

生铁的含碳量大于2%，同时含有较多的硫、磷等杂质，因而表现出强度较低、性脆、韧性较差等特点，且不能采用轧制或煅压等方法来进行加工。因此需要将生铁冶炼成钢。生铁的品种有白口铁、灰口铁、铁合金等，其中白口铁为炼钢用铁。炼钢是对熔融的生铁进行高温氧化，使其中含碳量降低到2%以下，同时使其他杂质的含量降低到允许范围内。钢在强度、韧性等性质方面都较铁有了较大幅度提高，在土木工程中，大量使用的都是钢材。

根据炼钢炉种类的不同，钢材的冶炼方法可分为氧气转炉、平炉和电炉三种。不同的冶炼方法对钢的质量有着不同的影响。

1. 氧气转炉炼钢

以熔融的铁水为原料，由炉顶向转炉内吹入高压氧气，使铁水中的碳和硫等杂质经热氧化除去，得到较纯净的铁水。氧气转炉炼钢法是在空气转炉炼钢法的基础上发展起来的先进方法，与空气转炉相比较，氧气转炉是吹入氧气，不易带进氮、氢等有害气体。氧气转炉炼钢周期短，生产效率高，杂质清除较充分，钢的质量较好，国际上二十世纪七八十年代开始采用这种生产工艺，已成为现代炼钢的主要方法。

2. 平炉炼钢

平炉炼钢是利用拱形炉顶的反射原理，以固态或液态生铁、适量铁矿石和废钢作原料，用煤气或重油为燃料进行冶炼，利用废钢铁和铁矿石中的氧使杂质氧化。平炉冶炼时间长，有足够的时间调整和控制其成分，去除杂质更为彻底，故炼得的钢质量较高。但由于设备一次性投资大，燃料热效率较低，冶炼时间较长，故其成本较高。国际上二十世纪五六十年代采用这种生产工艺，现在已基本被淘汰。

3. 电炉炼钢

以电为热源迅速加热生铁或废钢原料，使其熔化并精炼而成的钢称为电炉钢。电炉冶炼的钢质量最好，但成本也最高。按炉种分为电弧炉钢、感应炉钢、电渣炉钢等。目前以电弧炉钢产量最大，应用最广。电弧炉是利用电极末端与金属材料间产生的电弧而熔炼钢材的。弧区温度可达3000℃以上，主要由电极及其升降装置、炉身及其倾动机构和供电系统组成。

钢的冶炼过程是杂质成分的热氧化过程，炉内为氧化环境，故炼成的钢水中会含有一定量的氧化铁，这对钢的质量不利。为消除这种不利影响，在炼钢结束时应加入一定量的脱氧剂（常用的有锰铁、硅铁和铝锭），使之与氧化铁作用而将其还原成铁，此称“脱氧”。脱氧减少了钢材中的气泡并克服了元素分布不均的缺点，能明显改善钢的技术性质。

在钢锭冷却过程中，由于钢内某些元素在铁的液相中的溶解度大于固相，这些元素便向凝固较迟的钢锭中心集中，导致化学成分在钢锭中分布不均匀，这种现象称为化学偏析、其中尤以硫、磷偏析最为严重。偏析现象对钢的质量有不良影响。

二、钢材的分类

钢的分类常根据不同的需要而采用不同的分类方法。常用的分类方法有以下几种：

1. 按冶炼设备分类

按上述冶炼设备不同，钢分为转炉钢、平炉钢和电炉钢三大类。

2. 按冶炼时脱氧程度分类

沸腾钢（代号F）：沸腾钢脱氧不完全，钢中含氧量较高，浇铸后钢液在冷却和凝固的过程中氧化铁与碳发生化学反应，生成CO气体外逸，气泡从钢液中冒出呈“沸腾”状，故称沸腾钢。因仍有不少气泡残留在钢中，故钢的质量较差。

镇静钢和特殊镇静钢（代号Z和TZ）：镇静钢和特殊镇静钢脱氧比较完全，在冷却和凝固时，没有气体析出，无“沸腾”现象，称为镇静钢。

半镇静钢（代号为b）：半镇静钢介于上述二者之间。

沸腾钢中碳和有害杂质（磷、硫等）的偏析较严重，钢的致密程度较差，因此，沸腾钢的冲击韧性和可焊性差，尤其是低温冲击韧性更差，但钢锭收缩孔减少，成品率较高，成本低。镇静钢质量好，但钢锭的收缩孔大，成品率低，成本高。与机械制造、国防工业、工具等用钢相比，土木工程用钢对质量和性能要求相对较低，用量较大，所以土木工程用钢中多采用沸腾钢或半镇静钢。

3. 按化学成分分类

碳素钢：碳素钢的化学成分主要是铁，其次是碳。故也称铁－碳合金。其含碳量为0.02%～2.06%。此外尚含有极少量的硅、锰和微量的硫、磷等元素。碳素钢按含碳量又可分为：低碳钢（含碳量小于0.25%）、中碳钢（含碳量为0.25%～0.60%）和高碳钢（含碳量大于0.60%）三种。其中低碳钢在土木工程中应用最多。

合金钢：是指在炼钢过程中，有意识地加入一种或多种能改善钢材性能的合金元素而制得的钢种。常用合金元素有：硅、锰、铣、钒、铌、铬等。按合金元素总含量的不同，合金钢可分为低合金钢（合金元素总含量小于5%）、中合金钢（合金元素总含量为5%～10%）和高合金钢（合金元素总含量大于10%）。其中低合金钢为土木工程中常用的钢种。

4. 按有害杂质含量分类

按钢中有害杂质磷（P）和硫（S）含量的多少，钢材可分为以下四类：

普通钢：磷含量不大于0.045%；硫含量不大于0.050%；

优质钢：磷含量不大于0.035%；硫含量不大于0.035%；

高级优质钢：磷含量不大于0.025%；硫含量不大于0.025%；

特级优质钢：磷含量不大于0.025%；硫含量不大于0.015%。

5. 按用途分类

结构钢：主要用作工程结构构件及机械零件的钢；

工具钢：主要用于各种刀具、量具及模具的钢；

特殊钢：具有特殊物理、化学或机械性能的钢，如不锈钢、耐热钢、磁性钢等。

土木工程所用的钢材产品一般分为型材、板材、线材和管材等几类。型材包括钢结构用的角钢、工字钢、槽钢、方钢、吊车轨、钢板桩等，多用作梁、柱等承重构件。线材包括钢筋混凝土和预应力混凝土用的钢筋、钢丝和钢绞线等。板材包括用于建造房屋、桥梁及建筑机械的中厚钢板，用于屋面、墙面、楼板等的薄钢板。管材主要用于钢网架、钢桁架和供水、供气（汽）管线等。

第二节　钢材的技术性质

钢材作为土木工程中主要的受力结构材料，主要是承受拉力、压力、弯曲、冲击等外力的作用，因此要求具有良好的力学性能和易加工性能。力学性能主要指抗拉性能、抗冲击性能、耐疲劳性能及硬度，而冷弯性能和焊接性能则是钢材重要的工艺性能。

一、抗拉性能

抗拉性能是钢材最重要的性能，在设计和施工中广泛使用。通过拉伸试验，可以测得屈服强度、抗拉强度和断后伸长率，这些是钢材的重要技术性能指标。钢材的抗拉性能和低碳钢的抗拉性能可用受拉时的应力—应变图来阐明（见图7-1）。图中曲线明显地可分为弹性阶段（$O \rightarrow A$）屈服阶段（$A \rightarrow B$）、强化阶段（$B \rightarrow C$）和颈缩阶段（$C \rightarrow D$）。

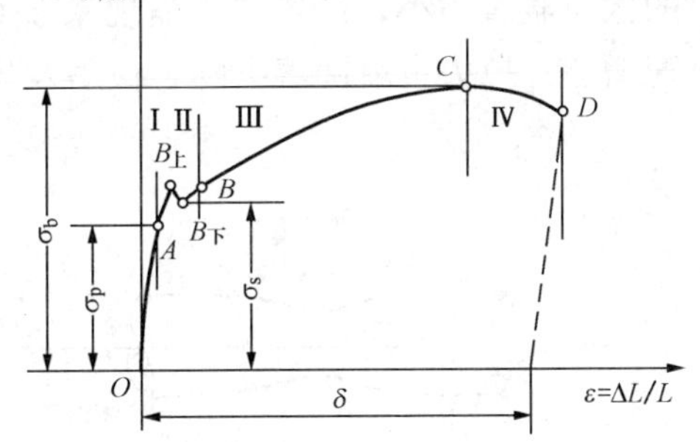

图7-1　低碳钢受拉的应力—应变曲线

1. 弹性阶段（*OA*段）

在*OA*范围内，随着荷载的增加，应力与应变成正比。如卸去荷载，则恢复原状，这种性质称为弹性。*OA*是一直线，在此范围内的变形，称为弹性变形。*A*点所对应的应力称为弹性极限，用σ_p表示。在这一范围内，应力与应变的比值为一常量，称为弹性模量，用E表示，即$E=\sigma/\varepsilon$。弹性模量反映了钢材的刚度，是钢材在受力条件下计算结构变形的重要指标。土木工程中常用碳素结构钢Q235的弹性模量$E=(2.0\sim2.1)\times10^5$MPa，弹性极限$\sigma_p=180\sim200$MPa。

2. 屈服阶段（*AB* 段）

当应力超过弹性极限后，在 *AB* 曲线范围内，应力与应变非正比例关系变化。应力超过 *A* 点后，即开始产生塑性变形。应力到达 $B_下$之后，变形急剧增加，应力则在不大的范围内波动，直到 *B* 点，这一阶段称为屈服阶段。在屈服阶段中，外力不增大，而变形继续增加。$B_上$是屈服强度上限，$B_下$是屈服强度下限，也可称为屈服极限或屈服强度。以 σ_s 表示，当应力到达 $B_上$点时，钢材抵抗外力能力下降，发生“屈服”现象。σ_s 是屈服阶段应力波动的最低值，它表示钢材在工作状态允许达到的应力值，即在 σ_s 之前，钢材不会发生较大的塑性变形。故在设计中一般以下屈服强度作为强度取值的依据。常用的碳素结构钢 Q235 的 σ_s 应不小于 235MPa。

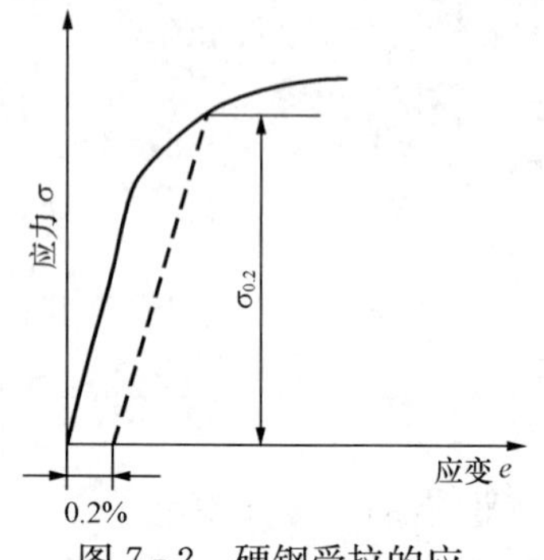

图 7-2　硬钢受拉的应力—应变曲线

对于在外力作用下屈服现象不明显的硬钢，则规定产生残余变形为 0.2%原标距长度时的应力作为该钢材的屈服强度。用 $\sigma_{0.2}$表示（见图 7-2）。

3. 强化阶段（*BC* 段）

在钢材屈服到一定程度以后，由于内部晶格扭曲、晶粒破碎等原因，阻止了塑性变形的进一步发展。钢材抵抗外力的能力重新提高，在应力—应变图上，曲线从 *B* 点开始上升直至最高点 *C*。这一过程称为强化阶段。这一阶段变形发展速度比较快，随着应力的提高而增加。对应于最高点 *C* 的应力，称为抗拉强度，用 σ_b 表示。抗拉强度不能直接利用，但下屈服强度和抗拉强度的比值（即屈强比 σ_s/σ_b）却能反映钢材的安全可靠程度和利用率。屈强比越小，表明材料的安全性和可靠性越高，材料不易发生危险的脆性断裂。如果屈强比太小，则利用率低，造成钢材浪费。常用的碳素结构钢 *Q*235 的 σ_b 应不小于 375MPa，屈强比在 0.58～0.63 之间。

4. 颈缩阶段（*CD* 段）

当钢材受拉时强化达到最高点（*C* 点）后，试件的变形开始集中于较薄弱区段内，使此段的截面显著缩小，产生“颈缩现象”（见图 7-3）。由于试件截面积急剧缩小，塑性变形迅速增加，拉力也就随着下降，最后发生断裂。

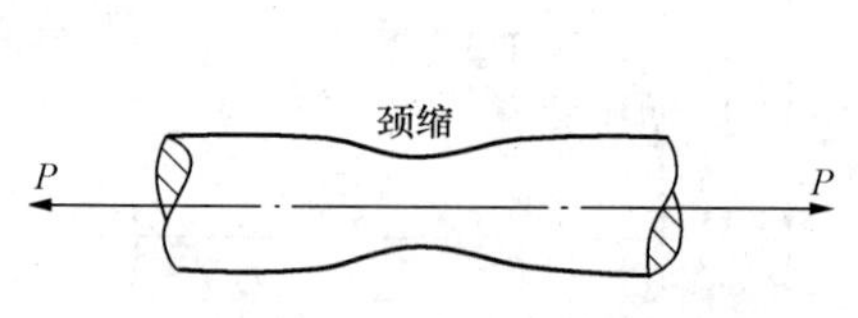

图 7-3　钢棒受拉颈缩现象示意图

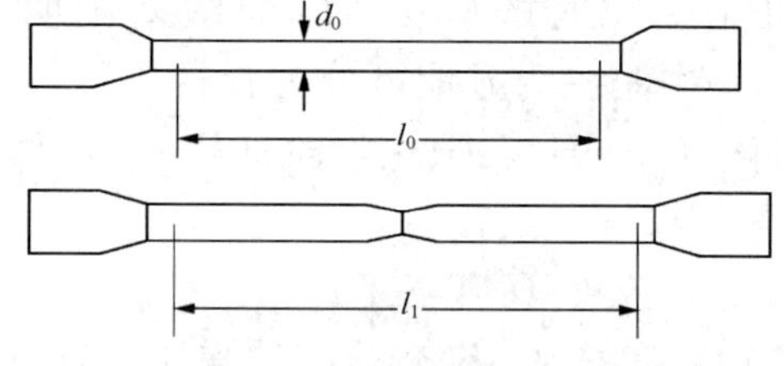

图 7-4　拉断前后的试件

将拉断后的试件于断裂处对接在一起（见图 7-4），测得其断后标距 l_1。标距的伸长值（Δl）占原始标距（l_0）的百分率称为伸长率（δ）。即

$$\delta = \frac{l_1 - l_0}{l_0} \times 100\%$$

塑性变形在试件标距内的分布是不均匀的，颈缩处的变形最大，离颈缩部位越远其变形

越小。所以原标距与直径之比愈小，则颈缩处伸长值在整个伸长值中的比重愈大，计算出来的伸长率就会大些。通常钢材拉伸试件取 $l_0=5d_0$ 或 $l_0=10d_0$，其伸长率分别以 δ_5 和 δ_{10} 表示。对于同一钢材 δ_5 大于 δ_{10}。

伸长率是衡量钢材塑性的重要技术指标，伸长率愈大，表明钢材的塑性越好。尽管结构是在弹性范围内使用，但其应力集中处的应力可能超过屈服点。良好的塑性变形能力，可使应力重分布，从而避免结构过早破坏。常用的碳素结构钢的伸长率一般为 20%～30%。

二、冲击韧性

冲击韧性指钢材抵抗冲击荷载的能力，通常用冲击韧性值来度量。冲击韧性值试验装置如图 7-5 所示，将摆锤从一定高度自由落下，打击试件，试件的缺口通常加工成 V 形，标准试件尺寸为 10mm×10mm×55mm。试验时，用摆锤冲击试件刻槽背面，逐次提高摆锤的高度直至将其打断，以试件单位截面积上所消耗的功作为钢材的冲击韧性值，以 α_k 表示

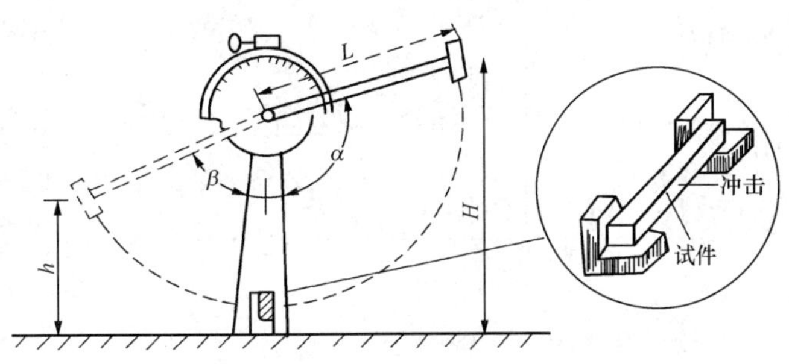

图 7-5 钢材冲击韧性试验示意图

$$\alpha_k = \frac{A_k}{F}$$

$$A_k = mH$$

式中 A_k——冲断试件所消耗的功，J；

m——摆锤的质量，N；

H——试件打断时摆锤的高度，mm；

F——试件缺口处的截面积，mm^2。

冲击韧性值愈大，表明钢材在断裂前吸收的能量愈多，抵抗冲击荷载的能力愈强，脆性破坏的危险性愈小。钢材的化学成分及冶炼工艺、加工工艺都对其冲击韧性有明显影响。钢材的冲击韧性对钢的化学成分、组织状态、冶炼和轧制质量都比较敏感，例如，钢中硫、磷的含量较高，存在偏析，有非金属夹杂物或焊接形成的微裂纹等均会使冲击韧性显著降低。

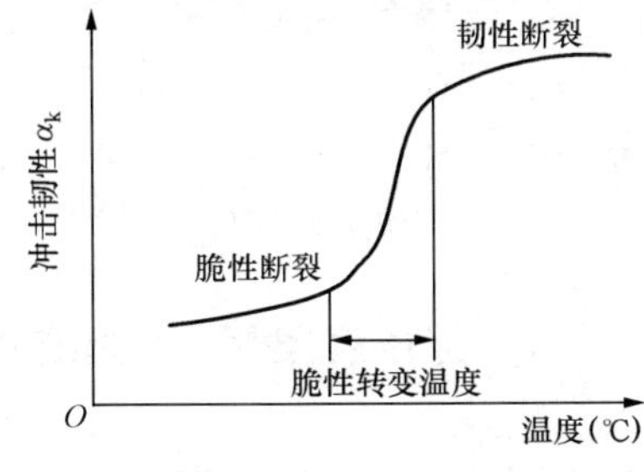

图 7-6 钢材的脆性转变温度

试验表明，钢材的冲击韧性随温度降低而下降，其规律是开始下降缓慢，当达到某一温度范围时，突然大幅度下降而呈现脆性，这种现象称为冷脆性。这时的温度范围称为脆性转变温度或脆性临界温度（图 7-6）。该值越低，表明钢材的低温冲击韧性越好。因此，在负温下使用的结构，设计时必须考虑钢材的冷脆性，应选用脆性转变温度低于最低使用温度的钢材，并满足规范规定的 −20℃ 或 −40℃ 条件下冲击韧性指标的要求。

三、耐疲劳性

钢材在交变荷载的反复作用下，往往在应力远小于其抗拉强度时就发生破坏，这种现象称为钢材的疲劳破坏。疲劳破坏的危险应力用疲劳极限来表示，它是指疲劳试验时试件在交

变应力作用下，于规定的周期基数内不发生断裂所能承受的最大应力。设计承受反复荷载且需进行疲劳验算的结构时，应了解所用钢材的疲劳极限。

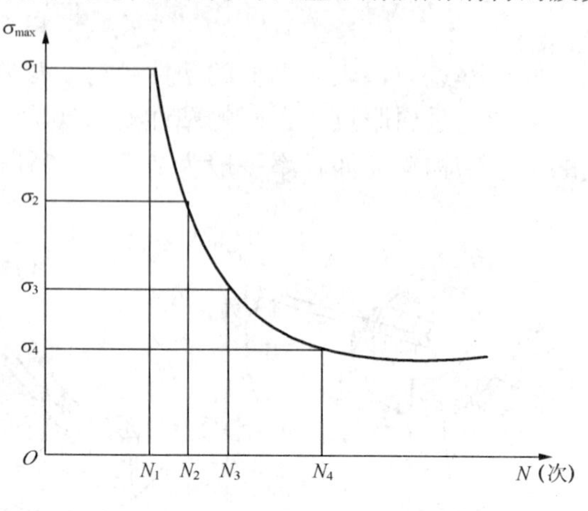

图 7-7 钢材的疲劳曲线

试验表明，钢材承受的交变应力（σ）越大，则断裂时的交变循环次数（N）越少，相反，交变应力（σ）越小，则交变循环次数（N）越多，当交变应力低于某一值时，交变循环达无限次也不会产生疲劳破坏。对于钢材，通常取交变应力循环次数 $N=10^7$ 时试件不发生破坏的最大应力（σ_n）作为其疲劳极限（图 7-7）。

四、硬度

钢材的硬度是衡量钢的软硬程度的一个指标。它表示钢材表面局部体积内，抵抗变形或破裂的能力，即指抵抗其他更硬的物体压入钢材表面的能力。

测定钢材硬度的方法很多，有布氏法、洛氏法和维氏法等。建筑钢材常用硬度指标为用布氏法测定的布氏硬度值，其代号为 HB。

布氏法是利用一定直径D（mm)的硬质钢球，以荷载 P（N）将其压入试件表面，经规定的持荷时间后卸去荷载，得到直径为 d（mm）的压痕，然后计算每单位压痕球面积上所承受的荷载值，即布氏硬度值（HB)，此值无量纲。图 7-8 所示为布氏硬度测定示意图。

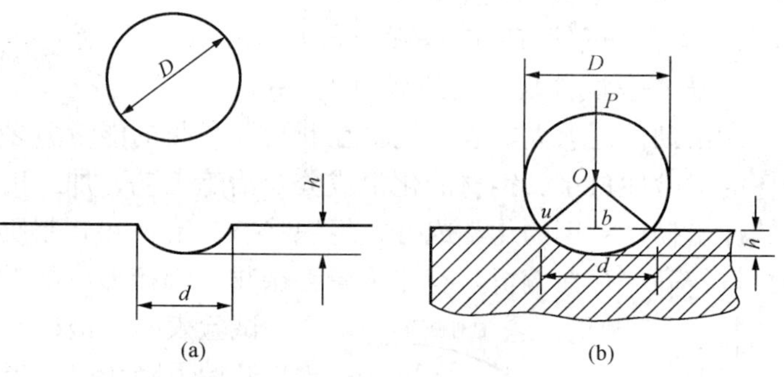

图 7-8 布氏硬度试验

（a）布氏硬度试验示意图；（b）布氏硬度推导图

布氏法测定时所得压痕直径应在 $0.25D<d<0.6D$ 范围内，否则测定结果不准确。故在测定前应根据试件厚度和估计的硬度范围，按试验方法的规定选定钢球直径、所加荷载以及荷载持续时间。当被测材料硬度 HB>450 时，测定用钢球本身将发生较大的变形，甚至破坏。故这种硬度试验方法仅适用于 HB<450 的钢材。对于 HB>450 的钢材，应采用洛氏法测定其硬度。布氏法比较准确，但压痕较大，不适宜用于成品检验。

硬度的大小，既可用以判断钢材的软硬程度，也可以近似地估计钢材的抗拉强度。实验证明，碳素钢的 HB 值与其抗拉强度 σ_b 之间有关联，当 HB≤175 时，$\sigma_b \approx 0.36$HB；当 HB≥175 时，$\sigma_b \approx 0.35$HB。

五、冷弯性能

冷弯性能是指钢材在常温下承受弯曲变形的能力，是土木工程用钢的重要工艺性质。

钢材的冷弯性能是以试验时的弯曲角度（α）和弯心直径（d）为指标表示。钢材冷弯试验是通过直径（或厚度）为 a 的试件，采用标准规定的弯心内径 d（$d=na$），弯曲到规定的角度（180°或 90°）时，检查弯曲处若无裂纹、断裂及起层等现象，则认为冷弯性能合格。钢材冷弯时的弯曲角度越大，弯心直径越小，则表示其冷弯性能越好。图 7 - 9 所示为冷弯试验及弯曲角度相同、不同 d/a 时的弯曲情况。

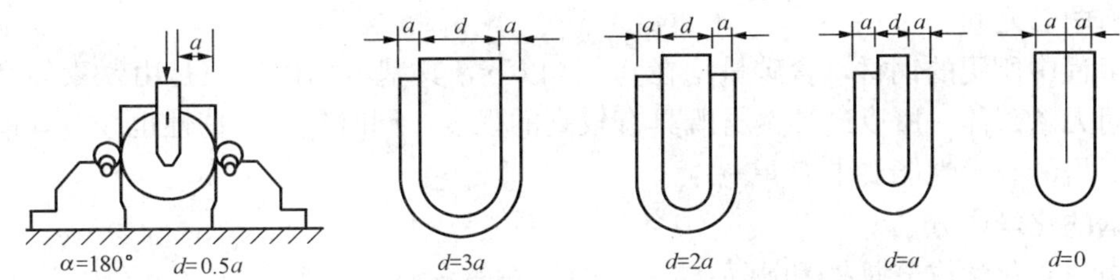

图 7 - 9　冷弯试验 $\alpha=180°$时不同 d/a 的弯曲图

钢材的冷弯性能和伸长率均是塑性变形能力的反映。伸长率反映的是钢材在均匀变形条件下的塑性变形能力。冷弯性能则是钢材在局部变形条件下的塑性变形能力。冷弯性能可揭示钢材内部结构是否均匀、是否存在内应力和夹杂物等缺陷。在土木工程中，还经常采用冷弯试验来检验钢材焊接接头的焊接质量。

六、焊接性能

土木工程中各种钢结构、钢筋及预埋件等需用焊接加工，钢材间的连接绝大多数采用焊接方式来完成。因此要求钢材具有良好的可焊接性能。

钢材的焊接性就是指钢材在焊接后反映其焊缝处联结的牢固程度和硬脆倾向大小的一种性能。在焊接中，由于高温作用和焊接后急剧冷却作用，焊缝及附近的过热区将发生晶体组织及结构变化，产生局部变形及内应力，使焊缝周围的钢材产生硬脆倾向，降低了焊接的质量。可焊性良好的钢材，焊缝处性质应与钢材尽可能相同，焊接才牢固可靠。

焊接性的好坏与钢的化学成分和含量有关。若钢材内硫的含量较高，则在焊接中易发生热脆，产生裂纹；含碳量小于 0.25％的碳素钢具有良好的可焊性，含碳量超过 0.3％的碳素钢，可焊性变差。对于高碳钢和合金钢，为改善焊接质量，一般需要采用预热和焊后处理，以保证质量。此外，正确的焊接工艺也是保证焊接质量的重要措施。

第三节　钢材的组织、化学成分及其对钢材性能的影响

一、钢材的组织

钢是铁碳合金晶体。晶体结构中各个原子是以金属键相结合的，形成晶粒，晶粒中的原子按照一定的规则排列。如纯铁在 910℃以下为体心立方晶格，称为 α—铁，910～1390℃之间为面心立方晶格，称为 γ—铁。每个晶粒表现出的特点是各向异性，但由于许多晶粒是不规则聚集在一起的，因而宏观上表现出的性质为各向同性。

钢材的力学性质如强度、塑性、韧性等与晶格中的原子密集面、晶格中存在的各种缺陷、晶粒粗细和晶粒中溶入其他元素所形成的固溶体密切相关。铁元素和碳元素在常温下有三种结合形式，即固溶物、化合物、机械混合物。碳素结构钢在常温下形成的基本组织为：铁素体、渗碳体和珠光体。

铁素体是碳溶于 α—铁晶格中的固溶体，其含碳量少，常温下小于0.005%。铁素体具有良好的塑性，但强度、硬度很低。

渗碳体是铁与碳形成的化合物 Fe_3C，渗碳体中含碳量极高（6.69%），故其塑性小而硬度高，伸长率 $\delta \approx 0$，布氏硬度HB可达800。故其强度高，性质硬脆，塑性较差。

珠光体是铁素体和渗碳体形成的机械混合物，二者既不互溶，也不化合，为层状结构，性质介于前两者之间。

土木工程中所用的钢材，含碳量均在0.8%以下，其基本晶体组织是由铁素体和珠光体所组成，而无渗碳体。所以这种钢材既具有较高的强度，同时塑性、韧性也较好，能很好地满足工程所需的技术性能要求。

二、钢的化学成分

钢材中主要化学成分是铁和碳元素，其中碳对钢材性能影响最大。此外，还有少量的硅、锰、硫、磷、氮、氧、钛、钒、铌等元素，这些元素含量虽相对较少，但对钢材的性能往往具有明显的影响。

1. 碳

碳主要以渗碳体的形式存在于钢材中，极少量溶于铁素体中。含碳量对钢材的强度、塑性、韧性等力学性能及工艺性能的影响如图7-10所示。从图中可以看出，钢材的强度、硬度随着含碳量的增加而提高。塑性、韧性和冷弯性则随着含碳量的增大而下降。随含碳量的增加，钢材的工艺性能也随之下降。当含碳量增至0.8%左右时，强度最大，但当含碳量超过0.8%时，强度反而下降，这是由于呈网状分布于珠光体晶界上的渗碳体，使钢变脆所致。钢中含碳量增加，还会使钢的焊接性能变差（含碳量大于0.3%的钢可焊性显著下降），冷脆性和时效敏感性增大，并使钢耐大气锈蚀能力下降。一般工程用碳素钢均为低碳钢，即含碳小于0.25%，工程用低合金钢含碳小于0.52%。

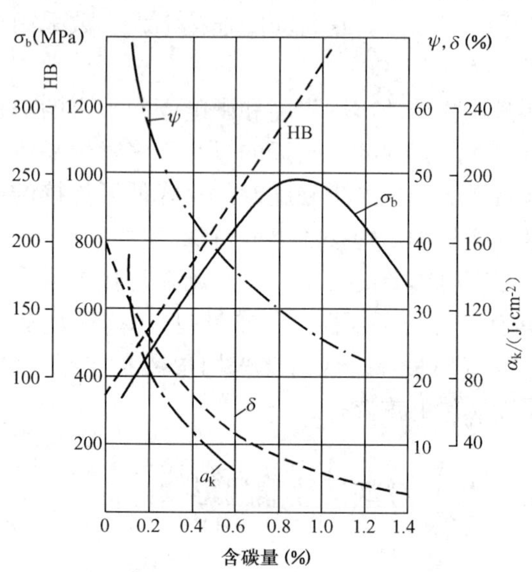

图7-10 含碳量对碳素钢性能的影响

σ_b—抗拉强度；a_k—冲击韧性；ψ—断面减缩率；δ—伸长率；HB—硬度

2. 硅

硅在钢中是有益元素，炼钢时起脱氧作用。硅是我国钢筋用钢的主加合金元素，它的作用主要是提高钢的强度、疲劳极限、耐腐蚀性及抗氧化性，对塑性和韧性影响不大。但由于硅在钢中的含量很低，因此这一效果并不明显。若作为合金元素加入钢中，使含量提高到1.0%～1.2%时，钢材的抗拉强度可提高15%～20%，但塑性和韧性明显下降，焊接性能变差，并增加钢材的冷脆性。通常碳素钢中含硅量小于0.3%，低合金钢含硅量小于1.8%。

3. 锰

锰也是有益元素，是我国低合金钢的主加合金元素，炼钢时能起脱氧去硫作用，可消减硫所引起的热脆性，改善钢材的热加工性能，同时能提高钢材的强度和硬度。锰含量一般在（1.0%～2.0%）范围内，当含锰小于1.0%时，对钢的塑性和韧性影响不大，当含锰量达11%～14%时称为高锰钢，具有较高的耐磨性。

4. 磷

磷是钢中的有害元素之一，在常温下磷含量增加，可提高钢材的强度、硬度，但塑性和韧性显著下降。特别是温度越低，对塑性和韧性的影响越大，从而显著增加钢材的冷脆性。磷也使钢材可焊性显著降低，但磷可提高钢的耐磨性和耐蚀性，故在低合金钢中可配合其他元素如铜作合金元素使用。建筑用钢一般要求含磷小于0.045%。

5. 硫

硫也是有害元素，呈非金属硫化物（FeS）存在于钢中，会加大钢材的热脆性，降低钢材的各种机械性能，使钢的可焊性、冲击韧性、耐疲劳性和抗腐蚀性等均降低。建筑钢材要求硫含量应小于0.045%。

6. 氮

氮对钢材性质的影响与碳、磷相似，使钢材强度提高，但塑性特别是韧性显著下降。氮还会加剧钢的时效敏感性和冷脆性，使可焊性变差。在钢中，氮若与铝或钛元素反应，生成的化合物能使晶粒细化，改善钢的性能。故在有铝、钒等元素的配合下，氮可作为低合金钢的合金元素使用。钢中氮含量一般小于0.008%。

7. 氧

氧是钢中的有害杂质。含氧量增加、使钢的力学性能降低，塑性和韧性降低、促进时效作用，还能使热脆性增加，焊接性能较差。通常要求钢中含氧量应小于0.03%。

8. 钛

钛是强脱氧剂，能细化晶粒：钛能显著提高钢的强度，但稍降低塑性。由于使晶粒细化，故可改善韧性。钛能减少时效倾向，改善可焊性。钛是常用的微量合金元素。

9. 钒

钒与氮、氧、碳等亲和力强，可使钢的晶粒细化，提高钢的强度、韧性和焊接性，并能减少时效倾向。一般掺量小于0.5%，若含量过高，会使塑性、韧性降低，但增加焊接时的淬硬倾向。

10. 铌

铌能细化晶粒，也是一种常用的合金元素。

第四节 钢材的冷加工、时效及热处理

一、冷加工

冷加工是指将钢材在常温下进行的加工，土木工程所用钢材常见的冷加工方式有：冷拉、冷拔、冷轧等。使之产生一定的塑性变形，强度明显提高，塑性和韧性有所降低，这个过程称为钢材的冷加工强化或“三冷处理”。钢筋经冷加工后，屈服强度提高，塑性、韧性和弹性模量则降低。

钢筋经冷拉后性能变化的规律，可从低碳钢试样的拉伸曲线（图7-11）上看到，在图中$OBCD$为未经冷拉时效试件的变形曲线。将试件拉至超过屈服点的任意一点K然后卸去

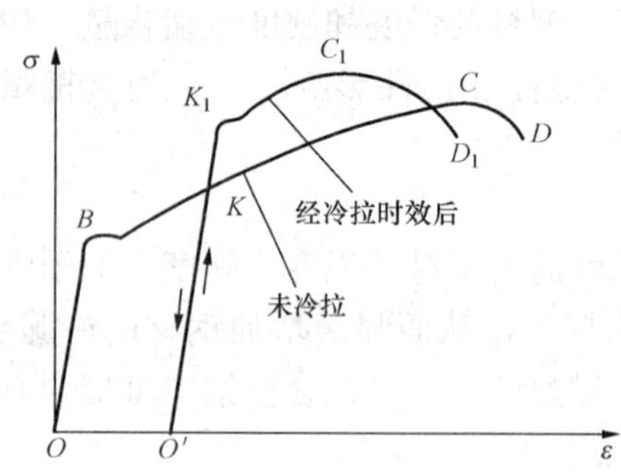

图 7-11 钢筋经冷拉及时效后应力—应变图

荷载，则试件产生变形量 OO'，且曲线沿 KO' 下降，KO' 大致与 OB 平行。若立即重新拉伸，则可发现屈服点提高到 K 点，以后的发展曲线与 KCD 相似。此现象表明，当钢材受到外力作用时，产生塑性变形，随着变形的增加，金属本身对变形的抗力增加了，这可由"晶格的滑移"机理解释：钢材在弹性变形阶段，晶体原子排列的位置没有改变，仅在受力方向，原子间距离增大或缩短（拉伸或压缩），直到塑性变形阶段，晶体才沿结合力最差的结晶界面产生滑移。滑移以后的晶体破碎成小晶粒，产生弯扭，不易再滑移变形。所以就需要更大的外力才能使其继续产生塑性变形，这种现象称作"冷作硬化"或"加工硬化"。

二、时效

钢材随时间的延长，强度、硬度提高，而塑性、韧性下降的现象称为时效。钢材在自然条件下的时效是非常缓慢的，若经过冷加工或使用中经常受到振动、冲击荷载作用时，时效将迅速发展。

如图 7-11 所示，如果将试样拉到 K 点时，去除荷载后不立即加荷，而经过时效处理，即常温下存放 15～20 天，或加热到 100～200℃，并保持一定时间，再拉伸时则可发现试样的屈服点提高到 K_1 点，且曲线沿 $K_1C_1D_1$ 发展，这个过程称时效处理，前者称为自然时效，用加热的方法则称为人工时效。冷加工以后的钢材产生时效作用的原因，目前认为是由于溶于铁素体的碳（过饱和）随着时间的增长，慢慢地从铁素体中析出形成渗碳体，分布在晶体的滑移面上阻止滑移，从而产生强化作用。

因时效导致钢材性能改变的程度称为时效敏感性。时效敏感性大的钢材，经时效处理后，其韧性、塑性改变较大。因此，承受振动、冲击荷载作用的重要结构（如吊车梁、桥梁等），应选用时效敏感性小的钢材。建筑用钢筋，常利用冷加工、时效作用来提高其强度，增加钢材的品种规格，节约钢材。

三、钢材冷加工和时效处理在工程中的应用

钢筋采用冷加工具有明显的经济效益。钢筋经冷拉后，屈服点可提高 20%～25%，冷拔钢丝屈服点可提高 40%～90%，由此即可适当减小钢筋混凝土结构设计截面，或减少混凝土中配筋数量，从而达到节约钢材的目的。钢筋冷拉还有利于简化施工工序，如盘条钢筋可省去开盘和调直工序，冷拉直条钢筋时，则可与矫直、除锈等工艺一并完成。

土木工程中对大量使用的钢筋，往往是冷加工和时效处理同时采用。实际施工时，应通过试验确定冷拉控制参数和时效处理方式。冷拉参数的控制，直接关系到冷拉效果和钢材质量。一般钢筋冷拉仅控制冷拉率即可，称为单控，对用作预应力的钢筋，需采取双控，即既控制冷拉应力，又控制冷拉率。冷拉时当拉至控制应力，可以不达到控制冷拉率；反之，当达到控制的冷拉率而未达到控制应力时，钢筋应降级使用。

四、热处理

热处理是将钢材按一定规则加热、保温和冷却，以改变其晶体组织及显微结构或消除由于冷加工在钢材内部产生的内应力，从而获得所需性能的一种工艺过程。热处理的方法有淬火、回火、退火和正火。土木工程所用钢材一般只在生产厂进行热处理并以热处理状态供应。在施工现场，有时需对焊接件进行热处理。

1. 淬火

将钢加热到723～910℃（依含碳量而定）以上的某一温度，保温使其晶体组织完全转变后，立即在水或油中淬冷的工艺过程，称为淬火。淬火后的钢材，强度和硬度大为提高。塑性和韧性明显下降。

2. 回火

将淬火后的钢材在723℃以下的温度范围内重新加热，保温后按一定速度冷却至室温的过程，成为回火。回火可消除淬火产生的内应力，恢复塑性和韧性，但硬度下降。根据加热温度分为高温回火（500～650℃）、中温回火（300～500℃）和低温回火（150～300℃）。加热温度越高，硬度降低越多，塑性和韧性恢复越好。在淬火后随即采用高温回火，称为调质处理。经调质处理的钢材，在强度、塑性和韧性方面均有较大改善。

3. 退火

将钢材加热到723～910℃以上（依含碳量而定），然后在退火炉中保温，缓慢冷却。退火能消除钢材中的内应力，改善钢的显微结构，细化晶粒，以达到降低硬度、提高塑性和韧性的目的。冷加工后的低碳钢，常在650～700℃的温度下进行退火，提高其塑性和韧性。

4. 正火

正火也称正常化处理，将钢材加热到723～910℃或更高温度，然后在空气中冷却。正火处理后的钢材，能获得均匀细致的显微结构，与退火处理相比较，钢材的强度和硬度提高，但塑性下降。

5. 化学热处理

化学热处理是用化学方法对钢材表面进行的热处理，它是利用某些化学元素向钢表层内进行扩散，以改变钢材表面上的化学成分和性能。常用的方法有渗碳法、氮化法、氰化法等几种。

第五节　土木工程用钢的标准与选用

土木工程中常用的钢材可分为钢结构用钢和钢筋混凝土结构用钢两类，钢结构所用的各种型钢，钢筋混凝土结构所用的各种钢筋、钢丝、锚具等钢材，基本上都是碳素结构钢和低合金结构钢等钢种，经热轧或冷轧、冷拔及热处理等工艺加工而成的。

一、土木工程常用钢种

土木工程常用钢有普通碳素结构钢、优质碳素结构钢与低合金结构钢。

1. 普通碳素结构钢

普通碳素结构钢简称为碳素结构钢。根据《碳素结构钢》（GB 700—1988）规定，碳素结构钢分为Q195、Q215、Q235、Q255、Q275五种牌号。牌号由代表钢材屈服强度的字母Q、屈服强度数值、质量等级符号（A、B、C、D）和脱氧程度符号四个部分按顺序组成。脱氧程度分为沸腾钢用“F”表示；半镇静钢用“b”表示；镇静钢用“Z”表示；特殊镇静钢用“TZ”表示。当为镇静钢或特殊镇静钢时，“Z”与“TZ”可以省略。

例如：Q235—A·F表示屈服强度为不小于235MPa，质量等级为A级的沸腾碳素结构钢；

Q235 则表示屈服强度为不小于 235MPa，质量等级为 A 级的镇静或特殊镇静碳素结构钢。

碳素结构钢的化学成分及力学性能应分别符合表 7-1～表 7-3 的规定。

表 7-1　碳素结构钢的化学成分（GB 700—1988）

<table>
<tr><th rowspan="3">牌号</th><th rowspan="3">等级</th><th colspan="5">化学成分（%）</th><th rowspan="3">脱氧程度</th></tr>
<tr><th rowspan="2">C</th><th rowspan="2">Mn</th><th>Si</th><th>S</th><th>P</th></tr>
<tr><th colspan="3">不大于</th></tr>
<tr><td>Q195</td><td>—</td><td>0.06～0.12</td><td>0.25～0.50</td><td>0.30</td><td>0.050</td><td>0.045</td><td>F、b、Z</td></tr>
<tr><td rowspan="2">Q215</td><td>A</td><td rowspan="2">0.09～0.15</td><td rowspan="2">0.25～0.55</td><td rowspan="2">0.30</td><td>0.050</td><td rowspan="2">0.045</td><td rowspan="2">F、b、Z</td></tr>
<tr><td>B</td><td>0.045</td></tr>
<tr><td rowspan="4">Q235</td><td>A</td><td>0.14～0.22</td><td>0.30～0.65*</td><td rowspan="4">0.30</td><td>0.050</td><td rowspan="2">0.045</td><td rowspan="2">F、b、Z</td></tr>
<tr><td>B</td><td>0.12～0.20</td><td>0.30～0.70*</td><td>0.045</td></tr>
<tr><td>C</td><td>≤0.18</td><td rowspan="2">0.35～0.80</td><td>0.040</td><td>0.040</td><td>Z</td></tr>
<tr><td>D</td><td>≤0.17</td><td>0.035</td><td>0.035</td><td>TZ</td></tr>
<tr><td rowspan="2">Q255</td><td>A</td><td rowspan="2">0.18～0.28</td><td rowspan="2">0.40～0.70</td><td rowspan="2">0.30</td><td>0.050</td><td rowspan="2">0.045</td><td rowspan="2">F、b、Z</td></tr>
<tr><td>B</td><td>0.045</td></tr>
<tr><td>Q275</td><td>—</td><td>0.28～0.38</td><td>0.50～0.80</td><td>0.35</td><td>0.050</td><td>0.045</td><td>b、Z</td></tr>
</table>

* Q235—A、B 级沸腾钢锰含量上限为 0.60%。

表 7-2　碳素结构钢的力学性能（GB 700—1988）

<table>
<tr><th rowspan="5">牌号</th><th rowspan="5">等级</th><th colspan="13">拉伸试验</th><th colspan="2">冲击试验</th></tr>
<tr><th colspan="6">屈服点 σ_s（MPa）</th><th rowspan="4">抗拉强度 σ_b（MPa）</th><th colspan="6">伸长率 δ_s（%）</th><th rowspan="4">温度（℃）</th><th rowspan="4">V 型冲击功（纵向）（J）</th></tr>
<tr><th colspan="6">钢材厚度（直径）（mm）</th><th colspan="6">钢材厚度（直径）（mm）</th></tr>
<tr><th>≤16</th><th>>16～40</th><th>>40～60</th><th>>60～100</th><th>>100～150</th><th>>150</th><th>≤16</th><th>>16～40</th><th>>40～60</th><th>>60～100</th><th>>100～150</th><th>>150</th></tr>
<tr><th colspan="6">不小于</th><th colspan="6">不小于</th></tr>
<tr><td>Q195</td><td>—</td><td>(195)</td><td>(185)</td><td>—</td><td>—</td><td>—</td><td>—</td><td>315～390</td><td>33</td><td>32</td><td>—</td><td>—</td><td>—</td><td>—</td><td>—</td><td>—</td></tr>
<tr><td rowspan="2">Q215</td><td>A</td><td rowspan="2">215</td><td rowspan="2">205</td><td rowspan="2">195</td><td rowspan="2">185</td><td rowspan="2">175</td><td rowspan="2">165</td><td rowspan="2">335～410</td><td rowspan="2">31</td><td rowspan="2">30</td><td rowspan="2">29</td><td rowspan="2">28</td><td rowspan="2">27</td><td rowspan="2">26</td><td>—</td><td>—</td></tr>
<tr><td>B</td><td>20</td><td>≥27</td></tr>
<tr><td rowspan="4">Q235</td><td>A</td><td rowspan="4">235</td><td rowspan="4">225</td><td rowspan="4">215</td><td rowspan="4">205</td><td rowspan="4">195</td><td rowspan="4">185</td><td rowspan="4">375～460</td><td rowspan="4">26</td><td rowspan="4">25</td><td rowspan="4">24</td><td rowspan="4">23</td><td rowspan="4">22</td><td rowspan="4">21</td><td>—</td><td>—</td></tr>
<tr><td>B</td><td>20</td><td rowspan="3">≥27</td></tr>
<tr><td>C</td><td>0</td></tr>
<tr><td>D</td><td>−20</td></tr>
<tr><td rowspan="2">Q255</td><td>A</td><td rowspan="2">255</td><td rowspan="2">245</td><td rowspan="2">235</td><td rowspan="2">225</td><td rowspan="2">215</td><td rowspan="2">205</td><td rowspan="2">410～510</td><td rowspan="2">24</td><td rowspan="2">23</td><td rowspan="2">22</td><td rowspan="2">21</td><td rowspan="2">20</td><td rowspan="2">19</td><td>—</td><td>—</td></tr>
<tr><td>B</td><td>20</td><td>≥27</td></tr>
<tr><td>Q275</td><td>—</td><td>275</td><td>265</td><td>255</td><td>245</td><td>235</td><td>225</td><td>490～610</td><td>20</td><td>19</td><td>18</td><td>17</td><td>16</td><td>15</td><td>—</td><td>—</td></tr>
</table>

注　牌号 Q195 的屈服点仅供参考，不作为交货条件。

表 7-3　**碳素结构钢冷弯性能（GB 700—1988）**

牌号	试样方向	冷弯试验 $B=2a$（180°）		
		钢材厚度（直径）（mm）		
		$a \leqslant 60$	$60 < a \leqslant 100$	$100 < a \leqslant 200$
		弯心直径 d		
Q195	纵	0	—	—
	横	0.5a	—	—
Q215	纵	0.5a	1.5a	2a
	横	a	2a	2.5a
Q235	纵	a	2a	2.5a
	横	1.5a	2.5a	3a
Q255		2a	3a	3.5a
Q275		3a	4a	4.5a

注　B 为试样宽度；a 为钢材厚度（或直径）。

碳素结构钢随着牌号的增大，其含碳量和含锰量增加，强度和硬度提高，而塑性和韧性降低，冷弯性能逐渐变差。

土木工程中应用最广泛的碳素结构钢是 Q235，由于其具有较高的屈服强度，良好的塑性、韧性及可焊性，综合性能好，故能较好地满足一般钢结构和钢筋混凝土结构的用钢要求且成本较低。用 Q235 钢大量轧制成各种型钢、钢板及钢筋，其中 Q235—A 级钢，一般仅适用于承受静荷载作用的结构；Q235—C 和 Q235—D 级钢，可用于重要的焊接结构。

Q195、Q215 钢，强度较 Q235 低，但塑性和韧性较好，具有良好的可焊性，易于冷加工，常用作钢钉、铆钉、螺栓及钢丝等，也可用作轧材用料。Q215 钢经冷加工后可代替 Q235 钢使用。

Q255、Q275 钢，强度较高，但塑性、韧性和可焊性较差，不易焊接和冷弯加工，可用于轧制钢筋、制作螺栓配件等，但更多用于机械零件和工具等。

2. 优质碳素结构钢

按《优质碳素结构钢》（GB/T 699—1999）的规定，根据其含锰量不同可分为：普通含锰量钢（含锰量小于 0.8%，共 20 个钢号）和较高含锰量钢（含锰量 0.7%～1.2%，共 11 个钢号）两组。

优质碳素结构钢一般以热轧钢供应。其硫、磷等杂质含量比普通碳素钢少，其他缺陷限制也较严格，所以性能好，质量稳定。

优质碳素结构钢的钢号用两位数字表示，它表示钢中平均含碳量的万分数。如 45 号钢，表示钢中平均含碳量为 0.45%。数字后若有“锰”字或“Mn”，则表示属较高含锰量钢，否则为普通含锰量钢。如 35Mn 钢，表示平均含碳量为 0.35%，含锰量为 0.7%～1.2%。若是沸腾钢或半镇静钢，还应在钢号后面加写“沸”（F）或“半”（b）。

优质碳素结构钢成本较高，建筑上应用不多，仅用于重要结构的钢铸件及高强度螺栓等。如用 30、35、40 及 45 号钢作高强度螺栓，45 号钢还常用作预应力钢筋的锚具。65、70、75、80 号钢可用来生产预应力混凝土用的碳素钢丝、刻痕钢丝和钢绞线。

3. 低合金高强度结构钢

在碳素结构钢的基础上加入总量小于5%的合金元素而形成的钢种。加入合金元素的目的是提高钢材强度和改善性能。常用的合金元素有硅、锰、钛、钒、铬、镍和铜等。根据国家标准《低合金高强度结构钢》(GB/T 1591—1994)规定，低合金高强度结构钢共有5个牌号。低合金高强度结构钢的牌号由代表屈服点的汉语拼音字母(Q)、屈服点数值和质量等级符号(分A、B、C、D、E五级)三个部分按顺序排列。

低合金钢不仅具有较高的强度，而且也具有较好的塑性、韧性和可焊性。因此，它是综合性能较为理想的土木工程用钢。低合金高强度结构钢主要用于轧制各种型钢(角钢、槽钢、工字钢)、钢板、钢管及钢筋，广泛用于钢结构和钢筋混凝土结构中，尤其是大跨度、承受动荷载和冲击荷载的结构物中更为适用。低合金高强度结构钢的力学性能见表7-4。

表7-4　低合金高强度结构钢的力学性能(GB/T 1591—1994)

牌号	质量等级	屈服点 σ_s (MPa)				抗拉强度	伸长率	冲击功(纵向)				180°弯曲试验 d—弯心直径	
		厚度(直径，边长)(mm)				σ_b (MPa)	δ_s (%)	+20℃	0℃	−20℃	−40℃	a—试样厚度(直径)	
		≤16	16～35	35～50	50～100		不小于					钢材厚度(直径)(mm)	
		不小于										≤16	16～100
Q295	A	295	275	255	235	390～570	23					$d=2a$	$d=3a$
	B	295	275	255	235	390～570	23	34				$d=2a$	$d=3a$
Q345	A	345	325	295	275	470～630	21					$d=2a$	$d=3a$
	B	345	325	295	275	470～630	21	34				$d=2a$	$d=3a$
	C	345	325	295	275	470～630	22		34			$d=2a$	$d=3a$
	D	345	325	295	275	470～630	22			34		$d=2a$	$d=3a$
	E	345	325	295	275	470～630	22				27	$d=2a$	$d=3a$
Q390	A	390	370	350	330	490～650	19					$d=2a$	$d=3a$
	B	390	370	350	330	490～650	19	34				$d=2a$	$d=3a$
	C	390	370	350	330	490～650	20		34			$d=2a$	$d=3a$
	D	390	370	350	330	490～650	20			34		$d=2a$	$d=3a$
	E	390	370	350	330	490～650	20				27	$d=2a$	$d=3a$
Q420	A	420	400	380	360	520～680	18					$d=2a$	$d=3a$
	B	420	400	380	360	520～680	18	34				$d=2a$	$d=3a$
	C	420	400	380	360	520～680	19		34			$d=2a$	$d=3a$
	D	420	400	380	360	520～680	19			34		$d=2a$	$d=3a$
	E	420	400	380	360	520～680	19				27	$d=2a$	$d=3a$
Q460	C	460	440	420	400	550～720	17		34			$d=2a$	$d=3a$
	D	460	440	420	400	550～720	17			34		$d=2a$	$d=3a$
	E	460	440	420	400	550～720	17				27	$d=2a$	$d=3a$

二、型钢和钢板

土木工程中钢结构所用钢材主要是型钢和钢板。型钢有热轧和冷轧成型两种，钢板也有热轧和冷轧两种。

1. 热轧型钢

钢结构常用的型钢有工字钢、H型钢、T型钢、槽钢、角钢等。型钢由于截面形式合理，材料在截面上的分布对受力有利，且构件间连接方便，所以型钢是钢结构中采用的主要钢材。

钢结构用钢的钢种和钢号，主要根据结构的重要性、荷载特征、结构形式、应力状态、连接方法、钢材厚度和工作环境等因素选择。对于承受动力荷载或振动荷载的结构，处于低温环境的结构，应选择韧性好、脆性临界温度低的钢材；对于焊接结构，应选用碳含量符合要求、焊接性较好的钢材。

我国钢结构用热轧型钢主要用碳素结构钢和低合金高强度结构钢。在碳素结构钢中，主要采用Q235钢，但焊接结构和重要结构采用Q235—A时，应保证焊接性能和冷弯性能。在低合金高强度结构钢中，主要采用Q345钢、Q390钢和Q420钢，可用于大跨度、高耸结构、承受动荷载的钢结构。

2. 冷弯薄壁型钢

冷弯薄壁型钢通常是由2～6mm的薄钢板经冷弯或模压而成。有结构用冷弯空心型钢和通用冷弯开口型钢。按形状有角钢、槽钢等开口薄壁型钢及方形、矩形等空心曲壁型钢，可用于轻型钢结构。

3. 钢板和压型钢板

钢板是平板状的钢材，可直接轧制成或由宽钢带剪切而成。按轧制温度的不同，钢板分为热轧钢板和冷轧钢板。热轧钢板按厚度分为厚板（厚度大于4mm）和薄板（厚度为0.35～4mm）两种；冷轧钢板只有薄板（厚度为0.2～4mm）。厚板可用于型钢的连接与焊接，组成钢结构的受力构件。土木工程用钢板的钢种主要是碳素结构钢和低合金结构钢。薄板可用作屋面或墙面等，也可作为薄壁型钢的原料。

三、钢筋混凝土用钢材

钢筋混凝土结构所用的各种钢材，基本上都是碳素结构钢和低合金结构钢等钢种，主要有：热轧钢筋、冷拉热轧钢筋、冷拔低碳钢丝、冷轧带肋钢筋、热处理钢筋和预应力混凝土用钢丝及钢绞线。

1. 热轧钢筋

热轧钢筋是钢筋混凝土中应用最广泛的钢筋，主要用于钢筋混凝土结构和预应力钢筋混凝土结构。按力学性能分为4个级别，各级代号与主要力学性能见表7-5，现执行国家标准为GB 13013—1991《钢筋混凝土用热轧光圆钢筋》、GB 1499—1998《钢筋混凝土用热轧带肋钢筋》。

R235钢筋是用Q235碳素结构钢轧制而成的光圆钢筋，屈服强度不小于235MPa，具有强度较低，伸长率大，便于弯折成型、容易焊接等特点；可用作中小型钢筋混凝土结构的受力主筋、构件的箍筋、钢木结构的拉杆等；它也作为冷拉钢筋的原材料，盘条还可作为冷拔低碳钢丝的原材料。

表 7-5　　热轧钢筋性能指标（GB 13013—1991，GB 1499—1998）

钢筋级别	表面形状	强度等级代号	公称直径（mm）	屈服强度（MPa）	抗拉强度（MPa）	伸长率（%）	冷弯 180°	主要用途
				不小于				
Ⅰ	光圆	R235	8～20	235	370	25	$d=1a$	非预应力钢筋
Ⅱ	月牙肋	HRB335	6～25 28～50	335	490	16	$d=3a$ $d=4a$	非预应力和预应力钢筋
Ⅲ	月牙肋	HRB400	6～25 28～50	400	570	14	$d=4a$ $d=5a$	非预应力和预应力钢筋
Ⅳ	等高肋	HRB500	6～25 28～50	500	630	12	$d=6a$ $d=7a$	预应力钢筋

注　表中 d 为弯心直径，a 为钢筋公称直径。

HRB335 和 HRB400 钢筋是用低合金镇静钢和半镇静钢轧制，具有强度高、塑性和可焊性好等特点。钢筋表面轧有通长的纵肋和均匀分布的横肋，肋形为月牙肋，从而加强了与混凝土之间的粘结力。钢筋代号“HRB335”分别表示热轧（hot rolled）、带肋（ribbed）、钢筋（bars）、屈服强度不小于 335MPa。HRB335 和 HRB400 钢筋主要用作大、中型钢筋混凝土结构的受力主筋，经冷拉后可作为预应力钢筋。

HRB500 钢筋是用中碳低合金镇静钢轧制而成，强度高，但塑性、韧性与可焊性较差，主要用作预应力筋。

2. 冷轧带肋钢筋

根据国家标准《冷轧带肋钢筋》（GB 13788—2000）规定，其按抗拉强度最小值可分为五级牌号，即 CRB550、CRB650、CRB800、CRB970、CRB1170，其中 C、R、B 分别表示“冷轧”、“带肋”、“钢筋”的英文首位字母，后面的数字表示钢筋抗拉强度最小数值。

冷轧带肋钢筋的公称直径范围为 4～12mm，CRB650 以上牌号钢筋的公称直径为 4mm、5mm、6mm。制造冷轧带肋钢筋的盘条应符合 GB/T 701 和 GB/T 4354 或其他有关标准的规定，其力学性能和工艺性能应符合表 7-6 的要求。

表 7-6　　冷轧带肋钢筋性能（GB 13788—2000）

牌号	σ_b（MPa）不小于	伸长率（%）不小于		冷弯 180° D 弯心直径 a 钢筋公称直径	反复弯曲次数	松弛率不大于（%）	
		δ_{10}	δ_{100}			1000h	10h
CRB550	550	8	—	$D=3a$	—	—	—
CRB650	650	—	4	—	3	8	5
CRB800	800	—	4	—	3	8	5
CRB970	970	—	4	—	3	8	5
CRB1170	1170	—	4	—	3	8	5

冷轧带肋钢筋具有强度高、塑性好、综合性能优良及握裹力强等优点，即可节约钢材，又可提高结构的整体强度和抗震能力。CRB550 为普通钢筋混凝土用钢筋以及用于有抗震要求的结构；其他牌号为预应力钢筋。

3. 预应力混凝土用热处理钢筋

预应力混凝土用热处理钢筋是用热轧带肋钢筋经淬火和回火调质热处理而成。其特点是塑性降低不大，但强度提高很多，综合性能比较理想。根据国家标准《预应力混凝土用热处理钢筋》（GB 4463—1984）规定，热处理钢筋的力学性能应符合表 7 - 7 的要求。

表 7 - 7　　预应力混凝土用热处理钢筋性能（GB 4463—1984）

公称直径（mm）	所用钢材	屈服强度 $\sigma_{0.2}$（MPa）	抗拉强度 σ_b（MPa）	伸长率 δ_{10}（%）	松弛率（%）$\sigma_{con}=0.7\sigma_b$ 1000h	10h
		不小于			不大于	
6	$40Si_2Mn$	1325	1470	6	3.5	1.5
8.2	$48Si_2Mn$					
10	$45Si_2Cr$					

热处理钢筋主要用于预应力混凝土轨枕、预应力梁等。具有与混凝土粘结性能好、应力松弛率低、施工方便等优点，已开始用于预应力混凝土工程中。使用时应按所需长度用机械方法切割，不能用电焊或氧气进行切割，也不能焊接。

4. 预应力混凝土用钢丝及钢绞线

预应力混凝土用钢丝是以优质碳素结构钢盘条，经淬火、回火等调质处理后，再经冷加工制得的钢丝，称为预应力钢丝。国家标准《预应力混凝土用钢丝》（GB/T 5223—2002）规定：预应力混凝土用钢丝按加工状态分为冷拉钢丝（代号为 WCD）和消除应力钢丝两种。消除应力钢丝按松弛性能又分为低松弛级钢丝（代号为 WLR）和普通松弛级钢丝（代号为 WNR)；按外形分为光圆钢丝（代号为 P)、螺旋肋钢丝（代号为 H）和刻痕钢丝（代号为 I）三种。钢绞线则由数根冷拉钢丝捻制而成。

预应力混凝土用钢丝具有强度高（抗拉强度 σ_b 在 1470～1770MPa 以上，屈服强度 $\sigma_{0.2}$在 1100～1330MPa 以上）、韧性好（标距为 200mm 的伸长率大于 1.5%，弯曲 180°达四次以上）、无接头等优点，且施工方便，免冷拉、焊接等加工，质量稳定、安全可靠。主要用于大跨度预应力混凝土屋架及薄腹梁、大跨度吊车梁、桥梁、轨枕等的预应力钢筋。

根据《预应力混凝土用钢绞线》（GB/T 5224—2003）的规定，预应力混凝土用钢绞线由 2 根、3 根或 7 根 2.5～5.0mm 的高强碳素钢丝绞捻后消除内应力而制成。用两根冷拉钢丝捻制的钢绞线（代号为 1×2)，用三根钢丝捻制的钢绞线（代号为 1×3)，用三根刻痕钢丝捻制的钢绞线（代号为 3×3Ⅰ)，用七根钢丝捻制的标准型钢绞线（代号为 1×7)，用七根钢丝捻制又经模拔的钢绞线［代号为（1×7）C］。钢绞线强度高，柔性好。主要用于大型屋架、薄腹梁、大跨度桥梁等大负荷的预应力大跨度结构，以及山体、岩洞等岩体锚固工程等。

第六节 钢材的锈蚀与防止

一、钢材的锈蚀

钢材的锈蚀是指其表面与周围介质发生化学作用或电化学作用遭到侵蚀而破坏的过程。钢材在存放中严重锈蚀，不仅使有效截面积减小，性能降低甚至报废，而且使用前还需除锈。钢材在使用中锈蚀，不仅使钢材有效断面减小，而且会形成程度不等的锈坑、锈斑，造成应力集中，导致结构承载力下降，加速结构破坏。若受到冲击荷载、循环交变荷载作用，将产生锈蚀疲劳现象，使钢材疲劳强度大为降低，甚至出现脆性断裂。

根据锈蚀作用机理，钢材的锈蚀可分为化学锈蚀和电化学锈蚀两类。

1. 化学锈蚀

钢材的化学腐蚀是由于大气中的氧和工业废气中的硫酸气体、碳酸气体等与钢材表面作用引起的。这种锈蚀多数是氧化作用，使钢材表面形成疏松的铁氧化物。在常温下，钢材表面形成一薄层钝化能力很弱的氧化保护膜，它疏松，易破裂，有害介质可进一步渗入而发生反应，造成锈蚀。在干燥环境下，锈蚀进展缓慢，但在温度或湿度较高的环境条件下，这种锈蚀进展会很快。

2. 电化学锈蚀

电化学锈蚀是指钢材与电解质溶液接触而产生电流，形成微电池而引起的锈蚀。潮湿环境中的钢材表面会被一层电解质水膜所覆盖。由于表面成分或者受力变形等的不均匀性，使邻近的局部产生电极电位的差别，因而建立许多微电池。在阳极区，铁被氧化成 Fe^{2+} 离子进入水膜；因为水中溶有来自空气中的氧，故在阴极区氧将被还原为 OH^- 离子，两者结合成为不溶于水的 $Fe(OH)_2$，并进一步氧化成为疏松易剥落的红棕色铁锈 $Fe(OH)_3$。因为水膜中离子浓度提高，阴极放电快，锈蚀进行较快，故在工业大气的条件下，钢材较容易锈蚀。从以上分析可以了解，影响钢材最常见的锈蚀破坏的重要因素，是水、氧及介质中所含的酸、碱、盐等。另外，钢材本身的组织和化学成分对锈蚀也有影响。

埋于混凝土中的钢筋，因处于碱性介质的条件（新浇混凝土的 pH 值约为 12.5 或更高），而形成一层碱性保护膜，有阻止锈蚀继续发展的能力，故混凝土中的钢筋一般不致锈蚀，但如混凝土有裂缝存在，仍会由于外界电解质的渗入而使钢筋产生锈蚀。

二、防止钢材锈蚀的措施

从以上对钢材腐蚀原因的分析可知，欲防止钢材的腐蚀，可采取以下三种措施：

1. 涂敷保护膜法

为使金属与周围介质隔离，既不产生氧化锈蚀反应，也不形成腐蚀性原电池反应。通常是采用表面刷漆，常用底漆有红丹、环氧富锌漆、铁红环氧底漆等，面漆有调和漆、醋酸磁漆、酚醛磁漆等。薄壁钢材可采用热浸镀锌或镀锌后加涂塑料涂层，这种方法效果最好，但价格较高。

2. 制成合金钢

钢材的组织及化学成分是引起钢材锈蚀的内因。如钢材冶炼中加入一些具有耐腐蚀能力的合金元素，如铬、镍、钴、铜等，可明显提高其防腐蚀能力。如在低碳钢或合金钢中加入适量铜，在铁合金中加入 17%～20%的铬、7%～10%的镍，可制成不锈钢。

3. 电化学防腐

电化学防腐包括阳极保护和阴极保护，主要用于不易或无法涂敷保护层的钢结构或钢构件等处，如蒸汽锅炉、地下管道、港口工程结构等。

阳极保护是在钢结构附近安放一些废钢铁或其他难熔金属，加高硅铁、铅银合金等，外加直流电源（可用太阳能电池），将负极接在被保护的钢结构上，正极接在难熔的金属上。通电后难熔金属成为阳极而被腐蚀，钢结构成为阴极得到了保护。阳极保护也称外加电流保护法。

阴极保护是在被保护的钢结构上接一块较钢铁更为活泼（电极电位更低）的金属如锌、镁等，使锌、镁成为腐蚀电池的阳极被腐蚀，钢结构成为阴极得到了保护。

4. 混凝土中钢筋的防锈

在实际工程中，根据结构的性质和所处环境条件等，主要是保证混凝土的密实度、保证足够的保护层厚度、限制氯盐外加剂的掺加量和保证混凝土的碱度等。还有掺用防锈剂（如重铬酸盐等）的方法，国外也有采用钢筋镀锌、镀镉或镀镍等方法。

对于预应力钢筋，一般含碳量较高，又多系经过变形加工或冷加工，因而对锈蚀破坏较敏感，特别是高强度热处理钢筋，容易产生应力锈蚀现象。故重要的预应力承重结构，除禁止掺用氯盐外，应对原材料进行严格检验。

三、钢材防火

钢材是一种耐热而不耐火的材料，当温度小于200℃，钢材的力学性能基本无变化，但当温度超过300℃后，其弹性模量、屈服强度及极限强度则显著下降，变形急剧增大，当温度超过400℃时强度和弹性模量都急剧下降；温度达到600℃时，弹性模量、屈服强度和极限强度均接近于零，已失去承载能力。因此，根据钢结构运行环境，在必要时要进行防火维护。防火原理是采用绝热或吸热材料，阻隔火焰和热量，推迟钢结构的升温速率。具体方法以包覆为主，即以防火涂料、不燃性板材或混凝土和砂浆将钢结构构件包裹起来。

防火涂料主要有以下几种。

(1) STI-A型钢结构防火涂料。该涂料具有良好的防火隔热性能，可用作各类钢结构及钢筋混凝土结构的防火阻挡层。经鉴定，用这种防火涂料制作钢结构防火层，涂料厚度28mm时，其耐火极限可达3h。

(2) LG钢结构防火隔热涂料。该涂料可用于礼堂、影剧院、展览馆、商店、宾馆、体育馆、办公楼、电视塔、仓库等工业与民用建筑物室内钢结构，也可用于防火墙、防火挡板及电缆沟内的钢结构等。LG钢结构隔热防火涂料由改性无机高温粘结剂、化学助剂与空心微球、膨胀珍珠岩等吸热、隔热、增强材料配合而成，厚度15mm时，钢结构耐火极限可达1.5h，是一种新兴涂料。

常用的不燃性板材有石膏板、硅酸钙板、蛭石板、珍珠岩板、矿棉板、岩棉板等，可通过粘结剂或钢钉、钢箍等固定在钢构件上。

还有一种较为常用的包裹方法，采用混凝土将钢结构浇注在其中，以起到防火的作用。

第七节 铝及铝合金

铝是一种银白色的轻金属，属于有色金属。纯铝的密度为2.7g/cm^3，约为钢的1/3，具有良好的塑性、吸声性和抗撞击性，导电、导热、耐腐蚀等性能优良，并易于加工和焊接。铝的性质较为活泼，在空气内极易氧化，生成一层致密、坚硬的氧化铝薄膜，覆盖在表面，阻止内层继续氧化。铝对潮湿的空气、水、硝酸、醋酸的抗侵蚀能力比氧化铁强，但碱和含氯的盐会破坏其氧化膜，产生强烈的腐蚀。纯铝可加工成铝粉，用于加气混凝土的发气，也可作为防腐涂料（又称银粉）用于铸铁、钢材等的防腐。

一、铝合金的类型及特性

在纯铝中加入铜、镁、锰、锌、硅、铬等合金元素就成为铝合金，经冷加工或热处理后，强度得到大幅提高，与低合金钢的强度相当。铝合金由于一般力学性能明显提高并仍然保持铝质量轻的固有特性，因此，使用价值也大为提高。

根据铝合金的成分及生产工艺特点，通常将其分为变形铝合金和铸造铝合金两类。

铸造铝合金也称为生铝合金，按加入的主要合金元素的不同，可分为 Al-Si、Al-Cu、Al-Mg 和 Al-Zn 四种合金。合金牌号用“铸铝”二字汉语拼音字首“ZL”和三位数字表示。第一位数字表示合金系列：1 为 Al-Si 系合金；2 为 Al-Cu 系合金；3 为 Al-Mg 系合金；4 为 Al-Zn 系合金。第二、三位数表示合金的顺序号。如 ZL101 表示 1 号 Al-Si 系铸造铝合金。

变形铝合金是可以进行热加工或冷加工的铝合金，其按照性能特点和用途分为防锈铝、硬铝、超硬铝和锻铝四种。防锈铝属于不能热处理强化的铝合金，硬铝、超硬铝、锻铝属于可热处理强化的铝合金。变形铝合金的牌号分别以其汉语拼音首字母和顺序号表示，防锈铝用“LF”和跟其后面的顺序号表示，“LF”是“铝防”二字的汉语拼音字首。硬铝、超硬铝、锻铝分别用“LY”（铝硬）、“LC”（铝超）、“LD”（铝锻）和后面的顺序号来表示。目前土木工程中常用的铝合金型材主要是 LD 和 LF 变形铝合金。

二、常用铝合金制品

1. 铝合金门窗

铝合金门窗是将按特定要求成型并经表面处理的铝合金型材，经下料、打孔、铣槽、攻丝等加工，制得门窗框料构件，再加连接件、密封件、开闭五金件等一起组合装配而成。在现代建筑中使用铝合金门窗，尽管造价比普通门窗高 3～4 倍，但由于长期维修费用低，性能好、美观、节约能源等，所以在世界范围内仍然得到广泛使用。铝合金门窗与普通门窗相比具有质量轻、性能好、色泽美观、使用维修方便、便于工业化生产特点。

2. 铝合金玻璃幕墙

铝合金玻璃幕墙具有与铝合金门窗相类似的特点，既能产生较好的建筑艺术效果，又因自重轻可以降低主体结构和基础结构成本，便于施工。

3. 铝合金装饰板及吊顶

（1）铝合金压型板。铝合金压型板是目前应用十分广泛的一种新型铝合金装饰材料，它具有质量轻、外形美观、耐久性好、安装方便等优点，通过表面处理可获得各种色彩。主要用于屋面和墙面等。

（2）铝合金花纹板。铝合金花纹板是采用防锈铝合金等坯料，用特制的花纹轧辊轧制而成。花纹美观大方，不易磨损、防滑性能好，防腐蚀性能强，便于冲洗。通过表面处理可得到各种颜色。广泛用于公共建筑的墙面装饰、楼梯踏板等处。

（3）铝及铝合金波纹板。这种板材主要用于墙面装饰，也可用作屋面。有银白等多种颜色，既有一定装饰效果也有很强的反射阳光能力，并且在大气中使用 20 年不需更换，耐久性好，因而受到了广泛应用。

(4) 铝合金吊顶。铝合金材料经过电氧化处理，光亮、不锈、色调柔和，吊顶龙骨呈方格状外露，其特点是质量轻、不燃烧、耐腐蚀、施工方便、装饰华丽等。

复 习 思 考 题

1. 土木工程中主要使用哪些钢材?
2. 何谓钢材的屈强比? 其大小对使用性能有何影响?
3. 钢的伸长率与试件标距长度有何关系? 为什么?
4. 钢材的冲击韧性与哪些因素有关? 何谓冷脆临界温度和时效敏感性?
5. 钢的脱氧程度对钢的性能有何影响?
6. 钢材的冷加工对力学性能有何影响?
7. 钢材的牌号是如何确定的?
8. 钢筋混凝土用热轧钢筋分为几级? 其性能如何? 说明各级钢筋的用途。
9. 钢中的哪些元素是有害元素，它们的主要危害是什么?
10. 试述钢材锈蚀的原因，并分析钢筋在混凝土内不会锈蚀的原因。
11. 试述钢中含碳量对各项力学性能的影响。
12. 与碳素结构钢相比，低合金高强度钢的性能有何特点?
13. 简述铝合金的分类和铝合金在建筑上的主要用途。

第八章 墙体材料及屋面材料

第一节 墙 体 材 料

墙体材料是土木工程中主要的围护材料和结构承重材料。我国建筑墙体材料从秦汉以来一直以粘土烧结砖为主，但现在粘土砖已经不能满足飞速发展的土木工程建设的需求；而且传统的制造工艺需要耗用大量的土地和能源，对农业生产、环境保护和生态发展都会产生不利影响。在国家建设生态文明，基本形成节约能源资源和保护生态环境的产业结构的思想指导下，我们应因地制宜地利用地方性资源及工业废料，大力开发和使用轻质、高强、耐久、大尺寸、多功能的节土、节能和可工业化生产的新型墙体材料。

墙体材料一般由粘土、页岩、工业废渣或其他资源为主要原料，经过一定工艺制成。目前常用的墙体材料有砖、砌块、板材三大类。

一、砖

砖的种类繁多，按所用原材料分有粘土砖、页岩砖、煤矸石砖、粉煤灰砖、灰砂砖和炉渣砖等。按砖的形状分有实心砖、多孔砖、空心砖及花格砖等。从制造工艺上分有烧结砖和蒸养（压）砖。

（一）烧结砖

凡是经成型及高温焙烧而制成的砖称为烧结砖。各种烧结砖的生产工艺基本相同，均为原料配制→制坯→干燥→焙烧→成品。原料对制砖工艺性能及成品的性能起着决定性的作用，焙烧是最重要的工艺环节。烧结砖按有无穿孔分为烧结普通砖、烧结多孔砖和烧结空心砖。烧结砖按砖的主要成分又分为烧结粘土砖（N）、烧结页岩砖（Y）、烧结煤矸石砖（M）及烧结粉煤灰砖（F）。

1. 烧结普通砖

普通粘土砖的生产和使用，在我国已有三千多年的历史。其优点是价格低廉、工艺简单、质量检验技术成熟、设计理论和施工技术较完善。但粘土砖的生产需耗用大量的土地资源和能耗，且自重大，保温性差，因此已被国家列入限制生产使用并最终将淘汰的产品。由于粘土砖在短时期内仍不能完全淘汰，因此对烧结普通砖做一些介绍。

（1）主要技术指标。国家标准《烧结普通砖》（GB 5101—2003）规定：根据尺寸偏差、外观质量、泛霜和石灰爆裂分为优等（A）、一等品（B）和合格品（C）。

1）外形尺寸。烧结普通砖的标准尺寸为了 240mm×115mm×53mm。240mm×115mm 的面称为大面，240mm×53mm 的面称为条面、115mm×53mm 的面称为顶面。考虑 10mm 砌筑灰缝，则 4 块砖长、8 块砖宽、16 块砖厚均为 1m。由此可计算墙体用砖量，如 $1m^3$ 砖砌体需要用 512 块砖。

2）外观质量。外观质量包括两条面高差、弯曲程度、杂质凸凹高度、缺棱掉角程度、裂纹长度、完整面数和颜色等。

3）强度等级。烧结普通砖的强度等级根据10块砖的抗压强度平均值、抗压强度标准值或单块砖最小抗压强度值划分为MU30、MU25、MU20、MU15、MU10共五个等级，各强度等级的砖应符合表8-1的规定。

表8-1　烧结普通砖强度等级划分规定　MPa

强度等级	抗压强度平均值 $\bar{f}\geqslant$	变异系数 $\delta\leqslant0.21$	变异系数 $\delta>0.21$
		强度标准值 $f_k\geqslant$	单块最小抗压强度值 $f_{min}\geqslant$
MU30	30.0	22.0	25.0
MU25	25.0	18.0	22.0
MU20	20.0	14.0	16.0
MU15	15.0	10.0	12.0
MU10	10.0	6.5	7.5

烧结普通砖的抗压强度标准值按下式计算

$$f_k=\bar{f}-1.8S \tag{8-1}$$

$$S=\sqrt{\frac{1}{9}\sum_{i=1}^{10}(f_i-\bar{f})^2} \tag{8-2}$$

式中　f_i——单块砖样的抗压强度测定值，MPa；

$\bar{f}$——10块砖样的抗压强度平均值，MPa；

f_k——砖样的抗压强度标准值，MPa；

S——10块砖样的抗压强度标准差，MPa。

强度变异系数δ按下式计算

$$\delta=\frac{S}{\bar{f}} \tag{8-3}$$

4）泛霜。是指粘土原料中的可溶性盐类随砖内水分蒸发而在砖表面产生的盐析现象，一般为白色粉状物。这些结晶的白色粉状物不仅影响建筑观感，而且结晶体积膨胀会引起砖表层酥松，并破坏砖与砂浆之间的粘结。国家标准《烧结普通砖》（GB 5101—2003）规定：优等品，无泛霜；一等品，不允许出现中等泛霜；合格品，不允许出现严重泛霜。

5）石灰爆裂。烧结普通砖的原料中夹带或掺杂石灰质成分或内燃料中含有CaO，在焙烧过程中被烧成过火石灰。使用过程中，过火石灰在砖体内吸水膨胀，导致砖发生胀裂破坏，这种现象称为石灰爆裂。《烧结普通砖》（GB 5101—2003）规定，优等品不允许出现最大破坏尺寸大于2mm的爆裂区域；一等品不允许出现最大破坏尺寸大于10mm的爆裂区域；合格品中每组砖样2～15mm的爆裂区不得大于15处，其中10mm以上的区域不多于7处，且不得出现大于15mm的爆裂区。

6）抗风化性能。抗风化性能是指砖在干湿变化、温度变化和冻融变化等物理因素作用下，材料长期保持其原有性质而不破坏的能力。它是普通粘土砖重要的耐久性指标之一，砖的抗风化性能直接关系到砖的使用寿命，抗风化性能好的砖使用寿命长。对砖的抗风化性能要求应根据各地区的风化程度确定。风化程度用风化指数度量，风化指数是指日气温从正温降至负温或由负温升到正温的每年平均天数与每年从霜冻之日起至消失霜冻之日止这一期间降雨量的平均值的乘积。当风化指数大于等于12700为严重风化区，风化指数小于12700为非严重风化区，风化区的划分见表8-2。用于非严重风化区和严重风化区的烧结普通砖，其5h沸煮吸水率和饱和系数见表8-3。严重风化区中的1、2、3、4、5等5个地区所用的普通粘土砖，其抗冻性试验必须合格，其他地区可不做抗冻试验。

表8-2 风化区的划分

严重风化区		非严重风化区	
1. 黑龙江省	11. 河北省	1. 山东省	11. 福建省
2. 吉林省	12. 北京市	2. 河南省	12. 台湾省
3. 辽宁省	13. 天津市	3. 安徽省	13. 广东省
4. 内蒙古自治区		4. 江苏省	14. 广西壮族自治区
5. 新疆维吾尔自治区		5. 湖北省	15. 海南省
6. 宁夏回族自治区		6. 江西省	16. 云南省
7. 甘肃省		7. 浙江省	17. 西藏自治区
8. 青海省		8. 四川省	18. 上海市
9. 陕西省		9. 贵州省	19. 重庆市
10. 山西省		10. 湖南省	

表8-3 砖抗风化性能

砖种类	严重风化区				非严重风化区			
	5h沸煮吸水率（%）≤		饱和系数≤		5h沸煮吸水率（%）≤		饱和系数≤	
	平均值	单块最大值	平均值	单块最大值	平均值	单块最大值	平均值	单块最大值
粘土砖	18	20	0.85	0.87	19	20	0.88	0.90
粉煤灰砖	21	23			23	25		
页岩砖	16	18	0.74	0.77	18	20	0.78	0.80
煤矸石砖								

注 粉煤灰掺入量（体积比）小于30%时，抗风化性能指标按粘土砖规定判定。

（2）烧结普通砖的应用。烧结普通砖因其具有良好的透气性、耐久性和热稳定性及一定的保温性，在建筑工程中曾长期被广泛地用作墙体材料。又因其具有良好的强度，所以主要用于多层建筑的承重墙体，也可用于六层以下建筑的砖柱、斗拱和基础等。但要注意的是，砖砌体的强度不仅仅取决于烧结普通砖本身强度，还受建筑砂浆性质的影响，所以施工过程中要求做到砌筑前洒水润湿、灰浆饱满、砂浆具有良好的和易性等，才能保证砖砌体的质量。

虽然烧结普通砖具有如此多的好良性能，但如前所述烧结普通砖的生产对土地资源以及能源消耗巨大，又因其自重大、尺寸小、施工效率低、抗震性能差的缺点，所以已逐步被限制使用，并将最终被淘汰，取而代之的将会是轻质、高强、环保的新型砌块。

2. 烧结多孔砖和烧结空心砖

和烧结普通砖相比，多孔砖及空心砖自重轻、粘土及燃料用量小、烧成率及施工效率高、成本低、绝热及隔声性能好。推广使用多孔砖及空心砖是目前我国墙体材料改革，促进墙体材料发展的措施之一。

(1) 烧结多孔砖。烧结多孔砖仍是以粘土、页岩和煤矸石为原料，经烧结而成的。其主要规格尺寸有 190mm×190mm×90mm（M型）和 240mm×115mm×90mm（P型）两种规格，如图 8-1 所示。砖孔有矩形、长条孔、圆孔等多种，孔洞率在 15%以上。孔洞特点：孔径小［圆孔直径≤22mm，非圆孔内切圆直径≤15mm，手抓孔为（30～40）mm×（75～85）mm］，孔多，砌筑时孔洞方向垂直于受压方向，主要用于砌筑六层以下承重墙。

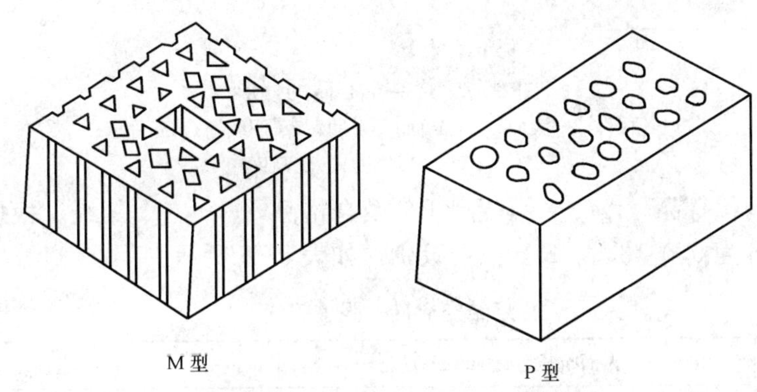

图 8-1 烧结多孔砖（单位：mm）

多孔砖根据其抗压强度分为 MU30、MU25、MU20、MU15、MU10 五个强度等级，根据尺寸偏差、外观质量、孔型及孔洞排列、泛霜、石灰爆裂分为优等品（A)、一等品(B) 和合格品（C)。其各级强度指标要求见表 8-4。

表 8-4 烧结多孔砖的强度等级

强度等级	抗压强度平均值 $\overline{f}$≥	变异系数 δ≤0.21	变异系数 δ>0.21
		强度标准值 f_k≥	单块最小抗压强度值 f_{min}≥
MU30	30.0	22.0	25.0
MU25	25.0	18.0	22.0
MU20	20.0	14.0	16.0
MU15	15.0	10.0	12.0
MU10	10.0	6.5	7.5

(2) 烧结空心砖。烧结空心砖是以粘土、页岩以及煤矸石为主要原料经烧结而制成的，孔洞率大于或等于 35%的砖。孔洞的特点：孔尺寸大而数量少，平行于大面和条面（如图 8-2 所示）。

砖型为直角六面体，其长度不超过 365mm，宽度不超过 240mm，高度不超过 115mm (这是和空心砌块区分的界限尺寸)。孔型采用矩形条孔或其他孔型。常见的尺寸为 290mm×190（140）mm×90 mm、240 mm×180（175）mm×115mm 等。砌筑时，孔洞水平方向放置，由于其强度低，多用于砌筑非承重墙。

按国家《烧结空心砖和空心砌块》（GB 13545—2003）标准，根据空心砖的表观密度不同分为 800、900、1100 等三个级别。每个密度等级，又根据孔洞及其排教、尺寸偏差、强

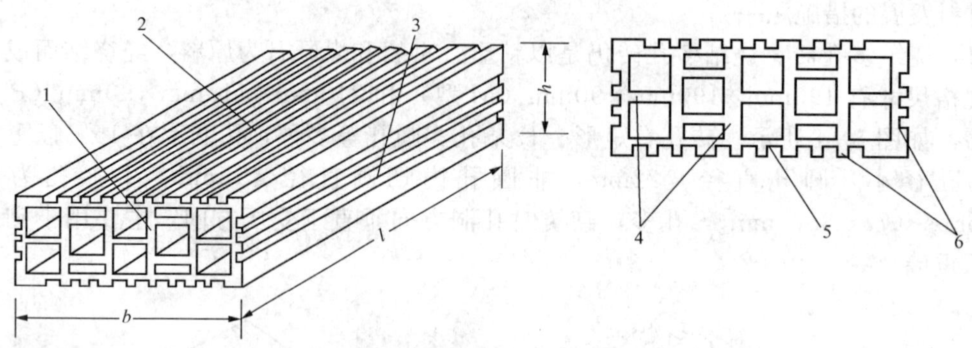

图 8-2 烧结空心砖的外形

1—顶面；2—大面；3—条面；4—肋；5—凹线槽；6—外壁；

l—长度；b—宽度；h—高度

度及物理性能分为优等品（A）、一等品（B）及合格品（C）三个等级。根据空心砖大面和条面的抗压强度分为 5.0、3.0、2.0 三个级别，如表 8-5 所示。

表 8-5 烧结空心砖的强度等级

等级	强度等级	大面抗压强度（MPa）		条面抗压强度（MPa）	
		平均值≥	单块最小值≥	平均值≥	单块最小值≥
优等品	5.0	5.0	3.7	3.4	2.3
一等品	3.0	3.0	2.2	2.2	1.4
合格品	2.0	2.0	1.4	1.6	0.9

烧结多孔砖和烧结空心砖在现代建筑中，由于高层建筑的发展，对烧结砖提出了减轻自重，改善绝热和吸声性能的要求。它们与烧结普通砖相比，具有一系列优点，使用这种砖可使墙体自重减轻 30%～35%，提高工效可达 40%，节省砂浆降低造价约 20%，并可改善墙体的绝热和吸声性能。此外，在生产上能节约粘土原料、燃料，提高质量和产量，降低成本。

（二）蒸养（压）砖

蒸养（压）砖又称免烧砖和非烧结砖，是以石灰和硅质材料加水拌和，硅质材料有非活性材料（如石英）和活性材料（如粉煤灰、炉渣），经压制、蒸汽养护或蒸压养护而成。根据所用硅质材料不同分灰砂砖、粉煤灰砖、炉渣砖等。

1. 蒸压灰砂砖

蒸压灰砂砖是以石灰、砂子为主要原料，经坯料制备、压制成型、再经蒸压养护而成的实心砖。一般石灰占 10%～20%，砂占 80%～90%。

（1）蒸压灰砂砖的技术指标。灰砂砖的尺寸规格与烧结普通砖相同（240mm×115mm×53mm），其表观密度为 1800～1900kg/m³，导热系数为 0.61W/（m·K），根据国家标准规定，按抗压强度及抗折强度划分为 MU25、MU20、MU15、MU10 四个强度等级。根据产品的尺寸偏差和外观质量分为优等品（A）、一等品（B）、合格品（C）三个等级。各等级抗压强度、抗折强度及抗冻性应符合表 8-6 的规定。

表 8-6 灰砂砖的强度指标和抗冻性指标

强度等级	抗压强度（MPa）		抗折强度（MPa）		抗冻性	
	平均值≥	单块值≥	平均值≥	单块值≥	抗压强度（MPa）平均值≥	单块砖干质量损失（%）≤
MU25	25.0	20.0	5.0	4.0	20.0	2.0
MU20	20.0	16.0	4.0	3.2	16.0	2.0
MU15	15.0	12.0	3.3	2.6	12.0	2.0
MU10	10.0	8.0	2.5	2.0	8.0	2.0

（2）蒸压灰砂砖的性能及使用：

1）灰砂砖颜色一般呈青灰色或灰白色。

2）灰砂砖具有良好耐水性。在长期的潮湿环境中，其强度变化不显著，但其抗流水冲刷的能力较弱，因此不能用流水冲刷部位。

3）灰砂砖的耐热性和耐酸性差。不适用于长期受热200℃以上、受急冷急热和有酸性介质侵蚀的建筑部位。

4）与砂浆粘结力差。灰砂砖表面光滑平整，与砂浆粘结力差，当用于高层建筑、地震区时应采取相应的措施以提高粘结力。

2. 蒸压粉煤灰砖

蒸压粉煤灰砖是以粉煤灰和石灰为主要原料，掺入适量石膏和炉渣，加水混合拌成坯料，压制成型、常压或高压蒸汽养护等工艺而制成的实心粉煤灰砖。常压蒸汽养护的称蒸养粉煤灰砖；高压蒸汽（温度在176℃，工作压力为0.8MPa以上）养护制成的称蒸压粉煤灰砖。

（1）蒸压粉煤灰砖的技术指标。尺寸规格与烧结普通砖相同（240mm×115mm×53mm）。根据抗压强度和抗折强度划分为MU30、MU25、MU20、MU15、MU10五个强度等级。其强度和抗冻性指标见表8-7。根据外观质量、强度、抗冻性和干燥收缩值把蒸压粉煤灰砖分为优等品（A）、一等品（B）、合格品（C）等三个质量等级。一般要求优等品和一等品干燥收缩值不大于0.65mm/m，合格品干燥收缩值不大于0.75mm/m。

表 8-7 粉煤灰砖强度和抗冻性指标

强度等级	抗压强度（MPa）		抗折强度（MPa）		抗冻性	
	平均值≥	单块值≥	平均值≥	单块值≥	抗压强度（MPa）平均值≥	单块砖干质量损失（%）≤
MU30	30.0	24.0	6.2	5.0	24.0	2.0
MU25	25.0	20.0	5.0	4.0	20.0	2.0
MU20	20.0	16.0	4.0	3.2	16.0	2.0
MU15	15.0	12.0	3.3	2.6	12.0	2.0
MU10	10.0	8.0	2.5	2.0	8.0	2.0

（2）蒸压粉煤灰砖的应用。蒸压粉煤灰砖可用于工业与民用建筑的基础、墙体，但用于基础或容易受冻融或干湿交替作用的部位时，必须使用优等品或一等品砖。在长期受热（200℃以上），受急冷、急热和有酸性介质的部位禁止使用蒸压粉煤灰砖。

3. 蒸压炉渣砖

蒸压炉渣砖以煤燃烧后的残渣为主要原材料，配以一定数量的石灰和适量的石膏，经加水搅拌、陈伏、轮碾、成型和蒸养或蒸压养护而制得的实心砖，呈黑灰色，表观密度为1500～2000kg/m³。尺寸规格与烧结普通砖相同（240mm×115mm×53mm）。

根据抗压强度和抗折强度划分为MU20、MU15、MU10、MU7.5等四个强度等级（见表8-8），并分为优等品、一级品和合格品三个质量等级。

表8-8 炉渣砖的强度指标

强度等级	抗压强度（MPa）		抗折强度（MPa）		碳化性能（MPa）
	10块平均值≥	单块最小值≥	10块平均值≥	单块最小值≥	碳化后平均值≥
MU20	20.0	15.0	4.0	3.0	14.0
MU15	15.0	11.2	3.2	2.4	10.5
MU10	10.0	7.5	2.5	1.9	7.0
MU7.5	7.5	5.6	2.0	1.5	5.2

注 强度级别以蒸汽养护后24～36h内的强度为准。

炉渣砖可用于一般工业与民用建筑墙体和基础。强度等级低于15级的不适用于基础、勒脚，受干湿交替及冻融的部位。

二、砌块

砌块是用于砌筑的尺寸大于砌墙砖的人造块材。一般为直角六面体。按产品主规格的尺寸可分为大型砌块（高度大于980mm）、中型砌块（高度为380～980mm）和小型砌块（高度为115～380mm）。砌块高度一般不大于长度或宽度的6倍，长度不超过高度的3倍。根据需要也可生产各种异形砌块。

砌块是一种新型墙体材料，可以充分利用地方资源和工业废渣，并可节约粘土资源、保护生态环境。其具有生产工艺简单，原料来源广，适应性强，制作及使用方便灵活，还可改善墙体功能等特点，因此发展较快。常见的砌块有混凝土小型空心砌块、蒸压加气混凝土砌块、轻骨料混凝土小型空心砌块和石膏砌块等。若按用途可分承重砌块和非承重砌块；按有无孔洞可分为实心砌块（无孔洞或空心率小于25%）和空心砌块（空心率≥25%）；按材质又可分为硅酸盐砌块、轻骨料混凝土砌块、加气混凝土砌块、水泥混凝土砌块等。

（一）混凝土小型空心砌块

混凝土小型空心砌块主要是以普通混凝土拌和物为原料，经成型、养护而成的空心块体砌筑材料。

1. 混凝土小型空心砌块主要技术指标

混凝土小型空心砌块的主规格尺寸为390mm×190mm×190mm，根据国家标准，按砌块的抗压强度分为MU3.5、MU5.0、MU7.5、MU10.0、MU15.0、MU20.0六个强度等级（见表8-9）。根据外观质量可分为优等品（A）、一等品（B）和合格品（C）（见表8-10）。空心砌块的空心率为35%～50%，与砖混结构相比，墙体自重可减轻20%～30%，并能改善建筑物的功能。常用混凝土小型空心砌块外形见图8-3。

表 8-9　**混凝土小型空心砌块的抗压强度**

强度等级	抗压强度（MPa）		强度等级	抗压强度（MPa）	
	5块平均值≥	单块小最值≥		5块平均值≥	单块小最值≥
MU3.5	3.5	2.8	MU 10.0	10.0	8.0
MU 5.0	5.0	4.0	MU 15.0	15.0	12.0
MU 7.5	7.5	6.0	MU 20.0	20.0	16.0

表 8-10　**尺寸允许偏差**　mm

项目名称	优等品（A）	一等品（B）	合格品（C）
长度	±2	±3	±3
宽度	±2	±3	±3
高度	±2	±3	+3 −4

表 8-11　**外观质量**

项目名称		优等品（A）	一等品（B）	合格品（C）
弯曲（mm）≤		2	2	3
缺棱掉角	个数（个）≤	0	2	2
	三个方向投影尺寸的最小值（min）≤	0	20	30
裂缝延伸的投影尺寸累计（mm）≤		0	20	30

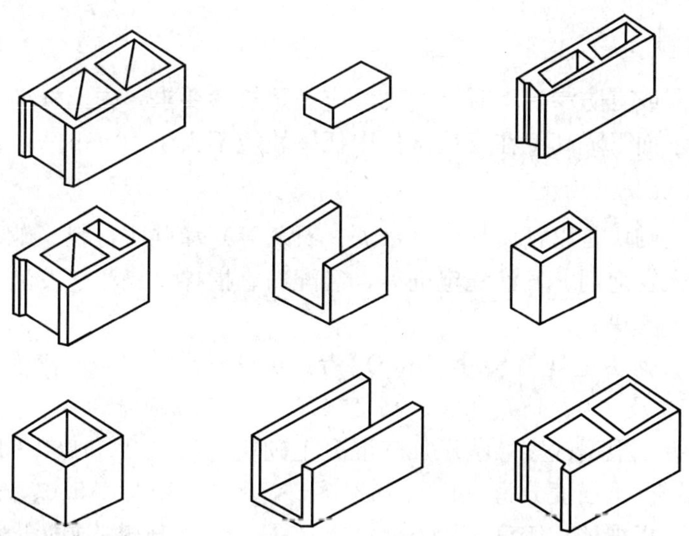

图 8-3　几种混凝土空心砌块外形示意图

2. 强度

（1）抗压强度。混凝土砌块的强度以试验的极限荷载除以砌块毛截面面积计算。砌块的强度取决于混凝土的强度和空心率。

(2) 抗折强度。小砌块的抗折强度随抗压强度的增加而提高，但并非是直线关系，抗折强度是抗压强度的0.16～0.26倍。

3. 相对含水率

砌块因失水而产生的收缩会导致墙体开裂，为了控制砌块建筑的墙体开裂，国家标准规定了砌块的相对含水率。见表8-12：

表8-12　相对含水率

使用地区	使用地点的年平均湿度		
	>75%（潮湿）	50%～75%（中等）	<50%（干燥）
相对含水率	≤45%	≤40%	≤35%

4. 抗冻性

砌块的抗冻性应符合表8-13规定。

表8-13　抗冻性

使用环境条件		抗冻标号	指标
非采暖地区		不规定	—
采暖地区	一般环境	F15	强度损失≤25%
	干湿交替环境	F25	质量损失≤5%

注 1. 非采暖地区是指最冷月份平均气温高于−5℃的地区。
2. 采暖地区是指最冷月份平均气温低于或等于−5℃的地区。

5. 抗渗性

为防止墙体渗漏或有防渗要求时所用砌块应满足抗渗要求。国家标准中规定，试块按规定方法测试是，其水面下降高度在三块试件中任一块应不大于10mm。

(二) 蒸压加气混凝土砌块

蒸压加气混凝土砌块是以钙质材料（水泥、石灰等）和硅质材料（砂、工业废渣、粉煤灰等）为原料，掺入发泡剂、发泡稳定剂等，经配料、搅拌、浇注、发泡、成型、切割和蒸汽养护制成的混凝土砌块。

(1) 规格尺寸。砌块主规格尺寸（mm）为：长度（L）：600；宽度（B）：100、125、150、200、250、300及120、180、240；高度（H）：200、250、300。

(2) 强度及等级。根据国家《蒸压加气混凝土砌块》(GB/T 11968—1997) 规定，蒸压加气混凝土砌块根据抗压强度分为A1.0、A2.0、A2.5、A3.5、A5.0、A7.5、A10.0七个等级（见表8-14）；根据体积密度（kg/m^3）分B03、B04、B05、B06、B07、B08六个等级（见表8-15），表示体积密度分别为300kg/m^3、400kg/m^3、500kg/m^3、600kg/m^3、700kg/m^3、800kg/m^3；根据尺寸偏差和外观、强度级别、干体积密度分为优等品（A)、一等品（B)、合格品（C）三级，强度级别见表8-16。

表 8-14　蒸压加气混凝土砌块的抗压强度

强度等级	立方体抗压强度（MPa）		强度等级	立方体抗压强度（MPa）	
	平均值≥	单块最小值≥		平均值≥	单块最小值≥
A1.0	1.0	0.8	A5.0	5.0	4.0
A2.0	2.0	1.6	A7.5	7.5	6.0
A2.5	2.5	2.0	A10.0	10.0	8.0
A3.5	3.5	2.8			

表 8-15　蒸压加气混凝土砌块的干体积密度　kg/m^3

体积密度级别		B03	B04	B05	B06	B07	B08
体积密度	优等品（A）	300	400	500	600	700	800
	一等品（B）	330	430	530	630	730	830
	合格品（C）	350	450	550	650	750	850

表 8-16　蒸压加气混凝土砌块的强度级别

体积密度级别		B03	B04	B05	B06	B07	B08
强度级别	优等品（A）	A1.0	A2.0	A3.5	A5.0	A7.5	A10.0
	一等品（B）			A3.5	A5.0	A7.5	A10.0
	合格品（C）			A2.5	A3.5	A5.0	A7.5

（3）干缩值、抗冻性、及导热系数。砌块孔隙率较高、抗冻性较差、保温性较好、干缩值较大，因此国家标准《蒸压加气混凝土砌块》（GB/T 11968－1997）规定了干缩值、抗冻性和导热系数，见表 8-17。

表 8-17　蒸压加气混凝土砌块的干缩值、抗冻性和导热系数

体积密度级别			B03	B04	B05	B06	B07	B08
干燥收缩值	标准法≤	mm/m	0.5					
	快速法≤		0.8					
抗冻性	质量损失≤		5.0					
	冻后强度（MPa）≥		0.8	1.6	2.0	2.8	4.0	6.0
导热系数（干态）[W/(m·K)]≤			0.10	0.12	0.14	0.16	—	—

（三）轻骨料混凝土小型空心砌块

用轻集料混凝土制成空心率等于或大于 25％的小型混凝土砌块称为轻集料混凝土小型空心砌块。接其孔的排数分为：单排孔、双排孔、三排孔和四排孔四类。

1. 技术规格

砌块的主规格尺寸为 390mm×190mm×190mm，其他尺寸可根据要求生产特型。尺寸允许偏差见表 8-18。

表 8-18 **尺寸允许偏差** mm

项目名称	优等品（A）	一等品（B）	合格品（C）
长度	±2	±3	±3
宽度	±2	±3	±3
高度	±2	±3	+3 −4

2. 强度和等级

（1）按其密度等级分为：500、600、700、800、900、1000、1200、1400 八个等级（见表 8-19）；

（2）按其强度等级分为：1.5、2.5、3.5、5.0、7.5、10.0 六个等级（见表 8-20）；

（3）按尺寸允许偏差、外观质量分为：优等品（A）、一等品（B）和合格品（C）三个等级。

表 8-19 **轻骨料混凝土小型空心砌块的密度等级** kg/m^3

密度等级	砌块干燥表观密度的范围	密度等级	砌块干燥表观密度的范围
500	≤500	900	810～900
600	510～600	1000	910～1000
700	610～700	1200	1010～1200
800	710～800	1400	1210～1400

表 8-20 **轻骨料混凝土小型空心砌块的强度等级**

<table>
<tr><th rowspan="2">强度等级</th><th colspan="2">立方体抗压强度（MPa）</th><th rowspan="2">密度等级范围≤</th></tr>
<tr><th>平均值≥</th><th>最小值≥</th></tr>
<tr><td>1.5</td><td>1.5</td><td>1.2</td><td>600</td></tr>
<tr><td>2.5</td><td>2.5</td><td>2.0</td><td>800</td></tr>
<tr><td>3.5</td><td>3.5</td><td>2.8</td><td rowspan="2">1200</td></tr>
<tr><td>5.0</td><td>5.0</td><td>4.0</td></tr>
<tr><td>7.5</td><td>7.5</td><td>6.0</td><td rowspan="2">1400</td></tr>
<tr><td>10.0</td><td>10.0</td><td>8.0</td></tr>
</table>

我国自 20 世纪 70 年代末开始研制生产轻骨料混凝土小型空心砌块，近年来轻骨料混凝土小型砌块的应用发展非常快，使用最多的是以陶粒为轻骨料的混凝土小型空心砌块。该种砌块具有很多优点，如轻质、高强、保温性好，可使用工业废料废渣等进行生产，变废为宝保护生态环境。

三、轻质墙板

轻质墙板是一种新型的墙体材料。在多功能框架结构中，利用墙板作为围护墙体具有轻质、节能、施工方便快捷、开间灵活等特点。因此，轻质墙板具有广阔的应用前景。常用的板材有纸面石膏板、石膏纤维板、石膏空心条板、石膏刨花板、GRC 轻质多孔条板、GRC

平板、纤维水泥平板、水泥刨花板等等，种类繁多，下面就常用的几种进行介绍。

1. 石膏墙板

石膏浆中掺入少量纤维状材料和胶料，利用石膏硬化时体积会膨胀的性能，可制成石膏饰面板及各种墙板。

目前我国生产的石膏板类型主要有纸面石膏板，空心石膏条吊顶等。

（1）纸面石膏板。由石膏芯材及增强护面纸组成，分为普通纸面石膏板、耐水纸面石膏板及耐火纸面石膏板三类。纸面石膏板的规格为：长度有 1800mm、2100mm、2400 mm、2700mm、3000mm、3300mm 和 3600mm 七种；宽度有 900mm 和 1200mm 两种；厚度有 9mm、12mm、15mm、18mm、21mm、25mm 等。

纸面石膏板表面平整，尺寸稳定，具有轻质、隔热、隔声、防火、抗震、调节室内气温，可加工性能好等优点。

普通纸面石膏板可作为室内隔墙板、复合外墙板的内壁板、天花板等。耐水纸面石膏板及耐火纸面石膏板分别用于相对湿度较大（≥75%）的环境和有防火要求的建筑物。纸面石膏板是我国重点发展的新型轻质墙体材料之一。

（2）石膏空心条板。以建筑石膏为主，加入适量的轻质骨料（如膨胀珍珠岩、膨胀蛭石等）和改性材料（粉煤灰、石灰及外加剂等），经搅拌、振动成型、抽芯、脱模、干燥制成空心条板。石膏空心条板的孔数为 7～9，孔洞率为 37%～40%，长为 2500～3000mm，宽为 450～600mm，厚为 60～100mm，其强度较高，安装时不需要龙骨，可用作民用建筑的内墙和隔墙。

（3）纤维石膏板。以石膏、纤维（植物纤维、玻璃纤维等）为原料，加入适量缓凝剂。加水并经过特殊工艺制成的石膏板。该石膏板具有轻质、高强、耐火、隔音、韧性高、可加工性能好等优点，其尺寸规格及用途与纸面石膏板相同，还可代替木材做家具。

（4）石膏装饰板。石膏装饰板有平板、多孔板、花纹板、浮雕板等多种，它尺寸精确、线条清晰、造型美观，是一种新型的室内装饰材料。主要用于公共建筑的内墙、吊顶等。

2. GRC 墙板（玻璃纤维增强水泥复合墙板）

以低碱水泥为胶结材料，抗碱玻璃纤维为增强材料，膨胀珍珠岩为骨料（也可用炉渣和粉煤灰等），配以发泡剂和防水剂等，经配料、搅拌、浇注、成型、脱水、养护等工艺而制成玻璃纤维增强水泥复合墙板。尺寸规格为：长度 3000mm，宽度 600mm，厚度为 60mm、90mm、120mm。该板具有轻质、高强、隔声、隔热、施工方便、可钉可锯等优点。主要用于土木工程的内隔墙。

3. 纤维增强水泥平板（TK 板）

以低碱水泥、耐碱玻璃纤维为主要原料，制成薄形建筑平板，简称 TK 板。其长度为 1000～1200mm，宽度为 900～800mm，厚度为 4mm、5mm、6mm 及 8mm。

TK 板具有轻质、抗折及抗冲击荷载性能好、防潮、防水、不易变形等优点，而且可加工性能好，适用于多层框架结构体系及高层建筑的内隔墙。

4. SP 预应力空心墙板

预应力空心墙板是用高强度低松弛预应力钢绞线，52.5MPa 强度等级早强水泥及砂、石为原料，经过张拉、搅拌、挤压、养护、放张、切割而成的混凝土制品。

预应力空心墙板板面平整，尺寸误差小，施工使用方便，减少了湿作业，加快了施工速度，提高了工程质量。该墙板可用于承重或非承重的外墙板及内墙板，并可根据需要增加保温吸声层、防水层和各种饰面层（彩色水刷石、剁斧石、喷砂和釉面砖等），也可以制成各种规格尺寸的楼板、屋面板、雨罩和阳台板等。

5. 复合墙板

以单一材料制成的板材，常因材料本身的局限性使其应用受到限制，因此常常采用几种材料复合的方法来满足建筑的综合要求。如质量较轻、隔热、隔声效果较好的泡沫塑料、加气混凝土板等因其强度较低所限，通常只能用于非承重的内隔墙。而金属板材、水泥混凝土类板材虽有足够的强度和耐久性，但其自重大，隔声保温性能较差。为克服上述缺点，常用不同材料组合成多功能的复合墙体以满足需要。

复合墙板主要由承受（或传递）外力的结构层（多为金属板、钢丝网）和保温层（矿棉、泡沫塑料、加气混凝土等）及面层（各类具有可装饰性的轻质薄板）组成。其优点是承重材料和轻质保温材料的功能都得到合理利用，实现物尽其用，开拓材料来源。

常用的复合墙板主要有钢丝网泡沫塑料墙板、彩钢压型泡沫塑料复合墙板及铝塑复合板等。

（1）钢丝网泡沫塑料墙板：是由呈三维空间受力的镀锌钢丝笼格做骨架，中间填以阻燃型发泡聚苯乙烯，内外侧浇筑细石混凝土或水泥砂浆层后组合而成的一种复合墙板。该板具有自重轻、强度高、保温、隔声、防火、抗震性能好和安装简便等优点，主要用于宾馆、办公楼的内隔墙。

（2）彩钢压型泡沫塑料复合墙板：是外层用高强材料，内层用轻质绝热材料，通过自动成型机，用高强度粘结剂将两者粘合，经加工、修边、开槽、落料而成板材。其外层材料可为涂漆热浸镀锌钢板、热浸镀铝钢板、镀锌合金钢板、镀锌铝合金钢板、高耐候性热轧制钢板、冷轧不锈钢板等，芯材有聚苯乙烯泡沫塑料、硬质聚氨酯泡沫塑料、岩棉矿渣棉、玻璃棉等。夹芯板材的防火性能和隔热性能取决于芯材的性能，夹芯板材的耐久性能取决于表面涂层和板缝连接处的质量和性能。该种墙板质量约为 $10\sim14kg/m^2$，导热系数多为 0.021W/（m·K），具有良好的绝热和防潮等性能，又具备较高的抗弯和抗剪强度，并且安装灵活快捷，可多次拆装重复使用。常用于厂房、仓库和净化车间、办公楼、商场、影剧院等工业和民用建筑，以及房屋加层、组合式活动房、室内隔断、天棚、冷库等。

（3）铝塑复合板：是一种新型建筑材料，其表层是由经过涂层烤漆处理的铝板构成；夹层是由聚乙烯、聚丙烯塑料混合构成；表层、夹层经过一系列工艺加工复合而成为铝塑复合板。由于铝塑复合板是由性质截然不同的两种材料（金属和非金属）组成，它既保留了原组成材料（金属铝、非金属聚乙烯塑料）的主要特性，又克服了原组成材料的不足，进而获得了众多优异的材料性质，如多彩的装饰性、耐候、耐蚀、耐创击、防火、防潮、隔音、隔热、抗震性等，同时具有质轻、易加工成型、易搬运安装等优点。

第二节 屋面材料

屋面材料主要为各类瓦制品和各种屋面板，传统建筑中常用的瓦有粘土瓦、水泥瓦、石棉瓦、石棉水泥瓦、钢丝网水泥大波瓦、塑料大波瓦、沥青瓦等，屋面板主要有轻钢彩色屋面板、铝塑复合板等。

1. 粘土瓦

粘土瓦是以粘土为主要材料，加适量水搅拌均匀后，经模压挤出成型，再经干燥、焙烧而成。制瓦的粘土要求杂质少、塑性高。按烧成后的颜色分为青瓦和红瓦，按形状分为平瓦和脊瓦。

按《粘土瓦》（GB 11710—1989）规定，平瓦的标准尺寸为 400mm×240mm，380mm×225mm，360mm×220mm。粘土瓦按尺寸偏差、外观质量和物理力学性质分为优等品、一等品和合格品三个等级（见表 8-21）。

表 8-21　平瓦物理力学性能指标

<table>
<tr><td colspan="2" rowspan="2">项　目</td><td colspan="3">平　瓦</td><td colspan="2">脊　瓦</td></tr>
<tr><td>优等品</td><td>一等品</td><td>合格品</td><td>一等品</td><td>合格品</td></tr>
<tr><td rowspan="2">抗折荷重（N）≥</td><td>平均值</td><td>980</td><td>870</td><td>780</td><td>—</td><td>—</td></tr>
<tr><td>最小值</td><td>780</td><td>680</td><td>680</td><td>680</td><td>680</td></tr>
<tr><td colspan="2">饱和吸水质量（kg/m²）≤</td><td colspan="2">50</td><td>55</td><td colspan="2">—</td></tr>
<tr><td colspan="2">抗冻性</td><td colspan="5">15 次冻融循环后不得出现分层、开裂、剥落等损伤现象</td></tr>
<tr><td colspan="2">抗渗性</td><td colspan="3">不得出现水滴</td><td colspan="2">—</td></tr>
</table>

2. 混凝土平瓦

以水泥、砂或无机的硬质细集料为主要原料，经配料混合、加水搅拌、机械滚压或人工搡压成型养护而成的平瓦称为混凝土平瓦。

按照国家标准《混凝土平瓦》（GB 8001—1987）规定，混凝土平瓦的标准尺寸有 400mm×240mm，385mm×235mm 两种，瓦的主体厚度为 14mm。单片最小抗折荷载不得低于 600N，抗冻性要求同粘土瓦。

3. 石棉水泥瓦

石棉水泥瓦是以石棉纤维与水泥为原料，经加水搅拌、压波成型、蒸养、烘干而成的轻型屋面材料。分为大波瓦、中波瓦、小波瓦及脊瓦四种。

按国家标准《石棉水泥波瓦及脊瓦》（GB 9772—1996）规定，石棉水泥瓦根据其抗折力、吸水率及外观质量分为三个等级：优等品、一等品和合格品三个等级。其标准及物理力学指标见表 8-22。

表 8-22　石棉水泥波瓦的物理力学性能指标

<table>
<tr><td colspan="2" rowspan="2">规格(mm)
指标
性能</td><td colspan="3">大波瓦</td><td colspan="3">中波瓦</td><td colspan="3">小波瓦</td></tr>
<tr><td>优等品</td><td>一等品</td><td>合格品</td><td>优等品</td><td>一等品</td><td>合格品</td><td>优等品</td><td>一等品</td><td>合格品</td></tr>
<tr><td colspan="2">规格尺寸（mm）
（长×宽×厚）</td><td colspan="3">2800×994×7.5</td><td colspan="3">2400×745×6.5
1800×745×6.0</td><td colspan="3">1800×720×6.0
1800×720×5.0</td></tr>
<tr><td rowspan="2">抗折力</td><td>横向（N/m）</td><td>3800</td><td>3300</td><td>2900</td><td>4200</td><td>3600</td><td>3100</td><td>3200</td><td>2800</td><td>2400</td></tr>
<tr><td>纵向（N）</td><td>470</td><td>450</td><td>430</td><td>350</td><td>330</td><td>320</td><td>420</td><td>360</td><td>300</td></tr>
<tr><td colspan="2">吸水率（%）≤</td><td>28</td><td>28</td><td>28</td><td>26</td><td>28</td><td>28</td><td>25</td><td>26</td><td>26</td></tr>
<tr><td colspan="2">抗冻性</td><td colspan="9">经 25 次冻融循环后不得有起层等破坏现象</td></tr>
<tr><td colspan="2">不透水性</td><td colspan="9">浸水后瓦体背面允许出现滴斑，但不允许出现水滴</td></tr>
<tr><td colspan="2">抗冲击性</td><td colspan="9">在相距 60cm 处进行观察，冲击一次后被击处不得出现龟裂、剥落、贯通孔及裂纹</td></tr>
</table>

石棉水泥瓦属轻型屋面材料，具有防火、防腐、耐热、耐寒、绝缘等诸多优越性能，但在受潮或遇水后，强度有所下降，故在使用和堆放过程中应注意保管和维护。

4. 琉璃瓦

琉璃瓦是在素烧的瓦坯表面涂琉璃釉料再经烧制而成的瓦。这种瓦表面光滑、质地坚硬密实、色彩美丽、耐久性好，多用于古建筑修复和仿古建筑及园林建筑中。

5. 沥青瓦

沥青瓦是以玻璃纤维薄毡为胎料，以改性沥青为涂敷材料制成的一种片状屋面材料。其优点是重量轻、可减少屋面自重，施工方便，具有相互粘结功能，有很好的防水和装饰功能。为了满足装饰功能，沥青瓦制作时可以在表面撒以不同颜色的矿物颗粒，制成彩色沥青瓦。

复习思考题

1. 烧结普通砖的标准尺寸是多少？其技术性能要求有哪些？强度等级和产品等级怎样划分？

2. 就近期而言，烧结多孔砖和空心砖为什么是普通粘土砖的替代产品？

3. 砌块与砌墙砖相比，有什么优缺点？

4. 何谓砖的泛霜和石灰爆裂？它们对建筑物有何影响？

5. 采用烧结空心砖有何优越性？烧结多孔砖和烧结空心砖在规格、性能、应用等方面有何不同？

6. 何谓蒸压蒸养砖？常见的蒸压蒸养砖有哪几种？它们的强度等级如何划分？在工程中的应用要注意什么？

7. 何谓砌块？常见的砌块有哪些？

8. 蒸压加气混凝土砌块质量等级如何划分？

9. 某标准尺寸的粘土砖气干重 2480g，烘干恒重 2404g，吸水饱和时重 2820g。求含水率、重量吸水率、体积吸水率、不同含水状态的表观密度、开口孔隙率。

10. 测得砖吸水饱和时的抗压强度为 16MPa，干燥时的抗压强度为 19MPa，求软化系数。问该砖是否能用于潮湿环境使用时的结构部位。

11. 某工地备用的红砖在储存一个月后，发现有部分砖自裂成碎块。解释其可能的原因。

12. 在什么情况下可以不考核烧结粘土砖的抗冻性？

13. 多孔砖和空心砖有何区别？根据什么来确定其强度等级和质量等级？

14. 目前共有哪几种屋面材料？各种屋面材料有何特点？

15. 根据各种不同工程要求，应如何合理选择屋面材料？

第九章　沥青及沥青混合料

沥青与沥青混合料是土木工程建设中应用量较大的建筑材料，沥青具有良好的粘性、塑性、耐腐蚀性和憎水性，在土木工程中主要用做防潮、防水、防腐蚀材料，用于屋面、地下等各类防水工程和防腐工程。沥青与矿物集料的粘结力强，由沥青与矿物集料拌和而成的沥青混合料是道路工程重要的筑路材料，它具有良好的力学性能和抗滑性、防水性好、平稳舒适、噪声小等优点，可分层加厚且易于修补；但也存在着易老化和感温性差（温度敏感性大）等缺点。

第一节　沥　青　材　料

沥青是一种褐色或黑褐色的有机胶凝材料，是由一些极其复杂的高分子碳氢化合物及其非金属（如氧、硫、氮等）衍生物组成的混合物。在常温下呈黑色或黑褐色的固体、半固体或液体。沥青按产源可分为地沥青（包括天然沥青、石油沥青）和焦油沥青（包括煤沥青、页岩沥青等）。目前工程中常用的主要是石油沥青，另外还使用少量的煤沥青。

一、石油沥青

石油沥青是由石油原油经蒸馏提炼出各种轻质油（如汽油、煤油、柴油、重柴油等）及润滑油以后的渣料。通常这些渣料属于低标号的慢凝液体沥青，再采用某些工艺和方法进一步加工制成工程用粘稠沥青。建筑上使用的主要是由建筑石油沥青制成的各种防水制品，有时现场也直接使用一部分石油沥青。道路工程使用的主要是道路石油沥青。

（一）石油沥青生产工艺与产品类别

土木工程中常用的石油沥青多为粘稠石油沥青，在常温下为固体，为提高沥青的稠度，以慢凝液体沥青为原料，采用再减压工艺或氧化工艺，分别得到直馏沥青和氧化沥青的溶剂沥青。这些沥青都属于粘稠沥青。

在粘稠沥青中掺加煤油或汽油等挥发速度较快的溶剂作稀释剂，可得到中凝液体沥青或快凝液体沥青。

采用两种（或两种以上）不同稠度（或其他技术性质）的沥青，按选定的比例互相调配后，得到符合要求稠度（或其他技术性质）的沥青产品，称为“调和沥青”。按照比例不同所得成品可以是粘稠沥青，亦可以是慢凝液体沥青。

沥青与水的表面张力差别很大，在常温或高温下都不会相互混溶。但将沥青加热至流动态，经过高速离心、剪切、冲击等机械作用，沥青会形成微粒，分散于有乳化剂的水中，变成沥青乳液，称为“乳化沥青”。

为更好地发挥石油沥青和煤沥青的优点，选择适当比例的煤沥青与石油沥青混合而成一种稳定的胶体，称为“混合沥青”。

（二）石油沥青的组分

因为沥青的化学组成复杂，进行分析很困难，且其化学组成也不能反映出沥青性质的差异，所以一般不作沥青的化学分析。通常从使用角度出发，将沥青分离为化学性质相近，且与其工程性能有一定联系的几个化学成分组，这些组就称为“组分”。这样就可以把沥青看作是由多个组分组成的混合物。通常在工程中把石油沥青划分为油分、树脂和沥青质三个主要组分，沥青中各组分含量的多寡与沥青的技术性质有直接关系。石油沥青的组分及其主要特性和作用见表 9-1。

表 9-1　石油沥青各组分的特性和作用

组分名称	外观状态	密度(g/cm³)	分子量	含量(%)	特点	作用
油分	浅黄色液体	0.7～1.0	200～700	45～60	溶于苯等有机溶剂不溶于酒精	赋予沥青以流动性，但含量多时，沥青的温度稳定性差
树脂	红褐色半固体	1.0～1.1	800～3000	15～30	溶于汽油等有机溶剂，难溶于酒精和丙酮	赋予沥青以塑性，树脂组分含量高，不但沥青塑性好，粘性也好
沥青质	深褐色至黑色固体	1.1～1.5	1000～5000	5～30	溶于三氯甲烷，二硫化碳，不溶于酒精	赋予沥青温度稳定性，沥青质含量高，温度稳定性好，但其塑性降低，硬脆性增加

从表中分析结果可以看出，相同粘度等级的沥青，由于原油基的差异，其所含化学组分也不同。通常是环烷基沥青较石蜡基沥青含蜡量低，而树脂和沥青质含量高；中间基沥青的组分则介于其间。用相同原油为原料生产的沥青，由于工艺条件的不同，其沥青的化学组分亦不同。通常是在相同稠度等级的沥青中，随着氧化沥青的沥青质含量增加，沥青的高温稳定性也得到提高，但低温抗裂性也相应降低。必须指出，氧化工艺不能降低沥青中的含蜡量，所以从总体来说，由石蜡基原油生产的氧化沥青的性能得不到改善。丙烷脱沥青的含蜡量有所减少，使沥青的低温抗裂性增加，但沥青质仍不足，所以高温稳定性没有明显改善。目前以石蜡基和中间基原油为原料，用直馏工艺尚不能生产符合标号的路用沥青。

三组分分析的优点是组分界限很明确，组分含量能在一定程度上说明沥青的工程性能，但主要缺点是分析流程复杂，分析时间很长。

（三）石油沥青的胶体结构

沥青之所以能够形成稳定的胶体，是因为极性强的沥青质可以吸附极性较强的胶质，胶质中极性最强的部分吸附在沥青质表面，然后逐步向外扩散，极性逐渐减小，芳香度也逐渐减弱。距离沥青质越远，则极性越小，直至与芳香分接近，甚至到几乎没有极性的饱和分。这样，在沥青胶体结构中，从沥青质到胶质，乃至芳香分和饱和分，它们的极性是逐步递变的，没有明显的分界线。所以，只有在各组分的化学组成和相对含量相匹配时，才能形成稳定的胶体。根据沥青中各组分的相对比例不同，胶体结构可分为溶胶型、凝胶型和溶－凝胶型三种类型。

（1）溶胶结构。当沥青中沥青质分子量较低，并且含量很少，同时有一定数量的芳香度较高的胶质时，胶团能够完全胶溶而分散在芳香分和饱和分的介质中。在此情况下，胶团相距较远，它们之间吸引力很小（甚至没有吸引力），胶团可以在分散介质粘度许可范围之内自由运动，这种胶体结构的沥青，称为溶胶型沥青。直馏沥青的结构多为溶胶结构。

（2）凝胶结构。地沥青质含量很多，胶团间由引力形成立体网状，地沥青质分散在网格之间，在外力作用下弹性效应明显。氧化沥青多属于凝胶结构。

(3) 溶—凝胶结构。介于溶胶与凝胶之间，并有较多的树脂，胶团间有一定吸引力，在常温下受力变形的最初阶段呈现出明显的弹性效应，当变形增加到一定数值后，则变为有阻尼的粘性流动。大部分优质道路沥青均配制成溶—凝胶型结构，它具有粘弹性和触变性，故亦称弹性溶胶。

(四) 石油沥青的技术性质

1. 物理特征常数

现代沥青路面的研究，对沥青材料的密度和热膨胀系数等物理特征常数极为重视。

(1) 密度。沥青密度是在规定温度下单位体积的质量 (kg/m^3)。《公路工程沥青及沥青混合料试验规程》(JTJ 052—2000) 规定，沥青在温度为 15℃时所测得的密度为标准密度，沥青的密度与其化学组成有密切的关系，通过沥青密度的测定，可以概括地了解沥青的化学组成。通常粘稠沥青的密度波动在 960～1040kg/m^3 范围内。我国富产石蜡基沥青，其特征为含硫量低、含蜡量高、沥青质含量少，所以相对密度常在 1.00 以下。

(2) 热膨胀系数。沥青在温度上升 1℃时的长度或体积的变化，分别称为线胀系数和体胀系数，统称为热膨胀系数。沥青路面的开裂，与沥青混合料的热膨胀系数有关。沥青混合料的热膨胀系数主要取决于沥青热学性质。特别是含蜡沥青，当温度降低时，蜡由液体转变为固态，比容突然增大，沥青的热膨胀系数发生突变，因而易导致路面产生开裂。

2. 粘滞性

石油沥青的粘滞性又称粘性，它是反映沥青材料内部阻碍其相对流动的一种特性，是沥青材料软硬、稀稠程度的反映。各种石油沥青的粘滞性变化范围很大，粘滞性的大小与其组分及温度有关。当沥青质含量较高，同时又有适量树脂，而油分含量较少时，则粘滞性较大；在一定温度范围内，当温度升高时，则粘滞性随之降低，反之则增大。

粘滞性应以绝对粘度表示，但因其测定方法较复杂，故工程中常用相对粘度（条件粘度）来表示粘滞性，对使用粘稠（半固体或固体）的石油沥青用针入度表示，对液体石油沥青则用粘滞度表示。针入度（或粘滞度）是石油沥青的重要技术指标之一。

针入度反映了石油沥青抵抗剪切变形的能力。针入度值越小，表明粘度越大。粘稠石油沥青的针入度是在规定温度（25℃）条件下，以规定质量（100g）的标准针，在规定时间（5s）内贯入试样中的深度表示，单位以 0.1mm 计，符号为 $P_{(25℃,100g,5s)}$。

对于液体沥青的粘滞度是在某温度下经一定直径的小孔流出 50cm^3 所需的时间，以秒表示。常用符号 $C_{T \cdot d}$表示粘滞度，其中 d 为流孔直径（mm），T 为试样温度，流出 50cm^3 沥青的时间为 t_0。d 有 3mm、4mm、5mm 和 10mm 四种，T 通常为 25℃或 60℃。

3. 塑性和脆性

(1) 塑性。塑性指石油沥青在外力作用下产生变形而不破坏，除去外力后，仍能保持变形后的形状的性质。石油沥青的塑性与其组分有关，当其中树脂含量较多，且其他组分含量又适当时，则塑性较好，温度及沥青膜层厚度也影响塑性。温度升高，则塑性增大，当膜层增厚，塑性也增大，反之则塑性越差。当膜层薄至 1μm 时，塑性近于消失，即接近于弹性。在常温下，塑性较好的沥青在产生裂缝时，也可能由于特有的粘塑性而自行愈合，故塑性也反映了沥青开裂后的自愈能力。沥青之所以能配制成性能良好的柔性防水材料，很大程度上决定于沥青的塑性。沥青的塑性对冲击振动荷载有一定吸收能力，并能减少摩擦时的噪声，故沥青是一种优良的道路路面材料。

石油沥青的塑性用延度表示。延度越大，塑性越好。延度测定是把沥青制成“8”字形标准试件，置于延度仪内特定温度（25℃或15℃）的水中，以5cm/min的速度拉伸，用拉断时的伸长度来表示，单位用cm表示。延度也是石油沥青的重要技术指标之一。

（2）低温脆性。沥青温度降低时会表现出明显的塑性下降，在较低温度下甚至表现为脆性。特别是在冬季低温下，用于防水层或路面中的沥青由于温度降低时产生的体积收缩，很容易导致沥青材料的开裂。显然，低温脆性反映了沥青抗低温的能力。

不同沥青对抵抗这种低温变形时脆性开裂的能力有所差别。通常采用弗拉斯脆点作为衡量沥青抗低温能力的条件脆性指标。沥青脆性指标是在特定条件下，涂于金属片上的沥青试样薄膜，因被冷却和弯曲而出现裂纹时的温度，以℃表示。低温脆性主要取决于沥青的组分，当树脂含量较多、树脂成分的低温柔性较好时，其抗低温能力就较强；当沥青中含有较多石蜡时，其抗低温能力就较差。

4. 温度敏感性

温度敏感性是指石油沥青的粘滞性和塑性随温度升降而变化的性能。因沥青是一种高分子非晶态热塑性物质，故没有一定的熔点。当温度升高时，沥青由固态或半固态逐渐软化，使沥青分子之间发生相对滑动，此时沥青就像液体一样发生了粘性流动，称为粘流态。与此相反，当温度降低时，沥青又逐渐由粘流态凝固为固态（或称高弹态），甚至变硬变脆（像玻璃一样硬脆称作玻璃态）。此过程反映了沥青随温度升降其粘滞性和塑性的变化。

在相同的温度变化间隔里，各种沥青粘滞性及塑性变化幅度不会相同，工程中要求沥青随温度变化而产生的粘滞性及塑性变化幅度应较小，即温度敏感性应较小。所以温度敏感性是沥青性质的重要指标之一。

通常石油沥青中沥青质含量多，在一定程度上能够减小其温度敏感性。在工程使用时往往加入滑石粉、石灰石粉或其他矿物填料来减小其温度敏感性。沥青中含蜡量较多时，则会增大温度敏感性，当温度不太高（60℃左右）时就发生流淌，在温度较低时又易变硬开裂。

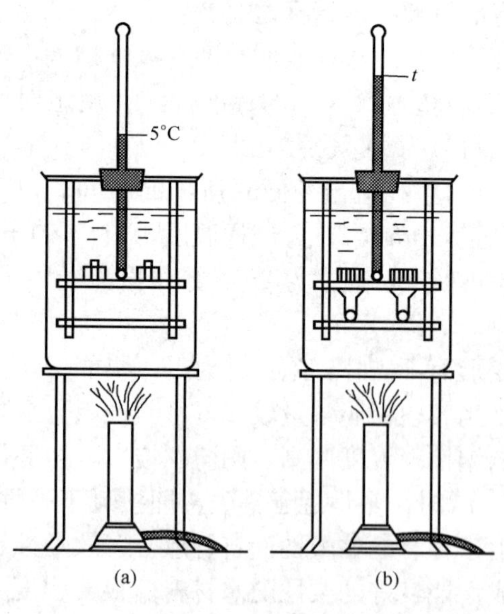

图9-1 沥青软化点测定

评价沥青温度敏感性的指标很多，常用的是软化点和针入度指数。

（1）软化点。沥青软化点是反映沥青温度敏感性的重要指标。由于沥青材料从固态至液态有一定的变态间隔，故规定其中某一状态作为从固态转到粘流态（或某一规定状态）的起点，相应的温度称为沥青软化点。

软化点的数值随采用的仪器不同而异，我国现行《公路工程沥青及沥青混合料试验规程》（JTJ 052—2000）是采用环球法软化点。该法（见图9-1）是将粘稠沥青试样注入内径为18.9mm的铜环中，环上放置一重3.5g的钢球，在规定的加热速度（5℃/min）下进行加热，沥青试样逐渐软化，直至在钢球重力作用下，使沥青下坠25.4mm时的温度称为软化点，符号为

$T_{R\&B}$。根据已有研究认为：沥青在软化点时的粘度约为1200Pa·s，或相当于针入度值800（1/10mm）。据此，可以认为软化点是一种人为的“等粘温度”。

（2）针入度指数。软化点是沥青性能随温度变化过程中重要的标志点，在软化点之前，沥青主要表现为粘弹态，而在软化点之后主要表现为粘流态；软化点越低，表明沥青在高温下的体积稳定性和承受荷载的能力越差。但仅凭软化点这一性质来反映沥青性能随温度变化的规律，并不全面。目前用来反映沥青感温性的常用指标为针入度指数PI。

针入度指数（简称PI）是普费和范杜尔·马尔等人提出的一种评价沥青感温性的指标。建立这一指标的基本思路是：根据大量试验结果，沥青针入度值的对数（lg$P$）与温度（T）具有线性关系，见图9-2（b）

$$\lg P = AT + K \qquad (9-1)$$

式中　A——直线斜率；

K——截距（常数）。

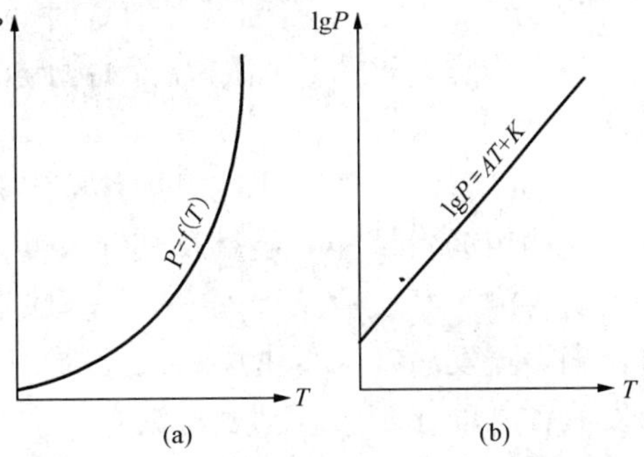

图9-2　沥青针入度—温度关系图

A表示沥青针入度对数（lg$P$）随温度（T）的变化率，A越大表明温度变化时，沥青的针入度变化得越大，也即沥青的感温性大。因此，可以用斜率A=d（lg$P$）/dT来表征沥青的温度敏感性，故称A为针入度。

为计算A值，可以根据已知的25℃时的针入度值$P_{(25℃,100g,5s)}$和软化点$T_{R\&B}$（℃），并假设软化点时的针入度值为800（1/10mm），由此可建立针入度—温度感应性系数A的基本计算公式

$$A = \frac{\lg 800 - \lg P_{(25℃,100g,5s)}}{T_{R\&B} - 25} \qquad (9-2)$$

式中　$P_{(25℃,100g,5s)}$——在25℃，100g，5s条件下测定的针入度值，1/10mm；

$T_{R\&B}$——环球法测定的软化点，℃。

按式（9-2）计算得的A值均为小数，为使用方便起见，普费等人作了一些处理，改用针入度指数（PI）表示，见式（9-3）

$$PI = \frac{30}{1+50A} - 10 \qquad (9-3)$$

由式（9-3）可知，沥青的针入度指数范围是−10～20；针入度指数是根据一定温度变化范围内，沥青性能的变化来计算出的，因此利用针入度指数来反映沥青性能随温度的变化规律更为准确；针入度指数（PI）值越大，表示沥青的感温性越低。现行行业标准JTJ 052—2000 T0604中规定，针入度指数是利用15℃、25℃和30℃的针入度回归得到的。

针入度指数不仅可以用来评价沥青的温度敏感性，同时也可以用来判断沥青的胶体结构：当PI<−2时，沥青属于溶胶结构，感温性大；当PI>2时，沥青属于凝胶结构，感温性低；介于其间的属于溶—凝胶结构。

不同针入度指数的沥青，其胶体结构和工程性能完全不同。相应的，不同的工程条件也对沥青有不同的PI要求：一般路用沥青要求PI>2；沥青用作灌缝材料时，要求−3<PI<1；

如用作胶粘剂，要求－2＜PI＜2；用作涂料时，要求－2＜PI＜5。

5. 大气稳定性

大气稳定性是指石油沥青在冷热变化、阳光、氧气和潮湿等大气因素的长期综合作用下抵抗老化的性能，也就是沥青材料的耐久性。在大气因素的综合作用下，沥青中各组分会发生不断递变，低分子化合物将逐步转变成高分子物质，即油分和树脂逐渐减少，而沥青质逐渐增多。实验证明，树脂转变为沥青质比油分变为树脂的速度快得多(约快50%)。因此，石油沥青随着时间的进展，流动性和塑性将逐渐减小，硬脆性逐渐增大，直至脆裂。这个过程称为石油沥青的“老化”，所以大气稳定性即为沥青抵抗老化的性能。

石油沥青的大气稳定性以加热蒸发损失百分率和加热前后针入度比来评定。其测定方法是：先测定沥青试样的质量及其针入度，然后将试样置于烘箱，在160℃下加热蒸发5h，待冷却后再测定其质量及针入度。计算出蒸发损失质量占原质量的百分数，称为蒸发损失百分率；测得蒸发后针入度占原针入度的百分数，称为蒸发后针入度比。蒸发损失百分数越小和蒸发后针入度比越大，则表示沥青的大气稳定性越好，即“老化”越慢。

粘滞性、塑性、温度敏感性和大气稳定性是石油沥青材料的主要性质，前三项是划分石油沥青牌号的依据。此外，为评定沥青的品质和保证施工安全，还应了解石油沥青的溶解度、闪点和燃点等性质。

闪点和燃点的高低，表明沥青引起火灾或爆炸的可能性的大小，它关系到运输，储存和加热使用等方面的安全。例如建筑石油沥青闪点约230℃，在熬制的一般温度应控制在185~200℃。为安全起见，沥青加热时还应与火焰隔离。

(五) 石油沥青的技术标准及应用

1. 石油沥青的技术标准

根据我国现行石油沥青标准，在工程建设中常用的石油沥青分道路石油沥青、建筑石油沥青、防水防潮石油沥青和普通石油沥青等四种，各品种按技术性质划分牌号。各牌号石油沥青的技术指标要求见表9-2，从表9-2可以看出，道路石油沥青、建筑石油沥青和普通石油沥青都是按针入度指标来划分牌号的。在同一品种石油沥青材料中，牌号越小，沥青越硬；牌号越大，沥青越软。同时随着牌号增加，沥青的粘性减小(针入度增加)，塑性增加(延度增大)，而温度敏感性增大(软化点降低)。

2. 石油沥青的品种与应用

在选用沥青材料时，应根据工程性质(建筑、道路、防腐)及当地气候条件、所处工程部位(屋面、地下)来选用不同品种和牌号的沥青。

(1) 建筑石油沥青。《建筑石油沥青》(GD/T 494—1998) 中规定，按针入度不同，建筑石油沥青分为10号、30号、40号三个牌号(见表9-2)。建筑石油沥青针入度较小(粘性较大)，软化点较高(耐热性较好)，但延度较小(塑性较差)，主要用作制造油毡、油纸、防水涂料和沥青胶。它们绝大部分用于屋面及地下防水、沟槽防水、防腐蚀等工程。对于屋面防水工程，应注意防止过分软化。为避免夏季受热流淌，屋面用沥青材料的软化点还应比当地气温下屋面可能达到的最高温度高20℃以上。但软化点也不宜选择过高，否则冬季低温易发生硬脆甚至开裂。对一些不易受温度影响的部位(如地下防水工程)，可选用牌号较大的沥青。

表 9-2 **各品种石油沥青的技术指标**

<table>
<tr><th rowspan="2">质量指标</th><th colspan="7">《道路石油沥青》
(SH/T 0522—2000)</th><th colspan="3">《建筑石油沥青》
(GB/T 494—1998)</th><th colspan="4">《防水防潮石油沥青》
(SH/T 0002—1990)</th></tr>
<tr><th>200#</th><th>180#</th><th>140#</th><th>100甲</th><th>100乙</th><th>60甲</th><th>60乙</th><th>40#</th><th>30#</th><th>10#</th><th>3#</th><th>4#</th><th>5#</th><th>6#</th></tr>
<tr><td>针入度(25℃,100g)(0.1mm)</td><td>210~300</td><td>161~200</td><td>121~160</td><td>81~120</td><td>81~120</td><td>41~80</td><td>41~80</td><td>36~50</td><td>26~35</td><td>10~25</td><td>25~45</td><td>20~40</td><td>20~40</td><td>30~50</td></tr>
<tr><td>延度(25℃)(cm),不小于</td><td></td><td>100</td><td>100</td><td>80</td><td>60</td><td>60</td><td>40</td><td>3.5</td><td>2.5</td><td>1.5</td><td colspan="4"></td></tr>
<tr><td>软化点(环球法)(℃)</td><td>30~45</td><td>35~45</td><td>38~48</td><td>42~52</td><td>42~52</td><td>45~55</td><td>45~55</td><td>≥60</td><td>≥75</td><td>≥95</td><td>≥85</td><td>≥90</td><td>≥100</td><td>≥95</td></tr>
<tr><td>针入度指数,不小于</td><td colspan="7"></td><td colspan="3"></td><td>3</td><td>4</td><td>5</td><td>6</td></tr>
<tr><td>溶解度(三氯乙烯,三氯甲烷或苯)(%),不小于</td><td colspan="7">99.0</td><td colspan="3">99.5</td><td>98</td><td>98</td><td>95</td><td>92</td></tr>
<tr><td>蒸发损失(160℃,5h)(%),不小于</td><td colspan="7">1</td><td colspan="3">1</td><td colspan="4">1</td></tr>
<tr><td>蒸发后针入度比(%),不小于</td><td>50</td><td>60</td><td>60</td><td colspan="2">65</td><td colspan="2">70</td><td colspan="3">65</td><td colspan="4"></td></tr>
<tr><td>闪点(开口)(℃),不低于</td><td>180</td><td>200</td><td>230</td><td colspan="2">230</td><td colspan="2">230</td><td colspan="3">230</td><td>250</td><td colspan="3">270</td></tr>
<tr><td>脆点(℃),不高于</td><td></td><td></td><td></td><td colspan="2"></td><td colspan="2"></td><td colspan="3">报告</td><td>5</td><td>10</td><td>15</td><td>−20</td></tr>
</table>

(2) 道路石油沥青。道路石油沥青按交通量分为重交通道路石油沥青和中、轻交通道路石油沥青。中、轻交通道路石油沥青主要用于一般的道路路面、车间地面等工程。按石油化工行业标准《道路石油沥青》(SH/T 0522—2000),道路石油沥青分为 A—60、A—100、A—140、A—180、A—200 五个牌号,其中 A—60、A—100 按延度指标又划分为甲、乙两个副牌号,各牌号的技术要求见表 9-2。重交通道路石油沥青主要用于高速公路路面、一级公路路面、机场道面及城市道路路面等工程。按国家标准《重交通道路石油沥青》(GB/T 15180—2000),重交通道路石油沥青分为 AH—50、AH—70、AH—90、AH—110、AH—130 五个牌号。2004 年 9 月,交通行业标准《公路沥青路面施工技术规范》(JTGF 40—2004)统一了道路石油沥青技术要求,列于表 9-3 中。

表 9-3 道路石油沥青技术要求(JTGF 40—2004)

项目	单位	等级	技术指标															试验方法
			160号	130号	110号	90号					70号					50号	30号	JTJ052
针入度（25℃，5s，100g）	dmm		140～200	120～140	100～120	80～100					60～80					40～60	20～40	T0604
针入度指数PI		A	−1.5～+1.0															T0604
		B	−1.8～+1.0															
软化点（R&B），不小于	℃	A	38	40	43	45	44				46	45				49	55	T0606
		B	36	39	42	43	42				44	43				46	53	
		C	35	37	41	42					43					45	50	
60℃动力粘度，不小于	Pa·s	A	—	60	120	160			140		180		160			200	260	T0620
10℃延度，不小于	cm	A	50	50	40	45	30	20	30	20	20	15	25	20	15	15	10	T0605
		B	30	30	30	30	20	15	20	15	15	10	10	15	10	10	8	
15℃延度，不小于	cm	A,B	100													80	50	
		C	80	80	60	50					40					30	20	
蜡含量（蒸馏法），不小于	%	A	2.2															T0615
		B	3.0															
		C	4.5															
闪点，不小于	℃		230			245					260							T0611
溶解度，不小于	%		99.5															T0607
密度(15℃)	g/cm^3	实测记录																T0603
TFOT(或RTFOT)后																		
质量变化，不大于	%		±0.8															T0610 T0609
残留针入度比，不小于	%	A	48	54	55	57					61					63	65	T0604
		B	45	50	52	54					58					60	62	
		C	40	45	48	50					54					58	60	
残留延度（10℃），不小于	cm	A	12	12	10	8					6					4	—	T0605
		B	10	10	8	6					4					2	—	
残留延度(15℃)，不小于	cm	C	40	35	30	20					15					10	—	T0605

注 1. 30号沥青仅适用于沥青稳定层。130号和160号沥青除寒冷地区可直接在中低级公路上应用外，通常用作乳化沥青、稀释沥青、改性沥青基质沥青。

2. 经建设方同意，表中PI值、60℃动力粘度、10℃延度可作为选择性指标，也可不作为施工质量检验指标。

按其质量，各牌号（也称标号）道路石油沥青分为A、B、C三级，A级沥青适用于各个等级的公路，适用于任何场合和层次；B级沥青适用于高速公路、一级公路沥青面层及以下层次，二级及二级以下公路的各个层次；还可用作改性沥青、乳化沥青、改性乳化沥青、稀释沥青的基质沥青；C级沥青适用于三级及三级以下公路的各个层次。

道路石油沥青一般拌制成沥青混凝土、沥青拌和料或沥青砂浆等使用。沥青路面采用哪种沥青标号，宜按公路等级、气候条件、交通条件、路面类型及在结构层中的层位及受力特点、施工方法，结合当地的使用经验，经技术论证后确定。

道路石油沥青还可作密封材料、粘结剂及沥青涂料等。此时宜选用粘性较大和软化点较高的道路石油沥青。

(3) 防水防潮石油沥青。按石油化工行业标准《防水防潮石油沥青》（SH/T 0002-1990)，防水防潮石油沥青按针入度指数划分为3号、4号、5号、6号四个牌号，它除保证针入度、软化点、溶解度、蒸发损失、闪点等指标外，特别增加了保证低温变形性能的脆点指标。随牌号增大，其针入度指数增大，温度敏感性减小，脆点降低，应用温度范围愈宽。这种沥青的针入度均与30号建筑石油沥青相近，但软化点却比30号沥青高15~30℃，因而质量优于建筑石油沥青。

防水防潮石油沥青的温度稳定性较好，特别适合做油毡的涂覆材料及建筑屋面和地下防水的粘结材料。其中3号沥青温度敏感性一般，质地较软，用于一般温度下的室内及地下结构部分的防水。4号沥青温度敏感性较小，用于一般地区可行走的缓坡屋面防水。5号沥青温度敏感性小，用于一般地区暴露屋顶或气温较高地区的屋面防水。6号沥青温度敏感性最小，并且质地较软，除一般地区外，主要用于寒冷地区的屋面及其他防水防潮工程。

(六) 石油沥青的掺配与稀释

当不能获得合适牌号的沥青时，可采用两种牌号的石油沥青掺配使用，两种石油沥青的掺配比例可用下式估算

$$Q_1 = \frac{T_2 - T}{T_2 - T_1} \times 100\%$$

$$Q_2 = 1 - Q_1$$

式中 Q_1——较软石油沥青用量,%；

Q_2——较硬石油沥青用量,%；

T——掺配后的石油沥青软化点,℃；

T_1——较软石油沥青软化点,℃；

T_2——较硬石油沥青软化点,℃。

以估算的掺配比例和其邻近的比例（±5%~±10%）进行试配（混合熬制均匀)。测定掺配后沥青的软化点，然后绘制掺配比—软化点关系曲线，即可从曲线上确定出所要求的掺配比例。同样地也可采用针入度指标按上法估算及试配。

当沥青过于粘稠影响使用时，可以加入溶剂进行稀释，但必须采用同一产源的油料作稀释剂。如石油沥青应采用汽油、煤油、柴油等石油产品系统的轻质油料作稀释溶剂，而煤沥青则采用煤焦油、重油、蒽油等煤产品系统的油料作稀释溶剂。

二、煤沥青

煤沥青是炼焦厂或煤气厂的副产品。烟煤在干馏过程中的挥发物质，经冷凝而成黑色粘性液体称为煤焦油，煤焦油经分馏加工提取轻油、中油、重油、蒽油以后，所得残渣即为煤沥青。根据蒸馏程度不同，煤沥青分为低温沥青、中温沥青和高温沥青三种。建筑上所采用的煤沥青多为粘稠或半固体的低温沥青。

1. 煤沥青的特性

煤沥青的主要组分为油分、脂胶、游离碳等，常含有少量酸、碱物质。由于煤沥青的组分和石油沥青不同，故其性能也不同，主要表现在下列各点：

（1）温度敏感性大。因含对溶性树脂多，由固态或粘稠态转变为粘流态（或液态）的温度间隔较短，夏天易软化流淌而冬天易脆裂。

（2）大气稳定性较差。含挥发性成分和化学稳定性差的成分较多，在热、阳光、氧气等长期综合作用下，煤沥青的组成变化较大，易硬脆。

（3）塑性较差。含有较多的游离碳，使用中易因变形而开裂。

（4）煤沥青中的酸、碱物质都是表面活性物质，由于含表面活性物质较多，故与矿料表面的粘附力较好。

（5）防腐性好。因含酚、蒽等有毒物质，防腐蚀能力较强，故适用于木材的防腐处理。因酚易溶于水，故防水性不及石油沥青。

煤沥青在储存和施工中要遵守有关操作和劳保规定，以防止发生中毒事故。

2. 煤沥青的应用

煤沥青具有很好的防腐能力、良好的粘结能力。因此可用于配制防腐涂料、胶粘剂、防水涂料、油膏以及制作油毡等。但由于煤沥青具有一定的致癌作用，因此工程中使用较少。石油沥青与煤沥青互相掺配过去被视为一个禁区，现在经过深入研究已投入使用。将石油沥青和煤沥青按适当比例混合可形成一种稳定胶体称为混合沥青。混合沥青可以得到两种沥青的优点，既提高了石油沥青与矿物材料的粘结性，又提高了煤沥青的大气稳定性及低温塑性。但这两种沥青是互相难溶的，掺混不当会发生沉淀变质。因此材料的选用及混合的比例均应通过试验确定。掺混时应加热，并在匀化器中高速搅拌。

第二节　石油沥青的老化与改性

一、沥青的老化

沥青在储运、加工、施工及使用过程中，由于长时间地暴露在空气中，在风雨、温度变化等自然条件的作用下，会发生一系列的物理及化学变化，如蒸发、脱氢、缩合、氧化等等。此时沥青中除含氧官能团增多外，其他的化学组成也有变化，最后使沥青逐渐变脆开裂，不能继续发挥其原有的粘结或密封作用。沥青在长期使用过程中所表现出的胶体结构、理化性质或机械性能不可逆的劣化称为老化。

由于沥青的老化，引起沥青物理—力学性质的变化。通常的规律是：针入度变小、延度降低、软化点和脆点升高，表现为沥青变硬、变脆、延伸性降低，导致沥青产生裂缝、松散等破坏。沥青老化后物理—力学性质变化如表 9-4 所示。

表 9-4　老化沥青和再生沥青的技术性质示例

沥青名称	技术性质			
	针入度(1/10mm)	延度(cm)	软化点(℃)	脆点(℃)
原始沥青	106	73	48	−6
老化沥青	39	23	55	−4
再生沥青	80	78	49	−10

在实际应用中，人们要求沥青有尽可能长的耐久性，老化的速度就尽可能地小一些，因而提出了对沥青耐久性的要求。耐久性是沥青使用性能方面一个十分重要的综合性指标。由于老化带来的性能劣化，造成使用沥青材料的工程经过一定的使用年限后，都要进行大规模的翻修。1977 年美国仅花费在道路维修方面的费用就达 10 亿多美元。所以如何提高沥青的耐久性，延长沥青材料的使用寿命，在国民经济中占有相当重要的地位，同时也是沥青科学专业研究和生产方面的一个十分迫切的课题。

与老化过程相反，利用某种工艺及材料，来改善沥青的组分组成、胶体结构以及宏观性能，使其工程性能得到一定程度的恢复，此过程称为再生，如表 9-4 所示。目前沥青材料的再生，是理论界及工程界的一个热点，但由于沥青材料的复杂性，这些工作尚都处于起步阶段。

二、沥青的改性

建筑上使用的沥青要求其具有一定的性能：在低温条件下应有较好的柔韧性；在高温下要有足够的稳定性；在加工和使用条件下具有抗“老化”能力；与各种矿物料和基体表面有较强的粘附力；以及对构件变形具有良好的适应性和耐疲劳性等。通常石油加工厂生产的沥青不一定能完全满足这些要求，如只控制耐热性（软化点）其他方面就很难达到要求，致使目前沥青防水工程渗漏现象严重，使用寿命短。为此在发展各种高性能防水材料的同时，常用矿物填料，橡胶和树脂等来改性石油沥青，生产防水卷材、防水涂料和嵌缝油膏等防水制品。

（一）矿物填料改性沥青

在沥青中加入一定数量的矿物填充料，可以提高沥青的粘性和耐热性，减小沥青的温度敏感性，同时也减少了沥青的耗用量，主要适用于生产沥青胶。

1. 常用矿物填料

矿物填料有粉状和纤维状两种，常用的有滑石粉、石灰石粉、硅藻土、石棉绒和云母粉等。滑石粉的主变化学成分是含水硅酸镁，它亲油性好，易被沥青润湿，可直接混入沥青中，以提高沥青的机械强度和抗老化性能，常用于生产具有耐酸、耐碱、耐热和绝缘性能好的沥青制品。石灰石粉与沥青有较强的物理吸附力和化学吸附力，故是较好的矿物填充料。

硅藻土是软而多孔的轻质材料，易磨成细粉，耐酸性强，是制作轻质、绝热、吸音沥青制品的主要填料。另外，膨胀珍珠岩也具有类似的性质，也可用作沥青制品的矿物填充料。云母粉具有优良的耐热性、耐酸性、耐碱性和电绝缘性，用于屋面防护层时，有反光作用，可降低屋面温度，反射紫外线，防止老化，延长沥青使用寿命。

石棉绒或石棉粉的主要组成为钠、钙、镁、铁的硅酸盐，呈纤维状，富有弹性，具有耐酸、耐碱和耐热性能，是热和电的不良导体，内部有很多微孔，吸油（沥青）量大，掺入后可提高沥青的抗拉强度和热稳定性。

2. 矿物填充料改性机理

掺入沥青中的矿物填充料，能被沥青包裹而形成稳定的混合物的前提是：一要沥青能润湿矿物填充料；二要沥青与矿物填充料之间具有较强的吸附力，并不为水所剥离。

一般具有共价键或分子键结合的矿物属憎水性（即亲油性）的材料。如滑石粉等，对沥青的亲和力大于对水的亲和力。故滑石粉颗粒表面所包裹的沥青即使在水中也不会被水所剥离。另外，具有离子键结合的矿物如碳酸盐、硅酸盐、云母等，属亲水性矿物，不亲油。但由于沥青中含有酸性树脂，它是一种表面活性物质，能够与矿物颗粒表面产生较强的物理吸附作用。如石灰石粉颗粒表面上的钙离子和碳酸根离子对树脂的活性基团有较大的吸附力，还能与沥青酸或环烷酸发生化学反应、形成不溶于水的沥青酸钙或环烷酸钙，从而产生了化学吸附力，故石灰石粉与沥青也可形成稳定的混合物。

从以上分析可以认为：由于沥青对矿物填充料的润湿和吸附作用，沥青可以单分子状态排列在矿物颗粒（或纤维）表面，形成结合力牢固的沥青薄膜，称之为“结构沥青”（图9-3）。结构沥青具有较高的粘性和耐热性等，但是矿物填充料的掺入量要适当，一般掺量为20%～40%时，可以形成恰当的结构沥青膜层。

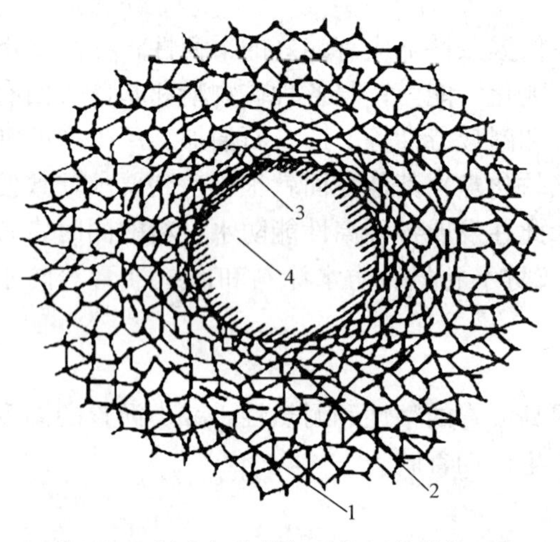

图9-3 沥青与矿粉相互作用的结构图示
1—自由沥青；2—结构沥青；3—钙质薄膜；4—矿粉颗粒

（二）树脂改性沥青

用树脂改性石油沥青，可以改善沥青的耐寒性、耐热性、粘结性和不透气性。在生产卷材、密封材料和防水涂料等产品时均有应用。

由于石油沥青中含芳香性化合物较少，使得树脂和石油沥青的相溶性较差，故可用的树脂品种较少。常用的树脂有：古马隆树脂、聚乙烯、聚丙烯、酚醛树脂及天然松香等。

古马隆树脂呈粘稠液体或固体状，浅黄色至黑色，易溶于氯化烃、酯类、硝基苯等，属热塑性树脂。将沥青加热熔化脱水，在150～160℃情况下，把古马隆树脂加入到熔化的沥青中，并不断搅拌，再把温度升至185～190℃，保持一定时间。使之充分混合均匀，即得到古马隆树脂改性沥青。古马降树脂掺量约40%，这种沥青的粘性较大。

将沥青加热熔化脱水再加入高密度聚乙烯，并不断搅拌达30min，温度保持在140℃左右，即可得到均匀的聚乙烯树脂改性沥青。用直馏沥青28%，氧化沥青39%，聚乙烯树脂3%，渣油5%，矿粉填料25%，可制得具有自粘性的混合物。

此外，用无规聚丙烯（APP）对石油沥青改性做涂层材料，用聚酯无纺布和玻璃纤维做基胎，则可制成具有良好的弹塑性、耐高温性和抗老化性的APP改性沥青卷材。这种卷材在意大利应用量约占防水卷材的90%。用聚氯乙烯改性焦油沥青，可制得耐低温油毡，其特点是具有优良的耐热和耐低温性能，施工最低开卷温度比一般油毡降低25℃。用煤焦油和聚氯乙烯可制成广泛应用的聚氯乙烯嵌缝油膏。

（三）橡胶改性沥青

橡胶是石油沥青的重要改性材料，它与石油沥青有很好的混溶性，能使沥青兼具橡胶的很多优点。如高温变形性小，低温柔性好，克服了传统纯沥青热淌冷脆的缺点，提高了材料的强度、延伸率和耐老化性。由于橡胶的品种不同，掺入的方法也有差异，故各种橡胶沥青的性能也不一样。现将常用品种分述如下：

1. 氯丁橡胶改性沥青

石油沥青中掺入氯丁橡胶后，可使其气密性、低温柔性、耐化学腐蚀性、耐光、耐臭氧性、耐候性和耐燃性等得到大大改善。氯丁橡胶掺入的方法有溶剂法和水浮法。溶剂法是先将氯丁橡胶溶于一定的溶剂（如甲苯）中形成溶液，然后掺入液态沥青中并混合均匀即可。水浮法是将橡胶和石油沥青分别制成乳液，然后混合均匀即可使用。

2. 丁基橡胶改性沥青

丁基橡胶沥青的配制方法与氯丁橡胶沥青类似，且稍简单些。将丁基橡胶碾切成小片，在搅拌时把小片加到100℃的溶剂中（不得超过110℃），制成浓溶液。同时将沥青加热脱水熔化成液体状沥青。通常在100℃左右把两种液体按比例混合搅拌均匀并进行浓缩15～20min。丁基橡胶在混合物中的含量一般为2%～4%。也可以将丁基橡胶和石油沥青分别制备成乳液，然后再按一定比例把两种乳液混合即成丁基橡胶沥青。丁基橡胶沥青具有优异的耐分解性，并有较好的低温抗裂性能和耐热性能，多用于道路路面工程和制作密封材料及涂料。

3. 热塑性丁苯橡胶改性沥青

SBS热塑性橡胶兼有橡胶和塑料的特性，常温下具有橡胶的弹性，在高温下又能像塑料那样熔融流动，成为可塑的材料。所以采用SBS橡胶改性沥青，其耐高、低温性能均有较明显提高，制成的卷材弹性和耐疲劳性也大大提高，是目前应用最成功和用量最大的一种改性沥青。在法国SBS改性沥青油毡的用量占60%以上。SBS的掺入量一般为5%～10%。主要用于制作防水卷材，此外也可用于制作防水涂料等。

4. 再生橡胶改性沥青

再生橡胶掺入石油沥青中，同样可大大提高石油沥青的气密性，低温柔性，耐光、耐热和耐臭氧性，以及耐候性，且价格低廉。再生橡胶沥青材料的制备是先将废旧橡胶加工成1.5mm以下的颗粒，然后与石油沥青混合，经加热搅拌脱硫，就能得到具有一定弹性、塑性和粘结力良好的再生胶沥青材料。废旧橡胶的掺量视需要而定，一般为3%～15%。再生橡胶沥青可以制成防水卷材、片材、密封材料、胶粘剂和涂料等多种制品。

（四）橡胶和树脂共混改性沥青

同时用橡胶和树脂来改善石油沥青的性质，可使沥青兼具橡胶和树脂的特性。由于树脂比橡胶便宜，橡胶和树脂又有较好的混溶性，故能取得较满意的综合效果。

橡胶、树脂和石油沥青在加热熔融状态下，沥青与高分子聚合物之间发生相互侵入和扩散，沥青分子填充在聚合物大分子的间隙内，同时聚合物分子的某些链节扩散进入沥青分子中，从而形成凝聚网状混合结构，由此而获得较优良的性能。生产中所采用的原材料品种、配合比、制作工艺等不同，可制得性能各异的各种产品，通常有卷材、片材、密封材料和防水涂料等。

第三节 沥青混合料

一、概述

沥青混合料是一种较好的粘性和弹塑性材料，因而它具有一定的高温稳定性和低温抗裂性。路面不需设置施工缝和伸缩缝，施工方便、速度快、能及时开放交通，路面平整、行车比较舒适。因此沥青混合料是高级公路最主要的路面材料。

（一）沥青混合料的定义

沥青混合料是将粗集料（>2.36mm）、细集料（0.075～2.36mm）和填料（<0.075mm）经人工合理选择级配组成的矿质混合料与适量的沥青材料经拌和所组成的混合物。将沥青混合料经摊铺后碾压成型，即成为各种类型的沥青混合料路面。

目前常用沥青混合料定义如下：

1. 密实级配沥青混合料

按密实级配原理设计组成的各种粒径颗粒的矿料，与沥青结合料拌和而成，设计空隙率较小（对不同交通及气候情况、层位可作适当调整）的密实级沥青混凝土混合料（以AC表示）和密实级沥青稳定碎石混合料（以ATB表示）。按关键性筛孔通过率的不同又可分为细型和粗型密级配沥青混合料等。粗集料嵌挤作用较好的也称嵌挤密实型沥青混合料。

2. 开级配沥青混合料

矿料级配主要由粗集料嵌挤组成，细集料及填料较少，设计空隙率18%的混合料。

3. 半开级配沥青碎石混合料

由适当比例的粗集料、细集料及少量填料（或不加填料）与沥青结合料拌和而成，经马歇尔标准击实成型，试件的剩余空隙率在6%～12%的半开式沥青碎石混合料（以AM表示）。

4. 间断级配沥青混合料

矿料级配组成中缺少1个或几个档次（或用量很少）而形成的沥青混合料。

5. 沥青稳定碎石脱合料（简称沥青碎石）

由矿料和沥青组成具有一定级配要求的混合料，按空隙率、集料最大粒径、添加矿粉数量的多少，分为密级配沥青碎石（ATB），开级配沥青碎石（OGFC表面层及ATFD基层）、半开级配沥青碎石（AM）。

6. 沥青玛蹄脂碎石混合料

由沥青结合料与少量的纤维稳定剂、细集料以及较多量的填料（矿粉）组成的沥青玛蹄脂，填充于间断级配的粗集料骨架的间隙，组成一体形成的沥青混合料，简称SMA。

（二）沥青混合料的分类

沥青混合料是由矿料与沥青结合料拌和而成的混合料的总称。按材料组成及结构分为连续级配、间断级配混合料。按矿料级配组成及空隙率大小分为密级配、半开级配、开级配混合料。按公称最大粒径的大小可分为特粗式（公称最大粒径等于或大于37.5mm)、粗粒式（公称最大粒径26.5mm)、中粒式（公称最大粒径16mm或19mm)、细粒式（公称最大粒径9.5mm或13.2mm)、砂粒式（公称最大粒径小于9.5mm）沥青混合料。按制造工艺分热拌沥青混合料、冷拌沥青混合料、再生沥青混合料等。

道路工程中常用的沥青混合料主要有以下几类。

1. 按结合料分类

根据所用沥青的品种或性质分别有普通石油沥青混合料、改性石油沥青混合料或煤沥青混合料。

2. 按沥青混合料拌制和摊铺时要求的温度分类

（1）热拌热铺沥青混合料。将预先加热至流动状态的沥青与已加热干燥的矿质混合料在热态下拌制和铺筑的沥青混合料。目前工程中最常用的沥青混合料是热拌沥青混合料。

（2）常温沥青混合料。将常温液体沥青（乳化沥青或稀释沥青等）与矿质混合料在常温状态下拌制和铺筑的沥青混合料。

3. 按矿质混合料的级配类型分类

（1）连续级配沥青混合料。用连续级配的矿质混合料所配制的沥青混合料。其中连续级配矿质混合料是指矿质混合料中的颗粒从大到小各级粒径都有，且按比例相互搭配组成。

（2）间断级配沥青混合料。用间断级配的矿质混合料所配制的沥青混合料。其中间断级配矿质混合料是指矿质混合料的比例搭配组成中缺少某些尺寸范围粒径的级配。

4. 按混合料密实度分类

（1）密实级配沥青混凝土混合料。指用颗粒级配相互嵌挤较密实的矿质混合料与沥青拌和而成的混合料。这种沥青混合料压实后的剩余空隙率通常小于10%。其中剩余空隙率为3%～6%时称为Ⅰ型密实式沥青混凝土混合料；剩余空隙率为4%～10%时称为Ⅱ型半密实式沥青混凝土混合料。

（2）开级配沥青混合料。指用粗颗粒较多，且级配相互嵌挤不密实的矿质混合料与沥青拌和而成的混合料，简称开式沥青混合料。通常开式沥青混合料压实后剩余空隙率大于15%。

（3）半开级配沥青混合料。指用适当孔隙率的矿质混合料与沥青拌和而成的沥青混合料，简称半开式沥青混合料，也称为沥青碎石混合料。半开式沥青混合料压实后剩余空隙率通常为10%～15%

5. 按沥青混合料所用集料的最大粒径分类

（1）粗粒式沥青混合料：集料最大粒径为26.5mm或31.5mm的沥青混合料。

（2）中粒式沥青混合料：集料最大粒径为16mm或19mm的沥青混合料。

（3）细粒式沥青混合料：集料最大粒径为9.5mm或13.2mm的沥青混合料。

（4）砂粒式沥青混合料：集料最大粒径不大于4.75mm的沥青混合料。

（5）特粗式沥青碎石混合料：集料最大粒径不小于37.5mm的沥青混合料。

二、沥青混合料的组成结构

沥青混合料是由沥青、粗细集料和矿粉按照一定的比例拌和而成的多组分材料。由沥青混合料修筑的路面，有两种不同的强度理论即表面理论与胶浆理论。

表面理论认为，沥青混合料是由大小不同粒径粗、细集料和矿粉组成的密实矿质混合料的骨架，利用沥青胶结料的粘聚力，在加热状态下施工，使沥青包裹在矿料的表面，经过压实固结后，将松散的矿质颗粒胶结成具有一定强度的整体。

胶浆理论认为，沥青混合料是一种具有空间网络状结构的多级分散体系。沥青混合料是以粗集料为分散相，沥青砂浆为分散介质的粗分散系；沥青砂浆又是以细浆料为分散相，沥青胶结物为分散介质的细分散系；而沥青胶结物又是以矿粉为分散相，沥青为分散介质的微分散系。

两种理论的主要区别是，表面理论重点突出矿质集料的骨架作用，强度的关键首先是矿质骨料的强度和密实度；而胶浆理论则突出沥青胶结物在混合料中的作用，以及沥青与填充料之间的关系，这对沥青混合料的高温稳定性和低温抗裂性的影响尤为重要。

沥青混合料按矿质骨架的结构状况，可将其组成结构分为下述三个类型：

1. 悬浮密实结构

当采用连续密级配的沥青混合料时，集料从大到小连续存在，由于粗集料的数量较少而细集料的数量较多，粗集料被细集料挤开，而以悬浮状态存在于细集料之间［图 9-4（a）］，这种结构的沥青混合料密实度及强度较高，而稳定性较差。一般的沥青混凝土路面都采用这种连续级配型的结构。

2. 骨架空隙结构

当采用连续开级配的沥青混合料时，粗集料较多，彼此紧密相接，细集料的数量较少，形成较多空隙［图 9-4（b）］。这种结构的沥青混合料，集料能充分形成骨架，集料之间的嵌挤力和内摩阻力起重要作用，因此这种沥青混合料受沥青材料性质的变化影响较小，因而热稳定性较好，但沥青与矿料粘结力小、空隙率大、耐久性差。

3. 骨架密实结构

采用间断级配的沥青混合料，综合以上两种结构之长，既有一定数量的粗集料形成骨架，又根据粗集料空隙的多少加入细集料，形成较高的密实度［图 9-4（c）］。这种结构的沥青混合料的密实度、强度和稳定性都较好，是较理想的结构类型。

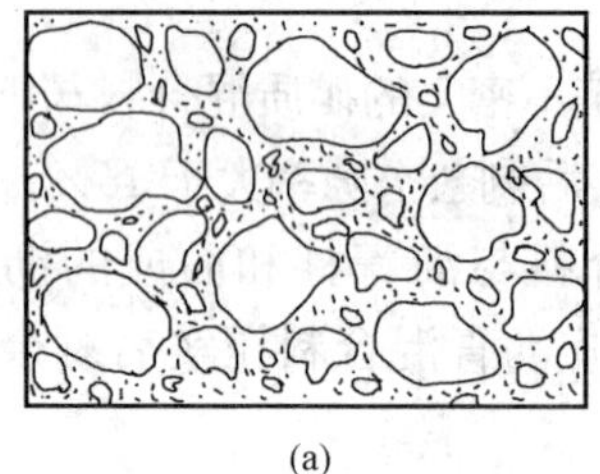
(a)

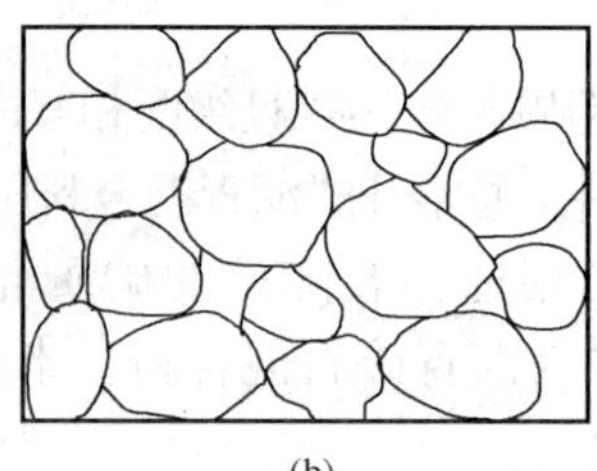
(b)

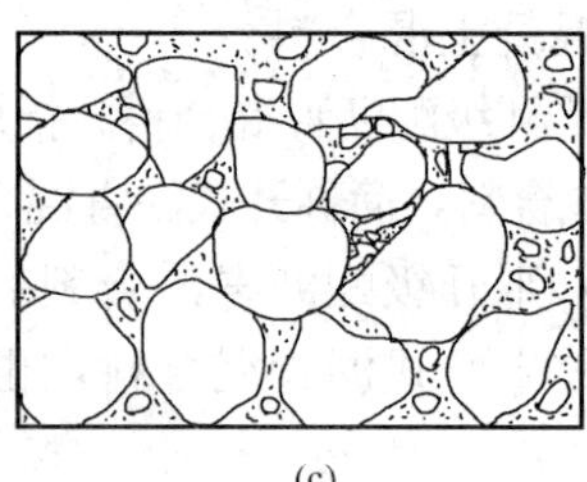
(c)

图 9-4 沥青混合料组成结构示意图

（a）悬浮密实结构；（b）骨架空隙结构；（c）骨架密实结构

4. 常用沥青混合料的结构类型

从上述 3 种不同的沥青混合料组成结构特点来看，由于其组成的不同，直接影响了混合料的结构稳定性，通过调整其组成来优化材料的内部结构，可以获得所期望的物理力学性能（上述 3 种典型结构沥青混合料的结构和物理参数见表 9-5）。通过选择组成结构不同的沥青混合料，可以满足工程实际中所需要的物理力学性能。目前最常用结构不同的沥青混合料主要有以下两类。

表 9-5 典型结构组成沥青混合料的结构参数和物理参数

混合料名称	组成结构类型	结构参数			稳定性指标	
		密度（g/cm³）	空隙率（%）	矿料间隙率（%）	粘聚力（kPa）	内摩擦角（rad）
连续型密级配沥青混合料	悬浮密实结构	2.40	1.3	17.9	318	0.600
连续型开级配沥青混合料	骨架空隙结构	2.37	6.1	16.2	240	0.653
间断型密级配沥青混合料	骨架密实结构	2.43	2.7	14.8	338	0.658

(1) 沥青混凝土混合料。由适当比例的粗集料、细集料、矿粉及沥青等材料，按照规定条件制成的混合料，简称沥青混凝土，并用AC或LH来表示其材料级配类型。工程实际中要求沥青混凝土混合料压实后剩余空隙率应小于10%，其组成结构特征与骨架密实结构相近。

(2) 沥青碎石混合料。由适当比例的粗集料、细集料、沥青及少量矿粉等材料，按照规定条件制成的混合料，简称沥青碎石，并用AM或LS来表示其材料级配类型。工程实际中沥青碎石混合料压实后剩余空隙率通常大于10%，其组成结构特征与骨架空隙结构相近。

三、沥青混合料的技术性质

1. 高温稳定性

沥青混合料的高温稳定性是指在夏季高温条件下，沥青混合料承受多次重复荷载作用而不发生过大的累积塑性变形的能力。沥青混合料路面在车轮作用下受到垂直力和水平力的综合作用，能抵抗高温而不产生车辙和波浪等破坏现象的为高温稳定性符合要求。

在国内外的沥青混合料技术规范中，多数采用高温强度与稳定性作为主要技术指标。常用的测试评定方法有：马歇尔试验法、无侧阻抗压强度试验法、史密斯三轴试验法等。

马歇尔试验法比较简便，它只适用于热拌沥青混凝土混合料，既可以进行混合料的配合比设计，又便于工地现场质量检验，因而在英、美、日等许多国家得到广泛应用，我国国家标准也采用了这一方法。

马歇尔试验法是将选定级配组成的矿质混合料，加入适量的沥青，在规定条件下拌制成均匀混合料，击实成直径101.6mm，高63.5mm的圆柱形试件，按规定条件保温，然后把试件迅速卧放在弧形加荷头内，以50.5mm/min的速度加压。当试件达到破坏时的最大荷载即为稳定度(kN)，此时对应的压缩变形量称为流值(0.1mm)。流值是反映混合料变形能力的一种指标，变形能力太小，冬天易产生裂缝；变形太大，热稳定性差。除测定稳定度和流值外，还要测定沥青混合料的密度、空隙率和饱和度，用这五个指标共同控制混合料的技术性质。热拌沥青混合料马歇尔试验技术指标必须满足JTGF 40—2004标准。

2. 低温抗裂性

沥青混合料为弹性—粘性—塑性材料，其物理性质随温度而有很大变化。当温度较低时，沥青混合料表现为弹性性质，变形能力大大降低。由于外部荷载应力和温度下降材料收缩所产生收缩应力的联合作用，使沥青路面发生断裂破坏。因此沥青混合料在低温下抵抗断裂破坏的能力，称为低温抗裂性能。

沥青混合料的低温裂缝是由混合料的低温脆化、低温缩裂和温度疲劳引起的。混合料的低温脆化一般用−10℃温度下小梁弯拉破坏试验来反映；低温缩裂可采用能量法来评定；对于温度疲劳可以用低频疲劳试验来评定。

3. 耐久性

沥青混合料的耐久性是指其在修筑成路面后，在车辆荷载和大气因素(如阳光、空气和雨水等)的长期作用下，仍能基本保持原有的性能。作为高级和次高级路面，在使用条件下所具有的耐久性是衡量路面技术性能的重要指标之一。

沥青混合料的耐久性与组成材料的性质有密切关系，在大气因素下，沥青的化学组成会产生转化，油分减少，沥青质增加，使沥青的塑性逐渐消失而脆性增加，路面使用品质下降，产生龟裂破坏，通常称为“老化”。路面老化的速度，在一定程度上反映了路面材料抵抗自然因素作用的能力，常用气候稳定性来表示。一般采用马歇尔试验测定沥青混合料试件的空隙率、饱和度和残留稳定度等指标，用来评价沥青混合料的耐久性。

4. 抗滑性

随着公路等级的提高和车辆行驶速度的加快，对沥青混凝土路面的抗滑性提出了更高的要求。路面的抗滑能力与沥青混合料的粗糙度、级配组成、沥青用量和矿质集料的微表面性质等因素有关。面层集料应选用质地坚硬具有棱角的碎石，通常采用玄武岩。采取适当增大集料粒径，适当减少一些沥青用量及严格控制沥青的含蜡量等措施，均可提高路面的抗滑性。

5. 施工和易性

要保证室内进行的配料方案，能在施工现场得到顺利地实现，沥青混合料除了应具备上述的技术要求外，还要具备适宜的施工和易性。影响沥青混合料施工和易性的因素很多，如当地气温、施工条件以及混合料性质等。

单纯从混合料材料性质而言，影响施工和易性的首先是混合料的级配情况。如粗细粒料的数量大小相距过大，缺乏中间尺寸，混合料容易分层层积（粗粒集中表面，细粒集中底部）；如细料太少，沥青层就不容易均匀的留在粗颗粒表面；如细颗粒材料过多，则使拌和困难。此外，当沥青用量过少，或矿粉用量过多时，混合料容易产生疏松，不易压实；反之，如沥青用量过多，或矿粉质量不好，则容易使混合料粘结成块，不易摊铺。间断级配混合料的施工和易性较差。

四、沥青混合料组成材料

沥青混合料的技术性质会随着混合料的组成材料的性质、配合比和制备工艺等因素的差异而改变。因此制备沥青混合料时，应严格控制其组成材料的质量。

（一）沥青材料

拌制沥青混合料所用沥青材料的技术性质，随气候条件、交通状况、沥青混合料的类型和施工条件等因素而异。通常较热的气候区、较繁重的交通或用细粒式或砂粒式的混合料配料时应采用稠度较高的沥青；反之，则采用稠度较低的沥青。在其他配料条件相同的情况下，较粘稠的沥青配制的混合料具有较高的力学强度和稳定性，但如稠度过高，则沥青混合料的低温变形能力较差，沥青路面容易产生裂缝。反之，在其他配料条件相同的条件下，采用稠度较低的沥青，虽然配制的混合料在低温时具有较好的变形能力，但在夏季高温时往往稳定性不足而使路面产生推挤现象。

沥青路面面层用的沥青标号，宜根据气候条件、施工季节路面类型、施工方法和矿料类型等按表 9-6 选用。其他各层的沥青可采用相同的标号，也可采用不同的标号。通常是面层的上层宜用较稠的沥青，下层或连接层宜用较稀的沥青；对于繁重交通的道路，宜采用较稠的沥青。当沥青标号不符合使用要求时，可采用不同标号的沥青掺配，但掺配后的技术指标应符合要求。

（二）粗集料

沥青混合料用粗集料包括碎石、破碎砾石、筛选砾石、钢渣和矿渣等，但高速公路和一级公路不得使用筛选砾石和矿渣。

沥青混合料所用粗集料应该洁净、干燥、表面粗糙、无风化、不含杂质。在力学性质方面，压碎值和洛杉矶磨耗率应符合相应道路等级的要求（见表 9-6）。

表 9-6　　　　**沥青混合料用粗集料质量技术要求**

指标	单位	高速公路及一级公路		其他等级公路	试验方法
		表面层	其他层次		
石料压碎值，不大于	%	26	28	30	T0316
洛杉矶磨耗损失，不大于	%	28	30	35	T0317
表观相对密度，不小于	t/m^3	2.60	2.50	2.45	T0304
吸水率，不大于	%	2.0	3.0	3.0	T0304
坚固性，不大于	%	12	12	—	T0314
针片状颗粒含量(混合料)，不大于	%	15	18	20	T0312
其中粒径大于 9.5mm，不大于	%	12	15	—	
其中粒径小于 9.5mm，不大于	%	18	20	—	
水洗法颗粒含量，不大于	%	1	1	1	T0310
软石含量<0.075mm，不大于	%	3	5	5	T0320

破碎砾石的技术要求与碎石相同。但破碎砾石用于高速公路、一级公路、城市主干路沥青混合料时，5mm 以上的颗粒中有一个以上的破碎面的含量不得少于 50%（质量）。

粗集料的粒径规格应按表 9-7 的规定生产和使用。

表 9-7　　　　**沥青混合料用粗集料规格**

规格要求	公称粒径(mm)	通过下列筛孔(mm)的质量百分率(%)												
		106	75	63	53	37.5	31.5	26.5	19.0	13.2	9.5	4.75	2.36	0.6
S1	40~75	100	90~100	—	—	0~15	—	0~5						
S2	40~60		100	90~100	—	0~15	—	0~5						
S3	30~60		100	90~100	—	—	0~15	—	0~5					
S4	25~50			100	90~100	—	—	0~15	—	0~5				
S5	20~40				100	90~100	—	—	0~15	—	0~5			
S6	15~30					100	90~100	—	—	0~15	—	0~5		
S7	10~30					100	90~100	—	—	—	0~15	0~5		
S8	10~25						100	90~100	—	0~15	—	0~5		
S9	10~20							100	90~100	—	0~15	0~5		
S10	10~15								100	90~100	0~15	0~5		
S11	5~15								100	90~100	40~70	0~15	0~5	
S12	5~10									100	90~100	0~15	0~5	
S13	3~10									100	90~100	40~70	0~20	0~5
S14	3~5										100	90~100	0~15	0~5

（三）细集料

沥青路面的细集料包括天然砂、机制砂、石屑。

细集料应洁净、干燥、无风化、无杂质，并有适当的颗粒级配，其质量应符合表9-8的规定。细集料的洁净程度，天然砂以小于0.075mm含量的百分数表示，石屑和机制砂以砂当量（适用于0～4.75mm）或亚甲蓝值（适用于0～2.36mm或0～0.15mm）表示。

表9-8　沥青混合料用细集料质量要求

项　目	单位	高速公路及一级公路	其他等级公路	试验方法
表现相对密度，不小于	t/m^3	2.50	2.45	T0328
坚固性（>0.3mm部分），不大于	%	12	—	T0340
含泥量（<0.075mm的含量），不小于	%	3	5	T0333
砂当量，不小于	%	60	50	T0334
亚甲蓝值，不大于	g/kg	25	—	T0346
棱角性（流动时间），不小于	s	30	—	T0345

表9-9　沥青混合料用大然砂规格

筛孔尺寸(mm)	通过各孔筛的质量百分率(%)		
	粗砂	中砂	细砂
9.5	100	100	100
4.75	90～100	90～100	90～100
2.36	65～95	75～90	85～100
1.18	35～65	50～90	75～100
0.6	15～30	30～60	60～84
0.3	5～20	8～30	15～45
0.15	0～10	0～10	0～10
0.075	0～5	0～5	0～5

天然砂可采用河砂或海砂，通常宜采用粗、中砂，其规格应符合表9-9的规定，砂的含泥量超过规定时应水洗后使用，海砂中的贝壳类材料必须筛除。

热拌密级配沥青混合料中天然砂的用量通常不宜超过集料总量的20%，SMA和OGFC混合料小宜使用天然砂。

石屑是采石场破碎石料时通过4.75mm或2.36mm的筛下部分材料，采石场在生产石屑的过程中应具备抽吸设备。石屑的规格应符合表9-10的要求。

高速公路和一级公路的沥青混合料，宜将S14与S16组合使用，S15可在沥青稳定碎石基层或其他等级公路中使用。

表9-10　沥青混合料用机制砂或石屑规格

规格	公称粒径(mm)	水洗法通过各筛孔的质量百分率(%)							
		9.5	4.75	2.36	1.18	0.6	0.3	0.15	0.075
S15	0～5	100	90～100	60～90	40～75	20～55	7～40	2～20	0～10
S16	0～3		100	80～100	50～80	25～60	8～45	0～25	0～15

（四）填料

沥青混合料的矿粉必须采用石灰岩或岩浆岩中的强基性岩石等憎水性石料经磨细得到的矿粉。原石料中的泥土杂质应除净，矿粉应干燥、洁净，能自由地从矿粉仓流出，其质量应符合表9-11的技术要求。

表 9-11　　沥青混合料用矿粉质量要求

项目		单位	高速公路、一级公路	其他等级公路	试验方法
表观相对密度，不小于		t/m^3	2.50	2.45	T0352
含水量，不大于		%	1	1	T0103 烘干法
粒度范围	<0.6mm	%	100	100	T0351
	<0.15mm	%	90～100	90～100	
	<0.075mm	%	75～100	70～100	
外观			无团粒结块		
亲水系数			<1		T0353
塑性指数		%	<4		T0354
加热安定性			实测记录		T0355

粉煤灰作为填料使用时，用量不得超过填料总量的50%，粉煤灰的烧失量应小于12%，与矿粉混合后的塑性指数应小于4%，其余质量要求与矿粉相同。高速公路、一级公路的沥青面层不宜采用粉煤灰作填料。

第四节　沥青混合料配合比设计方法

沥青混合料配合比设计包括：试验室配合比设计、生产配合比设计和试拌试铺配合比调整等三个阶段，其主要任务就是确定粗集料、细集料，矿粉和沥青材料相互配合的最佳组成比例，使之既能满足沥青混合料的技术要求（如强度、稳定性、耐久性和平整度等）又符合经济的原则。

沥青混凝土配合比设计通常按下列两步进行，首先选择矿质混合料的配合组成，使之符合级配规范的要求，即粗集料、细集料和填料应有适当的配合比例；然后确定矿料与沥青的用量比例，即最佳沥青用量。

在混合料中，沥青用量波动0.5%的范围就可使沥青混合料的热稳定性等技术性质发生很大变化。因此，在确定矿料间配合比例后，应通过稳定度、流值、空隙率、饱和度等试验数值选择出最佳沥青用量。

一、选择矿质混合料配合比例

确定沥青混合料所应用的公路等级、路面类型、结构层和具体要求，选择适合的沥青混合料类型，并参照《公路沥青路面施工技术规范》推荐的级配（表 9-13）作为沥青混合料的设计级配。测定矿料的密度、吸水率、筛分情况和沥青密度，采用图解法或数解法求出已知级配的粗集料、细集料和矿粉之间的比例关系。

沥青混合料的矿料级配应符合工程规定的设计级配范围。密实级配沥青混合料宜根据公路等级、气候及交通条件按表 9-12 选择采用粗型（C 型）或细型（F 型）的混合料，并应在表 9-13 范围内确定工程设计级配范围，通常情况下工程设计级配范围不宜超出表 9-13 的要求。

其他类型的混合料根据设计要求宜按 JTGF 40—2004 的规定确定。

表 9-12 粗型和细型密级配沥青混凝土的关键性筛孔通过率

混合料类型	公称最大粒径(mm)	用以分类的关键性筛孔(mm)	粗型密级配		细型密级配	
			名称	关键性筛孔通过率(%)	名称	关键性筛孔通过率(%)
AC—25	26.5	4.75	AC—25C	<40	AC—25F	>40
AC—20	19	4.75	AC—20C	<45	AC—20F	>45
AC—16	16	2.36	AC—16C	<38	AC—16F	>38
AC—13	13.2	2.36	AC—13C	<40	AC—13F	>40
AC—10	9.5	2.36	AC—10C	<45	AC—10F	>45

表 9-13 密级配沥青混凝土混合料矿料级配范围

级配类型		通过下列筛孔(mm)的质量百分率(%)												
		31.5	26.5	19	16	13.2	9.5	4.75	2.36	1.18	0.6	0.3	0.15	0.075
粗粒式	AC—25	100	90~100	75~90	65~83	57~76	45~65	24~52	16~42	12~33	8~24	5~17	4~13	3~7
中粒式	AC—20		100	90~100	78~92	62~80	50~72	26~56	16~44	12~33	8~24	5~17	4~13	3~7
	AC—16			100	90~100	76~92	60~80	34~62	20~48	13~36	9~26	7~18	5~14	4~8
细粒式	AC—13				100	90~100	68~85	38~68	24~50	15~38	10~28	7~20	5~15	4~8
	AC—10					100	90~100	45~75	30~58	20~44	13~32	9~23	6~16	4~8
砂粒式	AC—5						100	90~100	55~75	35~55	20~40	12~28	7~18	5~10

二、确定沥青混合料的最佳沥青用量

沥青混合料的最佳沥青用量，可采用马歇尔实验方法来确定。

1. 试件的制备

(1) 按确定的矿质混合料配合比，计算各种矿质材料的用量；

(2) 按表 9-13 推荐的沥青用量范围及实践经验，估计适宜的沥青用量（或油石比）；

(3) 以估计的沥青用量为中值，按 0.5%间隔变化，取 5 个不同的沥青用量，用小型拌和机与矿料拌和。试件是直径为 101.6mm，高为 63.5mm 的圆柱体。

2. 测定物理指标

为确定沥青混合料的沥青最佳用量，需测定沥青混合料的下列物理指标：

(1) 视密度：采用水中重法、表干法、体积法及蜡约法等方法测定沥青混合料压实试件的视密度。对于密级配沥青混合料，通常采用水中重法，按下式计算

$$\rho_s = \frac{m_a \rho_w}{m_a - m_w} \tag{9-4}$$

式中 ρ_s——试件的视密度，g/cm³；

m_a——干燥试件的空气质量，g；

m_w——试件在水中质量，g；

ρ_w——常温水的密度，1g/cm³。

（2）理论密度：指压实沥青混合料试件全部为矿料（包括矿料内部的孔隙）和沥青（空隙率为零）组成的最大密度，按下式计算：

按油石比计算

$$\rho_t = \frac{\rho_w(100 + P_a)}{P_1/r_1 + P_2/r_2 + \cdots + P_n/r_n + P_a/r_a} \tag{9-5}$$

按沥青用量计算

$$\rho_t = \frac{100\rho_w}{Q_1/r_1 + Q_2/r_2 + \cdots + Q_n/r_n + Q_a/r_a} \tag{9-6}$$

式中　ρ_t——理论密度，g/cm³；

P_1，P_2，…，P_n——各种矿料的配合比（矿料总和为100）；

Q_1，Q_2，…，Q_n——各种矿料的配合比（矿料与沥青之和为100）；

r_1，r_2，…，r_n——各种矿料与水的相对表观密度；

P_a——油石比，%。

（3）空隙率（VV）：沥青混合料的空隙率按下式计算

$$VV = (1 - \rho_a/\rho_t) \times 100\% \tag{9-7}$$

式中　VV——沥青混合料的空隙率，%；

ρ_a——沥青混合料的表观密度，g/cm³；

ρ_t——沥青混合料的理论最大密度，g/cm³。

（4）沥青体积百分率（VA）：沥青混合料的沥青体积百分率，按下式计算

$$VA = \frac{\rho_a P_b}{\rho_b} \tag{9-8}$$

$$VA = \frac{100\rho_a P_a}{\rho_h(100 + P_a)} \tag{9-9}$$

式中　ρ_a——沥青的密度，g/cm³；

P_b——沥青含量，%。

（5）矿料间隙率（VMA）：压实沥青混合料试件内矿料部分以外体积占试件总体积的百分率，称为矿料间隙率，即试件空隙率与沥青体积百分率之和

$$VMA = VA + VV \tag{9-10}$$

式中　VMA——矿料间隙率，%。

（6）沥青饱和度（VFA）：沥青混合料中沥青体积占矿料间隙体积的百分率，也称为沥青填隙率。

$$VFA = \frac{100VA}{VMA} = \frac{100VA}{VA + VV} \tag{9-11}$$

式中　VFA——沥青饱和度，%。

3. 测定力学指标

根据实验计算马歇尔稳定度（MS）、流值（FL）和马歇尔模数（T）。

4. 马歇尔实验结果分析

（1）绘制沥青用量与物理—力学指标关系图：以沥青用量为横坐标，以表观密度、空隙率、饱和率、稳定度和流值为纵坐标，将实验结果绘制成沥青用量和各项指标的关系曲线（图9-5）。

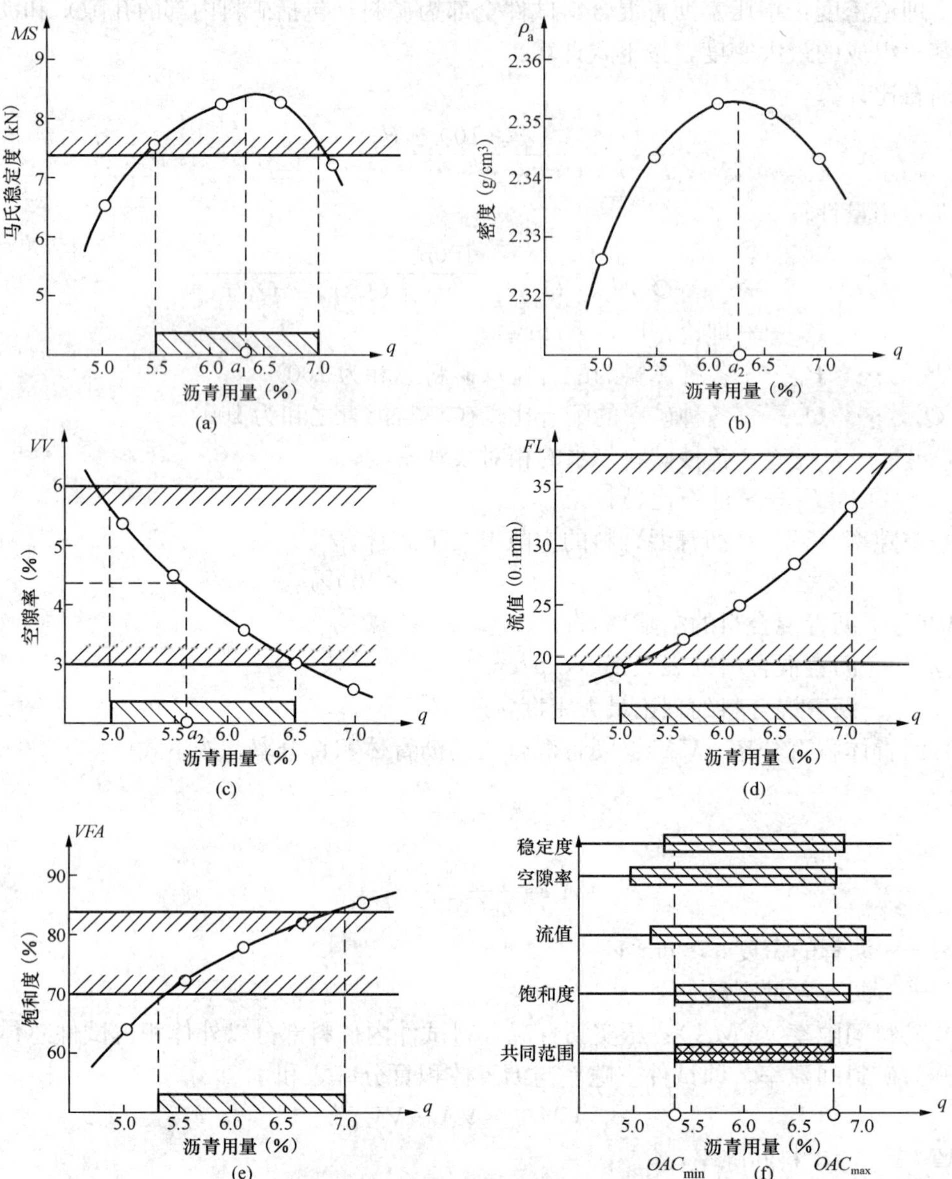

图 9-5 沥青用量与马歇尔试验各参数的关系分析图

（2）确定沥青用量：根据稳定度、密度和空隙率确定最佳沥青用量 a_1，相应于表观密度最大值的沥青用量 a_2，相应于规定空隙率范围的中值的沥青用量 a_3，计算三者的平均值作为沥青用量的初始值 OAC_1，即

$$OAC_1 = \frac{a_1 + a_2 + a_3}{3} \tag{9-12}$$

（3）根据符合各项技术指标的沥青用量范围确定最佳沥青用量的初始值（OAC_2）：求出各项指标符合沥青混合料技术标准的沥青用量范围 $OAC_{min} \sim OAC_{max}$，其中 OAC_2 值为

$$OAC_2 = \frac{OAC_{min} + OAC_{max}}{2} \tag{9-13}$$

(4) 根据 OAC_1 和 OAC_2 综合确定沥青最佳用量 OAC：按最佳沥青用量的初始值 OAC_1，在图中求取相应的各项指标值，检查其是否符合马歇尔实验技术指标，同时检验矿料间隙率是否符合要求，如符合，由 OAC_1 及 OAC_2 综合确定最佳沥青用量 OAC；如不符合，则应调整级配，重新进行配合比设计和马歇尔实验，直至各项指标均能符合要求。

(5) 根据气候条件和交通特性调整最佳沥青用量：由 OAC_1 和 OAC_2 综合确定 OAC 时，还需根据实践经验和道路等级、气候条件，考虑下列情况进行调整。

①对炎热地区道路以及车辆规划交通的高速公路、一级公路、城市快速路、主干道，预计有可能造成较大车辙的情况下，可以在中限值 OAC_2 与下限 OAC_{min} 范围内决定，但一般不小于中限值 OAC_2 的 0.5%。

②对寒冷区道路以及一般公路，最佳沥青用量可以在中限值 OAC_2 与上限 OAC_{max} 范围内决定，但一般不大于中限值 OAC_2 的 0.3%。

5. 水稳定性检验

按最佳沥青用量 OAC 制作马歇尔试件，进行浸水马歇尔实验或真空饱水后的浸水马歇尔实验。当残留稳定度不符合规定时，应重新进行配合比设计，或采取抗剥离措施，重新实验。

当 OAC 与两个初始值 OAC_1 和 OAC_2 相差甚大时，宜按 OAC 与 OAC_1 或 OAC_2 分别制作试件，进行残留稳定度实验，根据实验结果对 OAC 适当调整。

残留稳定度实验方法是标准试件在规定温度下浸水 48h（或真空饱水后，再浸水 48h），测定其浸水残留稳定度，按下式计算

$$MS_0 = 100MS_1/MS \tag{9-14}$$

式中 MS_0——试件的浸水残留稳定度，%；

MS_1——试件浸水 48h（或真空饱水 48h）后的残留稳定度，kN；

MS——试件按标准试验方法的稳定性，kN。

6. 高温稳定性检验

按最佳沥青用量 OAC 制作车辙实验试件，在 60℃条件下用车辙实验机对设计的沥青用量检验其高温抗车辙能力（即动稳定度）。当动稳定度不符合规范要求时，应重新进行配合比设计。当 OAC 与两个初始值 OAC_1 和 OAC_2 相差甚大时，宜按 OAC 与 OAC_1 或 OAC_2 分别制作试件，进行残留稳定度实验，根据实验结果对 OAC 适当调整。参照《沥青路面施工及验收规范》(GB 50092—1996) 进行。

三、生产配合比设计阶段

将已决定的矿料级配及最佳沥青用量作为目标配合比设计，如使用间歇式拌和机，必须选择 2 次筛分后进入备料仓的材料比例，供拌和机控制室使用；同时反复调整冷料仓进料比例以达到供料均衡，并取目标配合比设计的最佳沥青用量。对最佳沥青用量及其±0.3%这 3 个沥青用量进行马歇尔实验，确定生产配合比的最佳沥青用量。

四、生产配合比验证阶段

拌和机采用生产配合比进行试拌，铺筑实验段，并用拌和的沥青混合料及路上钻取的芯样进行马歇尔实验检验，确定生产用的配合比。标准配合比应作为生产控制的依据和质量检验的标准。标准配合比的矿料级配至少应包括 0.075mm、2.36mm、4.75mm 三档的筛孔，通过率接近要求级配的中值。

复习思考题

1. 沥青在土木工程中主要有哪些用途?
2. 土木工程对于石油沥青所要求的技术性质有哪些?
3. 分析石油沥青三大技术指标之间的关系，探讨如何改进沥青的综合技术性能。
4. 根据沥青的组成与结构分析其组成变化对性能的影响。
5. 沥青的改性方法有哪些？分析它们各自的特点与适用环境。
6. 简述从不同角度划分时沥青混合料包括哪些类型?
7. 分析沥青混合料的组成结构特点及其在道路工程中的使用表现。
8. 简述沥青混合料对于所用原材料的要求。
9. 分析沥青混合料在道路工程中的受力破坏现象与原理，探讨提高其抵抗能力的途径。
10. 如何改善沥青混合料的抗剪强度?
11. 分析沥青混合料中使用矿质混合料级配对其使用性能的影响。
12. 简述矿质混合料的级配设计原理与方法。
13. 简述沥青混合料配合比设计的主要过程和步骤。
14. 详述沥青混合料中沥青用量确定的方法与具体步骤。
15. 综述反映沥青混合料路用性能的几个主要技术指标的概念与优化途径。

第十章 合成高分子材料

第一节 高分子化合物概述

一、基本概念

高分子化合物又称高聚物或聚合物，其分子量很大，一般为$10^4\sim10^6$。其分子往往由许多相同的、简单的结构单元，通过共价键（有些以离子键）有规律地重复连接而成。

二、聚合物的分类

聚合物的分类方法很多，按聚合物的来源，分为天然聚合物和合成聚合物；按分子结构，分为线型聚合物和体型聚合物；按聚合物受热的行为，分为热塑性聚合物和热固性聚合物；按主链元素，分为碳链高分子（主链只含碳元素）、杂链高分子（主链含碳、氧、氮、磷等元素）、元素有机高分子（主链不含碳元素）和无机高分子（主链不含有机元素）。

聚合物还常按用途分为塑料、橡胶、纤维、涂料、胶粘剂等几大类。这种分类方法最为常用，但不很严格。事实上，同一种聚合物可以有多种用途。例如，聚氨酯可制成橡胶，也可发泡制成硬度不同的泡沫塑料，还可拉丝制成高强度高弹性的纤维、制作涂料和胶粘剂。这种能够适应多用途需要的特点，是高分子材料得以广泛应用的重要原因。

三、聚合物的命名

聚合物的命名有系统命名法和习惯命名法。系统命名法命名比较复杂，实际用得较少。

在习惯命名法中，天然聚合物用专有名称，如纤维素、淀粉、蛋白质等；合成聚合物，则在单体名称前加上"聚"字，例如聚氯乙烯、聚苯乙烯等；也可在原料名称后加"树脂"、"橡胶"、"纤维"等来命名，这种命名能反映聚合物的结构和用途，是常用的命名法。

四、聚合反应

由低分子单体合成为聚合物的反应叫做聚合反应。聚合反应按单体和聚合物在组成和结构上发生的变化，分为加聚反应和缩聚反应两大类。

以单体通过加成的方式，聚合形成聚合物的反应称为加聚反应。加聚反应是链式反应。其特点是单体分子具有能够聚合的双键、三键和环状结构等；其中，含双键结构的单体最为广泛，如乙烯、氯乙烯、苯乙烯、丁二烯等。加聚反应按参加反应的单体种类数目，可分为均聚反应和共聚反应，均聚反应是只有一种单体进行的聚合反应，其产物称为均聚物，如聚乙烯、聚氯乙烯等。共聚反应是由两种或两种以上的单体进行的聚合反应，其产物称为共聚物。

缩聚反应是含有两个以上官能团的单体，通过官能团间的反应生成聚合物的反应。缩聚反应与加聚反应不同，其聚合物分子链增长过程是逐步反应，同时伴有低分子副产物如水、氨、甲醇等的生成。缩聚反应按照生成产物的结构可分为线型缩聚反应与体型缩聚反应两类。当缩聚反应只在一种单体间进行时，称为均缩聚反应。如果缩聚反应在两种单体之间进行，则称作混缩聚反应。如果在均缩聚反应中加入第二单体或在混缩聚反应中加入第三单体，则称为共缩聚反应。

加聚反应生成的共聚物和缩聚反应生成的缩聚物统称为共聚物。共聚物的性能与不同种类单体的相对数量和排列方式有密切关系。共聚物根据链节排列方式的不同可分为无规共聚物、交替共聚物、嵌段共聚物和接枝共聚物四种。

第二节　聚合物的结构与性能特点

一、聚合物的分子结构

聚合物按其分子结构可分为线型聚合物和体型聚合物。

1. 线型聚合物

线型聚合物的大分子链排列成线状主链，有时带有支链，且线状大分子间以分子间力结合在一起。具有线型结构的聚合物包括全部加聚树脂和部分缩聚树脂。一般来说，具有线型结构的树脂，强度较低，弹性模量较小，变形较大，耐热、耐腐蚀性较差，且可溶可熔。支链型聚合物因分子排列较松，分子间作用力较弱，因而密度、熔点及强度等均低于线型聚合物。线型聚合物树脂为热塑性树脂。

2. 体型聚合物

线型大分子是通过化学键交联作用而形成的三维网状结构，所以又称网状或体型结构。部分缩合树脂具有体型结构（交联或固化前也为线型或支链型分子）。由于化学键的结合力强，且交联形成一个“巨大分子”，因此，一般来说缩合树脂的强度高，弹性模量较大，变形较小，但较硬脆，且塑性小，耐热性、耐腐蚀性较好，不溶不熔。体型聚合物树脂均为热固性树脂。

二、聚合物的基本性质

主要优点：

(1) 密度小。聚合物的密度一般为 0.8～2.2g/cm^3，与木材的密度相近，约为钢材的 1/8～1/4，铝的 1/2，混凝土的 1/3～2/3。

(2) 比强度高。比强度是材料的强度值与质量的比值。聚合物的比强度接近或超过钢材，是普通混凝土的 5～15 倍，是一种很好的轻质高强材料。

(3) 弹性、电绝缘性好，耐腐蚀性优良。

主要缺点是：耐热性与耐火性差，易老化，价格高等。

三、聚合物的老化

在使用过程中，聚合物会由于光、热、空气（氧和臭氧）等的作用而发生结构或组成的变化，从而出现各种性能劣化现象，如变色、变硬、龟裂、发粘、发软、变形、斑点、机械强度降低等，称为聚合物的老化。

聚合物的老化是一个复杂的过程，一般可将其分为聚合物分子的交联与降解两种。交联是指聚合物的分子从线型结构变为体型结构的过程。当发生这种老化作用时，表现为聚合物失去弹性、变硬、变脆，并出现龟裂现象。降解是指聚合物的分子链发生断裂，其分子量降低，但其化学组成并不发生变化。当老化过程以降解为主时，聚合物会出现失去刚性、变软、发粘、出现蠕变等现象。

根据老化原因的不同，聚合物的老化分为热老化和光老化两类。光老化是指聚合物在阳光（特别是紫外线）的照射下，部分分子（或原子）被激活而处于高能的不稳定状态，并与其他分子发生光敏氧化作用，致使聚合物的结构和组成发生变化，性能逐渐劣化的现象。热老化是指聚合物在热的作用下，尤其是在较高温度下暴露于空气中时，聚合物的分子链由于氧化、热分解等作用而发生断裂、交联，其化学组成与分子结构发生变化，从而使其各项性能发生变化的现象。因此，大多数聚合物材料的耐高温性和大气稳定性都较差。

第三节 常用的聚合物

一、合成树脂

合成树脂的种类很多，而且随着有机合成工业的发展和新聚合方法的不断出现，合成树脂的品种还在继续增加。但是，真正获得广泛应用的合成树脂，不过 20 种左右。在此，仅介绍一些在土木工程材料中经常使用的合成树脂。

(一) 热塑性树脂

1. 聚氯乙烯（PVC）

目前，建筑上使用最多的是聚氯乙烯（PVC）塑料制品，该产品成本低、产量大，耐久性好，加入不同添加剂可加工成多种产品。

聚氯乙烯树脂（PVC）是氯乙烯通过自由基聚合，用悬浮法、乳液法或本体法制成白色粉末或糊状的树脂。由于 PVC 树脂链上带有负电性很强的氯原子，使分子链之间产生很大的引力，阻碍了分子链之间的相对滑动，因此，PVC 树脂具有良好的耐化学腐蚀性，但质脆而硬，较少弹性。通过添加增塑剂可以改善 PVC 的柔韧性。

在建筑中，硬质聚氯乙烯主要用作天沟、落水管、外墙覆面板、天窗及给排水管。软质聚氯乙烯常加工为片材、板材、型材等，如卷材地板、块状地板、壁纸、防水卷材和止水带等。在 PVC 中混入大量的碳酸钙粉制成钙塑料可以提高塑料的硬度、降低成本，用于代替钢材和木材制作塑料门窗、楼梯扶手、地板、天花板和电线套管等，将 PVC 轻度发泡可以制成塑料地毯和塑料壁纸等。

2. 聚乙烯（PE）

聚乙烯（PE）是树脂中分子结构最简单的一种，它是由乙烯单体聚合而成的，根据聚合反应时采用的引发剂、聚合条件的不同可得到性质不同的产品。聚乙烯按合成时的压力分为高压聚乙烯和低压聚乙烯。高压聚乙烯产品密度较小，故称为低密度聚乙烯（LDPE）。低压聚乙烯聚合条件比较温和，制得的产品结晶度高、密度大，故称高密度聚乙烯（HDPE）。此外还有超高分子量聚乙烯（UHMWPE）和线性低密度聚乙烯（LLDPE）等多个品种。聚乙烯塑料无臭、无毒，原料来源丰富，价格较低，且具有优异的耐低温性（最低使用温度可达−70～−100℃）、化学稳定性、电绝缘性和加工性能。在建筑中，聚乙烯主要用于生产防水材料（薄膜、卷材等）、给排水管材（冷水）、电绝缘材料、水箱和卫生洁具等。

3. 聚苯乙烯（PS）

聚苯乙烯（PS）的均聚物是由苯乙烯单体聚合而得。PS 质地坚硬，化学性能和电绝缘性能优良，易于成型出各类色彩鲜艳、表面光洁的制品，应用广泛。但 PS 耐热性差、质脆，这在一定程度上限制了它的应用。因此应对其改性。目前大量生产的苯乙烯类聚合物主要有：通用型聚苯乙烯（GPPS），高抗冲型聚苯乙烯（HIPS），可发泡型聚苯乙烯（EPS）

以及苯乙烯的共聚物如ABS等。

建筑中聚苯乙烯主要用于制作泡沫塑料，其隔热保温性能优异。此外，聚苯乙烯也常用于涂料和防水薄膜的生产。ABS树脂主要用于生产塑料装饰板和管材等。

4. 聚丙烯（PP）

聚丙烯（PP）可分为均聚PP和共聚PP两大类，共聚PP是在聚合过程中加入大约2%～5%的乙烯而制得的。聚丙烯的主要特点是密度低（0.89～0.92g/cm³），优良的耐化学药品性、耐腐蚀性、耐热性和价格低廉。

在建筑中，聚丙烯常用于制作管材、装饰板材、卫生洁具及各种建筑小五金件。

5. 聚甲基丙烯酸甲酯（PMMA）

聚甲基丙烯酸甲酯（PMMA）是透明、无毒无味的无定形热塑性树脂，俗称为有机玻璃。其最大优点是具有优异的光学性能，对可见光的透过率可达92%，对紫外线的透过率达73.5%，均优于普通无机硅酸盐玻璃，并具有较好的耐气候老化性，质轻（约为无机玻璃的1/2），抗冲击强度较高。

在建筑中，聚甲基丙烯酸甲酯主要用作采光天窗、防震玻璃、室内装饰等，以适当方式对其增强后，也可用于制作透明管材及其他建筑制品。

（二）热固性树脂

1. 酚醛树脂（PF）

酚醛树脂是酚类和醛类化合物经缩聚反应而得的树脂的统称，其中应用较多的是苯酚—甲醛缩聚物（PF）。当所用催化剂的酸碱性以及苯酚/甲醛比例不同时，可以生成热塑性或热固性酚醛树脂，两者能相互转化。酚醛树脂的主要特点是有较好的电绝缘性能，密度低，强度较高，具有很高的热强度等，但质脆，抗冲击性能差。

在土木工程中，酚醛树脂主要用于制造各种层压板和玻璃纤维增强塑料，以及防水涂料、木结构用胶等。

2. 脲醛树脂（UF）

脲醛树脂是由甲醛和尿素缩聚而成的聚合物，它具有耐燃、耐电弧、易着色、表面硬度高、耐溶剂、本身呈透明状等特点。因此，可制成表面光洁、色彩鲜明的玉状制品（俗称"电玉"），但耐湿性差，受潮气和水的作用易发生变形或开裂，而且耐热性较差。

在土木工程中，脲醛树脂主要用于生产木丝板、胶合板、层压板等。经发泡处理后，可制得一种硬质泡沫塑料，用作填充性绝缘材料。经过改性处理的脲醛树脂还可用于制造涂料、胶粘剂等。

3. 不饱和聚酯树脂（UP）

不饱和聚酯树脂（UP）是指分子链主链上含有不饱和键的聚酯。不饱和聚酯在性能上具有多变性，由于组成的变化，UP可以是硬质的、有弹性的、柔软的、耐腐蚀的、耐气候老化的或耐燃的，这些性能上的变化使UP在应用上也具有多样性。在土木工程中，广泛地用于制造涂料、玻璃纤维增强塑料以及聚合物混凝土的胶结料中。可用于墙面、地面装饰，制作人造大理石、人造玛瑙，具有装饰性好、耐磨等特点。

4. 环氧树脂（EP）

环氧树脂（EP）是分子结构中含有环氧基的聚合物。环氧树脂的种类很多，其中用途最广的是环氧氯丙烷与双酚A缩聚得到的双酚A型环氧树脂，这种环氧树脂是线型结构，具有热塑性，应用时必须加入固化剂，使环氧树脂固化。固化剂品种很多，常用的有胺类、酸酐类、高分子预聚体和咪唑等。固化后的环氧树脂具有强度高、粘结力强、收缩率小、耐水、耐化学腐蚀性和电绝缘性好等特点。

在土木工程中，环氧树脂主要用于结构胶粘剂、玻璃纤维增强塑料、聚合物混凝土以及防腐涂料和地坪材料等。

5. 有机硅树脂（SI）

有机硅是一大类主链含硅的高分子化合物，属于元素有机高分子；主要有聚有机硅氧烷（SI），它的主链由硅氧键构成，侧基为有机基团。这种结构使硅化合物具有良好的化学稳定性，耐氧化、臭氧和紫外线照射，使用温度范围宽（−50～200℃），憎水性强等独特性能。

在土木工程中，有机硅树脂主要用于层压塑料和防水材料。在各种有机硅树脂中，硅酮的应用较多，广泛地应用于涂料、胶粘剂和嵌缝材料中。

二、合成橡胶

橡胶是玻璃化转变温度 T_g 较低，在室温下具有高弹性的聚合物。橡胶的主要特点是在−50～150℃范围内，具有极为优异的弹性，在外力作用下，变形量可以达到百分之几百，并且在外力取消后，变形可完全恢复。此外，橡胶还具有良好的抗拉强度、耐疲劳强度，良好的不透水性、不透气性、耐酸碱腐蚀性和电绝缘性等。由于橡胶良好的综合性能，在土木工程中，广泛用作防水材料和密封材料等。

橡胶按来源分为天然橡胶和合成橡胶。在土木工程中，主要应用的是合成橡胶。合成橡胶是各种单体经聚合反应人工合成的橡胶，是具有橡胶特性的一类聚合物。常用的合成橡胶有丁基橡胶、氯丁橡胶、乙丙橡胶和丁苯橡胶等。

1. 丁基橡胶（IIR）

丁基橡胶是通过异丁烯与异戊二烯聚合制备的结晶性非极性橡胶。丁基橡胶最独特的性能是气密性非常好，水渗透率极低，其耐热性、耐气候老化性能、耐臭氧老化性能也很好。但弹性较低、工艺性能较差、硫化速度慢、粘着性和耐油性等也较差。

丁基橡胶主要用作防水卷材和防水密封材料。

2. 氯丁橡胶（CR）

氯丁橡胶是通过氯丁二烯聚合制备的结晶性橡胶。氯丁橡胶是所有合成橡胶中密度最大的，其相对密度约为 1.23～1.25，呈浅黄色或棕褐色。这种橡胶的原料来源广泛，其抗拉强度较高，透气性、耐磨性较好，不易老化，耐油、耐热、难燃、耐臭氧、耐酸碱腐蚀性好，粘结力较强。其缺点是对浓硫酸和浓硝酸的抵抗力较差，电绝缘性也较差。

在建筑上，氯丁橡胶被广泛地用于胶粘剂、门窗密封条、胶带等。

3. 乙丙橡胶（EPM）

乙丙橡胶是以乙烯、丙烯为主要单体原料共聚的无定形橡胶。根据是否加入第三单体可分为二元乙丙橡胶和三元乙丙橡胶两大类。三元乙丙橡胶生产和使用较多。乙丙橡胶具有优异的耐老化性能，是现有通用橡胶中耐老化性能最好的，能长期在阳光、潮湿、寒冷的自然环境中使用；耐热性能好，可在 120℃的环境中长期使用，最高使用温度达 150℃；具有较好的低温性能，最低极限使用温度可达−50℃或更低；具有较好的耐化学腐蚀、耐热水和水蒸气性能；密度是所有橡胶中最低的。其缺点是硫化速度慢，自粘性与互粘性较差，耐燃性、耐油性和气密性差。主要用于生产防水卷材。

4. 丁苯橡胶（SBR）

丁苯橡胶是丁二烯和苯乙烯的共聚物，通过调节苯乙烯的含量可以得到不同性能的丁苯橡胶。丁苯橡胶（SBR）是产量和消耗量最大的合成橡胶。纯丁苯橡胶的强度低，需增强后才具有实际使用价值；其弹性、耐寒性较差，耐撕裂性和粘着性能均较天然橡胶差。但耐热性、耐老化性、耐磨性均优于天然橡胶。主要用于铺地材料和沥青改性等。

5. 硅橡胶（SR）

硅橡胶的分子主链是由硅原子和氧原子交替组成（—Si—O—Si—），其键能比碳—碳键（C—C）要大得多，柔顺性也很好，因而具有优异的耐高、低温性能，在所有的橡胶中工作温度范围最宽（−100～350℃）。硅橡胶还具有优异的耐老化、电绝缘、耐电晕、耐电弧性能，但力学性能较差。硅橡胶广泛用于建筑密封胶、防潮密封材料中。

6. 热塑性弹性体

热塑性弹性体是一类既具有类似橡胶力学性能及使用性能，又能按热塑性塑料进行加工和回收的聚合物。它既具有热塑性，便于加工和再生利用；又有很好的弹性，便于使用。因此，称为热塑性弹性体。常用的有苯乙烯类热塑性弹性体、聚氨酯类热塑性弹性体等。

SBS（苯乙烯—丁二烯—苯乙烯嵌段共聚物）为线型分子，是具有高弹性、高抗拉强度、高伸长率和高耐磨性的透明体，属于热塑性弹性体。在SBS中，苯乙烯单体是以一定的长度连接在丁二烯分子的两端；在室温时，弹性体的链段聚集、缠结在一起形成物理交联。在高温时，这些交联点解离，使弹性体具有热塑性。因此，SBS可以像热塑性塑料一样的加工。通过调节丁二烯（软段）和苯乙烯（硬段）的长度和比例，可以改变热塑性弹性体的性能。一般来说，热塑性弹性体的强度和耐磨性都优于通用橡胶，只是耐温性较差。SBS在建筑上主要用于沥青的改性。

三、合成纤维

纤维可分为天然纤维（如羊毛、蚕丝、棉花、麻等）和化学纤维两大类，化学纤维按其聚合物来源又可分为人造纤维和合成纤维两类，人造纤维是以天然聚合物为原料经过化学处理后再加工制成的，如粘胶纤维、醋酸纤维、硝酸纤维等；合成纤维是由合成的聚合物制得的，有聚酯纤维、聚酰胺纤维、聚丙烯腈纤维、聚丙烯纤维等品种。

1. 聚酯纤维

聚酯纤维是大分子链中的各链节与酯基相连的聚合物纺制而成的合成纤维，其品种很多，目前主要是对苯二甲酸乙二酯纤维（PET），我国一般称为涤纶或的确良，聚酯纤维弹性好、强度大、模量高、吸湿性低、耐热性、耐磨性、耐光老化性能好。主要用于土工织物。

2. 聚酰胺纤维

聚酰胺纤维是分子主链由酰胺键连接起来的一类合成纤维，我国称为锦纶。聚酰胺有许多品种，应用最广泛的是聚酰胺6和聚酰胺66。聚酰胺的耐磨性非常好，强度、耐冲击性、弹性、耐疲劳性也很好，而且密度小；但是，聚酰胺纤维的模量低、耐光性、耐热性、抗静电性、染色性、吸湿性较差。主要用于绳索、化纤地毯等。

3. 聚丙烯腈纤维

聚丙烯腈纤维是采用丙烯腈三元单体共聚物纺成的纤维，又称腈纶。聚丙烯腈纤维的弹性模量高、耐光性、耐辐射性、化学稳定性、耐热性好，但强度较低、耐磨性、抗疲劳性较差。腈纶广泛用于污水处理和碳纤维生产。

4. 聚丙烯纤维

聚丙烯纤维是以丙烯聚合得到的等规聚丙烯为原料纺制而成的合成纤维，又称为丙纶。它是所有化学纤维中密度最小的，其强度高、回弹性、耐磨性、抗微生物、耐化学腐蚀性好。其缺点是吸湿性、染色性、耐光性、耐热性差。它可用于制作地毯、装饰织物、人造草坪和土工布等。

5. 聚乙烯醇纤维

聚乙烯醇纤维的常规产品是聚乙烯醇缩甲醛纤维，又称为维纶。维纶的短纤维外观接近棉，有“合成棉花”之称，但其强度和耐磨性都优于棉，保暖性、耐腐蚀性、耐日光性好，维纶的缺点是染色性、耐水性、弹性较差。聚乙烯醇纤维主要作为塑料、水泥、陶瓷等的增强材料，作为石棉的代用品用于纤维增强水泥；制作维纶帆布、非织造布滤材以及土工布等。

第四节 建 筑 塑 料

塑料是以合成树脂为主要成分，在一定条件（温度、压力等）下，可塑成一定形状并在常温下保持其形状的高分子材料。与传统的建筑材料相比，塑料具有质轻、比强度高、化学稳定性好、导热系数小、装饰性和加工性能好及耗能较低的特点。但塑料还有刚度小、易老化、易燃、耐热性差的缺点，此外，塑料中残留的单体和加入的增塑剂、固化剂等低分子物质都对人体健康不利，因此，采用塑料制作与饮用有关的设备时，要认真进行卫生检查。在土木工程中，塑料可作为结构材料和功能材料。作为结构材料应用的主要是纤维增强塑料。作为功能材料可用于隔热保温材料、装饰装修材料等。

塑料按组成成分分为单一组分塑料和多组分塑料。单一组分塑料基本上为合成树脂，只含少量助剂（如色料、润滑剂等），如聚乙烯、聚丙烯、聚苯乙烯塑料等。多组分塑料除含有合成树脂外，还含有较多的助剂（如填料、增塑剂、稳定剂等），如聚氯乙烯、酚醛塑料等。根据用途，塑料可分为通用塑料和工程塑料。根据其受热后性能的不同，塑料还可分为热固性塑料和热塑性塑料。

一、塑料的基本组成

塑料是由合成树脂和各种添加剂所组成。合成树脂是塑料的主要成分，其质量占塑料的40%以上。塑料的性质主要取决于所采用的合成树脂的种类、性质和数量，因此，塑料常以所用合成树脂命名，如聚乙烯（PE）塑料，聚氯乙烯（PVC）塑料。合成树脂的性质已在上一节介绍，在此主要介绍常用的添加剂。

1. 填料

填料又称为填充料、填充剂或体质颜料，其种类很多。按外观形态，可分为粉状、纤维状和片状三类。一般来说，粉状填料有助于提高塑料的热稳定性，降低可燃性，而片状和纤维状填料，则可明显提高塑料的抗拉强度、抗磨强度和大气稳定性等。

填料一般都比合成树脂便宜，它不仅能提高塑料的强度、硬度和耐热性，还能减少收缩和降低成本。常用的填料主要有木粉、滑石粉、硅藻土、石灰石粉、铝粉、炭黑及玻璃纤维等，某些工业废料如氧化铝生产的废料赤泥也可用于某些塑料的填料。

2. 增塑剂

增塑剂是能使聚合物塑性增加的物质。它可降低树脂的粘流温度 T_f，使树脂具有较大可塑性，以利于塑料的加工。少量的增塑剂还可降低塑料的硬度和脆性，使塑料具有较好的柔韧性。增塑剂主要为酯类及酮类。

3. 稳定剂

稳定剂是指抑制或减缓老化破坏作用的物质。塑料在加工和使用过程中，由于受热、光、氧的作用，可能发生降解、氧化断链及交联等，使塑料老化。为了提高塑料的耐老化性能，延长使用寿命，通常要加入各种稳定剂，如抗氧剂、光屏蔽剂、紫外光吸收剂及热稳定剂等。

4. 固化剂

固化剂又称为硬化剂，主要作用是使某些合成树脂的线型结构交联成体型结构，从而使树脂具有热固性，不同品种的树脂应采用不同品种的固化剂。

5. 着色剂

着色剂是使塑料制品具有特定的色彩和光泽的物质，常用的着色剂是一些有机和无机颜料，颜料对塑料不仅具有着色性，同时也兼有填料和稳定剂的作用。

此外，根据建筑塑料使用及成型加工的需要，有时还会加入润滑剂、抗静电剂、发泡剂、阻燃剂及防霉剂等。

二、土木工程常用的塑料制品

（一）装饰装修制品

塑料的装饰性和加工性能好，常用来生产装饰装修材料。主要有以下几点。

1. 塑料面砖

塑料面砖以 PS，PVC，PP 等为原料制造，可模仿传统陶瓷面砖和仿大理石、花岗岩的装饰效果，具有美观适用、厚度小、重量轻、施工方便的特点。是一种较为理想的超薄型墙面装饰材料。可用于室内墙面、柱面装饰。

2. 塑料壁纸

塑料壁纸是用纸或玻璃纤维布做基材，以聚氯乙烯为主要成分，加入添加剂和颜料等，经涂塑、压花或印花、发泡等工艺制成的塑料卷材。塑料壁纸的花色品种多，可制成仿丝绸、仿织锦缎、仿木纹等花纹图案。塑料壁纸具有美观、耐用、易清洗、施工方便的特点，发泡塑料壁纸还具有较好的吸声性能，因而被广泛地应用于室内墙面、顶棚等的装饰。塑料壁纸的缺点是透气性较差。

3. 塑料地面卷材

塑料地面卷材是经混炼、热压或压延等工艺制成的卷材。主要为聚氯乙烯（PVC）塑料地面卷材，分为无基层卷材和有基层卷材两种。

无基层卷材质地柔软，有一定弹性，适合于家庭地面装饰。有基层卷材一般由两层或多层复合而成，常见的是三层结构。基层为无纺布、玻璃纤维布，中层为印花的不透明聚氯乙烯塑料，面层为透明的聚氯乙烯塑料。若中层为聚氯乙烯泡沫塑料，则称为发泡塑料地面卷材。塑料地面卷材具有脚感舒适、耐磨、耐腐蚀、隔声和保温等特点。

4. 塑料地板

塑料地板采用聚氯乙烯、重质碳酸钙和添加剂为原料，经混炼、热压或压延等工艺制成。有硬质、半硬质和软质三种；塑料地板制作的图案丰富，颜色多样，并具有耐磨、耐燃、尺寸稳定、价格低等优点，适合于人流量不大的办公室、家庭等的地面装饰。

（二）隔热保温材料

1. 泡沫塑料

泡沫塑料是在聚合物中加入发泡剂，经发泡、固化或冷却等工序而制成的多孔塑料制品。泡沫塑料的孔隙率高达95%～98%，且孔隙尺寸小，因而具有优良的隔热保温性能，常用的有聚苯乙烯泡沫塑料、聚氯乙烯泡沫塑料、聚氨酯泡沫塑料、脲醛泡沫塑料等。

聚苯乙烯泡沫塑料是应用最广的泡沫塑料，其体积密度仅为10～20kg/m^3，导热系数为0.031～0.045W/(m·K)，使用温度范围为－100～70℃。主要用作墙体和屋面、地面、楼板等的隔热保温，也可与纤维增强水泥、纤维增强塑料、铝合金板或彩色压型钢板等制成复合墙板。

建筑上使用的聚氯乙烯泡沫塑料体积密度为60～200kg/m^3，导热系数为0.035～0.052W/(m·K)，使用温度范围为－60～60℃。聚氯乙烯泡沫塑料主要用作吸声材料、装饰构件，也可作墙体、屋面等的保温材料或夹层板的芯材。

聚氨酯泡沫塑料，以硬质型应用较多。其体积密度为20～200kg/m^3，使用温度范围为－160～150℃。与其他泡沫塑料相比，其耐热性好，强度较高。此外，这种泡沫塑料还可采用现场发泡的方法形成整体的泡沫绝热层，绝热效果好。

脲醛塑料是最轻的泡沫塑料之一，建筑中应用的脲醛泡沫塑料的体积密度为10～20kg/m^3，导热系数为0.030～0.035W/(m·K)，使用温度范围为－200～100℃，但强度低，吸湿性大，应用时需注意防潮。脲醛塑料价格低廉，主要用作空心墙和夹层墙板的芯材。也可在现场发泡成为整体泡沫塑料。

2. 蜂窝塑料板

蜂窝塑料板是在蜂窝状的芯材上粘合面板的多孔板材。其孔隙较大（5～20mm），孔隙率很高。蜂窝状的芯材是由浸渍聚合物（酚醛树脂等）的片状材料（牛皮纸、玻璃布、木纤维板）经加工粘合成的形状似蜂窝的六角形空心板材。蜂窝塑料板的抗压强度和抗折强度高，导热系数低，一般为0.046～0.056W/(m·K)。主要用作隔热保温和隔声材料。

（三）塑料门窗

塑料门窗是改性后的硬质聚氯乙烯（PVC），加入适量的添加剂，经混炼、挤出等工艺制成的异形材加工而成。改性后的硬质聚氯乙烯具有较好的可加工性、稳定性、耐热性和抗冲击性。制成的塑料门窗外观平整美观，色泽鲜艳，经久不褪，装饰性好，并具有良好的耐水性、耐腐蚀性、隔热保温性、隔声和气密性，使用寿命可达30年以上。

（四）纤维增强塑料

纤维增强塑料是一种树脂基复合材料。添加纤维的目的是为了提高塑料的弹性模量和强度。常用纤维材料除玻璃纤维、碳纤维外，还有石棉纤维、天然植物纤维、合成纤维和钢纤维等，目前用得最多的是玻璃纤维和碳纤维。常用的合成树脂有酚醛树脂、不饱和聚酯树脂、环氧树脂等，用量最大的为不饱和聚酯树脂。

纤维增强塑料的性能主要取决于合成树脂和纤维的性能、相对含量以及它们之间的粘结情况。合成树脂及纤维的强度越高，特别是纤维的强度越高，则纤维增强塑料的强度越高。

玻璃纤维增强塑料（GRP），俗称玻璃钢，是由合成树脂胶结玻璃纤维或玻璃纤维布

（带、束等）而成的。玻璃纤维增强塑料在性能上的主要优点是轻质高强、耐腐蚀，主要缺点是弹性模量小，变形较大。在土木工程中主要用于结构加固、防腐和管道等。

碳纤维增强塑料是由合成树脂胶结碳纤维而成。具有强度和弹性模量高，耐疲劳性能好，耐腐蚀性好的特点。在土木工程中，碳纤维增强塑料主要用于结构加固，制作碳纤维筋或索，或用于有腐蚀的结构。

第五节 胶粘剂及合成材料

一、胶粘剂的基本概念

胶粘剂又称粘合剂，是通过粘附作用使被粘物结合在一起的物质。

胶粘剂一般是由基料和多种辅助成分组成。基料是胶粘剂的主要成分，起粘接作用，要求有良好的粘附性和润湿性。合成树脂、合成橡胶、天然高分子以及无机化合物等都可做基料。辅助成分主要包括固化剂、溶剂、增塑剂、填料、偶联剂、引发剂、防老化剂、促进剂、稳定剂等。固化剂用以使粘合剂交联固化，提高粘合剂的粘合强度、化学稳定性、耐热性等，是以热固性树脂为主要成分的粘合剂所必不可少的成分；溶剂的作用是溶解主料以及调节粘度便于施工；填料具有降低固化时的收缩率、提高尺寸稳定性、耐热性和力学强度、降低成本等作用；增塑剂用于提高韧性。

按受力情况，胶粘剂分为结构胶粘剂和非结构胶粘剂。结构胶粘剂用于能承受荷载或受力结构的粘结，粘合接头具有较高的粘结强度。非结构胶粘剂可用于受力不大的位置。

胶粘剂能够将材料牢固地粘结在一起，是因为胶粘剂与材料间存在有粘附力以及胶粘剂本身具有内聚力。粘附力和内聚力的大小，直接影响胶粘剂的粘结程度。当粘附力大于内聚力时，粘结强度主要取决于内聚力；当内聚力高于粘附力时，粘结强度主要取决于粘附力。一般认为粘附力主要来源于以下几个方面：

（1）机械粘结力。胶粘剂渗入材料表面的凹陷处和孔隙内，在固化后如同镶嵌在材料内部，靠机械锚固力将材料粘结在一起。对非极性多孔材料，机械粘结力常起主要作用。

（2）物理吸附力。胶粘剂和被粘材料靠分子间的物理吸附力产生粘结。

（3）化学键力。胶粘剂与材料间能发生化学反应，靠化学键力将材料粘结为一个整体。

不同的胶粘剂和被粘材料，粘附力的主要来源不同，当机械粘附力、物理吸附力和化学键力共同作用时，可获得很高的粘结强度。

就实际应用而言，一般认为影响粘结强度的因素主要有：胶粘剂性质、被粘材料的性质、被粘材料的表面粗糙度、被粘材料的表面处理方法、胶粘剂对被粘材料表面的浸润程度、被粘材料的表面含水状况、粘结层厚度和粘结工艺等。

二、土木工程常用的胶粘剂

1. 结构胶粘剂

（1）环氧树脂胶粘剂。环氧树脂胶粘剂是当前应用最广泛的胶粘剂，因环氧树脂胶粘剂中含有环氧基、羟基、氨基和其他极性基团，对大部分材料有良好的粘结能力，有万能胶之称。其抗拉强度和抗剪切强度高、固化收缩率小，耐油和多种溶剂，耐潮湿，抗蠕变性好，是较好的结构胶粘剂。环氧树脂胶粘剂根据固化剂类型的不同可进行室温固化或高温固化，固化时间有明显的温度依赖性。环氧树脂胶粘剂在土木工程中的应用很多，主要用于裂缝修补、结构加固和表面防护等。

(2) 不饱和聚酯树脂胶粘剂。不饱和聚酯树脂胶粘剂的特点是粘结强度高，抗老化性及耐热性较好，可在室温和常压下固化，固化速度快，但固化时的收缩大，耐碱性较差。适于粘结陶瓷、玻璃、木材、混凝土和金属结构构件。

2. 非结构胶粘剂

(1) 聚醋酸乙烯胶粘剂。聚醋酸乙烯胶粘剂是由醋酸乙烯单体聚合而成，俗称白乳胶。其特性是使用方便、价格便宜、润湿能力强，有较好的粘附力，适用于多种粘结工艺。但其耐热性、对溶剂作用的稳定性及耐水性较差，只能作为室温下使用的非结构胶。

(2) 聚氨酯胶粘剂。聚氨酯胶粘剂是分子链中含有氰酸酯基（—NCO）及氨基甲酸酯基（—NH—COO—）具有很强的极性和活泼性的一类粘合剂。其中品种很多，有单组分和双组分两类。聚氨酯胶粘剂有良好的粘结强度，可用于金属、玻璃、陶瓷、橡胶、织物、塑料、木材、纸张等各种材料的粘合；有良好的耐超低温性能，而且粘结强度随着温度的降低而提高，是超低温环境下理想的粘结材料和密封材料；具有良好的耐磨、耐油、耐溶剂、耐老化等性能；可通过调节分子链中软段和硬段比例结构，制成满足各种行业、各种性能要求的高性能粘合剂。但是在高温和高湿条件下易水解，会降低粘结强度。

(3) 氯丁橡胶胶粘剂。氯丁橡胶胶粘剂是以氯丁橡胶为主要组成，加入氧化镁、氧化锌、填料、抗老化剂和抗氧化剂等制成，是目前应用最广泛的一种橡胶型胶粘剂。氯丁橡胶胶粘剂对水、油、弱酸、弱碱、醇和脂肪烃有良好的抵抗力，可在－50～80℃的温度下工作，但是徐变较大，且容易老化。

三、土工合成材料

土工合成材料是以聚合物（如塑料、化纤、合成橡胶等）为原料制成的用于岩土工程的聚合物材料。按照需要，土工合成材料可置于土体内部、表层或各层土体之间，起加强或保护土体的作用。土工合成材料主要有土工织物类材料和超轻型填土材料。土工织物类合成材料的用途见表 10-1。

表 10-1　　土工织物合成材料的用途

分类		用途	材料类型
透水性的土工材料	土工材料	排水、反滤、护坡等	用合成纤维（如锦纶、腈纶等）制成
	土工网	加固垫层、坡，防护植草，排水通道、滤层等	用塑料条、带编织或压制而成的网状物
	土工格栅	防冲刷、防流失，用于沙漠或沼泽地筑路、护坡	用塑料挤压而成，呈网站、蜂窝状结构
	土工格室	防冲刷、防流失，用于沙漠或沼泽地筑路、护坡	用塑料板焊接而成
	土工模袋	灌入混凝土或砂浆，用于护坡、地基处理	用合成纤维制成
	土工袋	装入大块石，用于截流、筑堤、防流失	用合成纤维制成绳网、绳袋等
不透水性的土工材料	塑料膜	用于地下建筑的防水，堤围的加筋材料	聚氯乙烯、聚丙烯等制成的膜
	土工膜	用于堤坝、水库、地下建筑、游泳池等的防渗漏	用纺织布或无纺布防水处理后制成

续表

分类		用途	材料类型
复合材料	多孔泡沫塑料板	用作排水通道	用聚氨酯制作的开孔型泡沫塑料
	塑料排水带	用于软基处理和排水固结	透水性土工织物与聚丙烯等塑料挤压而成
	复合土工膜	用于防止管涌、加筋、排水、增加与土面间摩擦力	透水的土工织物与聚丙烯等塑料挤压而成
	复合排水材料	用于路基、隧道、堤坝、结构的墙后排水等	以无纺土工织物作芯材制成的塑料排水管
EPS 填土材料		用于铁道、公路等的软路基的填土材料	聚苯乙烯泡沫塑料

土工纤维、土工布、化纤滤网、塑料网（格栅）、塑料膜等聚合物材料制成的布状或网状物，统称为土工布或土工织物。其中，网格较大者，用硬纤维片或条编制而成，称为土工垫或土工网；而网格更大者，通过塑料挤出成型的各种规格的格栅或用塑料板（带）焊接成的各种格室，称为土工格栅。在格栅内充填砂、石或其他材料，用于沙漠、泥泞沼泽地区筑路、护坡等工程。

土工织物是一种多功能材料，主要功能有滤层作用、排水作用、隔离作用、加筋、防渗与防潮作用等。

复习思考题

1. 建筑塑料与传统材料相比具有哪些特点？
2. 热塑性树脂和热固性树脂的主要不同之处在哪些方面？
3. 列举出 15 种日常生活中见到的合成高分子材料制品的名称。
4. 建筑塑料的基本组成有哪些？各自所起的作用是什么？
5. 塑料制品老化的原因与防止措施有哪些？

第十一章　防　水　材　料

防水材料是保证建筑物能够防止雨水、地下水及其他水分渗透的主要建筑材料。其质量的优劣直接影响建筑物的使用功能和寿命。随着现代科学技术的发展，防水材料的品种、数量越来越多，性能也越来越好。由于成本低廉，所以长期以来沥青材料一直是在国内外广泛使用的防水材料，但其性能较差，使用寿命较短，因此最终将会被淘汰。当前防水材料已向改性沥青和合成高分子材料发展。

第一节　防　水　卷　材

防水卷材是一种可卷曲的片状防水材料。根据其主要防水组成材料可分为沥青防水卷材、高聚物改性沥青防水卷材和合成高分子防水卷材三大类。沥青防水卷材是传统的防水材料（俗称油毡或油毛毡），应用较广。

各类防水卷材均应有良好的耐水性，温度稳定性和大气稳定性（抗老化性），并应具备必要的机械强度、延伸性、柔韧性和抗断裂的能力。

一、沥青防水卷材

沥青防水卷材是在基胎（如原纸、纤维织物等）上浸涂沥青后，在表面撒布粉状（如滑石粉）或片状（如云母片）的隔离材料而制成的可卷曲的片状防水材料。其品种较多，按浸涂的沥青品种可分为石油沥青油毡和煤沥青油毡；按所使用的基胎材料又有沥青纸胎油毡、沥青玻璃布（或玻纤）油毡、沥青麻布油毡等，但最常用的是石油沥青纸胎油毡。

石油沥青油毡系用低软化点石油沥青浸渍纸胎，然后用高软化点石油沥青涂盖油纸两面，再撒以隔离材料所制成的一种纸胎防水卷材。按《石油沥青纸胎油毡、油纸》（GB 326—1989）的规定：油毡按原纸 $1m^2$ 的质量克数分为 200、350、500 三种标号；按物理性能分为合格品、一等品和优等品三个等级。其中 200 号油毡适用于简易防水、临时性建筑防水、防潮及包装等，350 号和 500 号油毡适用于屋面、地下工程的多层防水。

为了克服纸胎耐久性差、易腐烂、抗拉强度低等缺点，可用玻纤、玻璃布、黄麻织物等代替。由于沥青材料温度敏感性大、低温柔性差、易老化，因而防水耐用年限较短。常用沥青防水卷材的特点及适用范围可参见表 11-1。

根据《屋面工程技术规范》（GB 50345—2004）的规定，沥青防水卷材仅适用于屋面防水等级为Ⅲ级（一般的工业与民用建筑，防水耐用年限为 10 年）和Ⅳ级（非永久性的建筑，防水耐用年限为 5 年）的屋面防水工程。除外观质量和规格应符合要求外，沥青防水卷材还应检验拉力、耐热度、柔性和不透水性等物理性能，并应符合表 11-2 的要求。对于防水等级为Ⅲ级的屋面，应选用"三毡四油"沥青卷材防水；对于防水等级为Ⅳ级的屋面，可选用"二毡三油"沥青卷材防水。

表 11-1 沥青防水卷材的特点及适用范围

卷材名称	特点	适用范围	施工工艺
石油沥青纸胎油毡	是我国传统的防水材料，其低温柔性差，防水层耐用年限较短，价格较低	三毡四油、二毡三油叠层铺设的层面工程	热玛蹄脂粘贴施工
玻璃布沥青油毡	抗拉强度高，胎体不易腐烂，柔韧性好，耐久性比纸胎油毡提高1倍以上	多用作纸胎油毡的增强附加层和突出部位的防水层	热玛蹄脂、冷玛蹄脂粘贴施工
玻纤毡沥青油毡	有良好的耐水性、耐腐性和耐久性，柔韧性也优于纸胎油毡	常用于屋面或地下防水工程	热玛蹄脂、冷玛蹄脂粘贴施工
黄麻胎沥青油毡	抗拉强度高，耐水性好，但胎体材料易腐烂	常用作屋面增强附加层	热玛蹄脂、冷玛蹄脂粘贴施工
铝箔胎沥青油毡	有很高的阻隔蒸汽渗透能力，防水功能好，具有一定的抗拉强度	与带孔玻纤毡配合或单独使用，宜用于隔汽层	热玛蹄脂粘贴施工

表 11-2 沥青防水卷材物理性能

项目		性能要求	
		350号	500号
纵向拉力（25℃±2℃时）(N)		≥340	≥440
耐热度（85℃±2℃，2h）		不流淌、无集中性气泡	
柔性（18℃±2℃）		绕 ϕ20mm圆棒无裂纹	绕 ϕ25mm圆棒无裂纹
不透水性	压力（MPa）	≥0.1	≥0.15
	保持时间（min）	≥30	≥30

二、高聚物改性沥青防水卷材

高聚物改性沥青防水卷材是以合成高分子聚合物改性沥青为涂盖层、纤维织物或纤维毡为胎体，粉状、粒状、片状或薄膜材料为防粘隔离层制成的片状可卷曲防水材料。

高聚物改性沥青防水卷材规格及外观质量要求见表 11-3 与表 11-4，物理性能应符合表 11-5 要求。

高聚物改性沥青防水卷材克服了传统沥青防水卷材温度稳定性差、延伸率小的不足，具有高温不流淌、低温不脆裂、拉伸强度高、延伸率较大等优异性能。常见的高聚物改性沥青防水卷材有 SBS、APP、PVC 和再生胶改性沥青防水卷材等。

1. SBS 改性沥青防水卷材

该卷材是以 SBS（苯乙烯—丁二烯—苯乙烯三嵌段共聚物）改性的石油沥青（简称弹性

体沥青）浸渍玻纤毡或聚酯毡的胎基，以细砂或塑料薄膜为防粘隔离层的防水卷材，属弹性体沥青防水卷材中的一种。按我国行业标准《弹性体沥青防水卷材》（GB 12958—2000）的规定，弹性体沥青防水卷材以 $10m^2$ 卷材的标称质量（kg）作为卷材的标号。玻纤毡胎基的卷材分为25号、35号和45号三种标号，聚酯毡胎基的卷材分为25号、35号、45号和55号四种标号。按卷材的物理性能分为合格品、一等品、优等品三个等级。

表11-3　高聚物改性沥青防水卷材规格

厚度（mm）	宽度（mm）	每卷长度（m）
2.0	≥1000	15.0～20.0
3.0	≥1000	10.0
4.0	≥1000	7.0
5.0	≥1000	5.0

表11-4　高聚物改性沥青防水卷材的外观质量要求

项目	外观质量要求
断裂、皱折、孔洞、剥离	不允许
边缘不整齐、砂砾不均匀	无明显差异
胎体未浸透、露胎	不允许
涂盖不均匀	不允许

表11-5　高聚物改性沥青防水卷材的物理性能

项目		性能要求			
		Ⅰ类	Ⅱ类	Ⅲ类	Ⅳ类
拉伸性能	拉力（N）	≥400	≥400	≥50	≥200
	延伸率（%）	≥30	≥5	≥200	≥3
耐热度（85℃±2℃，2h）		不流淌，无集中性气泡			
柔性（-5～25℃）		绕规定直径圆棒无裂纹			
不透水性	压力（MPa）	≥0.2			
	保持时间（min）	≥30			

该类防水卷材广泛适用于各类建筑防水、防潮工程，尤其适用于寒冷地区和结构变形频繁的建筑物防水。其中，35号及其以下品种用作多层防水；35号以上的品种可用作单层防水或多层防水的面层。

2. APP改性沥青防水卷材

该卷材是以热塑性塑料（无规聚丙烯APP）改性的沥青（简称塑性体沥青）浸渍玻纤毡或聚酯毡的胎基，以砂粒或塑料薄膜为防粘隔离层的防水卷材。按行业标准《塑性体沥青防水卷材》（JC/T 559—1994）的规定，塑性体沥青防水卷材以 $10m^2$ 卷材的标称质量（kg）作为卷材的标号；玻纤毡胎基的卷材分为25号、35号和45号三种标号，聚酯毡胎基的卷材分为25号、35号、45号和55号四种标号。按卷材的物理性能分为合格品、一等品、优等品三个等级。

该类防水卷材广泛适用于各类建筑防水、防潮工程，尤其适用于高温或有强烈太阳辐照地区的建筑物防水。其中，35号及其以下品种用作多层防水，35号以上的品种可用作单层防水或多层防水层的面层，并可采用热熔法施工。

高聚物改性沥青防水卷材除SBS和APP改性沥青防水卷材外，还有许多其他品种，它们因高聚物和胎体品种不同而性能各异，在建筑防水工程中的适用范围也各不相同。常见的几种高聚物改性沥青防水卷材的特点和适用范围见表11-6。

表 11-6 高聚物改性沥青防水卷材的特点和适用范围

卷材名称	种类	适用范围	施工工艺
SBS 改性沥青防水卷材	显著改善了沥青的弹性、延伸率、高温稳定性、低温柔软性、耐疲劳性及耐老化等性能	单层铺设的屋面防水工程或复合使用，适用于寒冷地区和结构变形频繁的建筑	冷施工铺贴或热溶铺贴
APP 改性沥青防水卷材	具有良好的强度、延伸性、耐热性、耐紫外线照射及耐老化性	单层铺设，适于紫外线辐射强烈及炎热地区屋面使用	热溶法或冷粘法铺设
PVC 改性沥青防水卷材	有良好的耐热及耐低温性能，最低开卷温度－18℃	有利于冬季施工	可热作业也可冷施工
再生胶改性沥青防水卷材	有一定的延伸性，且低温柔性较好，有一定的防腐蚀能力，价格低廉	变形较大或档次较低的防水工程	热沥青粘贴
废橡胶粉改性沥青防水卷材	比普通石油沥青纸胎油毡的抗拉强度、低温柔性均明显改善	叠层使用于一般屋面防水工程，宜在寒冷地区使用	热沥青粘贴

对于屋面防水工程，《屋面工程技术规范》GB 50345—2004 规定，高聚物改性沥青防水卷材适用于防水等级为Ⅰ级（特别重要的民用建筑和对防水有特殊要求的工业建筑，防水耐用年限为 25 年）、Ⅱ级（重要的工业与民用建筑、高层建筑，防水耐用年限为 15 年）和Ⅲ级的屋面防水工程。对于Ⅰ级屋面防水工程，除规定应有的一道合成高分子防水卷材外，高聚物改性沥青防水卷材可用于应有的三道或三道以上防水的各层，且厚度不宜小于 3mm。对于Ⅱ级屋面防水工程，在应有的二道防水设防中，应优先采用高聚物改性沥青防水卷材，且所用卷材厚度不宜小于 3mm。对于Ⅲ级屋面防水工程，应有一道防水设防，或两种防水材料复合使用；如单独使用，高聚物改性沥青防水卷材厚度不宜小于 4mm；如复合使用，高聚物改性沥青防水卷材的厚度不宜小于 2mm。高聚物改性沥青防水卷材除外观质量和规格应符合要求外，还应检验拉伸性能、耐热度、柔性和不透水性等物理性能，并应符合表 11-5 的要求。

3. 铝箔塑胶油毡（BW—A）

该油毡是以高分子聚合物（合成橡胶与塑料）改性沥青等材料浸渍涂盖于聚酯纤维布胎体上，以塑料薄膜为底面防粘隔离层，以软质铝箔为表面反光保护层的新型防水材料。对阳光的反射率高，具有一定的抗拉强度和延伸率，弹性好，低温柔性好，在－20℃～80℃温度范围内适应性能较强，可满足工业与民用建筑工程的屋面防水需要，也可用于管道防水。

4. 再生橡胶防水卷材

再生橡胶防水卷材（又称再生胶油毡）是由废橡胶粉掺入适量的石油沥青和化学助剂，进行高温高压脱硫处理后，再掺入一定数量的填充材料，经混炼、压延而成的无胎防水卷材。它具有质地均匀、延伸性大、弹性好等优点，其抗腐蚀性强，不透水性、不透气性、低温柔韧性及抗拉强度均较高。

再生橡胶防水卷材适用于屋面防水，尤其适用于有保护层的屋面或基层沉降较大（包括不均匀沉降）的建筑物变形缝处的防水；也可用于地下结构（如地下室、深基础、贮水池等）的防水或浴室、洗衣室、冷库等处的蒸汽隔离层。

三、合成高分子防水卷材

合成高分子防水卷材是以合成橡胶、合成树脂或两者的共混体为基料，加入适量的化学助剂和填充料等，经不同工序（混炼、压延或挤出等）加工而成的防水卷料。目前品种有橡胶系列（聚氨酯、三元乙丙橡胶、丁基橡胶等）防水卷材、塑料系列（聚乙烯、聚氯乙烯等）和橡胶塑料共混系列防水卷材三大类，其中又可分为加筋增强型与非加筋增强型两种。

合成高分子防水卷材具有拉伸强度和抗撕裂强度高、断裂伸长率大、耐热性和低温柔性好、耐腐蚀、耐老化等一系列优异的性能，是新型高档防水卷材。常见的有三元乙丙橡胶防水卷材，聚氯乙烯防水卷材、氯化聚乙烯防水卷材、氯化聚乙烯—橡胶共混防水卷材等。此类卷材按厚度分为1mm、1.2mm、1.5mm、2.0mm等规格。

1. 三元乙丙橡胶（EPDM）防水卷材

该卷材是以乙烯、丙烯和少量双环戊二烯三种单体共聚合成的三元乙丙橡胶为主要原料，掺入适量的丁基橡胶、硫化剂、促进剂、软化剂、补强剂和填充剂等，经密炼、拉片、过滤、挤出（或压延）成型、硫化等工序加工制成，是一种高弹性的新型防水材料。

由于三元乙丙橡胶分子结构中的主链上没有双键，当其受到臭氧、光、湿和热等作用时，主链不易断裂，因此，三元乙丙橡胶的耐候性、耐老化性最好，化学稳定性也佳，耐臭氧性、耐热性和低温柔性甚至超过氯丁与丁基橡胶，具有质量轻（1.2～2.0kg/m^2），抗拉强度高（>7.5MPa），耐酸碱腐蚀等特点，使用寿命达20年以上，广泛应用于防水要求高、耐用年限长的防水工程中。

2. 聚氯乙烯（PVC）防水卷材

该卷材是以聚氯乙烯树脂为主要原料，掺加填充料和适量的改性剂、增塑剂等，经混炼、压延或挤出成型、分卷包装而成的防水卷材。PVC防水卷材根据基料的组分及其特性分为两种类型，即S型和P型。S型是以煤焦油和聚氯乙烯树脂混溶料为基料的柔性卷材，其厚度为1.5mm、2.0mm、2.5mm等。P型是以增塑聚氯乙烯为基料的塑性卷材，其厚度为1.2mm、1.5mm、2.0mm等。卷材的宽度为1000mm、1200mm、1500mm等。

3. 氯化聚乙烯—橡胶共混防水卷材

该卷材是以氯化聚乙烯树脂和合成橡胶为主体，加入适量的硫化剂、促进剂、稳定剂、软化剂和填充剂等，经过素炼、混炼、过滤、压延（或挤出）成型、硫化等工序加工制成的高弹性防水卷材。它不仅具有氯化聚乙烯所特有的高强度和优异的耐臭氧、耐老化性能，而且具有橡胶类材料所特有的高弹性、高延伸性和良好的低温柔性。所以，该卷材具有良好的物理性能。拉伸强度在7.5MPa以上，脆性温度在−40℃以下，热老化保持率在80%以上，因此，该类卷材特别适用于寒冷地区或变形较大的建筑防水工程。

合成高分子防水卷材除以上三种典型品种外，还有多种其他产品。根据国家标准《屋面工程技术规范》（GB 50345—2004）的规定，合成高分子防水卷材适用于防水等级为Ⅰ级、Ⅱ级和Ⅲ级的屋面防水工程。常见的合成高分子防水卷材的特点和适用范围见表11-7。

表 11-7 合成高分子防水卷材的特点和适用范围

卷材名称	特点	适用范围	施工工艺
三元乙丙橡胶防水卷材	防水性、耐候性好，耐臭氧性、耐化学腐蚀性、弹性和抗拉强度大，对基层变形开裂的适应性强，质量轻，使用温度范围宽，寿命长，但价格高	防水要求较高、防水层耐用年限要求长的建筑，单层或复合使用	冷粘法或自粘法施工
丁基橡胶防水卷材	有较好的耐候性、耐油性、抗拉强度和延伸率，耐低温性能稍低于三元乙丙橡胶防水卷材	单层或复合使用，适用于防水要求较高的防水工程	冷粘法施工
氯化聚乙烯防水卷材	具有良好的耐候、耐臭氧、耐热老化、耐油、耐化学腐蚀及抗撕裂的性能	单层或复合使用，宜用于紫外线强的炎热地区	冷粘法施工
氯磺化聚乙烯防水卷材	延伸率较大，弹性较好，对基层变形开裂的适应性较强，耐高、低温性能好，耐腐蚀性能优异，难燃性好	适用于有腐蚀介质影响及在寒冷地区的防水工程	冷粘法施工
聚氯乙烯防水卷材	具有较高的拉伸和撕裂强度，延伸率较大，耐老化性能好，原材料丰富，价格便宜，容易粘结	单层或复合使用，适于外露或有保护层的防水工程	冷粘法或热风焊接法施工
氯化聚乙烯—橡胶共混防水卷材	不但具有氯化聚乙烯特有的高强度和优异的耐臭氧、耐老化性能，还具有橡胶所特有的高弹性、高延伸性及良好的低温柔性	单层或复合使用，尤其适用于寒冷地区或变形较大的防水工程	冷粘法施工
三元乙丙橡胶—聚乙烯共混防水卷材	是热塑性弹性材料，有良好的耐臭氧和耐老化性能，使用寿命长，低温柔性好，可在负温条件下施工	单层或复合外露防水层面，宜在寒冷专区使用	冷粘法施工

第二节 防 水 涂 料

防水涂料（又称防水卷材胶粘剂）是以高分子合成材料、沥青等为主体，在常温下呈无定型流态或半流态，经涂刷能在结构物表面结成坚韧防水膜的材料的总称。而且，涂刷的防水涂料同时又是防水卷材粘贴的粘胶剂。

防水涂料按液态类型可分为溶剂型、水乳型和反应型三种，按成膜物质的主要成分又可分为沥青类、高聚物改性沥青类和合成高分子类。

一、沥青类防水涂料

1. 冷底子油

沥青类防水卷材使用时常用沥青胶粘贴，为了提高与基层的粘结力，常在基层表面涂刷一层冷底子油。冷底子油是用建筑石油沥青加入汽油、煤油、轻柴油，或者用软化点50～70℃的煤沥青加入苯，溶合而配制成的沥青溶液，它的粘度小，能渗入到混凝土、砂浆、木材等材料的毛细孔隙中，待溶剂挥发后，便与基面牢固结合，使基面具有一定的憎水性，为粘结同类防水材料创造了有利条件。若在这种冷底子油层上面铺热沥青胶粘贴卷材时，可使防水层与基层粘贴牢固。因为它多在常温下用于防水工程的底层，故名冷底子油。

冷底子油常常随配随用，通常使用30%～40%的石油沥青和60%～70%的溶剂（汽油或煤油），首先将沥青加热至108～200℃，脱水后冷却至130～140℃，并加入溶剂量10%的溶剂，待温度降至约70℃时，再加入余下的溶剂搅拌均匀为止。若储存时，应使用密闭容器，以防溶剂挥发。

2. 沥青胶

沥青胶又称玛蹄脂，是用沥青材料加粉状或纤维状的填充科均匀混合制成。填料有粉状的（如滑石粉、石灰石粉、白云石粉等），纤维状的（如石棉屑、木纤维等），或者用二者的混合物更好。填料的作用是为了提高共耐热性，增加韧性，降低低温下的脆性，也减少沥青的消耗量，加入量通常为10%～30%。

沥青胶的配制和使用方法，分为热用和冷用两种。热用沥青胶即热沥青玛蹄脂，是将70%～90%的沥青加热至180～200℃，使其脱水后，与30%～10%的干燥填料（纤维状填料不超过5%）热拌混合均匀后，热用施工。冷沥青玛蹄脂是将40%～50%的沥青熔化脱水后，缓慢加入25%～30%的溶剂（如煤油、柴油、蒽油等），再掺入30%～10%的填料，混合拌匀而制得，在常温下使用。冷用沥青胶比热用沥青胶施工方便，涂层薄，节省沥青，但耗费溶剂。

3. 水性沥青防水涂料

水性沥青防水涂料是指以沥青为基料配制而成的水乳型或溶剂型防水涂料。这类涂料对沥青基本没有改性或改性作用不大。主要适用于Ⅲ级和Ⅳ级防水等级的工业与民用建筑屋面、混凝土地下室和卫生间防水等。

该类涂料的乳化是借助于乳化剂作用，在机械强力搅拌下，将熔化的沥青微粒（约1～10μm）均匀地分散于溶剂中，使其形成稳定的悬浮体。制作乳化沥青用的乳化剂有很多种，如石灰膏、动物胶、肥皂、洗衣粉、水玻璃、松香等。选用不同品种的乳化剂，就能得到不同品种的乳化沥青，如石灰乳化沥青、松香皂乳化沥青等。

目前，我国生产最多的乳化沥青大致有AE－1类型防水涂料（即用矿物胶体乳化剂配制的乳化沥青为基料，含有石棉纤维或其他无机矿物填料的防水涂料），又称水性沥青基厚质防水涂料。AE—2类型防水涂料（是用化学乳化剂配制的乳化沥青为基料，掺有氯丁胶乳或再生胶等橡胶水分散体的防水涂料），又称水性沥青薄质防水涂料。

水性沥青基防水涂料按其质量分为一等品和合格品，各等级的质量应符合JC 408—1991规定。

二、高聚物改性沥青防水涂料

高聚物改性沥青防水涂料是指以沥青为基料，用合成高分子聚合物进行改性，制成的水乳型或溶剂型防水涂料。这类涂料在柔韧性、抗裂性、拉伸强度，耐高低温性能、使用寿命等方面比沥青基涂料有很大改善。品种有再生橡胶改性沥青防水涂料、水乳型氯丁橡胶沥青防水涂料、SBS橡胶改性沥青防水涂料等。适用于Ⅱ、Ⅲ、Ⅳ级防水等级的屋面、地面、混凝土地下室和卫生间等。

1. 氯丁橡胶沥青防水涂料

氯丁橡胶沥青防水涂料可分为溶剂型和水乳型两种。溶剂型氯丁橡胶沥青防水涂料（又名氯丁橡胶—沥青防水涂料）。它是氯丁橡胶和石油沥青溶化于甲基（或二甲苯）而形成的一种混合胶体溶液，其主要成膜物质是氯丁橡胶和石油沥青。

水乳型氯丁橡胶沥青防水涂料（又名氯丁胶乳沥青防水涂料）是以阳离子型氯丁胶乳与阳离子型沥青乳液相混合而成。它的成膜物质也是氯丁橡胶和石油沥青，但与溶剂型涂料不同的是以水代替了甲苯等有机溶剂，使其成本降低并无毒。

2. 水乳型再生橡胶防水涂料

水乳型再生橡胶防水涂料（简称JG-2防水冷胶料）是水乳型双组分（A液、B液）防水冷胶结料。A液为乳化橡胶，B液为阴离子型乳化沥青，两液分别包装，现场按一定比例配制使用。涂料为黑色无光泽粘稠液体，略有橡胶味，无毒。经涂刷或喷涂后形成防水薄膜，涂膜具有橡胶弹性，温度稳定性好，耐老化性能及其他各项技术性能均比纯沥青和玛蹄脂好。可以冷操作，加衬中碱玻璃丝布或无纺布作防水层，抗裂性好。用于屋面、墙体、地面、地下室、冷库的防水防潮，也可用于嵌缝及防腐工程等。

3. 聚氨酯防水涂料

聚氨酯防水涂料（又称聚氨酯涂膜防水材料）属双组分反应型涂料。甲组分是含有异氰酸基的预聚体，乙组分是含有多羟基的固化剂与增塑剂、稀释剂的溶剂。甲乙两组分按一定比例混合后，经固化反应，形成均匀而富有弹性的防水涂膜。

聚氨酯涂膜防水材料有透明、彩色、黑色等品类，并兼有耐磨、装饰及阻燃等性能。由于它的防水、延伸及温度适应性能优异，施工简便，故在中高级公用建筑的卫生间、水池等防水工程及地下室和有保护层的屋面防水工程中得到广泛应用。

三、用于屋面防水工程的材料选择

根据建筑物的性质、重要程度、使用功能要求、建筑结构特点以及防水耐用年限等，将屋面防水分成四个等级，并按《屋面工程施工及验收规范》（GB 50207—2002）的规定选用防水材料，见表11-8。

表11-8　屋面防水等级和材料选择

项目	屋面防水等级			
	Ⅰ	Ⅱ	Ⅲ	Ⅳ
建筑物类别	特别重要的民用建筑和对防水有特殊要求的工业建筑	重要的民用建筑及重要的工业建筑	一般民用建筑及一般工业建筑	非永久性建筑
防水耐用年限	20年以上	15年以上	10年以上	5年以上

续表

项目	屋面防水等级			
	Ⅰ	Ⅱ	Ⅲ	Ⅳ
选用材料	应选用高分子防水卷材、高聚物改性沥青防水卷材、高分子防水涂料、细石防水混凝土、金属板等材料	二道防水设防，其中必须有一道卷材，也可采用压型钢板进行一道设防	一道防水设防，或两种防水材料复合使用	一道防水设防

第三节 建筑密封材料

密封材料又称嵌缝材料。分为定型（俗称密封条和压条）和不定型（密封膏或嵌缝膏）两大类。密封材料可防水、防尘和隔气，并有良好的粘附性、耐老化性和温度适应性，能长期经受被粘附构件的收缩与振动而不破坏。

一、密封材料的分类

不定型密封材料按原材料及其性能可分为三大类。

（1）塑性密封膏。以改性沥青和煤焦油为主要原料制成。其价格低，具有一定的弹塑性和耐久性，但弹性差，延伸性也较差。因此这类密封材料的使用年限在10年以下。

（2）弹塑性密封膏。主要有聚氯乙烯胶泥及各种塑料油膏。它们的弹性较低，塑性较大，延伸性和粘结力较好，使用年限在10年以上。

（3）弹性密封膏。由聚硫橡胶、有机硅橡胶、氯丁橡胶、聚氨酯和丙烯酸萘为主要原料制成。这类材料的性能好，使用年限在20年左右。

二、工程中常用的密封材料

1. 沥青嵌缝油膏

沥青嵌缝油膏是以石油沥青为基料，加入改性材料、稀释剂及填充料混合制成的密封膏。改性材料为废橡胶粉和硫化鱼油，稀释剂为松焦油、松节重油和机油，填充料为石棉绒和滑石粉等。

沥青嵌缝油膏主要作为屋面、墙面、沟和槽的防水嵌缝材料。

2. 聚氨酯建筑密封膏

聚氨酯密封膏是以聚氨基甲酸酯聚合物为主要成分的双组分反应固化型的建筑密封材料。按流变性分为两种类型：N型（非下垂型）和L型（自流平型）。

聚氨酯建筑密封膏的主要性能应符合《聚氨酯建筑密封膏》(JC482—2003）规定。

聚氨酯建筑密封膏具有延伸率大、弹性高、粘结性好、耐低温、耐火、耐油、耐酸碱、抗疲劳及使用年限长等优点。被广泛用于各种装配式建筑屋面板、楼地面、阳台、窗框、卫生间等部位的接缝，施工缝的密封，给排水管道、贮水池等工程的接缝密封，混凝土裂缝的修补等。

3. 聚氯乙烯接缝膏和塑料油膏

聚氯乙烯接缝膏是以煤焦油和聚氯乙烯（PVC）树脂粉为基料，按一定比例加入增塑剂（邻苯二甲酸二丁脂、邻苯二甲酸二辛脂），稳定剂（三盐基硫酸铝、硬脂酸钙）及填充料

（滑石粉、石英粉）等，在140℃温度下塑化而成的膏状密封材料，简称PVC接缝膏。

塑料油膏是用废旧聚氯乙烯塑料代替聚氯乙烯树脂粉，其他原料和生产方法同聚氯乙烯接缝膏，因此塑料油膏成本较低。

PVC接缝膏和塑料油膏有良好的粘结性、防水性、弹塑性、耐热、耐寒、耐腐蚀和抗老化性能。

这种密封材料可以热用，也可以冷用。热用时，将聚氯乙烯接缝膏或塑料油膏用文火加热，加热温度不得超过140℃，达到塑化状态后，应立即浇灌于清洁干燥的缝隙或接头等部位。冷用时，加溶剂稀释即可。适用于各种屋面嵌缝或表面涂布作为防水层，也可用于水渠、管道等接缝，用于工业厂房自防水屋面嵌缝，大型墙板嵌缝等的效果也比较好。

4. 丙烯酸酯建筑密封膏

丙烯酸酯建筑密封膏是以丙烯酸酯乳液为基料的建筑密封膏。这种密封膏弹性好，能适应一般基层伸缩变形的需要。耐候性能优异，其使用年限在15年以上。耐高温性能好，在−20℃～100℃情况下，也能长期保持柔韧性。粘结强度高，耐水、耐酸碱性好，并有良好的着色性。适用于混凝土、金属、木材、天然石料、砖、砂浆、玻璃、瓦及水泥石之间的密封防水。其主要技术性质应符合《丙烯酸酯建筑密封膏》（JC484—2006）规定。

5. 硅酮密封膏

硅酮密封膏是以硅氧烷聚合物为主体，加入硫化剂、硫化促进剂以及增强填料组成的室温固化型密封材料。具有良好的耐热、耐寒和耐候性，与各种材料都有较好的粘结性能，耐水性好，耐拉伸—压缩疲劳性强。

硅酮建筑密封膏分为F类和G类两种类别。其中，F类为建筑接缝用密封膏，适用于预制混凝土墙板、水泥板、大理石板的外墙接缝，混凝土和金属框架的粘结，卫生间和公路接缝的防水密封等；G类为镶装玻璃用密封膏，主要用于镶嵌玻璃和建筑门、窗的密封。

复习思考题

1. 列举几种工程上常用的防水卷材，并说出它们各自的优缺点。
2. 屋面防水和地面防水在选材和施工工艺上有什么不同？
3. 举出几种常见的橡胶和树脂基防水材料，并说明各自的主要特性。
4. 何谓冷底子油、乳化沥青？它们在使用上有何不同？
5. 举出常用的几种新型防水卷材，说明它们的用途。
6. 列举建筑密封膏的分类和主要用途。

第十二章 土木工程装饰材料

第一节 概 述

土木工程装饰材料是指用于土木工程产品表面，起装饰和保护作用的材料，也称装修材料或饰面材料。土木工程中装饰工程的总体效果（形体、质感、图案、色彩等）及功能的实现，无一不是通过运用装饰材料及其相应的施工工艺体现出来的。随着现代建筑的发展，建筑物仅仅功能良好，造型新颖，经久耐用已经不能完全满足人们需求，人们开始从美学角度对建筑形体丰富多彩的立面效果、装饰材料的高档次、低污染、低辐射等方面提出更高的要求。这种需求推动发展了各种新型土木工程材料来满足人们不同的审美和使用要求。

土木工程装饰材料种类繁多，而且装饰部位不同对材料的要求也不同。所以土木工程装饰材料一般按其使用部位来分类，分为地面装饰材料、外墙装饰材料、内墙装饰材料、天棚装饰材料。本章仅介绍常用的装饰材料。

一、装饰材料的基本要求

装饰材料创造了具有一定建筑艺术风格的室外环境，亦创造了具有各种使用功能的优雅的室内环境。建筑物外部装饰材料应经受日晒、雨淋、霜雪、冰冻、风化、介质等侵袭，要求外墙装饰材料不仅要有足够强度、耐久性，还要求色彩要与周围环境相协调、相统一。而内部装饰材料要经受摩擦、潮湿、洗刷等作用，除了满足强度和耐久性要求外，还要具有加强使用功能和低污染、低辐射的环保功能。因此，用于建筑装饰的材料，要求其既要美观，又要耐久，而且满足不同的使用功能。

二、装饰材料的选用原则

建筑装饰材料的品种很多，性能和特点各异，用途亦不尽相同。因此，在选择装饰材料时，必须考虑以下四个问题：

（一）满足使用功能与环境相协调

公共建筑如办公室、教室、图书馆、商场和影剧院、医院、宾馆等所用的装饰材料应与民用住宅所用材料有所不同。住宅是满足人的各种需求的主要场所，住宅的室内装饰，要围绕着这个环境的核心—人而进行选材，而公共建筑则要根据建筑等级及装饰的耐久性选材。

花岗岩镜面板材耐磨、装饰效果好，适合于高级宾馆及大型商场中人流较多的公共部分，如大厅、走廊、楼梯等。而一般住宅的客厅，较适合铺设陶瓷地砖。木质地板舒适、保温、自然亲切，常铺设在卧室、起居室；塑料地板耐磨、有弹性，适合于办公室；化纤地毯、混纺地毯防滑、消音、价格较高，适合于宾馆；纯毛手工编织地毯高雅、豪华、装饰效果极好，但是价格昂贵，适合国家级宾馆和会议中心及别墅类住宅等场所。豪华型卫生洁具的浴缸水龙头、扶手等五金件均以24K镀金制作，适合于超豪华的酒店。

（二）装饰效果

1. 色彩

建筑装饰效果最突出的一点是材料的色彩，它是人造环境中的第一装饰。我国古建筑常用材料的色彩突出表现建筑物的美。今天许多建筑在色彩上大胆尝试，丰富着建筑艺术空间，形成了新的民族建筑风格。

建筑外部色彩的选择，要根据建筑物的规模、环境及功能等因素来决定。高层建筑的外墙装饰宜采用较深的色调，与蓝天白云相衬，显得庄重和深远，低层建筑宜用淡色调，使人不致感觉矮小和零散。

建筑物内部色彩应力求在人们生理和心理上均能产生良好的效果。“暖色”（红、橙、黄色）使人感觉热烈、兴奋、温暖；“冷色”（绿、蓝、紫罗兰色）使人感觉宁静、幽雅、凉爽。所以，寝室宜用浅蓝或浅绿色，以增加室内的舒适和宁静感；幼儿园的活动室应采用中黄、淡黄、粉红等暖色调，以适应儿童天真活泼的心理。室内色彩利用是“头轻脚重”，即由顶棚、墙面到墙裙和地板的色彩为上明下暗，给人们以稳定舒适感，建筑物外部如用不同的颜色也宜采用“头轻脚重”的原则。

2. 材料的质感、线型、尺度和纹理

材料的质感、线型、尺度和纹理在人们心里和视觉上产生的装饰效果也是非常明显的。就纹理而言，要充分利用材料本身固有的天然纹理、图样及底色，或利用人工仿制天然材料的各种纹理与图样，以求在装饰中获得朴素、淡雅、高贵、凝重的装饰气氛；就尺度而言，材料的大小尺寸应符合一定比例。例如，大理石及彩色水磨石板材用于大空间，能取得很好的效果，如果用于居室将失去魅力。就线型和质感而言材料所固有的质感应优先考虑，在某种程度上线型可作为建筑装饰整体质感的一部分。例如，用铝合金压型装饰板装饰外墙面，可以获得具有凹凸线型的效果。

（三）耐久性

装饰材料的耐久性是一项综合技术性质，包括材料的力学性质（抗压强度、抗拉强度、抗弯强度、冲击韧性、受力变形、粘结性、耐磨性以及可加工性等）；材料的物理性质（密度、吸水性、耐水性、抗渗性、抗冻性、耐热性、绝热性、吸声性、隔声性、光泽度、光吸收性及光反射性等）；材料的化学性质（耐酸碱性、耐大气侵蚀性、耐污染性、抗风化性及阻燃性等）。

材料的组成和性质不同，工程的重要性及所处环境不同，则对材料耐久性项目的要求及耐久性年限的要求也不同。如潮湿环境的建筑物要求装饰材料具有一定的耐水性；北方地区的建筑物外墙用装饰材料须具有一定的抗冻性；地面用装饰材料须具有一定的硬度和耐磨性等。耐久性寿命的长短是相对的，如对花岗石要求其耐久性寿命为数十年至数百年以上，而对质量好的外墙涂料则要求其耐久性寿命为10～15年。

（四）满足使用安全

对室内装饰材料，要妥善处理装饰效果和使用安全的矛盾。优先选用环保型材料和不燃烧或难燃烧的消防安全型材料，尽量避免选用在使用过程中会挥发有毒成分和在燃烧时会产生大量浓烟或有毒气体的材料。

第二节　石膏装饰材料

建筑石膏是一种无机气硬性胶凝材料，只能在空气中凝结硬化，也只能在空气中长期保持强度。建筑石膏及其制品耐水性差，如不进行防潮处理，则不宜用于潮湿环境。

（一）装饰石膏板

装饰石膏板是以建筑石膏为主要原料，掺入适量纤维增强材料和外加剂，与水拌和成均匀的料浆，经浇注成型，干燥而成的不带护面纸的板材。所用的纤维材料为玻璃纤维，为了增加板的强度，也可附加长纤维或用玻璃长纤维捻成绳，在石膏板成型过程中，呈网格方式布置在板内。装饰石膏板是一种具有良好防火性能和隔声性能的吊顶板材。这种板材密度适中，强度较高，施工简便、快捷。板面可制成平面型的，也可制成有浮雕图案的，以及带有小孔洞的装饰石膏板。

装饰石膏板表面细腻，色泽柔和，花纹图案丰富，浮雕板和孔板立体感强，质感好；并且具有质轻、有一定强度、不变形、防火、吸声、隔热、可调节室内湿度等特点；可钉、可锯、可粘结，施工方便。装饰石膏板是较理想的顶棚饰面吸声板及墙面装饰板材。装饰石膏板广泛用于宾馆、饭店、影剧院、医院、幼儿园、办公室、住宅等室内的吊顶、墙面等。湿度较大的场合应选用防潮板。

（二）吸声用穿孔石膏板

吸声用穿孔石膏板，是指以穿孔的装饰石膏板或纸面石膏板为基础板材，与吸声材料或背覆透气性材料组合而成的石膏板。

1. 形状与规格

吸声用穿孔石膏板为正方形，边长为 500mm 和 600mm，厚度为 9mm 和 12mm，孔径、孔距及穿孔率，见表 12 - 1，棱边形状分直角形和倒角形两种。

表 12 - 1　孔径、孔距与穿孔率

孔径（mm）	孔距（mm）	穿孔率（%）	
		孔眼正方形排列	孔眼三角形排列
$\phi 6$	18	8.7	10.1
	22	5.8	6.7
	24	4.9	5.7
$\phi 8$	22	10.4	12.0
	24	8.7	10.1
$\phi 10$	24	13.6	15.7

2. 特点与应用

吸声用穿孔石膏板具有较高吸声性能，由它构成的吸声结构较合理，其平均吸声系数可达 0.11～0.65。以装饰石膏板为基板的穿孔石膏板还具有装饰石膏板的各种优良性能。以防潮、耐水和耐火石膏板为基材的还具有较好的防潮性、耐水性和遇火稳定性。吸声用穿孔板的抗弯、抗冲击性能及断裂荷载较基板低，使用时应予以注意。

吸声用穿孔石膏板主要用于音乐厅、影剧院、播演室、会议室以及其他对音质要求高的或对噪声限制较严的场所，作为吊顶、墙面等的吸声装饰材料。使用时可根据建筑物的用途或功能及室内湿度的大小，来选择不同的基板，如干燥环境可选用普通基板，相对湿度大于 70%的潮湿环境应选用防潮基板或耐水基板，重要建筑或防火等级要求高的应选用耐火基板。表面不再进行装饰处理的，其基板应为装饰石膏板；需进一步进行饰面处理的，其基板可选用纸面石膏板。

（三）艺术石膏浮雕装饰制品

石膏浮雕装饰制品是目前国内十分流行的一种室内装饰材料。它具有造型生动、高雅、豪华、立体感强、可随意改变色彩及不变形、不老化、不褪色、无毒、耐潮、阻燃等特点。以其成套产品装饰时，可形成鲜明的层次。不同层次浮雕装饰制品的图案自成体系，但又相互呼应与衬托，使整个装饰效果具有完美的造型。若再喷涂上相应的色彩，则装饰效果更佳，具有特殊的风格和情调。

这种石膏浮雕装饰制品不仅适宜会议室、餐厅、酒吧等公共建筑用，也经常用于民用住宅室内顶棚的装饰。

第三节 建筑装饰陶瓷

建筑装饰陶瓷是指用于建筑装饰工程的陶瓷制品，包括各类的釉面砖、墙地砖、琉璃制品和陶瓷壁画等。其中应用最为广泛的是釉面砖和墙地砖。

陶瓷自古以来就是土木工程的重要材料。我国远在新石器时代就出现了许多美丽的彩陶器，特别是各类瓷器的制作工艺更是中国对世界文明史的重要贡献。近 20 年来，在继承和发扬我国陶瓷生产传统技术的同时，不断吸取国外建筑装饰陶瓷的制作工艺和技术精华，使我国的建筑陶瓷生产得到迅速发展，产品的质量和性能不断提高，品种也更加丰富。

建筑装饰陶瓷坚固耐用，又具有色彩鲜艳的装饰效果，加之耐火、耐水、耐磨、耐腐蚀、易清洗、易于施工等特点，因此得到日益广泛的应用。不但被广泛用于众多的民用住宅中，更以其色彩瑰丽，富丽堂皇而为剧院、宾馆、商场、会议中心等大型公用建筑物锦上添花。

一、陶瓷的概念和分类

陶瓷通常是指以粘土为主要原料，经配料、坯料制备、成型、焙烧而成的无机非金属材料。从产品的种类来说，陶瓷是陶器和瓷器的总称。

按照陶瓷制品的主要原料粘土的品种以及坯体的致密程度，陶瓷制品可分为陶器、炻器和瓷器三大类。

1. 陶器

陶器以可塑性较高的易熔或难熔粘土为原料。坯体烧结程度不高，呈多孔性，吸水率较大，常为 9%～12%，高的可达 18%～22%。制品断面粗糙无光，敲击时声粗、哑。可施釉或不施釉。根据所用粘土的杂质含量的不同。陶器又分为粗陶和精陶两种。陶器目前主要用于艺术陶瓷作为室内装饰用的工艺品，少量用于墙、地面砖。

2. 炻器

炻器以耐火粘土为主要原料，于 1200～1300℃烧成。制品较致密，吸水率常为 3%～5%。建筑上用的陶瓷锦砖、内外墙面砖和地面砖多属于此类，用炻器制成的墙地砖也称为“玻化砖”。

3. 瓷器

瓷器以高岭土为原料，于 1250～1450℃烧成。几乎不吸水，耐酸、耐碱、耐热性能好。高档墙地砖、日用瓷、艺术用品和电瓷多属于此类。

二、常用建筑陶瓷制品

常用的建筑饰面陶瓷制品有釉面内墙砖、墙地砖和陶瓷锦砖三大类。

（一）釉面内墙砖

根据国家标准《釉面内墙砖》（GB/T 4100.5—1999）规定，釉面内墙砖是用于建筑物内墙装饰的薄板状表面施釉的精陶制品，简称釉面砖，俗称“瓷砖”。生产釉面砖的主要原料是烧后呈白色的耐火粘土、叶蜡石或高岭土。

1. 釉面砖的品种、形状及规格

釉面内墙砖正面有釉，背面有凹凸纹，便于施工镶贴时与基体粘结牢固。主要品种有白色釉面内墙砖、彩色釉面内墙砖、印花釉面内墙砖及图案釉面内墙砖等多种。所施的釉料主要有白色釉、彩色釉、光亮釉、珠光釉和结晶釉等，釉是一种以玻璃体为主的物质，主要成分为 SiO_2、CaO 等，有较强的耐酸、碱腐蚀能力。由于其色彩品种多，且可制作各种图案，具有很好的装饰效果。釉的发明始于我国，古代的名瓷如官、钧、哥等，主要名贵之处就是在釉的品质和施釉、烧制的工艺上。釉面砖按正面形状分为正方形、长方形和异形配件砖，异型配件砖的形状和尺寸要求如图 12-1 所示，见表 12-2。

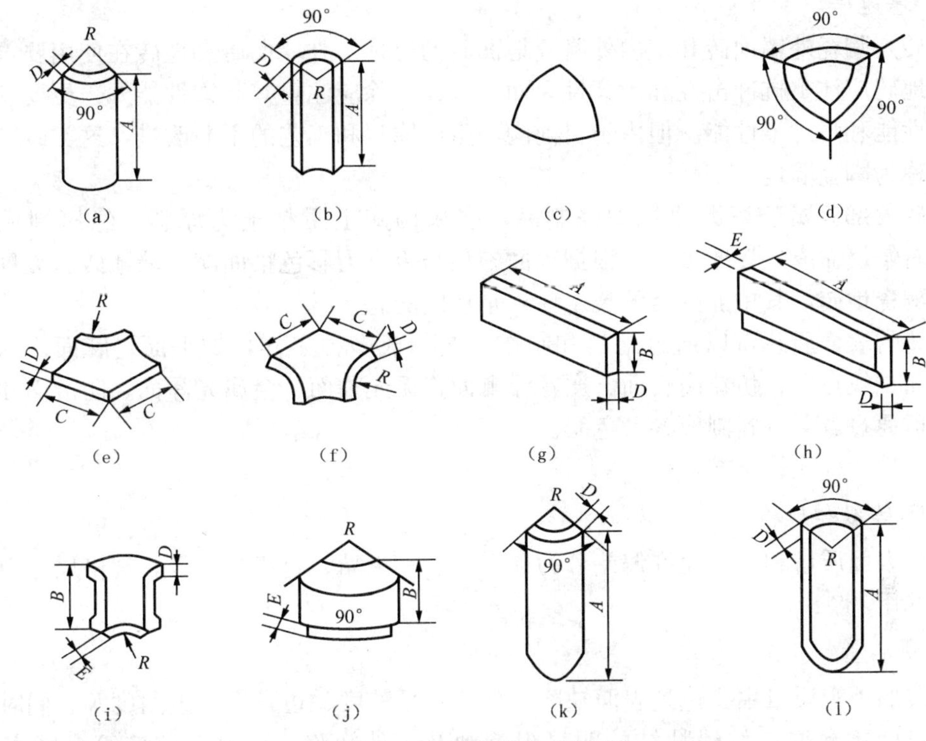

图 12-1 异形配件砖外形

(a) 阳角条；(b) 阴角条；(c) 阳三角；(d) 阴三角；(e) 阳角座；(f) 阴角座；(g) 腰线砖；(h) 压顶条；(i) 压顶阴角；(j) 压顶阳角；(k) 阳角条一端圆；(l) 阴角条一端圆

2. 釉面砖的特点及应用

釉面砖具有许多优良性能，其强度高、防潮、抗冻、耐酸碱、绝缘、抗急冷急热、表面光滑、易于清洗，主要用作厨房、浴室、卫生间、实验室、医院等室内的墙面、台面等部位的装饰材料。

表 12-2 异形配件砖尺寸要求 mm

B	C	E	R、SR
1/4*A*	1/3*A*	3	22

釉面砖大多属多孔的精陶坯体，其吸水率较大。在长期与空气中水分的接触过程中，会吸收大量水分面产生吸湿膨胀现象。面釉的吸湿膨胀非常小，当坯体湿膨胀增长到使釉面处于张应力状态，特别是当应力超过釉的抗拉强度时，釉面会产生开裂。如果用于室外，经长期冻融，更易出现剥落掉皮现象。所以釉面砖用于室内，而不用于室外。

釉面砖在铺贴前，必须先放入清水中浸泡，浸泡到不冒泡为止，且不少于2h，然后取出晾干至表面阴干无明水，即以饰面砖表面有潮湿感，但手按无水迹为准才可进行铺贴施工。没有经过浸泡的釉面砖吸水率较大，铺贴后会迅速吸收砂浆中的水分，影响粘结质量；表面没有阴干的釉面砖，由于表面有一层水膜，铺贴时会产生面砖浮滑现象，不仅操作不便，且因水分散发会引起釉面砖与基体分离自坠，造成空鼓或脱落现象。阴干的时间视气温和环境湿度而定，一般为半天左右。目前施工时常在砂浆中掺入一定量的专用建筑胶，不仅可改善砂浆的和易性，延缓水泥凝结时间，以保证铺贴时有足够的时间对所贴面砖进行拨缝调整，也有利于提高铺贴质量，提高工效、缩短工期。

（二）墙地砖

墙地砖是陶瓷外墙面砖和室内外陶瓷地面砖的统称。外墙面砖和地砖在使用要求上不尽相同，如地砖应注重抗冲击性和耐磨性；而外墙面砖除应注重其装饰性能外，更要满足一定的抗冻融性能和耐污染性能。但由于目前陶瓷生产原料和工艺的不断改进，这类砖可墙地两用，故统称为陶瓷墙地砖。

墙地砖大部分属于炻类建筑陶瓷制品，多采用陶土质粘土为原料，经压制成型，在1100℃左右焙烧而成，坯体带色。根据表面施釉与否分为彩色釉面陶瓷墙地砖、无釉陶瓷墙砖和无釉陶瓷地砖，其中前两类的技术要求是相同的。

墙地砖的表面质感可以通过配料和制作工艺制成多种多样，如平面、麻面、毛面、磨面、抛光面、纹点面、仿花岗石面、压花浮雕面、无光釉面、金属光泽面、防滑面和耐磨面等，且均可通过着色颜料制成各种色彩。

主要的技术性能指标有：

1. 产品等级和规格

通常按表面质量和变形允许偏差分为优等品、一级品、合格品三等。规格尺寸很多，可根据要求选用。

2. 外观质量

墙地砖的外观质量主要包括表面缺陷、色差、平整度、边直度、直角度等。同时在产品的侧面和背面不允许有妨碍粘结的明显附着釉及其他缺陷。尺寸偏差应符合国家标准的规定。

3. 物理力学性能

（1）吸水率：不宜大于10％。吸水率越小，抗变形能力和抗冻性越好，寒冷地区应选用吸水率较低的产品。

（2）耐急冷急热性：经3次急冷急热循环不出现裂纹或炸裂。

（3）抗冻性：经20次冻融循环不出现破裂、剥落或裂纹。

（4）抗弯强度：平均值不低于24.5MPa。

（5）耐磨性：仅指地砖，根据釉面出现可见磨损时的研磨转数，将墙地砖分为Ⅰ类（＜150r）、Ⅱ类（300～600r）、Ⅲ类（750～1500r）、Ⅳ类（＞1500r）四个级别。

（6）耐化学腐蚀性：根据耐酸和耐腐蚀试验，分为AA、A、AB、C、D共5个等级。

4. 墙地砖的特性和应用

墙地砖质地较致密，强度高，吸水率小，易清洗，耐腐蚀，热稳定性、耐磨性及抗冻性均较好。一般铺地用砖较厚，而外墙饰面用砖较薄。墙地砖的色彩和形状多种多样，是现代土木工程中外墙及地面的常用材料，具有装饰美化建筑物和保护建筑结构的双重作用。

与釉面砖相同，墙地砖在铺贴前也应进行浸泡处理。铺贴时也可以在砂浆中掺入一定量的专用建筑胶，以提高粘结质量。此外，在铺贴时应注意砖的排列问题。墙地砖的镶贴排缝种类很多，原则上按设计要求进行。矩形砖分长边水平或垂直两种排列方式，砖缝又可取错缝或齐缝排列，而接缝宽度又有密缝与离缝之分，或采取密缝和离缝组合排列。不同的排列方式，可获得完全不同的装饰效果。

（三）陶瓷锦砖

陶瓷锦砖俗称马赛克，是由边长小于50mm、具有各种几何形状和色彩的小单砖拼出具有线路的整体图案，贴在牛皮纸上的陶瓷制品（又称纸皮砖）。产品出厂前已按各种图案粘贴好。

每张（联）牛皮纸制品面积约为0.093m^2，30cm见方质量约为0.65kg，每40联为一箱，每箱可铺贴面积约3.7m^2。

陶瓷锦砖是以优质瓷土烧制而成的小块瓷砖，有挂釉和不挂釉两种。目前各地产品多是不挂釉的。按砖联分为单色、拼花两种。具有质地坚实、经久耐用、色泽图案多样、耐酸、耐碱、耐火、耐磨、吸水率小、不渗水、易清洗、温度稳定性好等优点。

陶瓷锦砖主要用于室内地面装饰，如浴室、厨房、餐厅、化验室等地面。也可用作外墙饰面，并可镶拼成风景名胜和花鸟动物图案的壁画，形成别具风格的锦砖壁画艺术。其装饰性和艺术性均较好，且可增强建筑物的耐久性。与外墙贴面砖相比，有造价略低、面层薄、自重较轻的优点。

三、琉璃制品

建筑琉璃制品是我国传统的极富民族特色的建筑陶瓷材料。琉璃制品的生产与使用在我国有着悠久的历史，早在北魏年间就已有琉璃瓦的生产。到唐代，琉璃制品无论在品质和艺术效果方面都达到了很高的成就。在近代由于它具有独特的装饰性能，仍大量应用于古建筑修复，和仿古建筑的装饰上。

琉璃制品用难溶粘土制成坯泥，制坯成型后经干燥、素烧、施色釉、釉烧而成。由于釉料的不同，有的也可一次烧成。中国古代建筑的琉璃制品分瓦制品和园林制品两大类。琉璃瓦制品主要用于各种形式的屋顶，有的是专供屋面排水防漏的；有的是构成各种屋脊的屋脊材料；有的则纯属装饰性的物件，其品种很多，难以准确分类。一般习惯上可分为瓦类（筒瓦、板瓦、勾头、滴水等），脊类（正脊筒瓦、垂脊筒瓦、三连砖、当勾等），饰件类（正吻、吞脊兽、垂兽、仙人等）。园林琉璃制品有窗、栏杆等。

琉璃制品的特点是质细致密、表面光滑、不易玷污、坚实耐久、色彩绚丽、造型古朴，富有民族特点。常见的颜色有金黄、翠绿、宝蓝等。

琉璃瓦造型复杂，制作工艺较繁，因而造价高。故主要用于体现我国传统建筑风格的宫殿式建筑以及纪念性建筑上，还常用来制造园林建筑中的亭、台、楼、阁等，构建古代园林的风格。琉璃制品还常用作近代建筑的高级屋面材料和各类坡屋顶，使建筑富有东方民族精神，富丽堂皇、雄伟壮观可体现现代与传统的完美结合。其性能应符合《建筑琉璃制品》（GB 9197—1998）的规定。

第四节 建筑装饰玻璃制品

建筑玻璃是土木工程用玻璃的总称，是用石英、纯碱、长石和石灰石等原料于1550～1600℃高温下烧至熔融，成型后冷却而制成的固体材料，使用最多的是平板玻璃。

平板玻璃成型方法有引上法和浮法。引上法成型是通过引上设备使熔融的玻璃液垂直向上提拉，经急冷后切割而成。它的优点是工艺比较简单，缺点是玻璃厚度不易控制，并易产生玻筋、玻纹等，使透过的影像产生歪曲变形，目前已基本淘汰。浮法成型是将熔融的玻璃液流入盛有熔锡的锡槽炉，使其在干净的锡液表面自由流平，逐渐降温、退火而成。该法生产的玻璃表面十分平整、光洁，且无玻筋、玻纹，光学性能优良。现在国内外普遍流行浮法生产玻璃。

一、建筑玻璃的技术性质

（1）通明性好。普通清洁玻璃的透光率达82%以上；

（2）热稳定性差。受急冷急热时易破碎；

（3）脆性大。玻璃为典型的脆性材料，在冲击力作用下易破碎；

（4）化学稳定性好。其抗盐和酸侵蚀的能力强；

（5）表观密度较大。为2450～2550kg/m^3；

（6）导热系数较大。为0.75 W/(m·K)。

二、建筑玻璃制品

（一）普通平板玻璃

平板玻璃是板状无机玻璃制品的总称，采用浮法和引上法熔制而成。平板玻璃具有透光、透视、隔声、耐磨、耐气候变化等特点，有的还有保温、吸热、防辐射等特性，还可以通过着色、表面处理、磨光、钢化、夹层等深加工技术，获得有特殊性能和装饰效果的玻璃制品，是土木工程中应用数量最大的一种玻璃。引上法生产的平板玻璃其技术规格和质量应符合《普通平板玻璃》（GB 4871—1995）的规定；浮法生产的平板玻璃的质量应符合《浮法玻璃》（GB 11614—1999）的规定。

平板玻璃的产量以标准箱计。厚度为2mm的平板玻璃，每10m^2为一标准箱。对于其他厚度规格的平板玻璃，均需要进行标准箱换算。

普通平板玻璃大部分直接用于房屋建筑的门、窗玻璃，一部分加工成钢化、夹层、镀膜、中空等玻璃，少量用作工艺玻璃。

（二）安全玻璃

1. 钢化玻璃

钢化玻璃又称为强化玻璃，是指经强化处理，具有良好的机械性能和耐热、防震性能优良的玻璃制品的统称。

按照强化方式不同，钢化玻璃可分为两种：化学强化玻璃和物理强化玻璃。化学强化玻璃是用化学方法处理的钢化玻璃的总称，包括表面离子交换、表面结晶、酸处理、涂层以及热中子照射等处理方法。物理强化玻璃的强化方法包括风淬火、油淬火及熔盐淬火等。物理强化玻璃常见的是风淬火玻璃。风淬火是平板玻璃在加热炉（钢化炉）中，控制加热温度至其软化点附近时，迅速从炉内移出，用高速风吹其两面使玻璃骤冷而得到的。由于在冷却过程中玻璃的两个表面首先冷却硬化，待内部逐渐冷却并伴随着体积收缩时，外表已硬化，势必阻止内部的收缩，使玻璃处于内部受拉，外部受压的应力状态。处于这种应力状态的玻璃，不仅玻璃的强度和表面硬度增加，热稳定性增强，而且一旦局部发生破损，便会发生应力释放。玻璃会破碎成无数小颗粒。标准规定，厚度为4mm的钢化平板玻璃破碎后单块最大重量不大于15g，这些小的碎块没有尖锐棱角，不易伤人。

钢化玻璃的质量应符合国家标准《钢化玻璃》(GB 9963—1998) 的规定。

2. 夹层玻璃

夹层玻璃是在两片或多片玻璃原片之间，用PVB（聚乙烯醇缩丁醛）树脂胶片，经过加热、加压粘合而成的平面或曲面的复合玻璃制品。夹层玻璃属于安全玻璃的一种。用于生产夹层玻璃的原片可以是普通平板玻璃、浮法玻璃、钢化玻璃、彩色玻璃、吸热玻璃或热反射玻璃等。夹层玻璃的层数有2、3、5、7层，最多可达9层，对于两层的夹层玻璃，原片的厚度一般有（2+3）mm、（3+3）mm和（3+5）mm。常用的夹层玻璃的结构，如图12-2所示。

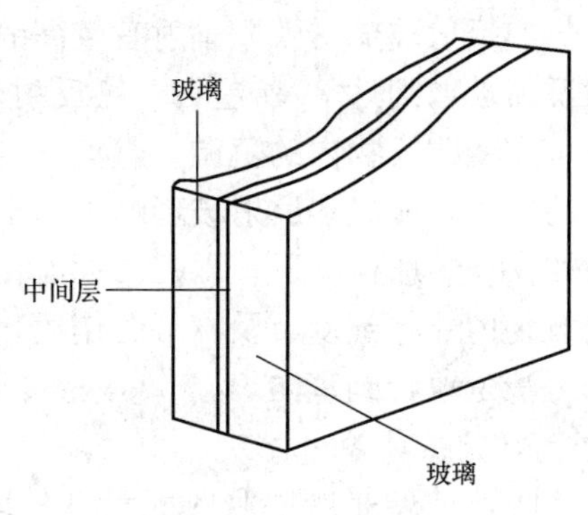

图12-2　夹层玻璃构造

夹层玻璃的透明度好，抗冲击性能要比一般平板玻璃高好几倍，用多层普通玻璃或钢化玻璃复合起来，可制成防弹玻璃。由于PVB胶片的粘合作用，玻璃即使破碎，碎片也不会飞溅伤人。通过采用不同的原片玻璃，夹层玻璃还可具有耐久、耐热、耐湿、耐寒等性能。

夹层玻璃有着较高的安全性，一般在建筑上用作高层建筑的门窗、天窗和商店、银行、珠宝店的橱窗、隔断等。夹层玻璃不能切割，需要选用定型产品或按尺寸定制。

3. 夹丝玻璃

夹丝玻璃也称防碎玻璃或钢丝玻璃。它是由压延法生产的，即在玻璃熔融状态时将经预热处理的钢丝或钢丝网压入玻璃中间，经退火、切割而成。夹丝玻璃表面可以是压花的或磨光的，颜色可以制成无色透明或彩色的。夹丝玻璃具有较高的安全性和防火性能，由于钢丝网的骨架作用，不仅提高了玻璃的强度，而且遭受到冲击或温度骤变而破坏时，碎片也不会飞散，避免了碎片对人的伤害作用。当火焰蔓延，夹丝玻璃受热炸裂时，由于金属丝网的作用，玻璃仍能保持固定，隔绝火焰，故又称防火玻璃。

夹丝玻璃主要用于厂房天窗，各种采光屋顶和防火门窗等。夹丝玻璃的质量应符合《夹丝玻璃》(JC 433—1991) 标准的规定。

（三）节能玻璃

1. 热反射玻璃

热反射玻璃又称镀膜玻璃，是有较高的热反射能力的而又保持良好透光性的平板玻璃，是一种具有遮阳、隔热、防眩、装饰等效果的节能采光材料。

热反射玻璃的生产方法有热分解法、真空镀膜法或化学镀膜法，这些方法是在玻璃表面涂以金、银、铜、铝、铬、镍、铁等金属或金属氧化薄膜或非金属氧化物薄膜；也可采用电浮法、等离子交换法，这些方法是向玻璃表面渗入金属离子以置换玻璃表面层原有的离子而形成热反射膜。

用热分解方法生产的热反射玻璃，其可见光透光率为45%～55%，反射率为30%～40%，遮光系数为0.6～0.8，具有良好的耐磨性、耐化学腐蚀性及耐气候性能。

用真空镀膜法生产的热反射玻璃，其透光率为20%～80%，反射率为20%～40%，遮光系数为0.3～0.4，辐射率为0.4～0.7，具有良好的遮光性和隔热性能。

热反射玻璃按生产工艺分为真空磁控阴极溅射、电浮法、真空离子镀膜三类。按厚度分为3、4、5、6、8、10、12mm七种规格。

热反射玻璃对太阳辐射有较高的反射能力。普通平板玻璃的辐射热反射率为7%～8%，热反射玻璃则达30%左右。热反射玻璃在日晒时，仍可保持室内温度稳定，且光线柔和，并可改变建筑物内的色调，避免眩光，改善室内环境。镀金属膜的热反射玻璃，具有单向透像的特性。镀膜热反射玻璃的表面金属层极薄，使它的迎光面具有镜子的特性，而在背面则又如窗玻璃那样透明。即在白天能在室内看到室外景物，而在室外却看不到室内的景象，对建筑物内部起到遮蔽及帷幕的作用。而在晚上的情形则相反，室内的人看不到外面，而室外却可清楚地看到室内。

2. 吸热玻璃

吸热玻璃是既能吸收大量红外线辐射能，又能保持良好的透光率的平板玻璃。吸热玻璃是在玻璃中引入有着色作用的氧化物（如氧化铁、氧化镍、氧化钴等）或在玻璃表面喷涂着色氧化物薄膜（如氧化锡、氧化锑等）而成。吸热玻璃可呈灰色、茶色、蓝色、绿色等色。

吸热玻璃的颜色和厚度不同，对太阳的辐射热吸收程度也不同。吸热玻璃的这一特点，使得它可明显降低夏季室内的温度，避免了由于使用普通玻璃而带来的暖房效应（由于太阳能过多进入室内而引起的室温上升的现象）。

吸热玻璃也能吸收太阳的可见光。6mm厚的普通玻璃能够透过太阳可见光的78%，而6mm古铜色镀膜玻璃仅能透过可见光的26%，能使刺目的阳光变得柔和，起到良好的防眩作用。特别是在炎热的夏天，能有效地改善室内照明，使人感到舒适凉爽。

吸热玻璃还能吸收太阳的紫外线。它可以显著减少紫外线的透射对人体与物体的损害，可以防止室内家具、日用器具、商品、档案资料与书籍等因紫外线照射而造成的褪色和变质现象。吸热玻璃具有一定的透明度，能清晰地观察室外景物。此外，吸热玻璃的色泽不易发生变化。

3. 中空玻璃

中空玻璃是由两层或两层以上的平板玻璃、热反射玻璃、吸热玻璃、夹丝玻璃或钢化玻璃组成，四周用高强度高气密性复合粘结剂将两片或多片玻璃与铝合金框、橡胶条、玻璃条粘结密封，中间充以干燥气体，还可以涂上各种颜色和不同性能的薄膜。框内放入干燥剂，以保证玻璃原片间空气的干燥度。

中空玻璃颜色也有无色、茶色、蓝色、绿色、灰色、紫色、金色、银色等。由于玻璃片与玻璃片之间留有一定的空隙，内部充满干燥气体，因此具有优良的保温、隔热与隔声性能和理想的装饰效果，目前已大量用于工业、民用建筑窗用玻璃。在中空玻璃的空腔中除充以干燥空气外，也可充以惰性气体，如氩或六氟化硫气体，这样即使空腔厚度很小也能达到降低热传导系数的目的。如在空腔之间充以各种能漫射光线的材料或电介质等，则可获得更好的声控、光控、隔热等效果。

中空玻璃的质量应符合《中空玻璃》（GB 11944—2002）标准的规定。

（四）压花玻璃

压花玻璃是将熔融的玻璃液在快冷时通过带图案花纹的辊轴滚压而成的制品，又称花纹玻璃或滚花玻璃。

压花玻璃具有透光不透视的特点，这是由于其表面不平，光线通过时产生漫反射，使物像模糊不清造成的。由于压花玻璃表面有各种图案花纹，所以具有很好的装饰效果。多用于办公室、浴室、卫生间以及公共场所分离的门窗处。

压花玻璃的质量应符合《压花玻璃》（JC/T 511—1993）标准的规定。

（五）磨砂玻璃

磨砂玻璃又称毛玻璃，它是将平板玻璃的表面经机械喷砂、手工研磨或氢氟酸溶蚀等方法处理成均匀毛面。其特点是透光不透视，且光线不刺眼，用于需透光而不透视的卫生间、浴室等处。安装时注意将毛面朝向室内。

（六）玻璃砖

玻璃砖有空心砖和实心砖两种。实心砖是采用机械压制方法制成的；空心砖是采用箱式模具压制而成的，即用两块玻璃加热熔接成整体的空心砖，中间充以干燥空气，经退火，最后涂饰侧面而成。

空心砖有单孔和双孔两种。按性能分有：①在内侧做成各种花纹，具有特殊的采光性，使外来的光扩散的玻璃砖；②使外来光向一定方向折射的指向性玻璃砖。按形状分有：正方形、矩形及各种异形产品。

玻璃砖可用来砌筑透光的墙壁，它具有绝热、隔声、耐水、耐火、强度高等特点，适合建筑物的内外隔墙、淋浴隔断、门厅、通道等部分的装修，特别适用于如图书馆、体育馆、展览馆等场所使用，以控制透光、眩光及太阳光。

第五节　纤维装饰织物和制品

纤维装饰织物与制品是现代室内装饰极受青睐的装饰材料，主要是由于其具有无辐射、质感好、色彩鲜艳、图案丰富等优点。它主要包括地毯、挂毯、墙布、浮挂、壁纸、窗帘、岩棉、矿渣棉、玻璃棉等制品。装饰织物根据其使用纤维分为天然纤维装饰织物、化学纤维装饰织物和无机纤维装饰织物等。这些纤维材料各具特点，均会直接影响到织物的质地、性能等。在人们对生活质量要求越来越高、越来越重视环境保护的今天，天然纤维装饰织物更受到人们的偏爱。

一、装饰织物纤维的认识

装饰织物纤维分为天然纤维、化学纤维和无机纤维等。天然纤维包括羊毛、棉、麻、丝等。化学纤维包括人造纤维和合成纤维，如以粘胶纤维为主要成分的人造棉、人造毛、人造丝，醋酯纤维、聚酯纤维（涤纶）、聚酰胺纤维（棉纶）、聚丙烯腈纤维（腈纶）、聚丙烯纤维（丙纶）等在各种装饰织物中广为应用。

玻璃纤维是由熔融玻璃制成的一种纤维材料，性脆、易折断、不耐磨，但抗拉强度高、不燃、耐腐蚀、耐高温、吸声性好，可纺织加工成各种布料、带料或织成印花墙布。

二、地毯

地毯现已成为现代建筑室内地面的重要装饰材料之一，它不仅具有实用价值，而且具有欣赏价值，并能起到很好的隔热、保温及吸声作用，还能防止滑倒，减轻碰撞，使人脚感舒适，并能以其特有的质感和艺术风格，创造出其他材料难以达到的装饰效果，使室内环境气氛显得高贵华丽、美观悦目。

（一）地毯的原料及其特点

(1) 天然羊毛。羊毛纤维具有精细、柔软且富有弹性、耐磨、易上色等特点。纯毛地毯是以粗绵羊毛为主要原料制成的，质地厚实，经久耐用，装饰效果极好，为高档铺地装饰材料。

(2) 丙纶纤维（聚丙烯纤维）。丙纶纤维是所有合成纤维中最轻的一种，它具有强度高、耐腐蚀、保暖性高和膨松性好等特点。但不易着色，耐光性较差，制成织物质感比羊毛差。

(3) 腈纶。具有轻质、高强、膨松、不霉、不蛀、耐腐蚀、保温和耐光性好等特点。但这种纤维易起静电而吸灰，其耐磨性比其他合成纤维差。

(4) 尼龙。它是一种强度很高的合成纤维，具有耐污染、柔软、温暖等特点。但耐热性和耐光性较差。

(5) 无纺地毯。无纺地毯，是指无经纬编织的短毛地毯，是用于生产化纤地毯的方法之一。这种地毯工艺简单，价格低，但弹性和耐磨性较差。为提高其强度和弹性，可在毯底加贴一层麻布底衬。

（二）地毯的主要技术性质

地毯的技术性能要求是鉴别地毯质量的标准，也是选用地毯的主要依据。

(1) 耐磨性。地毯的耐磨性是衡量其使用耐久性的重要指标，地毯的耐磨性优劣与所用绒毛长度、面层材质有关，化纤地毯比羊毛地毯耐磨，地毯越厚越耐磨。

(2) 剥离强度。地毯的剥离强度反映地毯面层与背衬间复合强度的大小，也反映地毯复合之后的耐水能力，通常以背衬剥离强力表示，即指采用一定的仪器设备，在规定速度下，将 50mm 宽的地毯试样，使之面层与背衬剥离至 50mm 长时所需的最大力。

(3) 绒毛粘合力。绒毛粘合力是指地毯绒毛在背衬上粘接的牢固程度。化纤簇绒地毯的粘合力以簇绒拔出力来表示，要求圈绒毯拔出力大于 20N，平绒毯簇绒拔出力大于 12N。

(4) 弹性。弹性是反映地毯受压力后，其厚度产生压缩变形程度，这是地毯脚感是否舒适的重要性能。地毯的弹性是指地毯经一定次数的碰撞（一定动荷载）后，厚度减少的百分率。化纤地毯的弹性不及纯毛地毯，丙纶地毯与腈纶地毯弹性相仿。

(5) 抗老化性。抗老化性主要是对化纤地毯而言。这是因为化学合成纤维在光照、空气等因素作用下会发生氧化，性能指标明显下降。通常是以经紫外线照射一定时间后，化纤地毯的耐磨次数、弹性以及色泽的变化情况来加以评定的。

(6) 抗静电性。当地毯与有机高分子材料摩擦时，将会有静电产生，而高分子材料具有绝缘性，静电不容易放出，这就使得化纤地毯易吸尘、难清扫，严重时，在上边走动的行人会有触电感觉。因此在生产合成纤维时，常掺入适量具有导电能力的抗静电剂，常以表面电阻和静电压来反映抗静电能力的大小。

(7) 耐燃性。凡在 12 分钟之内，燃烧面积的直径在 17.96cm 以内者则认为耐燃性合格。

(8) 耐菌性。地毯作为地面覆盖物，在使用过程中，较易被虫、菌侵蚀，引起霉变，凡能经受八种常见霉菌和五种常见细菌的侵蚀，而不长菌和霉变者，认为合格。化纤地毯的抗菌性优于纯毛地毯。

(三) 地毯选用

(1) 首先要根据建筑物室内环境设计要求、家具配置、墙面顶棚装饰色彩等具体情况来选择地毯的颜色和花纹图案。一般红色或金黄色的地毯，能使房间显得富丽堂皇；米色和驼色则显得比较淡雅；深色则显得比较庄重。通常会客室宜选择色彩较暗、花纹图案较大的地毯，卧室则宜选择花型小、色泽比较明快的地毯。

(2) 挑选地毯时，还要注意地毯的内在质量和外观质量。外观质量是观其颜色是否均匀，花型是否正确，毯面是否平整，有无破损，以及毯背粘合是否牢固等。内在质量主要看织造是否整齐，有无断经、断纬等缺陷。

(3) 从交通量和负荷的需要来选择地毯。对人流密度大，负荷重的地方，应选择耐磨、耐压、耐污染性能较好的地毯。

三、墙面装饰织物

墙面装饰织物主要是指以纺织物和编织物为面料制成的壁纸和墙布，其原料可以是丝、毛、化纤等纤维，也可是天然植物纤维如棉、麻、草等。这些材料以其独特的柔软质地和特殊效果对装饰空间进行美化，深受人们的喜爱。

1. 麻草壁纸

麻草壁纸通常以纸为背衬，以麻或草类物的纤维纺织物为面层，经复合加工而成。

(1) 特点。麻草壁纸具有不变形、吸声、不老化、无异味、无静电、散潮湿、阻燃等特点，在装饰效果上，呈现出古朴、粗犷、自然的韵味，给人以返璞归真之感。

(2) 应用。适用于会议室、接待室、影剧院、酒吧、舞厅以及饭店、宾馆的客房和商店的橱窗设计等处及内墙面装饰等。

2. 丝绸壁纸

丝绸壁纸是高级公共建筑装修中应用最为广泛的织物壁纸。色彩图案绚丽多彩、古雅精致，可创造一种高雅的环境。其特点为吸声、透气、吸潮、质感明显，但造价昂贵，不易擦洗，易发霉。丝绸墙布适用于重点工程的室内高级饰面裱糊。

3. 化纤装饰墙布

化纤装饰墙布以化学纤维或化学纤维与棉纤维混纺纤维织物为基材，以印花等艺术处理而成。前者称为“单纶”墙布，后者称为“多纶”墙布。化纤装饰墙布具有无毒、无味、透气、防潮、耐磨、无分层等特点。化纤装饰墙布适用于各类宾馆、住宅、办公室、会议室等建筑内墙面装饰。

4. 矿物纤维制品

矿物纤维制品主要用于吸声材料，包括用岩棉、矿物棉、玻璃棉制成的装饰吸声板以及用玻璃棉制成的吸声毡等。

第六节 建筑涂料

涂料是一类可借助于刷涂、辊涂、喷涂、抹涂、弹涂等多种作业方法涂覆于物体表面，经干燥、固化后可形成连续状涂膜，并与被涂覆物表面牢固粘结的材料。它具有美化建筑物的功能，并能以其某些特殊功能保护建筑物延长其使用寿命。建筑涂料具有涂饰作业方法简单、施工效率高、自重小、便于维护更新、造价低等优点。近年来，建筑涂料工业发展十分迅速，新品种不断增加，色彩丰富，是装饰材料的最主要的品种。

一、涂料的分类

涂料的品种很多，我国对一般涂料分类命名按国标《涂料产品分类和命名》(GB 2705—2003）规定执行。

虽然涂料已经制定了统一的分类方法标准，但由于建筑涂料的种类繁多，近年来的发展异常迅速。现标准很难将其准确全面地涵盖，因此人们通常更习惯按其他方法对建筑涂料进行分类。常用的分类方法有：

1. 按使用部位分类

根据建筑涂料的不同使用部位，可将其分为外墙涂料、内墙涂料、顶棚涂料、地面涂料和屋面防水涂料等。

2. 按主要成膜物质的化学成分分类

在建筑涂料中，以有机合成高分子材料作为主要成膜物质的称为有机涂料。某些无机胶凝材料（主要是水玻璃、硅溶胶）也可以作为涂料的主要成膜物质，这类涂料被称为无机涂料。两者复合使用的（如聚乙烯醇水玻璃涂料）称为有机—无机复合涂料。

3. 按涂料所用分散介质和主要成膜物质的溶解状态分类

分散介质为有机溶剂，主要成膜物质在分散介质中溶解成真溶液状态的涂料，称为溶剂型涂料。

以水作为分散介质的涂料称为水性涂料。按主要成膜物质在水中的分散方式不同，水性涂料又可分为乳液型涂料（乳胶漆）、水溶胶涂料和水溶性涂料。

4. 按涂膜厚度和膜层结构状态分类

建筑涂料的涂膜厚度小于 1mm 的，称为薄质涂料；涂膜厚度为 1.5mm 的，称为厚质涂料。当涂料的涂层具有多层结构时称为复层涂料，它通常由封底涂层、主涂层和罩面层组成。一般建筑涂料中的颜料均为粉料，所形成的膜层较为细腻。但若以具有不同粒级不同色彩的粒料代替粉料，经喷涂后形成的涂膜表面质感粗糙，这种涂料称为砂壁状建筑涂料或彩砂涂料。

5. 按涂料的功能分类

建筑涂料可分为普通涂料、防水涂料、防霉涂料等。

二、建筑涂料的组成材料

（一）主要成膜物质

主要成膜物质是涂料的基础物质，它具有独立成膜的能力，并可粘结次要成膜物质共同成膜，又称基料、粘结剂或固着剂。它决定着涂料使用和涂膜的主要性能。

涂料的主要成膜物质多属于高分子化合物或成膜时能形成高分子化合物的物质。如天然树脂、合成树脂（醇酸树脂、聚丙烯酸酯、环氧树脂、聚氨酯、氯磺化聚乙烯、聚乙烯醇系缩聚物、聚醋酸乙烯及其共聚物等）和某些植物油料（桐油、梓袖、亚麻仁油等）及硅溶胶。

为满足涂料的多种性能要求，可以在一种涂料中采用多种树脂配合，或与油料配合，共同作为主要成膜物质。

（二）着色颜料

着色颜料是细微粉末状的无机或有机物质，它在涂料中的作用是赋予涂膜一定的颜色和遮盖能力；此外，无机颜料还具有一定的防紫外线穿透作用，它可以减轻有机高分子主要成膜物质的老化，提高涂膜的耐候性。建筑涂料经常在碱性基层（如砂浆或混凝土表面）上使用，而且与大气层环境接触，因此要求着色颜料应具有较好的耐碱性和耐光性。

（三）体质颜料

体质颜料又称为填充料。它们一般不具备着色能力和遮盖力，只在涂膜中起填充、骨架作用，能够减少涂膜的固化收缩，增加涂膜的厚度，加强质感，提高涂膜的耐磨性、抗老化性、耐久性等。

体质颜料按颗粒粗细分为粉料（粒径小于 0.16mm）和粒料（粒径小于 2mm，但大于 0.16mm）。粉料主要有重晶石粉、沉淀硫酸钡、碳酸钙、白云石粉、滑石粉、云母粉、高岭土、硅藻土、硅灰石粉以及石英粉等。粒料又称骨料。普通粒料一般采用石英砂；彩色粒料又称彩砂，是由天然彩色岩石破碎而成或石英砂经着色烧结而成。

（四）防锈颜料

防锈颜料的作用是使涂膜具有良好的防锈能力，防止被涂覆的金属表面发生锈蚀。防锈颜料的主要品种有红丹粉、锌铬黄、氧化铁红、铝粉等。

（五）辅助成膜物质

辅助成膜物质是指涂料中的溶剂和各种助剂，它们一般不构成涂膜的成分，但对于涂料的生产、涂饰施工以及涂膜形成过程有重要影响，或者可以改善涂膜的某些性质。涂料中的辅助成膜物质有两类：一类是分散介质，另一类是助剂。

1. 分散介质（稀释剂）

涂料在施工时的形态一般是具有一定稠度、粘性和流动性的液体。所以，涂料中必须含有较大数量的分散介质。这些分散介质也叫稀释剂，在涂料的生产过程中，往往起到溶解、分散、乳化主要成膜物质的作用，或是主要成膜物质的原料；在涂饰施工中，可使涂料具有一定的稠度和流动性，还可以增强成膜物质向基层渗透的能力；在涂膜的形成过程中，分散介质中少部分将被基层吸收，大部分将挥发至大气中，不保留在涂膜之内。

涂料所用的分散介质有两类：一类是有机溶剂，另一类是水。

有机溶剂既应能溶解树脂、油料等主要成膜物质. 又应能控制涂料的粘度，使之便于涂饰施工，还应具有一定的挥发性。常用的有机溶剂有松香水、酒精、200 号溶剂汽油、苯、二甲苯、丙酮等。

用有机溶剂作分散介质的涂料称为溶剂型涂料。

水可以作为多种涂料的分散介质。这种涂料称为水性涂料。稀释水性涂料时可以采用矿物杂质含量较少的饮用水。

2. 助剂

助剂是为改善涂料的性能，并赋予涂膜以某些特殊性能，提高涂膜的质量而加入的辅助材料。助剂种类很多，对改善涂料性能的作用显著。涂料中常用的助剂主要有以下几种：催干剂、分散剂、乳化剂、削泡剂、增稠剂、防流挂剂、防沉降剂、防冻剂、紫外线吸收剂、抗氧化剂、防霉剂和难燃剂等。

三、建筑涂料技术性质

涂料产品的性能一般可分为三个方面：①涂料在用作涂饰材料以前，即呈液态时的性能，如细度、粘度、储存稳定性等；②涂料在涂到物体表面上时的施工性能，如流平性、遮盖力、使用量、干燥时间等；③涂料在成膜后涂膜的质量，如涂膜光泽、颜色、硬度、耐冲击强度、柔韧性、附着力、耐磨性、耐洗刷性等。

四、建筑用涂料的品种

建筑用涂料品种繁多，土木工程中主要按其使用部位和功能命名使用。

（1）墙面涂料。墙面涂料的作用是为保护墙体和装饰墙体，提高墙体的耐久性或弥补墙体在功能方面的不足。分为外墙涂料和内墙涂料，两种不可混用，因为外墙涂料的使用条件较严格，所以要求较高些，内墙要求不含对人体健康不利的有害物质，特别是挥发性有害物质（如甲醛）。

（2）地面涂料。地面涂料对地面起保护作用，同时起到防潮、防静电、防腐蚀等作用。要求地面涂料应具有较好的耐磨性、耐水性、耐碱性和良好的抗冲击性。

（3）防水涂料。形成的涂膜能防止雨水或地下水渗漏的涂料称防水涂料。防水涂料应具有良好柔性、延伸性，使用中不应出现龟裂、粉化。

（4）防火涂料。防火涂料又称阻燃涂料。它是一种具有阻燃性能的涂膜，敷在建筑物的易燃材料表面，提高其耐火能力，多应用于钢结构、木结构的防火处理。

（5）特种涂料。如卫生涂料、防静电涂料、防腐蚀涂料、防锈涂料和发光涂料等具有除保护和装饰功能以外的特殊功能的涂料。

第七节　建筑装饰塑料制品

建筑装饰用塑料制品种类很多，最常用的为各种塑料板材，可用在屋面、地面、墙面和顶棚。除板材外还有块材、波形瓦、卷材、塑料薄膜和装饰部件等。

一、墙面装饰塑料

墙面装饰塑料主要包括塑料装饰板（又称塑料护墙板）和塑料贴面材料，具体分类如图12-3所示：

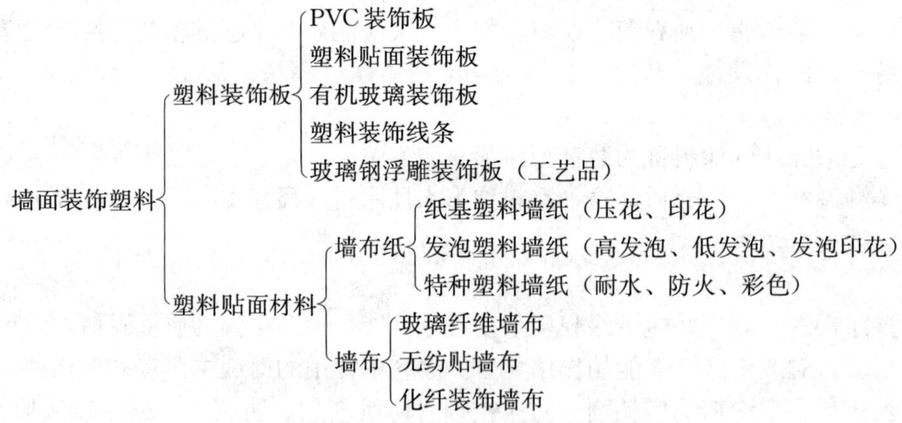

图12-3　墙面装饰塑料分类

（一）塑料墙纸

塑料墙纸是以纸为基层、聚氯乙烯塑料为面层，经压延或涂布以及印刷、轧花或发泡而成。塑料墙纸可分为普通墙纸、发泡墙纸和特种墙纸（也称为功能墙纸）。每一类墙纸又有若干品种、几十甚至上百种花色。聚氯乙烯塑料壁纸是目前应用最为广泛的墙纸。

1. 塑料墙纸的技术要求

（1）外观。它是影响装饰效果的主要项目，一般不允许有色差、折印和明显的污点。

（2）色泽耐久性。将试样在老化试验机内经碳棒光照 20h 后不应褪色、变色。

（3）耐摩擦性。用干布在摩擦机上干磨 25 次，用湿白布湿磨 2 次，都不应有明显掉色。

（4）抗拉强度。纵向抗拉强度应达 6.0N/mm^2，横向抗拉强度应达到 5.0N/mm^2。

（5）剥离强度。以纸与聚氯乙烯层剥离时，不产生分层为合格。

2. 常见的塑料墙纸

（1）普通塑料墙纸。是以 80g/m^2 的纸作基层材料，涂以 100g/m^2 左右的聚氯乙烯糊状树脂，经印花、压花而成，分为单色印花、印花压花、平光、有光印花等，是使用最为广泛的一种墙纸。

（2）发泡墙纸。发泡壁纸是以 100g/cm^2 的原纸作为基材，涂 PVC 糊状树脂 300～400g/m^2，印花后，再加热发泡而成。控制发泡剂掺量和加热温度可以制成高发泡壁纸和低发泡壁纸。高发泡壁纸发泡倍率较大，表面呈富有弹性的凹凸印花花纹，是一种兼具装饰、吸声、隔热多种功能的壁纸，常用于影剧院、住宅顶棚等处装饰。

（3）特种墙纸。这种壁纸是具有某种特殊功能壁纸的总称，包括耐水壁纸、防火壁纸、彩色砂粒壁纸等品种。耐水壁纸是以玻璃纤维毡作基材，以提高其防水功能，适用于卫生间、浴室等墙面的装饰。防火壁纸用 100～200g/m^2 的石棉纸作基材，并在 PVC 树脂中掺用阻燃剂，使壁纸具有阻燃防火功能，适用于防火要求较高的饰面和木制品表面装饰。表面彩色砂粒壁纸是在基材上撒布彩色砂粒（天然的或人工的），再喷涂胶粘剂，使表面具有砂粒毛面，常用作门厅、柱头、走廊等局部装饰。

（二）塑料装饰板

塑料装饰板主要有 PVC 装饰板、塑料贴面板、有机玻璃装饰板、玻璃钢装饰板和塑料装饰线条等。

（1）PVC 装饰板。以聚氯乙烯树脂掺入稳定剂、色料等，经捏合、混炼、拉片、切料、挤出或塑化压延、层压成型加工而成。这种板材具有板面光滑、光亮、色泽鲜艳、有多种花纹图案、质轻、耐磨、防燃、防水、硬度大、吸水性小、耐化学腐蚀及易于成型等特点。适用于各种建筑物室内墙面、柱面、吊顶、家具台面的铺装，主要作为装饰及耐腐蚀之用。

（2）塑料贴面板。以改性三聚氰胺树脂、酚醛树脂浸渍专用纸基，经高温高压加工而成。板面有光面（镜面）、亚光两种。按用途可分为高耐磨性的平面类和耐磨性一般的立面类。质地坚硬，色泽鲜艳，有较好的耐磨、耐热、耐污染性能。

（3）玻璃钢装饰板。用玻璃纤维在树脂中浸渍、粘贴、成型、固化而成。玻璃钢材料缠绕或模压成型着色处理后可制成浮雕式平面装饰板或波纹板、格子板等。玻璃钢轻质高强、刚度较大，制成的浮雕美观大方，可制成工艺品，作为装饰板材也具有独特的装饰效果。

（4）塑料装饰线条。主要是 PVC 钙塑线条，它质轻、防霉、阻燃、美观、经济、安装方便。可制成颜色不同的仿木线条，也可制成仿金属线条，作为踢脚线、收口线、墙腰线、柱间线等墙面装饰。

二、地面装饰塑料

地面装饰塑料的主要品种有两种，卷材塑料地板和块状塑料地板。卷材塑料地板为软质塑料地板材料，一般用压延法加工制成。该卷材的配料特点是少加填料而增加增塑剂的成分，因而卷材质地柔软、有弹性、脚感好，但表面耐热性较差。块状塑料地板亦称塑料地板砖，一般多为硬质塑料，配料中含有较多的填料，因而该地板具有价格低、尺寸稳定、耐磨、耐燃等优点。有的塑料地板砖为了提高其表面材料性能及装饰功能，还进行压花印花工艺处理，生产出压花印花塑料地板砖。

三、屋面和天棚装饰塑料

屋面和天棚装饰塑料主要有透明塑料卡布隆、钙塑泡沫天花板、塑料格栅式吊顶装饰板和透明彩绘塑料天花板（阳光板）等。

透明塑料卡布隆具有光透射性，可代替玻璃用作采光屋面，阻燃性和耐候性较好。光透射比能因其化学成分不同而有所不同。透明聚氯乙烯制成的塑料卡布隆光透射比较高，适用于小尺寸；以不饱和聚酯玻璃钢为主要原料的塑料卡布隆光透射比较低，但其强度高，耐候性好，一般用于大尺寸；聚甲基丙烯酸卡布隆具有高透明度，抗冲击力、强度、耐候性较高，耐磨较差，具有可燃性；聚碳酸卡布隆具有轻质、光透射比高、隔热、隔声、抗冲击、阻燃、耐候性好、柔性好等特点。

钙塑泡沫天花板是在聚乙烯等树脂中，大量加入碳酸钙、亚硫酸钙等填充料及其他添加剂等制成的天花板，具有表现密度小、吸声隔热性能好等优点，但易老化、阻燃性差。

第八节 木材装饰制品

木材是人类最早使用的建筑材料之一，从人类原始社会“穴居巢处”到出现“版筑建筑”都有着木材的使用痕迹，我国的古代建筑中特别是佛教建筑中木结构应用很广。直到现在，纯实木地板，仍是人们所崇尚的地面装饰材料。所以说，木材是室内装饰中极为重要的装饰材料之一。

一、木材的构造与性质

树木分为针叶树及阔叶树两大类。针叶树树干高大通直，材质轻软，易加工，称为软木材。它材质均匀，强度较高，干湿变形较小，可用于承重结构。常用的树种有松、杉、柏等。阔叶树树干通直部分一般较短，材质硬，难加工，称为硬木材。它一般较重，强度高，但胀缩变形大，易开裂，可制作尺寸较小的构件。阔叶树大多有美丽的纹理，装饰效果好，可用作装饰材料及制作家具。

1. 木材的构造

树木由树皮、木质部和髓心组成。树木由外向内依次为树皮、木质部及髓心。木质部是主要用材部分，树木中心为髓心，髓心色深、松软、强度低、易腐朽，使用木材时应尽量避开髓心。

木质部靠髓心颜色较深的部分称为心材，靠外部颜色较浅的称为边材。心材含水率低，树脂及单宁质较多，不易变形及腐朽。边材含水率高，易变形，抗腐性也不及心材，但二者在力学性质上相差不大。通常心材的利用价值比边材大一些。树木春季生长快，材质较松，色浅，称为春材（早材）；夏季生长慢，材质硬，色深，称为夏材（晚材）。由于春材、夏材的颜色不一，所以从横切面上可看到深浅相间的同心圆环，即年轮。同一树种以年轮密而均匀，夏材比例大者为好。

由髓心向外的辐射线称为髓线。它是一些横向生长的细胞，与其他细胞连接较弱，木材易沿髓线所在的剖面劈开，木材干燥时也易沿髓线裂开。

2. 材料的技术性质

木材中的水分有存在于细胞腔及细胞间隙中的自由水和存在于细胞壁内的吸附水。自由水对木材的性能影响不大，而吸附水则是影响木材性能的主要因素。当木材中的吸附水达到饱和，没有自由水时木材的含水率称为木材纤维饱和点。当木材中的含水率超过木材纤维饱和点时，木材的许多性质都会发生变化。木材纤维饱和点常取30%。

通常各种木材的分子结构基本相同，所以密度均约1.55g/cm^3，但是表观密度因树种不同差异较大。

木材是一种良好的保温隔热材料，其孔隙率较大，表观密度较小，且由于木材纹理的存在，其导热系数呈各向异性，顺纹理方向导热系数为0.3W/(m·K)，而垂直纹理方向的导热系数为0.17W/(m·K)。

木材的强度较高，且呈各向异性，顺纹理方向抗压强度较高，垂直于纹理方向的抗压强度较低。但其强度受含水率、环境温度、荷载作用时间及木材的缺陷的影响很大。

二、常见木材装饰制品

1. 木地板

木地板有条板地板和拼花地板两种，前者使用较为普遍。条板地板具有木质感强、弹性好、脚感舒适、美观大方等特点，通常采用松、杉、柞、榆等材质制作。条板的宽度一般不大于120mm，厚度一般为20～30mm，拼缝可做成平头、企口或错口。其铺设分为实铺和空铺两种。

拼花地板是用水曲柳、柞木、柚木等制成条状小条板，用于室内地面装饰拼铺。拼花地板常见拼花图案有正芦席纹、人字纹、砖墙纹等。

2. 胶合板

胶合板是以旋切方式等生产出的木材薄片与胶合剂粘结而成的装饰板材，主要有三合板、五合板、七合板等，以三合板应用居多。

胶合板具有材质均匀、吸湿变形小、幅面阔、表面纹理美观等特点，是室内墙面装饰较好的材料之一。

3. 纤维板

纤维板是以植物纤维，如树梢、树皮、刨花、稻草、麦秸秆等，经破碎、浸泡（一般用树脂作浸泡液）、热压、干燥等过程制成的一种人造板材。按其密度可分为硬质纤维板（>800kg/m^3）、软质纤维板（<500kg/m^3）和中密度纤维板（500～800kg/m^3）。硬质纤维板具有强度高、不易变形等性能，可用于墙面、地面装饰，也可用于家具制造；软质纤维板强度低，可用于吊顶等；中密度纤维板表面光滑、性能稳定，表面装饰处理效果好，可用于室内隔断、地面、家具等。

4. 木装饰线条

木线条装饰材料是装饰工程中各平面交接处的收边封口材料。主要品种有压边线、压角线、墙腰线、天花角线、弯线、柱角线等。各类木线条立体造型各异，断面形状繁多，材质可选性强，表面可再行涂饰，使室内增添古朴、高雅、亲切的感觉。

木材的装饰效果主要通过其质感、光泽、色彩、纹理等方面表现出来。木材的装饰效果能给人们带来亲近自然、雍容华贵的感觉。木材的装饰特性包括其纹理美观、典雅、亲切，色彩柔和、富有弹性，具有保温绝热、吸湿、吸声效果，表面可涂饰面油漆、粘贴贴面等。

5. 其他木材装饰材料

细木工板、刨花板、木丝板、木屑板、保丽板、涂饰人造板及印刷纤维板等材料是将天然木材或碎料深加工后得到的，具有一定功能的装饰板材。

第九节 金属装饰制品

金属材料是指一种或两种以上的金属元素或金属与某些非金属元素组成的合金总称。金属材料一般分为黑色金属和有色金属两大类。

（一）建筑铝和铝合金制品

目前，世界各工业发达国家，在建筑装饰工程中，大量采用铝合金门窗、铝合金柜台、货架及铝合金装饰板，铝合金吊顶等。

铝属于有色金属中的轻金属，密度为 2.7g/cm^3。其化学性质很活泼，与氧的亲和力很强，暴露在空气中，表面易生成一层 Al_2O_3 薄膜，能保护内层金属不再受腐蚀，故在大气中耐腐蚀性较强，但这层 Al_2O_3 薄膜很薄，且呈多孔状，因此其耐腐蚀性是很有限的，并且铝的电极电位很低，易发生电化学腐蚀。

纯铝的强度极低，因此为提高铝的实用性，通常在 Al 中加入 Mg、Cu、Zn、Si 等元素组成合金，这样铝合金既保持了铝的质轻之特点，又明显地提高了其机械性能。铝合金的主要缺点是弹性模量小、热膨胀系数大、耐热性差等。

（二）常用的铝合金制品

土木工程中常用的铝合金制品包括铝合金门窗、铝合金幕墙、铝合金装饰板、铝合金龙骨和各种室内装饰配件等。

1. 铝合金门窗

铝合金门窗与普通木门窗、钢门窗相比，有很多优点，主要有以下几方面。

（1）质量轻：铝合金门窗用材省、重量轻，每平方米耗用铝型材重平均只有 8～12kg。

（2）性能好：铝合金门窗密封性能好，气密性、水密性、隔声性、隔热性等较普通门窗有显著提高。

（3）色调美观：铝合金门窗框料型材表面经过氧化着色处理，既可保持型材的本色，也可以根据需要制成各种柔和的颜色或带色的花纹等等。

（4）耐腐蚀、维修方便：铝合金门窗不需要涂漆，不褪色、不脱落，表面无须维修，而且强度高，坚固耐用，零件使用寿命长，开闭轻便灵活，无噪声。

（5）便于进行工业化生产。

2. 铝合金装饰板

（1）铝合金花纹板。铝合金花纹板是采用防锈铝合金等坯料，用特制的花纹轧辊制作而成的。花纹美观大方，价格适中，不易磨损，防滑性能好，板材平整，裁剪尺寸精确，便于安装。另外，铝合金浅花纹板也是优良的建筑装饰材料之一。花纹精巧别致，色泽美观大方，除具有普通铝板共有的优点以外，刚度提高20%。抗污垢、抗划痕、抗擦伤能力等均有所提高，是我国所特有的建筑装饰产品。

(2) 铝合金波纹板。铝合金波纹板自重轻，色彩丰富多样。既有一定的装饰效果，又有很强的反射阳光能力，十分经久耐用。

(3) 铝合金穿孔板。铝合金穿孔板采用多种铝合金平板经机械穿孔而成。其特点是轻质、防腐、防水、防火、防震，且具有良好的消音效果，是建筑上比较理想的消音材料。

另外，还有铝合金压型板，铝合金吊顶龙骨，铝箔等等。

(三) 建筑装饰用钢材及其制品

1. 不锈钢及其制品

不锈钢是指含碳量<0.20%，含铬量>12%的并含有少量其他合金元素（如钛）的特殊性能钢，是不锈耐酸钢的简称。它包括不锈钢和耐酸钢两类：具有抵抗大气腐蚀作用能力的称为不锈钢；具有抵抗化学侵蚀介质作用能力的称为耐酸钢。一般来说不锈钢不一定耐酸，而耐酸钢都具有良好的耐蚀性。

不锈钢可以加工成板材、管材、型材和各种连接件等。表面可以加工成白色不发光。如果通过化学浸渍着色处理，可获得红、黄、蓝、绿、褐等不同色彩的不锈钢。不锈钢作为装饰材料，耐腐蚀性好，美观新颖，坚固耐用，而且具有强烈的时代感。不锈钢可以用于室外，也可以用于室内装饰。既可以作为非承重纯粹的装饰，也可以作为承重构件。不锈钢用于装饰工程中的主要产品有薄钢板、钢管、型材（角钢、槽钢）及连接件等。

2. 彩色涂层钢板和钢带

为了提高普通钢板和钢带的防腐性能和表面的装饰性能，近年来推出了彩色涂层钢板和钢带。涂层分有机涂层、无机涂层和复合涂层三大类型。其中有机涂层钢板和钢带发展快，应用较多。有机涂层是在热轧钢板或镀锌钢板表面涂敷聚氯乙烯或丙烯酸酯、环氧树脂及醇酸树脂等。有机涂层可以配制各种色彩和花纹，装饰效果好。有机涂层钢板的主要产品有涂装钢板、PVC钢板、隔热涂装钢板和高耐久性涂层钢板等。

彩色涂层钢板和钢带在装饰工程中主要用于外墙装饰板（挂板）、屋面板、瓦楞板、防水防气渗透板以及制作防腐设备外壳等。

其主要技术性质应满足国家标准《彩色涂层钢板和钢带》(GB/T 12754—1991）的有关规定。

3. 建筑用压型钢板

将薄钢板经辊压、冷弯成截面呈V形、U形、梯形等形状的波形钢板，称为压型钢板。压型钢板具有质量轻、色彩鲜艳丰富、耐久性好、加工施工方便等特点。现在工程中常用的是压型夹心钢板，芯料采用阻燃型聚苯乙烯泡沫塑料，以彩色涂层钢板为面材，用粘结剂复合而成。具有良好的保温和装饰性能。

4. 建筑用轻钢龙骨

以冷轧薄钢板、镀锌钢板或彩色喷塑钢板为原料，采用冷弯工艺生产的薄壁型钢称为轻钢龙骨。其技术应满足国家标准《建筑用轻钢龙骨》(GB 11981—1989）的规定要求。

复习思考题

1. 对装饰材料的基本要求和选用原则是什么？

2. 纸面石膏板有哪些技术性能？

3. 釉面砖在粘贴前为什么要浸水？

4. 墙地砖的主要物理力学性能指标有哪些？

5. 为什么陶瓷锦砖既可用于地面，又可用于室内外墙面，而内、外墙面砖不能用于地面？

6. 玻璃的生产工艺和常见成型工艺是什么？

7. 玻璃的基本性质有哪些？

8. 地毯的原材料主要有哪些？

9. 羊毛地毯的特点是什么？

10. 涂料的主要组成材料是什么？

11. 建筑装饰塑料制品是如何分类的？

12. 木材的构造如何？有何特性？

第十三章　绝热材料和吸声材料

第一节　绝　热　材　料

建筑物在使用中常有保温、隔热等方面的要求，可采用绝热材料来满足这些建筑功能的要求。在土木工程中，习惯上把用于控制室内热量外流的材料叫做保温材料，把防止热量进入室内的材料叫做隔热材料。保温、隔热材料统称为绝热材料。

在建筑中合理采用绝热材料，能提高建筑的使用效能，更好的满足节能要求，保证正常的生产、工作和生活。在采暖、空调、冷藏等建筑物中采用必要的绝热材料，能减少热损失，节约能源，降低成本。据统计，绝热良好的建筑，其能源消耗可节省25%～30%。因此，在建筑工程中，合理使用绝热材料，对建设资源节约型社会、保持可持续发展有十分重大的意义。

一、绝热材料的基本性能

表征绝热材料热工性质的两个主要物理量是导热系数和比热容。材料的导热系数和比热容是设计建筑物围护结构（墙体、屋盖、地面）、进行热工计算的重要参数。选用导热系数小而比热容大的材料，可提高围护结构的绝热性能并保持室内温度的稳定。

在土木工程中，常把导热系数小于0.175W/(m·K)的材料称为绝热材料，选用绝热材料时，一般要求其导热系数不大于0.175W/(m·K)，表观密度小于600kg/m^3，抗压强度不小于0.30MPa。在实际应用中，由于绝热材料抗压强度一般都很低，常将绝热材料与承重材料复合使用。另外，由于大多数绝热材料都具有一定的吸水、吸湿能力，故在实际使用时应注意防潮防水，需要在其表层加防水层或隔汽层。

二、绝热材料的类型及基本要求

1. 多孔型

对于平板状多孔材料，当热量从高温面向低温面传递时，主要通过以下几种传热方式进行传热：

(1) 热量在固相中的传导；

(2) 孔隙中高温固体表面对气体的辐射与对流；

(3) 孔隙中气体自身的对流与传导；

(4) 热气体对低温固体表面的辐射与对流；

(5) 热固体表面与冷固体表面之间的辐射。

这几种传热方式同时存在，在多孔材料中进行传热。

在常温下，对流和辐射在总的传热中所占比例很小，以导热为主。密闭空气的导热系数仅为0.025W/（m·K），远小于固体的导热系数，故热量通过密闭孔隙传递的阻力较大，而且密闭孔隙的存在使热量在固相中的传热进程大大降低，从而传热速度大为减缓。这就是含有大量密闭孔隙的材料能起绝热作用的原因。

2. 纤维型

纤维型绝热材料的绝热机理基本上和多孔材料的情况相似，当传热方向和纤维方向垂直时，其绝热性能比传热方向与纤维方向平行时要好。

3. 反射型

当外来的热辐射能投射到物体上时，通常会将其中一部分能量反射掉，另一部分被吸收（透射部分忽略不计）。根据能量守恒原理，被吸收的能量与被反射掉的能量之和为总的辐射能。由此可以看出，凡是反射能力强的材料，吸收热辐射的能力就小，故利用某些材料对热辐射的反射作用（如铝箔的热反射率为 0.95），在需要绝热的部位表面贴上这种材料，就可以将绝大部分外来热辐射（如太阳光）反射掉，从而起到绝热的作用。

三、常用绝热材料

1. 岩棉及矿渣棉

岩棉和矿渣棉统称矿物棉，由熔融的岩石经喷吹制成的称为岩棉，由熔融矿渣经喷吹制成的称为矿渣棉。将矿棉与有机胶结剂结合可以制成矿棉板、毡、筒等制品，其表观密度为 $45\sim150kg/m^3$，导热系数为 0.049～0.044W/（m·K），最高使用温度约为 600℃。矿物棉也可以制成粒状用作填充材料。其缺点是吸水性大、弹性小。

2. 玻璃棉

玻璃棉是用玻璃原料或碎玻璃经熔融后制成的一种纤维状材料。其纤维直径约为 20μm，表观密度为 $10\sim120kg/m^3$，导热系数为 0.041～0.035W/（m·K），最高使用温度为：普通有碱玻璃为 350℃，无碱玻璃为 600℃。玻璃棉除可用作围护结构及管道绝热外，还可用作低温保冷工程。玻璃棉也可制成沥青玻璃棉毡、板及酚醛玻璃棉毡和板，使用方便，因此是广泛用在温度较低的热力设备和房屋建筑中的保温材料，也是优质的吸声材料。

3. 膨胀蛭石

蛭石是一种复杂的镁、铁含水铝硅酸盐矿物，由云母类矿物经风化而成，具有层状结构。将天然蛭石破碎，在 850～1000℃的温度下焙烧，体积急剧膨胀，单个颗粒可膨胀 20～30 倍，焙烧后的膨胀蛭石表观密度可降至 $87\sim99kg/m^3$，导热系数为 0.046 ～ 0.07W/(m·K)，最高使用温度为 1000～1100℃，并具有不蛀、不腐等优点，但吸水性较大，使用时应注意防潮。膨胀蛭石除可直接用作填充材料外，还可用胶结材料（如水泥、水玻璃等）将膨胀蛭石胶结在一起制成膨胀蛭石制品。

4. 膨胀珍珠岩

膨胀珍珠岩是由天然珍珠岩煅烧而成的，呈蜂窝泡沫的白色或灰白色颗粒，是一种高效能的绝热材料。将珍珠岩破碎、预热后，快速通过焙烧，可使珍珠岩体积膨胀约 20 倍。膨胀珍珠岩的堆积密度为 $40\sim500kg/m^3$，导热系数为 0.047～0.07W/（m·K），最高使用温度可达 800℃，最低使用温度为－200℃。具有吸湿小、无毒、不燃、抗菌、耐腐、施工方便等特点。建筑上广泛用作围护结构、低温及超低温保冷设备、热工设备等的绝热保温材料，也可用于制作吸声制品。

膨胀珍珠岩除可用作填充材料外，还可与水泥、水玻璃、沥青、粘土等结合制成膨胀珍珠岩绝热制品。

5. 微孔硅酸钙

微孔硅酸钙是以石英砂、普通硅石或活性高的硅藻土以及石灰为原料经过搅拌、成型、蒸压处理及干燥等工序而制成的绝热材料。其主要水化产物为托贝莫来石或硬硅钙石。以托贝莫来石为主要水化产物的微孔硅酸钙，其表观密度约为 200kg/m³，导热系数约为 0.047W/（m·K），最高使用温度约为 650℃。以硬硅钙石为主要水化产物的微孔硅酸钙，其表观密度约为 230kg/m³，导热系数约为 0.056W/（m·K），最高使用温度约为 1000℃。

6. 泡沫玻璃

用玻璃粉和发泡剂配成的混合料经熔融发泡而得到的多孔材料称为泡沫玻璃。气相在泡沫玻璃中占总体积的 85%～95%，而玻璃只占总体积的 5%～15%。根据所用发泡剂的化学成分的差异，在泡沫玻璃的气相中所含有的气体可为：碳酸气、一氧化碳、硫化氢、氧气、氮气等，其孔隙尺寸为 0.10～5.00mm，且绝大多数孔隙是独立的。泡沫玻璃的表观密度变化范围较大（120～900kg/m³），导热系数为 0.058～0.128W/（m·K），抗压强度为 0.8～15.00MPa，最高使用温度为 300～400℃（采用普通玻璃）、800～1000℃（采用无碱玻璃）。泡沫玻璃可用来砌筑墙体，也可用于冷藏设备的保温，或用作漂浮、过滤材料。

7. 陶瓷纤维

陶瓷纤维是采用氧化硅、氧化铝为原料，经高温熔融，喷吹制成。其纤维直径为 2～4μm，表观密度为 140～190kg/m³，导热系数为 0.044～0.049W/（m·K），最高使用温度为 1100～1350℃。陶瓷纤维可制成毡、毯、纸、绳等制品，用于高温条件下的绝热材料，还可以将陶瓷纤维用于高温下的吸声材料。

8. 热反射玻璃

在平板玻璃表面采用一定方法涂敷金属或金属氧化膜，可制得热反射玻璃。该玻璃的热反射率可达 40%，从而可起绝热作用。热反射玻璃多用于门、窗、橱窗上，近年来广泛用作高层建筑的幕墙玻璃。

9. 泡沫塑料

泡沫塑料是以各种树脂为基料，加入一定剂量的发泡剂、催化剂、稳定剂等辅助材料，经加热发泡而制成。聚苯乙烯泡沫塑料，其表观密度为 20～50kg/m³，导热系数为 0.038～0.047W/(m·K)，最高使用温度为 120℃；聚氯乙烯泡沫塑料，其表观密度为12～75kg/m³，导热系数为 0.031～0.045W/(m·K)，最高使用温度为 70℃，遇火能自行熄灭；聚氨酯泡沫塑料，其表观密度为 30～65kg/m³，导热系数为 0.035～0.042W/(m·K)，最高使用温度可达 120℃，最低使用温度为－60℃。此外，还有尿醛泡沫塑料及制品等。该类绝热材料可用作复合墙板、屋面板的夹心层、冷藏和包装等。

第二节 吸 声 材 料

吸声材料是一种能在较大程度上吸收由空气传递的声波能量的土木工程材料。在音乐厅、影剧院、大会堂、播音室等室内的墙面、地面、天棚等部位，采用适当的吸声材料，能改善声波在室内的传播质量，保持良好的音响效果。

一、吸声材料的作用原理

声音来源于物体的振动。声波是依靠介质的分子振动而向外传播的声能，介质的分子只是振动而不移动，所以声音是一种波动。

声音（或声能）在传播过程中，一部分随着距离的增大而扩散，另一部分则因空气分子的吸收而减弱。这种减弱现象，在室外空旷处较明显，而在体积不大的室内，声能的减弱主要是靠房间四壁的材料表面对声能的吸收。

当声波遇到材料表面时，一部分被反射，一部分穿透材料，其余部分则传递给材料，引起材料孔隙中的空气分子与孔壁的摩擦及粘滞阻力，相当一部分声能转化为热能被吸收。这些被吸收的能量（包括部分穿透材料的声能）与原来传递给材料的全部能量之比称为吸声系数，它是评定材料吸声性能优劣的主要指标。

吸声系数与声音的频率及声音的入射方向有关。因此，吸声系数是声音从各个方向入射的吸收平均值，同时必须指出是对哪一频率的吸收。通常采用 6 个频率，即 125Hz、250Hz、500Hz、1000Hz、2000Hz、4000Hz。

任何材料都能吸收声音，但吸收程度有很大差别。一般将对上述 6 个频率的平均吸声系数大于 0.20 的材料列为吸声材料，吸声系数越大，吸声效果越好。

二、吸声材料的特征和要求

吸声材料大多为疏松多孔材料，如矿棉、毯子、玻璃棉等。多孔性吸声材料具有大量内外连通的微孔和连续的气泡，通气性良好。当声波入射到材料表面时，声波能很快沿微孔进入材料内部，引起孔隙或气泡内的空气振动。由于摩擦、空气的粘滞阻力和材料内部的热传导作用，使相当一部分声能转化为热能被吸收。多孔材料吸声的先决条件是声波易于进入微孔，因此不论材料内部还是材料表面都应当是多孔的。

多孔材料的吸声性能与材料的表观密度和内部构造有关。在土木工程材料中，吸声材料的厚度，材料背后是否有空气层，以及材料的表面状况，对吸声性能都有影响。多孔性吸声材料的吸声系数，一般从低频到高频逐渐增大，因而此种材料对高、中频声音的吸收效果较好。影响多孔性吸声材料吸声效果的因素有以下几个方面：

1. 材料的表观密度

就同种多孔材料（如矿渣棉）来说，当其表观密度增大（即孔隙率减小）时，对低频声音的吸声效果有所提高，但对高频声音吸声效果则有所降低。

2. 材料的厚度

增加多孔材料的厚度，可提高对低频声音的吸声效果，而对高频声音则没有多大影响。

3. 孔隙特征

材料的孔隙越细越多，吸声效果越好。孔隙粗大，则效果较差。如果材料中的孔隙大多为单独的不连通的封闭气泡（如聚氯乙烯泡沫塑料），则因空气不能进入，从吸声机理上看，它已不属于多孔性吸声材料，故其吸声效果大大降低。当多孔材料表面涂刷油漆或受潮吸湿时，材料孔隙为水分或涂料所堵塞，则其吸声效果也将大大降低。

三、吸声材料的选用与安装

在建筑物内采用吸声材料，可以抑制噪声，保持良好的音质（声音清晰而不失真）。因此，在礼堂、影剧院和教室等地方，必须采用吸声材料。在选用和安装吸声材料时，必须注意以下几点：

（1）为保证吸声材料的吸声效果，应将其安装在最易接触声波和反射次数最多的表面上，但不应把吸声材料都集中在墙壁或天花板上，应均匀地分布在室内各表面上。

（2）大多数吸声材料的强度较低，应设置在较高处，以免碰撞而被破坏。

（3）多数吸声材料易吸湿，安装时要注意材料的胀缩问题。

(4) 选用的吸声材料应不易虫蛀、腐朽且不易燃烧。

(5) 应尽可能选用吸声系数较高的材料，以节省材料用量，达到经济目的。

(6) 安装吸声材料时，应注意勿使材料的细孔被油漆的漆膜堵塞而降低吸声效果。

四、吸声材料与保温、隔声材料的异同

某些吸声材料和保温材料一样，都是多孔性材料，有的连名称都相同，但两者在孔隙特征上却有着完全不同的要求。吸声材料要求具有互相连通的开口孔隙，这种孔隙越多，其吸声性能越好；保温材料则要求具有互不连通的封闭孔隙，这种孔隙越多，其保温性能越好。至于如何使名称相同的材料具有不同的孔隙特征和性能，则主要取决于原料组分中的某些差别和生产过程中的热工制度、压力大小等。如泡沫塑料在生产过程中采用不同的加热、加压制度，可得到孔隙特征不同的制品。

吸声和隔声虽然都是把声音的传播限定在一定范围内，但其所用的材料却不尽相同。吸声性能好的材料，大都是疏松、多孔的轻质材料，但不能把它们简单地当作隔声材料使用。因为人们要隔绝的声音按其传播途径可分为空气声（由于空气的振动）和固体声（由于固体的撞击或振动）两种。对空气声，根据声学中的“质量定律”，墙或板传声的大小主要取决于其单位体积质量（kg/m^3），质量越大，越不易振动，隔声效果越高。因此，必须选用密实、质量大的材料作为隔声材料，如粘土砖、钢板、混凝土和钢筋混凝土等。对固体声最有效的隔绝措施，是采用不连续的结构处理，即在墙壁和承重梁之间、房屋的框架和隔墙及楼板之间加弹性衬垫，如毛毡、软木、橡皮等材料，或在楼板上加弹性地毯等。

五、常用吸声材料

建筑上常用的吸声材料及其设置情况如表 13-1 所示。

表 13-1　常用的吸声材料及其设置情况

材料名称		厚度(cm)	各种频率下的吸声系数						设置情况
			125Hz	250Hz	500Hz	1000Hz	2000Hz	4000Hz	
无机材料	吸声砖	6.5	0.05	0.07	0.10	0.12	0.16	—	贴实
	石膏板(有花纹)	—	0.03	0.05	0.06	0.09	0.04	0.06	
	水泥蛭石板	4.0	—	0.14	0.46	0.78	0.50	0.60	
	石膏砂浆(掺水泥、玻璃纤维)	2.2	0.24	0.12	0.09	0.30	0.32	0.83	墙面粉刷
	水泥膨胀珍珠岩板	5.0	0.16	0.46	0.64	0.48	0.56	0.56	贴实
	水泥砂浆	1.7	0.21	0.16	0.25	0.40	0.42	0.48	墙面粉刷
	砖(清水墙面)	—	0.02	0.03	0.04	0.04	0.05	0.05	贴实
木质材料	软木板	2.5	0.05	0.11	0.25	0.63	0.70	0.70	贴实
	木丝板	3.0	0.10	0.36	0.62	0.53	0.71	0.90	固定在木龙骨上
	三夹板	0.3	0.21	0.73	0.21	0.19	0.08	0.12	
	穿孔五夹板	0.5	0.01	0.25	0.55	0.30	0.16	0.19	
	木花板	0.8	0.03	0.02	0.03	0.03	0.04	—	空气层和 5cm 空气层两种
	木质纤维板	1.1	0.06	0.15	0.28	0.30	0.33	0.31	

续表

材料名称		厚度(cm)	各种频率下的吸声系数						设置情况
			125Hz	250Hz	500Hz	1000Hz	2000Hz	4000Hz	
泡沫材料	泡沫玻璃	4.4	0.11	0.32	0.52	0.44	0.52	0.33	贴实
	脲醛泡沫塑料	5.0	0.22	0.29	0.40	0.68	0.95	0.94	
	泡沫水泥(外面粉刷)	2.0	0.18	0.05	0.22	0.48	0.22	0.32	紧贴墙面
	吸声蜂窝板	—	0.27	0.12	0.42	0.86	0.48	0.30	贴实
	泡沫塑料	1.0	0.03	0.06	0.12	0.41	0.85	0.67	
纤维材料	矿棉板	3.13	0.10	0.21	0.60	0.95	0.85	0.72	
	玻璃棉	5.0	0.06	0.08	0.18	0.44	0.72	0.82	
	酚醛玻璃纤维板	8.0	0.25	0.55	0.80	0.92	0.98	0.95	
	工业毛毡	3.0	0.10	0.28	0.55	0.60	0.60	0.56	紧贴墙面

复习思考题

1. 常用绝热材料有哪些种类？
2. 选用绝热材料时应注意哪些问题？
3. 在本章所列的绝热材料中，你认为哪些适用于外墙保温？
4. 影响材料导热系数的原因有哪些？
5. 选用吸声材料时应注意哪些问题？
6. 影响多孔性吸声材料吸声效果的因素有哪些？
7. 为什么不能简单地将一些吸声材料用作隔声材料？

附录　土木工程材料试验

土木工程材料试验是土木工程课程一个重要的实践性教学环节。通过试验，使学生熟悉土木工程材料性能试验基本方法、试验设备的性能和操作规程，掌握各种主要土木工程材料的技术性质，培养学生的基本试验技能、综合设计试验能力、创新能力和严谨的科学态度，提高分析问题和解决问题的能力。土木工程材料试验时，各种材料的取样方法、试验条件及试验结果数据处理，必须按照国家（或部颁）现行的有关标准和规范进行，确保试验结果的代表性、稳定性、正确性和可对比性。

试验一　土木工程材料的基本性质试验

一、密度试验

材料的密度是指材料在绝对密实状态下，单位体积的质量。

（一）仪器设备

李氏瓶（如附图 1 - 1 所示）、筛子（孔径 0.2mm）、天平（500g，感量 0.01g）、温度计、烘箱、干燥器和量筒等。

（二）试验步骤

（1）将试样（砖块）破碎研磨并全部通过 0.2mm 孔筛，再放入 105～110℃的烘箱中，烘至恒重，然后在干燥器内冷却至室温。

（2）将不与试样起反应的液体（水或煤油，一般用煤油）注入李氏瓶中，使液体至凸颈下 0～1mL 刻度线范围内，记下刻度数，将李氏瓶放入盛水的容器中，在试验过程中水温控制在（20±0.5)℃，李氏瓶内壁应用滤纸擦净吸附的煤油。

（3）用天平称取 60～90g 试样，用小勺和漏斗小心地将试样徐徐送入李氏瓶中（下料速度不得超过瓶内液体浸没试样的速度，以免阻塞），直至液面上升至 20mL 刻度左右为止。再称剩余的试样质量，算出装入瓶内的试样质量 m（g）。

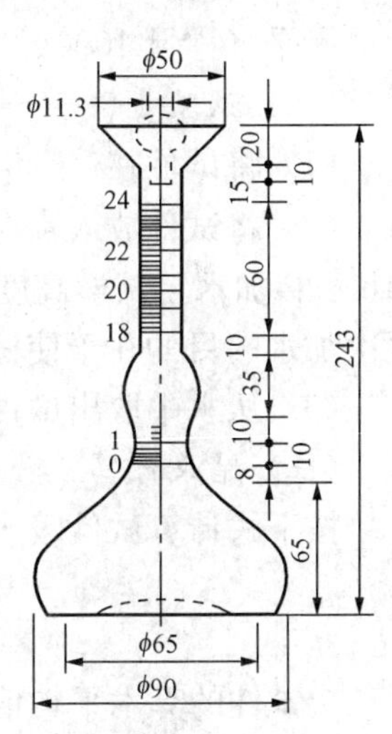

附图 1 - 1　李氏瓶

（4）转动李氏瓶使液体中的气泡排出，在恒温容器中放置 30min 后记下液面刻度（以液面弯月面底部刻度为准）。根据前后两次液面读数算出液面上升得体积 V（cm^3），即为瓶内试样所占的体积。

（三）结果计算

（1）按下式计算试样密度（精确至 0.01g/cm^3）

$$\rho = m/V$$

式中　m——装入瓶中试样的质量；

　　V——装入瓶中试样的体积。

（2）以两次试验结果的平均值作为密度的测定结果，但两次试验结果之差不应大于

0.02g/cm^3，否则重做。

二、表观密度试验

表观密度是材料在自然状态下单位体积的质量。

（一）仪器设备

游标卡尺（精度0.1mm）、天平（感量0.1g）、烘箱、干燥器、漏斗、直尺等。

（二）试验步骤

（1）将规则形状的试件放入105～110℃的烘箱中烘干至恒温，取出后放入干燥器中，冷却至室温并用天平称量出试件的质量m（g）。

（2）用游标卡尺量出试件尺寸（每边测量上、中、下三处，取其平均值），并计算出其体积V_0（cm^3）。

（三）结果计算

按下式计算出表观密度ρ_0

$$\rho_0 = \frac{1000m}{V_0}$$

以五次试验结果的平均值作为最后测定结果，精确至10kg/m^3。

三、吸水率试验

材料的吸水率是指材料吸水饱和时的吸水量占干燥材料的质量或体积之比。

（一）仪器设备

天平（称量1000g，感量0.1g）、烘箱、水槽等。

（二）试验步骤

（1）将试件在（105±5）℃温度下烘干至恒重，称其质量m_g(g)。

（2）将试件放入水温为（20±5）℃的恒温水槽内，然后加水至试件高度的1/3处，过24h后再加水至试样高度的2/3处，经24h后，加水高出试样30mm以上，保持24h。这样逐次加水的目的在于使试件孔隙中空气逐渐逸出。

（3）从水中取出试件，用湿布抹去表面水分，立即称取每块质量m_b(g)。

（三）结果计算

按下式计算试件吸水率

$$W_{质} = \frac{m_b - m_g}{m_g}$$

以三个试件的算术平均值为测定结果。

试验二 水 泥 试 验

一、水泥细度测定

（一）仪器设备

负压筛析仪（由筛座、负压筛、负压源及收尘器组成）、水筛（水筛架和喷头）、干筛和天平（最大称量100g，分度值不大于0.05g）等。

（二）试验步骤（负压筛法）

（1）筛析试验前，应把负压筛放在筛座上，盖上筛盖，接通电源，检查控制系统，调节负压至 4000～6000Pa 范围内。

(2) 称取试样 25g，置于洁净的负压筛中，盖上筛盖，并开动筛析仪连续筛两分钟，在此期间如有试样附着在筛盖上，可轻轻地敲击，使试样落下。筛毕，用天平称量筛余物，精确至 0.05g。

(3) 当工作负压小于 4000Pa 时，应清理吸尘器内水泥，使负压恢复正常。

(三) 试验结果计算

水泥试样筛余百分率按下式计算，计算结果精确至 0.1%

$$F = \frac{R_s}{m} \times 100\%$$

式中　F——水泥试样的筛余百分率，%；

R_s——水泥筛余物的质量，g；

m——水泥试样的质量，g。

二、水泥标准稠度用水量测定

(一) 仪器设备

水泥净浆搅拌机（主要由搅拌锅、搅拌叶片、传动机构和控制系统组成）、标准稠度测定仪（附图 2 1）、量水器、天平等（感量 1g）。

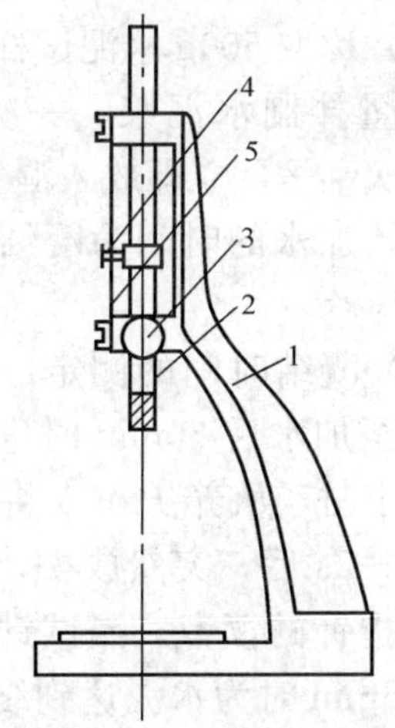

附图 2-1　标准稠度测定仪

1—铁座；2—金属圆棒；3—松紧螺丝；4—指针；5—标尺

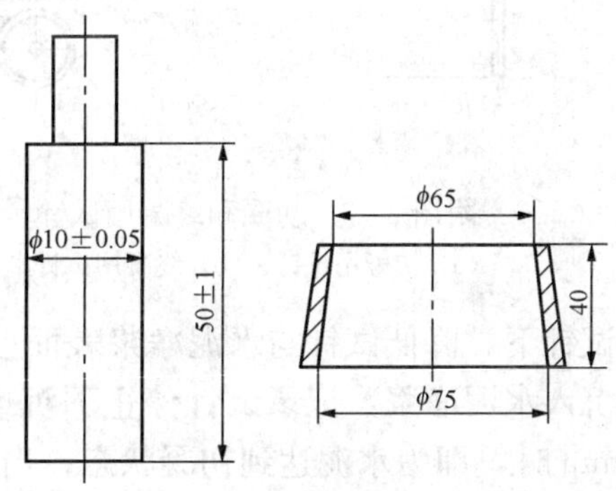

附图 2-2　试杆和试模

(二) 试验步骤

(1) 标准稠度用水量可用调整水量和不变水量两种方法的任一种测定，如发生争议时以调整水量方法为准。

(2) 试验前应检查：仪器的金属棒能否自由滑动，试杆降至模顶面时指针是否对准标尺零点；搅拌机运转是否正常。

(3) 水泥净浆搅拌前，用湿布将搅拌锅和搅拌叶片擦净，将称好的 500g 水泥在 5～10s 内加入水中，将搅拌锅固定在搅拌机的锅座上，升至搅拌位置。开动搅拌机，慢速搅拌 120s，停拌 15s，接着快速搅拌 120s 停机。

(4) 拌和结束后，立即将拌好的水泥净浆装入已置于玻璃底板上的试模中，用小刀插捣，轻轻振动数次，刮去多余的净浆。抹平后迅速将试模和底板移到维卡仪上，降低试杆直至与净浆表面正好接触，拧紧螺丝 1～2s 后，突然放松，使试杆垂直自由地沉入水泥净浆中。在试杆停止沉入或释放试杆 30s 时，记录试杆距底板之间的距离，升起试杆后立即擦净。

（三）试验结果

以试杆沉入净浆并距底板（6±1）mm 时的水泥净浆为标准稠度净浆。所需的拌和用水量为该水泥标准稠度用水量，按水泥质量的百分比计。

三、凝结时间测定

（一）仪器设备

凝结时间测定仪（同测定标准稠度用水量仪器相同，用试针代替试锥，圆模代替锥模）、水泥净浆搅拌机、初凝和终凝用试针（附图 2 - 3）、量水器、天平（感量 1g）等。

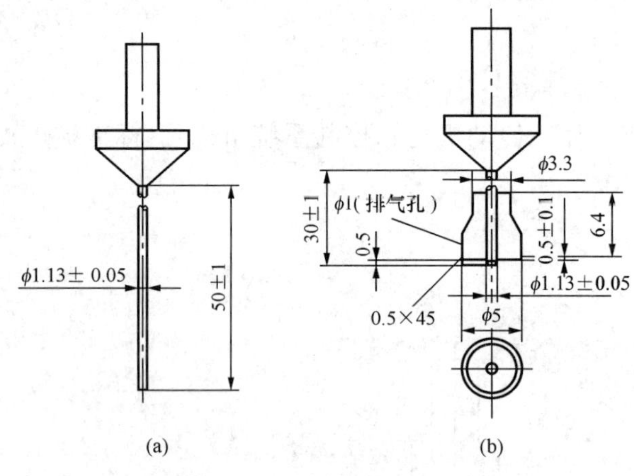

附图 2 - 3 初凝和终凝用试针

（a）初凝用试针；（b）终凝用试针

（二）试验步骤

（1）测定前，将圆模放在玻璃板上，在内侧稍稍涂上一层机油；调整凝结时间测定仪使试针接触玻璃板时，指针对准标尺零点。

（2）称取 500g 水泥试样，按标准稠度用水量拌制水泥浆，一次装满试模，振动数次刮平，立即放入湿气养护箱中。记录开始加水的时间为凝结时间的起始时间。

（3）凝结时间的测定：试件在养护箱养护至加水后 30min 时进行第一次测定。测定时，从养护箱中将试模取出并放到试针下，降低试针与水泥净浆表面接触，拧紧螺丝 1s～2s 后，突然放松，试针垂直自由地沉入水泥净浆，记录试针停止下沉或释放试针 30s 时指针的读数。当试针沉至距底板 2～3mm 时，即为水泥达到初凝状态；当下沉不超过 1～0.5mm 时为水泥达到终凝状态。由加水开始到初凝、终凝状态的时间分别为水泥的初凝时间和终凝时间，用小时（h）或分钟（min）来表示。测定时注意，在最初测定的操作时应轻轻扶着金属棒，使其徐徐下降以防试针撞弯，但结果应以自由下落为准，在整个过程中试针贯入的位置至少要距圆模内壁 10mm。临近初凝时，每隔 5min 测定一次，临近终凝时每隔 15min 测定一次，到达初凝或终凝状态时应立即重复测一次，当两次结果相同时才能定为达到初凝或终凝状态。每次测定不能让试针落入原针孔，每次测试完毕须将试针擦净并将圆模放回养护箱内，整个测定过程要防止圆模受振。

四、水泥安定性的测定

用沸煮法检验水泥浆体硬化后体积变化是否均匀。检验分雷氏法和试饼法，若两种方法有争议时以雷氏法为准。

（一）仪器设备

沸煮箱、雷氏夹（如附图 2 - 4 所示）、雷氏夹膨胀测定仪（如附图 2 - 5 所示）、水泥净浆搅拌机、湿气养护箱、量水器、天平等。

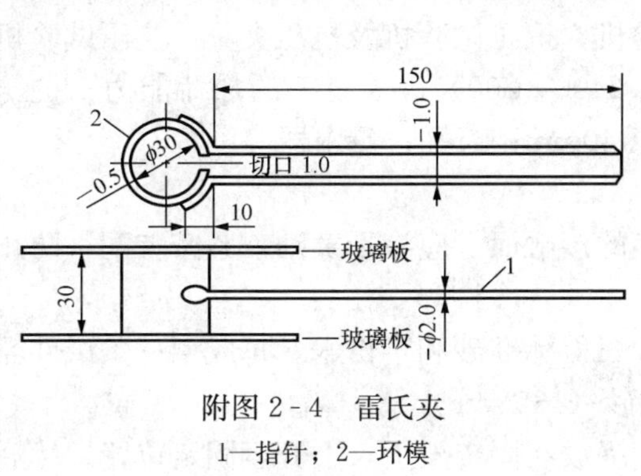

附图 2-4　雷氏夹

1—指针；2—环模

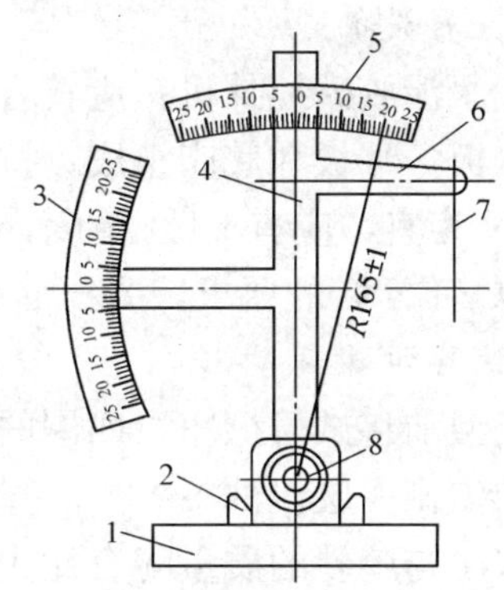

附图 2-5　雷氏夹膨胀测定仪

1—底座；2—模子座；3—测弹性标尺；4—立柱；5—测膨胀值标尺；6—悬臂；7—悬丝；8—弹簧顶扭

（二）试验步骤

雷氏法

（1）雷氏法是测定水泥净浆在雷氏夹中沸煮后的膨胀值。每个试样须成型两个试件，每个雷氏夹须配置质量约 75～85g 的玻璃板两块，一垫一盖，将与水泥净浆接触的玻璃板和雷氏夹内表面稍涂一层油。

（2）以标准稠度用水量制备标准稠度水泥净浆。

（3）将已制好的标准稠度净浆一次装满雷氏夹，装浆时一手轻轻扶持雷氏夹，另一只手用宽约 10mm 的小刀插捣 15 次左右然后抹平，盖上稍涂油的玻璃板，然后立即将试件移至湿气养护箱内养护（24±2）h。

（4）从养护箱内取出试件，脱去玻璃板，用膨胀值测定仪测量雷氏夹指针尖端间的距离 A，精确 0.5mm，接着将试件放入篦板上，指针朝上，试件之间互不交叉。

（5）然后在（30±5）min 内加热至沸并恒沸（180±5）min。

（6）取出沸煮后冷却到室温的试件，测量雷氏夹指针尖端的距离 C，当两个试件煮后增加距离 $C-A$ 的平均值不大于 5.0mm 时，该水泥安定性合格，反之为不合格；当两个试件的 $C-A$ 值相差超过 4.0mm 时，应用同一样品重做试验。

试饼法

（1）试饼法是观察水泥净浆试饼沸煮后的外形变化。将制好的标准稠度净浆的一部分分成两等份，使之成球形，放在已涂过油尺寸约 100mm×100mm 的玻璃板上，轻轻振动玻璃板并用湿布擦过的小刀由边缘向中央抹，做成直径 70～80mm、中心厚约 10mm、边缘渐薄、表面光滑的试饼，将试饼放入湿气养护箱内养护（24±2）h。

（2）脱去玻璃板取下试饼，在试饼无缺陷的情况下，将试饼放在沸煮箱水中篦板上，沸煮方法同雷氏法。

（3）沸煮结束后，取出冷却到室温的试件，目测试饼未发现裂缝，用钢尺检查也没有弯曲的试饼为安定性合格，反之为不合格。当两个试饼判别结果有矛盾时，该水泥的安定性也判为不合格。

五、水泥胶砂强度检验

（一）仪器设备

行星式水泥胶砂搅拌机：应符合JC/T681要求；胶砂振实台：应符合JC/T726的要求；试模：由隔板、端板和底座组成；抗折强度试验机；抗压试验机及抗压夹具：抗压试验机以200～300kN为宜，应有±1%精度，并具有按（2400±200）N/s速率的加荷能力；抗压夹具应符合JC/T 683的要求，受压面积为40mm×40mm；天平；量水器等。

（二）试验步骤

（1）成型前将试模擦净，四周的模板与底座的接触面上应涂干黄油，紧密装配，防止漏浆，内壁均匀刷一层机油。

（2）水泥与胶砂的质量配合比为一份水泥、三份标准砂和半份水。每成型三条试件需要称量为水泥（450±2）g，水（225±1）g，标准砂（1350±5）g。

（3）搅拌时把水加入锅内，再加入水泥，把锅放在固定架上，上升至固定位置。然后立即开动机器，低速搅拌30s后，从第二个30s开始的同时均匀地将砂加入，高速再拌30s后；停拌90s，在第一个15s内用一胶皮刮具将叶片和锅壁上的胶砂，刮入锅中间；在高速下继续搅拌60s。各个搅拌阶段，时间误差应在±1s以内。

（4）在搅拌胶砂的同时，将试模和模套固定在振动台上。用一个适当的勺子直接从搅拌锅里将胶砂分两层装入试模，装第一层时，每个槽里约放300g胶砂，用大刮料器垂直架在模套顶部沿每个模槽来回一次将料层刮平，接着振实60次。再装入第二层胶砂，用小刮料器刮平，再振实60次。移走模套，取下试模，用金属直尺以近似90°的角度架在试模模顶的一端，然后沿试模长度方向以横向锯割动作慢慢向另一端移动，一次将超过试模部分的胶砂刮去，并用同一直尺以近乎水平的情况下将试体表面抹平。

（5）试件养护：在试模上作标记后，将试件带试模放入雾室或湿养箱的水平架上养护。对于24h以上龄期的应在成型后20～24h之间脱模；对于24h龄期的，应在破型试验前20min内脱模。脱模前，对试件进行编号，二个龄期以上的试件，在编号时应将同一试模中的三条试件分在两个以上龄期内。将做好标记的试件立即水平或竖直放在（20±1）℃水中养护，水平放置时刮平面应朝上。养护期间试件之间间隔或试件上表面的水深不得小于5mm。每个养护池只养护同类型的水泥试件，试件水中养护期间不允许全部换水。除24h龄期或延迟至48h脱模的试件外，任何到龄期的试件应在试验前15min从水中取出。去除试件表面沉积物，并用湿布覆盖至进行试验为止。

（6）不同龄期强度试验应在以下规定时间里进行：

24h±15min；

48h±30min；

72h±45min；

7d±2h；

≥28d±8h。

（三）试验结果计算

1. 抗折强度试验

将试件一个侧面放在试验机支撑圆柱上，试件长轴垂直于支撑圆柱，通过加荷圆柱以（50±10）N/s的速率均匀地将荷载垂直加载在棱柱体相对侧面上，直至折断，记录抗折破

坏荷载 F_f（N）。

抗折强度 R_f 按下式计算（精确至 0.1MPa）

$$R_f = \frac{1.5F_fL}{b^3}$$

式中　F_f——折断时施加于棱柱体中部的荷载，N；

L——支撑圆柱之间的距离，mm；

b——棱柱体正方形截面的边长，mm。

以三个试件抗折结果的平均值作为试验结果。当三个强度值中有超出平均±10%时，应剔除后再取平均值作为抗折强度试验结果。

2. 抗压强度试验

抗折强度试验后的两个断块应立即进行抗压试验。将折断的半截棱柱体置于抗压夹具中，以试件的侧面作为受压面。在整个加荷过程中以（2400±200）N/s 的速率均匀地加荷直至破坏，并记录破坏荷载 F_c（N）。抗压强度 R_c 按下式计算（精确至 0.1MPa）

$$R_c = \frac{F_c}{A}$$

式中　F_c——破坏时的荷载，N；

A——受压部分面积，mm^2。

以一组三个棱柱体得到的六个抗压强度测定值的算术平均值为试验结果。如六个测定值中有一个超出六个平均值的±10%，应剔除这个结果，以剩下五个的平均数为结果。如五个测定值中再有超过它们平均数±10%时，则此组结果作废，而必须重新试验。

试验三　混凝土用骨料试验

一、砂试验

（一）取样方法与检验规则

1. 砂的取样

在料堆抽样时，将取样部位表层铲除，从料堆不同部位均匀取 8 份砂；从皮带运输机上抽样时，应用接料器在皮带运输机的机尾的出料处，定时抽取大致等量的 4 份砂；从火车、汽车和货船上取样时，应从不同部位和深度抽取大致等量的 8 份砂。分别组成一组样品。

2. 检验规则

砂检验项目主要有颗粒级配、表观密度、堆积密度与空隙率、含泥量、石粉含量和泥块含量、坚固性、碱集料反应和有害物质。经检验后，其结果符合标准规定的相应要求时，可判为该产品合格，若其中一项不符合，则应从同一批原料中加倍抽样对该项进行复检，复检后符合标准要求时，可判定该材料合格，如仍不符合标准要求时，则该材料不合格。

（二）砂筛分析试验

1. 试验目的

测定砂的颗粒级配，计算细度模数，评定砂的粗细程度。

2. 仪器设备

方孔筛（孔径为 150μm、300μm、600μm、1.18mm、2.36mm、4.75mm 及 9.50mm 的

方孔筛)、天平(称量1kg,感量1g)、烘箱、摇筛机、浅盘、毛刷和容器等。

3. 试样制备

将试样用十字法(将试样拌匀后摊成厚度约2cm的圆饼,在其上划十字,分成大致相等的四份,除去对角线的两份。将其余两份按同样方法再继续进行直至缩分至约1100g)制备试样,放在烘箱中(105±5)℃下烘干至恒重,待冷却至室温后,筛除大于9.50mm的颗粒,分两份备用。

4. 试验步骤

(1)称取试样500g,将试样从上到下倒入按孔径大小组合的套筛上。

(2)将套筛置于摇筛机上,摇筛10min取下套筛,按筛孔大小顺序再逐个用手筛,筛至每分钟通过量小于试样总量的0.1%为止。通过的试样并入下一号筛中,并和下一号筛中的试样一起过筛,依次进行,直至各号筛全部筛完为止。

(3)称量各号筛的筛余量(精确至1g),试样在各号筛上的筛余量不得超过200g,超过时应将该筛余试样分成两份,再进行筛分,并以两次筛余之和作为该号筛的筛余量。各筛的筛余量加上筛底的剩余量之和与原试样质量之差超过1%,则应重做试验。

5. 试验结果计算

(1)分计筛余百分率:各号筛的筛余量除以试样总量的百分率,精确至0.1%。

(2)累计筛余百分率:该号筛的分计筛余百分率加上该号筛以上各分计筛余百分率之和,精确至0.1%。

(3)根据各筛的累计筛余百分率评定该砂的颗粒级配情况。

(4)按下式计算砂的细度模数M_x(精确至0.01)

$$M_x=\frac{(A_2+A_3+A_4+A_5+A_6)-5A_1}{100-A_1}$$

A_1、A_2、A_3、A_4、A_5、A_6 分别为4.75mm、2.36mm、1.18mm、600μm、300μm、150μm的筛累计筛余百分率。

(5)累计筛余百分率取两次试验结果的算术平均值(精确至0.01)。细度模数取两次试验结果的算术平均值(精确至0.1),如两次所得的细度模数之差大于0.2,应重新进行试验。

(三)砂的表观密度试验

1. 仪器设备

容量瓶(500mL)、天平(称量1000g,感量1g)、烘箱[温度控制(105±5)℃]、干燥器、浅盘、滴管和温度计等。

2. 试验步骤

将大约650g的试样在烘箱中(105±5)℃烘干至恒重,并在干燥器内冷却至室温备用。

(1)称取烘干试样300g(m_0)。将试样装入容量瓶中加冷开水半瓶,用手旋转摇动容量瓶,使试样充分摇动,排除气泡,塞紧瓶盖静置24h。用滴管小心加水至容量瓶颈500mL刻度处,塞紧瓶盖擦干外部水分称其质量(m_1)。

(2)将瓶内水和试样倒出,洗净容量瓶,再向瓶内注入与试样装入容量瓶中的水温相差不超过2℃的水至瓶颈刻度处,塞紧瓶盖擦干瓶外水分,称其质量(m_2)。

3. 试验结果计算

按下式计算砂的表观密度(精确至10kg/m³)

$$\rho_0=\frac{m_0}{m_0+m_2-m_1}\times\rho_{水}$$

砂表观密度计算取两次试验测定值的算术平均值作为试验结果，如两次测定值之差大于 $20kg/m^3$，须重新试验。

(四) 砂的堆积密度试验

1. 仪器设备

台秤（称量5kg，感量5g)、容量筒（圆柱形金属筒，容积为1L)、烘箱、直尺、漏斗、料勺、浅盘等。

2. 试验步骤

取缩分试样3kg，在烘箱中（105±5)℃烘干至恒重，并在干燥器内冷却至室温，用4.75mm孔径筛子筛后，分成大致相等的两份。

(1) 称容量筒质量 m_1(kg)。

(2) 用漏斗或铝制料勺，将试样从容量筒中心上方不超过50mm处徐徐倒入，直至试样装满并超出容量筒筒口成锥形为止，然后用直尺将多余的试样沿筒口中心线向两个相反的方向刮平，称其质量 m_2(kg)。

3. 试验结果计算

堆积密度按下式计算（精确至 $10kg/m^3$)

$$\rho_0=\frac{m_2-m_1}{V_0'}$$

以两次试验结果的算术平均值作为测定值。

二、石子试验

(一) 石子筛分析试验

1. 仪器设备

方孔筛（孔径为2.36mm、4.75mm、9.50mm、16.0mm、19.0mm、26.5mm、31.5mm、37.5mm、53.0mm、63.0mm、75.0mm及90.0mm的筛及筛底和筛盖各一只)、天平（称量10kg，感量1g)、烘箱［温度控制（105±5)℃］和浅盘等。

2. 试验步骤

(1) 根据试样最大粒径按附表3−1规定数量称取烘干试样。

附表3-1 石子筛分析所需试样的最小质量

石子最大粒径（mm)	9.5	16.0	19.0	26.5	31.5	37.5	63.0	75.0
试样质量不少于（kg)	1.9	3.2	3.8	5.0	6.3	7.5	12.6	16.0

(2) 套筛按孔径从大到小顺序组合，附着筛底，将试样倒入筛中。将套筛置于摇筛机上，摇10min，取下套筛，按筛孔大小顺序逐个用手筛，筛至每分钟通过量小于试样总量0.1%为止。通过的颗粒并入下一号筛中，并和下一号筛中的试样一起过筛。按此顺序进行，直至各号筛全部筛完为止。

(3) 称量各筛的筛余量（精确至1g)，各筛的筛余量加上筛底的剩余量之和与原试样质量之差超过1%，则应重做试验。

3. 试验结果计算

(1) 分计筛余百分率：各号筛的筛余量除以试样总量的百分率，精确至0.1%。

(2) 累计筛余百分率：各号筛的分计筛余百分率加上该号筛以上各分计筛余百分率之和，精确至1%。

(3) 根据各筛的累计筛余百分率，评定该试样的颗粒级配。

（二）石子的表观密度试验

1. 仪器设备

广口瓶（1000ml，磨口并带玻璃盖）、烘箱［温度控制（105±5)℃］、天平（称量5kg，感量1g）、方孔筛（孔径为4.75mm的筛一只）、浅盘、毛巾和刷子等。

2. 试验步骤

(1) 按规定方法取样，将样品筛去4.75mm以下的颗粒，用四分法缩分至不少于2kg，洗刷干净后，分成两份备用。

(2) 将试样浸水饱和后，然后装入广口瓶中，装试样时，广口瓶应倾斜放置，注入饮用水，用玻璃片覆盖瓶口，以上下左右摇晃的方法排除气泡。

(3) 气泡排净后，向瓶中添加水直至水面凸出瓶口边缘。然后用玻璃片沿瓶口迅速滑行，使其紧贴瓶口水面。擦干瓶外水分后，称取试样、水瓶和玻璃总质量m_1(g)。

(4) 将瓶中试样倒入浅盘中，放在(105±5)℃的烘箱中烘干至恒重。取出放在带盖的容器中冷却至室温后称量m_0(g)。

(5) 将瓶洗净，重新注入饮用水，用玻璃片紧贴瓶口水面，擦干瓶外水份后称量m_2(g)。

3. 试验结果计算

按下式计算石子的表观密度，精确至0.01g/cm³

$$\rho' = \frac{m_0}{m_0 + m_2 - m_1}$$

以两次试验结果的算术平均值作为测定值，两次结果之差应小于0.02g/cm³，否则应重新试验。

（三）石子堆积密度试验

1. 仪器设备

台秤（称量50kg，感量50g）、容量筒（规格见附表3-2）、平头铁铲和烘箱等。

附表3-2　　粗集料容量筒规格要求

石子最大粒径（mm）	10.0，16.0，20.0，25.0	31.5，40.0	63.8，80.0
容量筒容积（L）	10	20	30
筒壁厚度（mm）	2	3	4

2. 试验步骤

(1) 按规定取样，烘干或风干后备用。

(2) 按石子最大粒径选用容量筒，容积为V_0'，并称容量筒质量m_1（kg）。

(3) 用取样铲将试样从容量筒上方50mm处使试样以均匀、自由落体状装入容量筒，使之呈锥体，除去凸出筒口表面的颗粒，以合适的颗粒填入凹陷部分，使表面稍凸起部分和凹陷部分的体积大致相等，称取试样和容量筒总质量m_2（kg）。

3. 试验结果计算

堆积密度按下式计算，（精确至 $10kg/m^3$）

$$\rho_0' = \frac{m_2 - m_1}{V_0'}$$

两次试验结果的算术平均值作为测定值。

试验四　普通混凝土试验

一、拌和物的试验拌和方法

（一）一般规定

（1）混凝土拌和物的制备应符合《普通混凝土配合比设计规程》（JGJ 55—2000）中的有关规定，并与施工实际用料相同，拌和前材料的温度与室温相同。

（2）拌和混凝土的材料用量应以质量计。称量精确度：骨料为±1%；水、水泥、掺和料、外加剂均为±0.5%。

（二）仪器设备

混凝土搅拌机、台秤（称量 50kg，感量 50g）天平（称量 5kg，感量 1g）、量筒（200ml，1000ml）、拌铲、拌板（1.5m×2m 左右）等。

坍落度筒（如附图 4-1 所示）、捣棒、底板、小铲、钢抹子和测量标尺。

（三）拌和方法

人工拌和

（1）按所定配合比备料，以全干状态为准。

（2）将拌板和拌铲用湿布湿润后，将砂倒在拌板上，然后加入水泥，并用拌铲自拌板一端翻至另一端，如此重复，至充分混合，颜色均匀一致，再加入粗骨料，翻拌至混合均匀为止。

（3）将干混合物堆成堆，在中间作一凹槽，将已称量好的水，倒一半左右在凹槽中，不要让水流出，然后仔细翻拌，并逐步加入剩余的水，继续搅拌，每翻拌一次，用铲在拌合物上铲切一次，至拌和均匀。

（4）拌和时力求动作迅速，拌和时间从加水时算起，应大致符合下列规定：拌和物体积为 30L 以下时，4～5min；拌和物体积为 30～50L 时，5～9min；拌和物体积为 51～75L 时，9～12min。

（5）拌和物拌好后，应根据试验要求，立即进行测试或试件成型。从开始加水算起，全部操作过程须在 30min 内完成。

机械搅拌法

（1）搅拌量不应小于搅拌机额定搅拌量的 1/4，按所定配合比计算每盘混凝土各材料用量，然后备料。

（2）预拌一次，用计算的配合比的水泥、砂和水组成的砂浆及少量石子，在搅拌机中进行涮膛，然后倒出并刮去多余的砂浆。目的是避免正式拌和时影响拌和物的实际配合比。

（3）开动搅拌机，向搅拌机内依次加入石子、砂和水泥，干拌均匀，再将水徐徐加入，全部加料时间不超过 2min，水全部加入后，继续搅拌 2min。

(4) 将拌和物自搅拌机卸出，倾倒在拌板上，再经人工拌和 1～2min，便可进行测试或制作试件。从开始加水算起，全部操作过程须在 30min 内完成。

二、拌和物和易性测定

(一) 坍落度法

适用于骨料最大粒径不大于 40mm、坍落度值不小于 10mm 的混凝土拌和物的稠度测定。

1. 仪器设备

坍落度筒（如附图 4-1 所示）、捣棒、底板、小铲、钢抹子和测量标尺。

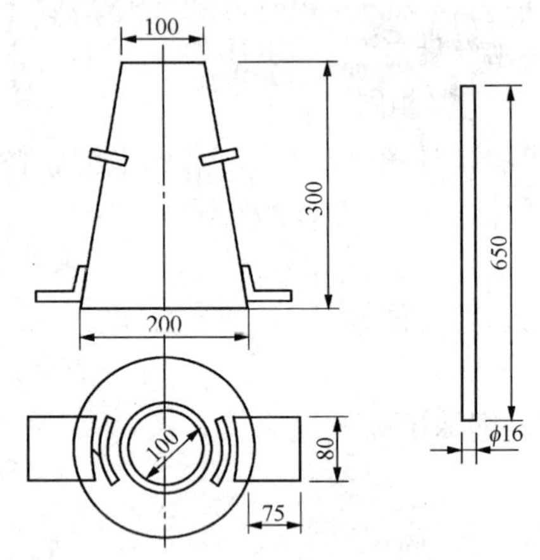

附图 4-1 坍落度筒和捣棒

2. 试验步骤

(1) 湿润坍落度筒及底板，在坍落度筒内壁和底板上应无明水。用脚踩住两边的脚踏板，使坍落度筒在装料时保持固定的位置。

(2) 将拌和好的混凝土试样用小铲分三层均匀地装入筒内，每层高度为筒高的三分之一左右并捣实。每层用捣棒插捣 25 次。插捣应沿螺旋方向由外向中心进行，各次插捣应在截面上均匀分布。插捣筒边混凝土时，捣棒可稍有倾斜。插捣第二层和顶层时，捣棒应插透本层至下一层的表面；浇灌顶层时，混凝土应灌到高出筒口。插捣过程中，如混凝土低于筒口，则随时添加。顶层插捣完后，刮去多余的混凝土并用抹刀抹平。

(3) 清除筒边底板上的混凝土，垂直平稳地提起坍落度筒。提离过程应在 5～10s 内完成；从开始装料到提坍落度筒的整个过程应不间断地进行，并应在 150s 内完成。

(4) 提起坍落度筒后，测量筒高与坍落后混凝土试体最高点之间的高度差，即为混凝土拌和物的坍落度值。

(5) 坍落度筒提起后，如混凝土发生崩坍或一边破坏现象，则应重新取样测定；如第二次试验仍出现此现象，则表示该混凝土和易性不好。

(6) 观察坍落后的混凝土试体的粘聚性和保水性。用捣棒在已坍落的混凝土锥体侧面轻轻敲打，如果锥体逐渐下沉，则表示粘聚性良好；如果锥体倒塌、部分崩裂或出现离析现象，则表示粘聚性不好。坍落度筒提起后如有较多的稀浆从底部析出，锥体部分的混凝土也因失浆而骨料外露，则表明保水性不好；如坍落度筒提起后无稀浆或仅有少量稀浆从底部析出，则表明保水性良好。

(7) 坍落度的调整。当测得拌和物的坍落度达不到要求或认为粘聚性、保水性不满意时，可保持水灰比不变，掺入水泥和水进行调整，掺量为原试样用量的 5%或 10%；当坍落度过大时，可按砂率的比例加入砂和石子，并迅速拌和均匀，重做坍落度试验。

(二) 维勃稠度法

适用于骨料最大粒径不大于 40mm，维勃稠度在 5～30s 之间的混凝土拌和物稠度测定。

1. 仪器设备

维勃稠度仪（如附图 4-2 所示）、振动台［台面长 380mm，宽 260mm，频率为（50±3）Hz］、容器［内径为（240±5）mm，高为（200±2）mm，筒壁厚 3mm，筒底厚 7.5mm］、坍落度筒、旋转架、透明圆盘、捣棒、小铲和秒表等。

2. 试验步骤

（1）将维勃稠度仪放在坚实水平基础面上，用湿布将容器、坍落度筒、喂料口内壁及其他用具擦湿。

（2）把按要求取得的混凝土拌和物用小铲分三层经喂料口均匀地装入筒内，装料及插捣的方法同坍落度试验。

（3）把喂料口转离，垂直提起坍落度筒，注意不能使混凝土试体产生横向的扭动。

（4）把透明圆盘转到混凝土圆台体顶面，放松测杆螺钉，降下圆盘，使其轻轻接触到混凝土顶面。

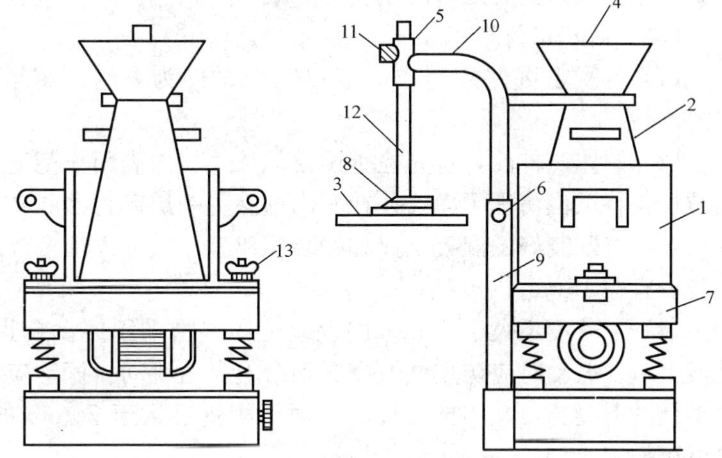

附图 4-2　维勃稠度仪

1—容器；2—坍落度筒；3—透明圆盘；4—喂料斗；5—套筒；6—定位螺钉；7—振动台；8—荷重；9—支柱；10—旋转架；11—测杆螺丝；12—测杆；13—固定螺丝

（5）拧紧定位螺钉，检查测杆螺钉是否完全放松。

（6）开启振动台的同时用秒表计时，当振动到透明圆盘的底面被水泥浆布满的瞬间停止计时，关闭振动台。记录此时的时间，即为混凝土拌和物的维勃稠度值。

（7）坍落度的调整与坍落度法相同。

三、混凝土拌和物表观密度试验

（一）仪器设备

容量筒（由金属制成的圆筒，两旁有提手）、台秤（称量 100kg，感量 50g）、振动台、捣棒等。

（二）试验步骤

（1）用湿布把容量筒内外擦干净，称出容量筒质量，精确至 50g。

（2）当用振动台振实时，应一次将混凝土拌和物灌注到高出容量筒口。装料时可用捣棒稍加插捣，振动过程中如混凝土低于筒口，应随时添加混凝土，振动直至表面出浆为止。采用捣棒捣实时，应根据容量筒的大小决定分层与插捣次数。

（3）用刮刀将筒口多余的混凝土拌和物刮去，表面应刮平，将容量筒外壁擦干净，称试样与容量筒的总质量，精确至 50g。

（三）试验结果

应按下式计算混凝土拌和物的表观密度（精确至 $10kg/m^3$）

$$\rho_h = \frac{m_2 - m_1}{V} \times 1000$$

四、普通混凝土立方体抗压强度试验

(一) 仪器设备

压力试验机(精度为±1%,试件破坏荷载必须大于压力机全量程的20%且小于压力机全量程的80%)、振动台[空载频率为(50±3)Hz,空载时振幅约为0.5mm]、试模(由铸铁或钢制成,具有足够的刚度并拆装方便)、捣棒、小铁铲和钢尺等。

(二) 制作试件

(1) 混凝土试件的制作一般以三个试件为一组,每组所用的混凝土应由同一拌和物获得。

(2) 制作试件前,首先检查试模的尺寸、内表面平整度和相邻面夹角是否符合要求,拧紧螺栓,将试模清理干净,并在其内壁涂上一层矿物油脂或其他脱模剂。

(3) 将配制好的混凝土拌和物装模成型,成型方法按混凝土的稠度而定。混凝土拌和物拌制后宜在15min内成型。

(4) 坍落度不大于70mm的混凝土拌和物采用振动台振实成型,一次装入试模并高出试模上口。振动时应防止试模在振动台上自由跳动。振动应持续到混凝土表面出浆为止,刮除多余的混凝土,并用抹刀抹平。对于坍落度大于70mm的混凝土和含气量较大的混凝土也可用振实成型。

坍落度大于70mm的混凝土拌和物采用人工插捣成型,应分两层装入试模,每层的装料厚度大致相等。用捣棒插捣时,应按螺旋方向从边缘向中心均匀进行,插捣底层时,捣棒应达到试模表面;插捣上层时,捣棒应穿入下层20~30mm;插捣时捣棒应保持垂直,不得倾斜。每层的插捣次数一般每100cm^{2}面积不应少于12次。插捣完后,刮除多余的混凝土,并用抹刀抹平。

(三) 试件的养护

(1) 采用标准养护的试件,成型后应立即用不透水的薄膜覆盖,以防止水分蒸发,并应在室温为(20±5)℃情况下静置1~2天,然后编号、拆模。

(2) 拆模后的试件,应立即将试件放在标准养护室的架上,彼此间隔应为10~20mm。并应避免用水直接淋刷试件;或在温度为(20±3)℃的不流动的水中养护,水的pH值不小于7。

(四) 抗压强度试验

(1) 从养护室取出试件,随即擦干并量尺寸(精确到1mm),并以此计算试件的受压面积A(mm^2),进行试验。

(2) 将试件安放在试验机的下承压板上,试件的承压面应与成型时的顶面垂直。试件的中心应与试验机下压板中心对准。开动试验机,当上压板与试件接近时,调整球座,使接触均衡。

(3) 加荷时应连续均匀的施加荷栽。当混凝土强度等级低于C30时,取每秒钟0.3~0.5MPa;强度等级不低于C30时,取每秒钟0.5~0.8MPa;强度等级高于C60时,取每秒钟0.8~1.0MPa的速度连续而均匀地加荷。当试件接近破坏而开始迅速变形时,应停止调整试验机油门,直至破坏,然后记录破坏荷载P(N)。

(五) 试验结果计算

(1) 混凝土立方体试件抗压强度按下式计算(精确至0.1MPa)

$$f_{cu}=\frac{P}{A}$$

式中　f_{cu}——混凝土立方体试件抗压强度，MPa；

P——试件破坏荷载，N；

A——试件承压面积，mm^2。

（2）取三个试件测值的算术平均值作为该组试件的抗压强度值。三个测值中的最大值或最小值中如有一个与中间值的差值超过中间值的15%时，则把最大值及最小值一并舍除，取中间值为该组抗压强度值。如有两个测值与中间值的差均超过中间值的15%，则该组试件的试验结果无效。

（3）混凝土强度等级＜C60时，用非标准尺寸试件测得的强度值均应乘以尺寸换算系数，200mm×200mm×200mm试件的尺寸换算系数为1.05；100mm×100mm×100mm试件的尺寸换算系数为0.95。

试验五　砂　浆　试　验

一、砂浆拌和物试样制备

（一）一般规定

（1）试验用水泥和其他原材料应与现场使用材料一致，并应符合质量标准，要求提前运入试验室。

（2）水泥如有结块应充分混合均匀，以0.9mm筛过筛。砂以5mm筛过筛。

（3）试验室拌制砂浆时，材料称量的精确度：水泥、外加剂等为0.5%；砂、石灰膏、粘土膏、粉煤灰和磨细生石灰粉为1%。

（4）拌制前应将搅拌机、拌和铁板、拌铲、抹刀等工具表面用水湿润，注意拌和铁板上不得有积水。

（二）仪器设备

砂浆搅拌机、拌和铁板（约1.5m×2m）、磅秤（称量50kg，感量50g）台秤（称量10kg，感量5g）、拌铲、抹刀、量筒等。

（三）拌和方法

1. 人工拌和

（1）按配合比称量各材料，将称量好砂倒在拌板上，再加入水泥，用拌铲搅拌均匀。

（2）将混合物堆成圆锥形，在中间作一凹坑，将称好的石灰膏或粘土膏倒入凹坑中，再倒入适量水将石灰膏或粘土膏稀释，然后与水泥和砂共同拌和，并逐渐加水，观察混合料色泽一致，和易性满足要求为止，拌和时间一般需5min。

2. 机械拌和

（1）试验室用搅拌机拌制砂浆时，先拌适量砂浆，使搅拌机内壁粘附一层水泥砂浆。

（2）然后将称量好的水泥和砂装入搅拌机，开动搅拌机，将水徐徐加入，搅拌大约3min。

（3）将砂浆拌和物倒在拌和铁板上，用拌铲翻拌几次，使其均匀。

二、砂浆稠度试验

(一) 仪器设备

包括砂浆稠度测定仪（如附图5-1所示）、钢制捣棒（直径10mm，长350mm，端部磨圆）、台秤、拌锅、拌板和秒表等。

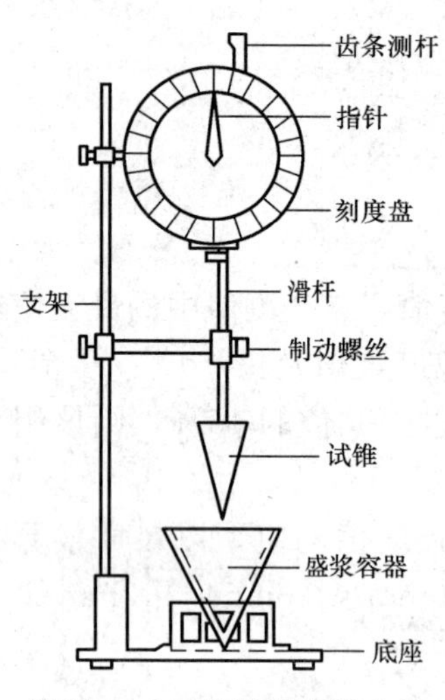

附图5-1　砂浆稠度测定仪

(二) 试验步骤

(1) 将盛浆容器和试锥表面用湿布擦干净，并用少量润滑油轻擦滑杆，使滑杆能自由滑动。

(2) 将砂浆拌和物一次装入容器，使砂浆表面低于容器口约10mm左右，用捣棒插捣25次，然后轻轻地将容器摇动或敲击5～6下，使砂浆表面平整，将容器移至砂浆稠度测定仪的底座上。

(3) 放松试锥滑杆的制动螺丝，向下移动滑杆，当试锥尖端与砂浆表面刚接触时，拧紧制动螺丝，使齿条侧杆下端刚接触滑杆上端，并将指针对准零点。

(4) 拧开制动螺丝，同时计时间，等待10s立即固定螺丝，从刻度盘上读出下沉深度(精确至1mm)。

(5) 圆锥形容器内的砂浆，只允许测定一次稠度，重复测定时，应重新取样测定。

(三) 试验结果

取两次试验结果的算术平均值作为砂浆稠度测定值（精确至1mm)，如测定值两次之差大于20mm时，则应重做试验。

三、砂浆分层度试验

(一) 仪器设备

砂浆分层度筒（如附图5-2所示)，其他仪器同砂浆稠度试验仪器。

(二) 试验步骤

(1) 将拌和好的砂浆，经稠度试验后重新拌匀，一次装满分层度仪内。用木锤在容器周围距离大致相等的四个不同地方轻轻敲击1～2下，如砂浆沉落到分层度筒口以下，应随时添加，然后刮去多余的砂浆，并用抹刀抹平。

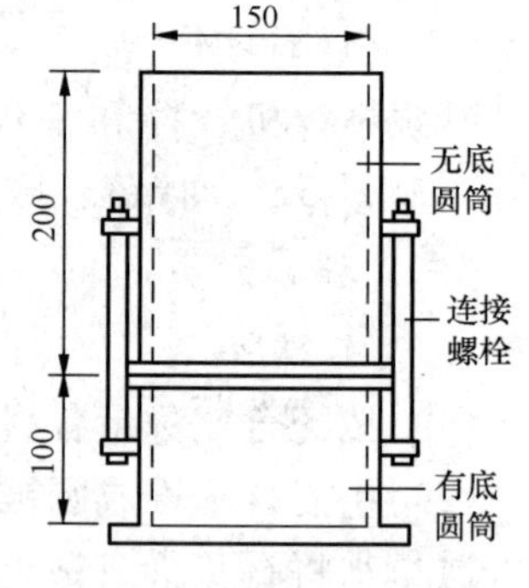

附图5-2　砂浆分层度筒

(2) 静置30min后，去掉上节200mm砂浆，剩余的100mm砂浆倒出放在搅拌锅内拌2min，再测其稠度。

(3) 前后测得的稠度之差即为该砂浆的分层度值（精确至1mm)。

(三) 试验结果评定

以两次试验结果的算术平均值作为砂浆的分层度值，如两次分层度试验值之差大于20mm时，应重做试验。

四、砂浆抗压强度试验

(一) 仪器设备

试模（规格70.7mm×70.7mm×70.7mm无底试模)、捣棒、压力试验机（采用精度不大于±2%的试验机，其量程应能使试件预期破坏荷载值不小于全量程的20%，也不大于全量程的80%）等。

（二）试验步骤

1. 试件的制作与养护

（1）对于多孔吸水基面的砂浆，采用无底试模。将无底试模放在预先铺有吸水性较好的纸的普通粘土砖上（砖的吸水率不小于10%，含水率不大于20%），试模内壁事先涂刷薄层机油或脱模剂。将拌好的砂浆向试模内一次注满，用捣棒均匀由外向里按螺旋方向插捣25次，使砂浆高出试模顶面6～8mm，当砂浆表面开始出现麻斑状态时（约15～30min）将高出部分的砂浆沿试模顶面削去抹平。

（2）对于较密实基面的砂浆，采用有底试模。试模涂油后，将拌好的砂浆分两层装入，每层用捣棒插捣12次，然后用刮刀沿试模内壁插捣数次，刮去多余的砂浆，并抹平。

（3）试件制作后，应在（20±5)℃温度环境下放置一昼夜（24±2）h，当气温较低时，可适当延长时间，但不得超过两昼夜，然后对试件进行编号并拆模。试件拆模后，按规定进行养护。

2. 抗压强度试验与测定

（1）试件从养护地点取出后，先将试件表面擦净，然后测量尺寸（精确到1mm），并据此计算试件的受压面积，如实测尺寸与公称尺寸之差不超过1mm，可按公称尺寸计算，并检查外观。

（2）将试件放在试验机的下压板上，使承压面应与成型时的顶面垂直。试件的中心应与试验机下压板中心对准。开动试验机，当上压板与试件接近时，调整球座，使接触面均衡受压，均匀加荷。

（3）加荷速度应为每秒钟0.5～15kN（砂浆强度5MPa及5MPa以下时，取下限为宜，砂浆强度5MPa以上时，取上限为宜），当试件接近破坏而开始迅速变形时，停止调整试验机油门，直至试件破坏，然后记录破坏荷载。

（三）试验结果

（1）砂浆立方体抗压强度按下列公式计算（精确至0.1MPa）

$$f_{m,cu}=\frac{P}{A}$$

式中　$f_{m,cu}$——砂浆立方体抗压强度，MPa；

P——立方体破坏压力，N；

A——试件承压面积，mm^2。

（2）以六个试件测试值的算术平均值作为该组试件的抗压强度值。当六个试件的最大值或最小值与平均值的差超过20%时，以中间四个试件的平均值作为该组试件的抗压强度值。

试验六　墙体材料试验

一、取样方法

烧结普通砖以3.5万～15万块为一个检验批，不足3.5万块按一批计；采用随机抽样法取样，外观质量检验的砖样在每一检验批的产品堆垛中抽取，数量为50块；尺寸偏差检验的砖样从外观质量检验后的样品中抽取，数量为20块；其他项目的砖样从外观质量和尺寸偏差检验后的样品中抽取。抽样数量为强度检验10块；泛霜、石灰爆裂、冻融及吸水率与饱和系数检验各取5块。当仅进行单项检验时，可直接从检验批中随机抽取。

二、尺寸偏差测量

1. 仪器设备

砖用卡尺（分度值为0.5mm）。

2. 测量方法

检验样品数为20块，其中每一尺寸测量不足0.5mm的以0.5mm计，每一方向以两个测量值的算术平均值表示。长度在砖的两个大面的中间处分别测量两个尺寸；宽度应在砖的两个大面中间处分别测量两个尺寸；高度在两个条面的中间处分别测量两个尺寸。当被测处有缺损或凸出时，可在其旁边测量，但应选择不利的一侧。

3. 试验结果

分别以长度、高度和宽度的最大偏差值表示，不足1mm的按1mm计。

三、外观质量检查

（一）仪器设备

砖用卡尺（分度值为0.5mm）、钢直尺（分度值为1mm）。

（二）测量方法

1. 缺损

缺棱掉角在砖上造成的破损程度，以破损部分对长、宽、高三个棱边的投影尺寸来度量，称为破坏尺寸。缺损造成的破坏面，指缺损部分对条、顶面的投影面积。

2. 裂纹

裂纹分为长度方向、宽度方向和水平方向三种，以被测方向的投影长度表示。如果裂纹从一个面延伸至其他面上时，则累计其延伸的投影长度。

3. 弯曲

弯曲分别在大面和条面上测量，测量时将砖用卡尺的两支脚沿棱边两端放置，选择其弯曲最大处将垂直尺推至砖面，但不应将有杂质或碰伤造成的凹处计算在内。以弯曲中测得的较大者为测量结果。

4. 杂质凸出高度

杂质在砖面上造成的凸出高度，以杂质距砖面的最大距离表示。测量时将砖用卡尺的两支脚置于凸出两边的砖平面上，以垂直尺测量。

（三）试验结果

外观尺寸以毫米为单位，不足1mm的按1mm计。

四、抗压强度试验

（一）仪器设备

压力机（300～500kN）、锯砖机或切砖机、直尺、抹刀等。

（二）试验步骤

1. 试件制备和养护

（1）将10块试样切断或锯成两个半截砖，断开的半截砖长不得小于100mm，如果不足100mm，应另取备用试样补足。

（2）将已断开的半截砖放入室温的净水中浸泡10～20min。

（3）取出后以断口相反方向叠放，两者中间抹以厚度不超过5mm的用强度等级为32.5或42.5普通硅酸盐水泥调制成稠度适宜的水泥净浆粘结，上下两面用厚度不超过3mm的同种水泥浆抹平。制成的试件上下两面应相互平衡，并垂直于侧面（如附图6-1所示）。

（3）将制备好的试件置于温度不低于10℃的不通风室内养护3天。

2. 测量

测量每个试件连接面的长、宽尺寸各两个，分别取其平均值（精确至1mm），并计算受力面积$A(mm^2)$。

3. 加荷破坏

将试件平放在加压板的中央，垂直于受压面加荷，加荷速度为（5±0.5）kN/s，直至试件破坏为止，记录破坏荷载P(N)。

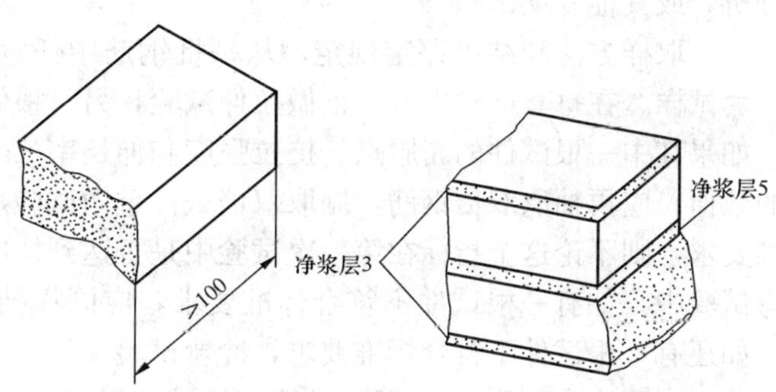

附图6-1　半截砖样和抹面试件

（三）试验结果

单块砖的抗压强度值$f_{cu,i}$按下式计算（精确至0.1MPa）

$$f_{cu,i}=\frac{P}{a\cdot b}$$

（四）试验结果评定

试验后分别按下式计算出强度变异系数δ标准差s

$$\delta=\frac{s}{\overline{f}_{cu}}$$

$$s=\sqrt{\frac{1}{9}\sum_{i=1}^{10}(f_{cu,i}-\overline{f}_{cu})^2}$$

式中　$\overline{f}_{cu}$——10块砖抗压强度算术平均值，MPa；

$f_{cu,i}$——单块砖样抗压强度的测定值，MPa；

s——10块砖样的抗压强度标准差，MPa。

1. 平均值—标准值方法评定

当变异系数$\delta\leqslant 0.21$时，按抗压强度平均值$\overline{f}_{cu}$、强度标准值f_k指标评定砖的强度等级。样本量$n=10$时的强度标准值按下式计算，精确至0.1MPa，即

$$f_k=\overline{f}_{cu}-1.8s$$

2. 平均值—最小值方法评定

当变异系数$\delta>0.21$时，按抗压强度平均值$\overline{f}_{cu}$、单块最小抗压强度f_{min}评定砖的强度等级，精确至0.1MPa。

试验七 钢 材 试 验

一、相关规定

（1）同一截面尺寸和同一炉钢号组成的钢筋分批验收时，每批质量不大于60t。

（2）钢筋有出厂证明书或试验报告单。验收时应抽样做机械性试验，包括拉伸试验和冷弯试验。两个项目中如有一个项目不合格，该批钢筋即为不合格品。

（3）钢筋在使用中如有脆断，焊接性能不良或机械性能明显不正常时，还应进行化学成分分析，或其他专项试验。

（4）取样方法和结果评定规定，从每批钢筋中任意抽取两根，每根距端部50mm处各取一套试样。在每套试样中取一根做拉伸试验，另一根做冷弯试验。在拉伸试验的两根试件中，如果其中一根试件的屈服点、抗拉强度和伸长率三个指标中有一个指标达不到标准中规定的数值，应再抽取双倍钢筋，制取双倍试件重做试验，如还有一根试件的一个指标达不到标准要求，则不论这个指标在第一次试验中是否达到标准要求，拉伸试验项目为不合格。在冷弯试验中，如有一根试件不符合标准要求，应同样抽取双倍钢筋，制成双倍试件重做试验，如还有一根试件不符合标准要求，冷弯试验项目为不合格。

（5）试验应在（20±10)℃下进行，如试验温度超出此范围，应在试验纪录和报告中体现出来。

二、钢筋拉伸试验

（一）仪器设备

万能材料试验机（示值误差不大于1%）、游标卡尺（精度为0.1mm）、钢板尺、钢筋画线机。

（二）试验步骤

1. 试件的制作

（1）钢筋试件不需要切削加工（如附图7-1)。

（2）在试件表面，选用小冲点、细画线或有颜色的记号做出两个或一系列等分格的标记，以表明标距长度，测量标距长度 l_0（精确至0.1mm)。

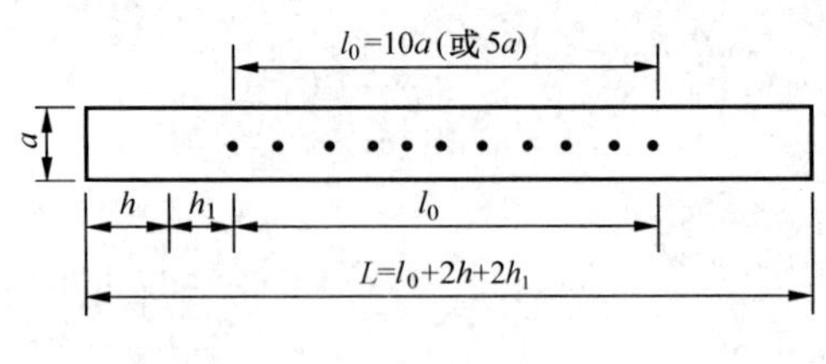

附图7-1 不经切削的试件

a—直径；l_0—标距长度；h_1—0.5～1a；h—夹头长度

2. 调零

调整试验机测力度盘的指针，对准零点，拨动副指针使之与主指针重叠。

3. 测试

将试件固定在试验机的夹头内，开动试验机机进行拉伸。屈服前，应力增加速度按附表7-1规定，并保持试验机控制器固定于这一速率位置上，直至该性能测出为止；屈服后只需测定抗拉强度时，试验机活动夹头在荷载下的移动速度不大于 $0.5L_c/\min(L_c = l_0 + 2h_1)$。

4. 屈服

钢筋在拉伸试验时，读取测力度盘指针首次回转前指示的恒定荷载或第一次回转时指示的最小荷载，即为屈服点荷载 F_s(N)。

附表 7-1 屈服前的加荷速率

金属材料的弹性模量（N/mm²）	应力速率（N/mm²·s）	
	最小	最大
<150000	2	20
≥150000	6	60

5. 断裂

钢筋屈服之后继续施加荷载直至将钢筋拉断，从测力度盘上读取试验过程中的最大荷载 F_b(N)。

6. 拉断后标距长度 l_1（精确至 0.1mm）的测量

（1）将试件断裂的部分对接在一起使其轴线处于同一直线上。

（2）如拉断处到邻近标距端点的距离大于 $1/3l_0$ 时，可直接测量两端点的距离。

（3）如拉断处到邻近的标距端点的距离小于或等于 $1/3l_0$ 时，可用移位方法确定 l_1：在长段上从拉断处 O 点取基本等于短段格数，得 B 点，接着取等于长段所余格数（偶数）之半得 C 点；或者取所余格数（奇数）减 1 与加 1 之半，得到 C 与 C_1 点，移位后的 l_1 分别为 $AO+OB+2BC$ 或 $AO+OB+BC+BC_1$（如附图 7-2 所示）。

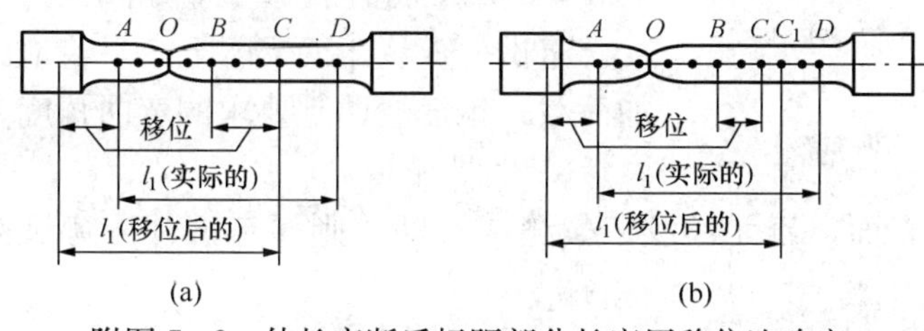

附图 7-2 伸长率断后标距部分长度用移位法确定
（a）长段所余格数为偶数；（b）长段所余格数为奇数

（三）试验结果计算

1. 屈服强度 σ_s

$$\sigma_s = \frac{F_s}{A}$$

式中 σ_s——屈服强度，MPa；

F_s——屈服点荷载，N；

A——试件的公称横截面积，mm²。

2. 抗拉强度 σ_b

$$\sigma_b = \frac{F_b}{A}$$

式中 σ_b——抗拉强度，MPa；

F_b——最大荷载，N；

A——试件的公称横截面积，mm²。

3. 伸长率 δ_{10}（δ_5）的计算（精确至 1%）

$$\delta_{10}(\text{或}\,\delta_5) = \frac{l_1 - l_0}{l_0} \times 100\%$$

式中 δ_{10}、δ_5——分别表示 $l_0=10a$ 和 $l_0=5a$ 时的伸长率。a 为试件原始直径；

l_0——原标距长度，mm；

l_1——试件拉断后量出或位移法确定的标距长度，mm，精确至 0.1mm。

如试件拉断处位于标距端点或标距外，则结果无效，应重做试验。

三、钢筋冷弯试验

1. 仪器设备

压力机或万能试验机

2. 试验步骤

(1) 冷弯试件不能进行车削加工，试样长度按下式确定。$L=5a+150$ (mm) (a 为试件原始直径)。

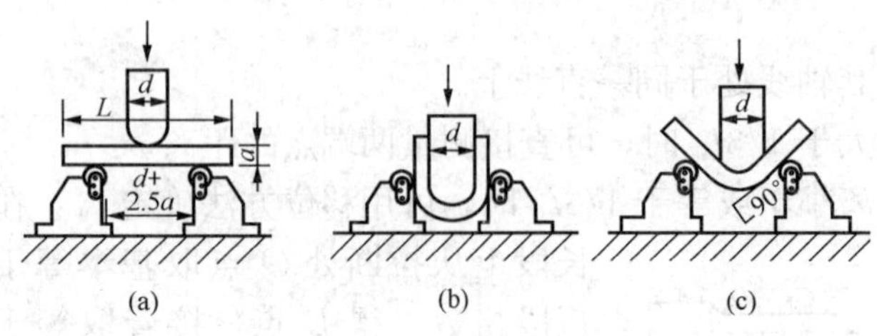

附图 7-3 钢筋冷弯试验图

(a) 装好的试件；(b) 弯曲 180°；(c) 弯曲 90°

(2) 半导向弯曲：试样一端固定，绕弯心直径进行弯曲，试样弯曲到规定的角度或出现裂纹、裂缝或断裂为止。

(3) 导向弯曲：调整两支辊间距离为 $d+2.5a$，此距离在试验期间保持不变。将试件放置于两支辊上，平稳地施加荷载，钢筋弯曲到要求的弯曲角度。

3. 结果评定

按有关标准规定检查试件弯曲外表面，若无裂纹、裂缝或裂断，则评定试件冷弯试验合格。

试验八 沥青试验

一、相关规定

(1) 同一批出厂，同一规格标号的沥青以 20t 为一个单位，不足 20t 按一个单位取样。

(2) 从每个取样的不同部位距表面及内壁 50mm 处取样，共 4kg 左右，作为平均试样，对个别可疑混有杂质的部位，应单独取样进行测定。

二、沥青针入度试验

1. 仪器设备

沥青针入度仪（附图 8-1）、标准针、温度计、水槽、秒表、平底玻璃皿等。

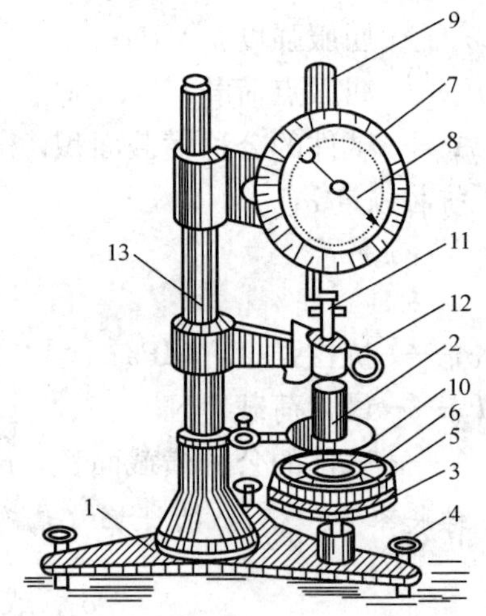

附图 8-1 针入度仪

1—底座；2—小镜；3—圆形平台；4—调平螺丝；5—保温皿；6—试样；7—刻度盘；8—指针；9—活杆；10—标准针；11—连杆；12—按钮；13—砝码

2. 试验步骤

(1) 试样的制备。加热样品并不断搅拌使其能够流动，加热时焦油沥青的加热温度不超过软化点 60℃，石油沥青不超过软化点 90℃，并且加热时间不超过 30min。将试样倒入试样皿中，在 15～30℃的室温下冷却 1～1.5h（小试样皿）或 1.5～2.0h（大试样皿），不要让灰尘落入。然后将试样皿和平底玻璃皿放入恒温水浴中，水面没过试样表面 10mm 以上，小皿恒温 1～1.5h，大皿恒温 1.5～2.0h。

（2）调节针入度仪的水平，检查针连杆和导轨，将擦干净的针插入连杆中固定。按试验条件放好砝码。

（3）取出恒温到试验温度的试样皿和平底玻璃皿，放置在针入度仪的平台上。慢慢放下针连杆，使针尖刚刚接触试样的表面。拉下活杆，使其与针连杆顶端相接触，调节针入度仪的表盘读数指零。

（4）用手紧压按钮，同时启动秒表，使标准针自由下落穿入试样，到规定时间停止压按钮，使标准针停止移动。

（5）拉下活杆，再使其与针连杆顶端相接触，表盘指针的读数为试样的针入度。

（6）在试样的不同点重复试验三次，每一试验点间的距离和试验点与试样皿边缘的距离不小于 10mm。每次测定要用擦干净的针。当针入度大于 200 时，至少用三根针，每次试验用的针留在试样中，直到三根针扎完时再将针从试样中取出。每次试验，都应检查保温皿内水温是否恒定在 25℃。

3. 试验结果评定

取三次测定针入度的平均值（取整数）作为试验结果。三次测定的针入度值相差不应大于附表 8 - 1 中的规定，否则应重新进行试验。

附表 8 - 1　针入度测定值最大允许差值

针入度（1/10mm）	0～49	50～149	150～249	250～350
允许最大差值	2	4	6	8

三、沥青延度试验

（一）仪器设备

延度仪（如附图 8 - 2 所示）、试件模具（由两个端模和两个侧模组成，形状及尺寸如附图 8 - 3 所示）、瓷皿或金属皿、砂浴、水浴、温度计和筛（孔径为 0.3～0.5mm 金属网）、隔离剂等。

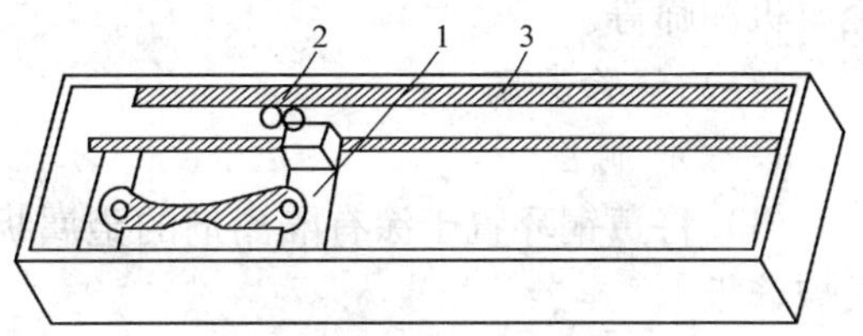

附图 8 - 2　沥青延度仪

1—滑动板；2—指针；3—标尺

（二）试验步骤

（1）将隔离剂拌合均匀，涂于磨光的金属板上和铜模侧模的内表面，将模具组装在金属板上。

（2）将除去水分的试样在砂浴上加热熔化并防止局部过热，加热温度不能超过估计软化点温度。用筛过滤，充分搅拌排除气泡，然后将试样呈细流状，自模的一端至另一端往返倒入，使试样略高出模具。

（3）试件在 15～30℃ 的空气中冷却 30min，然后放入（25±0.1）℃ 的水浴中，保持 30min 后取出，用热刀自模的中间刮向两边，将高出模具的沥青刮去，使沥青顶面与模面齐平。将试件和金属板再放入（25±0.1）℃的水浴中 1～1.5h。

（4）检查延度仪的拉伸速度是否符合要求，移动滑板使指针正对标尺的零点，保持水槽中水温为（25±0.5）℃。

（5）将试件移到延度仪的水槽中，将模具两端的孔分别套在滑板及槽端的金属柱上，水面高于试件表面不小于 25mm，然后去掉侧模。

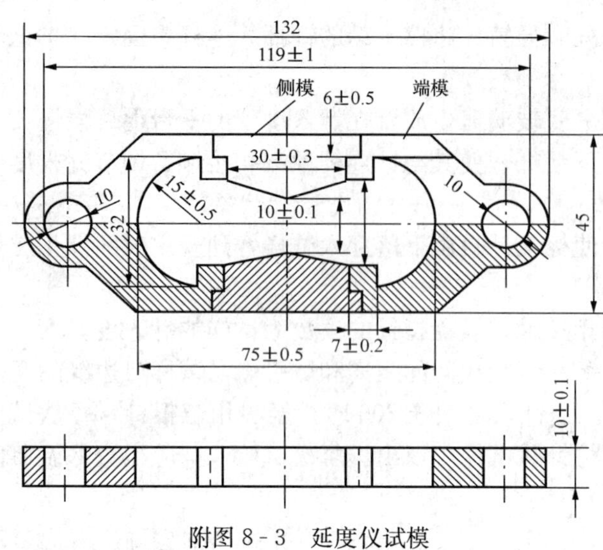

附图 8-3 延度仪试模

(6) 保持水温开动延度仪，观察沥青的拉伸情况。在测定的过程中，如发现沥青细丝浮于水面或沉于槽底，则应加入乙醇或食盐水调整水的密度与试样的密度相近后，再进行测定。

(7) 试件拉断时，读指针所指标尺上的读数，即为试样的延度，以 cm 表示。在正常情况下，试样应拉伸成锥尖状。在断裂时实际横断面为零。如达不到要求结果，则在此条件下无测定结果。

（三）试验结果

取平行测定三个结果的平均值作为测定结果。若三个测定值不在其平均值的 5%以内，但其中两个较高值在平均值的 5%之内，则去掉最低测定值，取两个较高值的平均值作为测定结果。

四、沥青软化点试验

（一）仪器设备

沥青软化点测定仪（附图 8-4 所示）、电炉及其他加热器、水银温度计、隔离剂、金属板和筛等。

（二）试验步骤

1. 试样制备

(1) 将黄铜环置于涂有隔离剂的金属板或玻璃板上。

(2) 将预先脱水的试样加热熔化，不断搅拌，防止局部过热，加热温度不得超过估计软化点温度。用筛过滤后，注入黄铜环内略高出环面为止。若估计软化点高于 120℃应将黄铜环与金属板预热至 80～100℃。加热时间不要超过 30min。

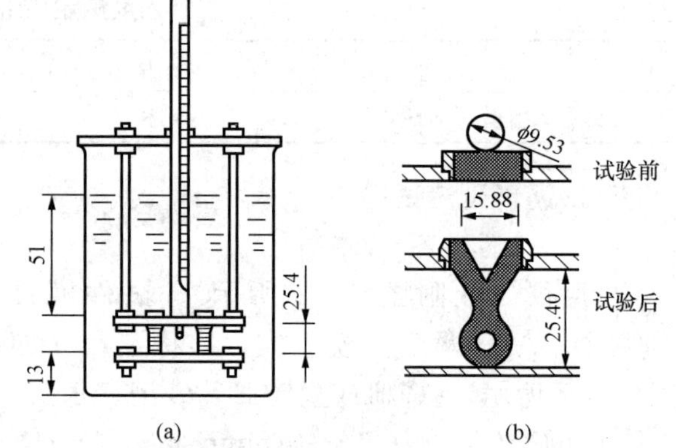

附图 8-4 软化点测定仪

(a) 软化点测定仪装置图；(b) 试验前后钢球位置图

(3) 试样在 15～30℃的空气中冷却 30min 后，用热刀刮去高于环面的试样，与环面平齐。

(4) 估计软化点不高于 80℃的试样，将盛有试样的黄铜环及板置于盛满水的保温槽内，恒温 15min，水温保持在（5±0.5)℃；估计软化点高于 80℃的试样，将盛有试样的黄铜环及板置于盛满甘油的保温槽内，恒温 15min，甘油温度保持在（32±1)℃；或将盛有试样的环水平安放在环架中承板的孔内，然后放在盛有水或甘油的烧杯中，温度要求同保温槽。

(5) 烧杯内注入新煮沸并冷却至 5℃的蒸馏水（估计软化点不高于 80℃的试样），或注入预先加热约 32℃的甘油（估计软化点高于 80℃的试样），使水面或甘油面略低于环架连杆上的深度标记。

2. 定位

从水或甘油保温槽中取出盛有试样的黄铜环放置在环架中承板的圆孔中，并套上钢球定位器，把整个环架放入烧杯内，调整水面或甘油液面至深度标记，环架上任何部分均不得有气泡。将温度计由上承板中心孔垂直插入，使水银球与铜环下面齐平。

3. 加热

将烧杯放置在有石棉网的电炉上，然后将钢球放在试样上（须使各环的平面在全部加热时间内完全处于水平状态）立即加热，烧杯内水或甘油温度的上升速度在3min保持每分钟(5±0.5)℃，在整个测定过程中如温度的上升速度超出这个范围时，则试验应重做。

4. 软化点测定

试样受热软化下坠至与下承板面接触时的温度，即为试样的软化点。

（三）试验结果

取平行测定两个结果的算术平均值作为测定结果。平行测定两个结果的差值不得大于下列规定：

(1) 软化点小于80℃，允许差值为1℃；

(2) 软化点为80～100℃，允许差值为2℃；

(3) 软化点为100～140℃，允许差值为3℃。

参考文献

1. 高等学校土木工程专业指导委员会．高等学校土木工程专业本科教育培养目标和培养方案及课程教学大纲．北京：中国建筑工业出版社，2002
2. 钱晓倩．土木工程材料．杭州：浙江大学出版社，2003
3. 柯国军．土木工程材料．北京：北京大学出版社，2006
4. 阎西康，赵方冉，伉景富，韩龙君．土木工程材料．天津：天津大学出版社，2004
5. 赵方冉．土木工程材料．上海：同济大学出版社，2006
6. 黄晓明，潘钢华，赵永利．土木工程材料．南京：东南大学出版社，2001
7. 彭小芹．土木工程材料．重庆：重庆大学出版社，2002
8. 姜黎明．常用建筑材料与结构工程检测．郑州：黄河水利出版社，2002
9. 严家姬．道路建筑材料．北京：人民交通出版社，2004
10. 杨静．建筑材料．北京：水利水电出版社，2004
11. 张光碧．建筑材料．北京：中国电力出版社，2006
12. 《建筑用钢筋标准汇编》编写组．建筑用钢筋标准汇编．北京：中国标准出版社，2002
13. 中国建筑科学研究院．普通混凝土力学性能试验方法标准（GB/T 50081—2002）．北京：中国建筑工业出版社，2003
14. 中国建筑工业出版社编．现行建筑材料规范大全．北京：中国建筑工业出版社，2000
15. 交通公路科学研究所．公路工程集料试验规程（JTJ 058—2000）．北京：人民交通出版社，2002
16. 交通公路科学研究所．公路工程沥青及沥青混合料试验规程（JTJ 052—2000）．北京：人民交通出版社，2003
17. 沈新元，吴向东．高分子材料加工原理．北京：中国纺织出版社，2000
18. 龚洛书．建筑工程材料手册．北京：中国建筑工业出版社，1998
19. 王福川．简明装饰材料手册．北京：中国建筑工业出版社，1998
20. 梁正平，符芳．建筑材料习题集．南京：河海大学出版社，1993